"十三五"职业教育系列教材

U0643150

高等数学

主　编　于继杰

副主编　张立冬　冯剑波　刘冬梅

编　写　于　淼　闫晓亮　穆　聪

　　　　王　慧　李　猛

中国电力出版社

CHINA ELECTRIC POWER PRESS

内 容 提 要

　　本书为"十三五"职业教育系列教材，根据教育部制定的《高职高专教育高等数学课程教学基本要求》编写而成的. 全书共 12 章，包括函数、极限与连续、导数与微分、导数的应用、不定积分、定积分及其应用、常微分方程、向量与空间解析几何、多元函数微分学、无穷级数、行列式与矩阵、拉普拉斯变换等内容，每章配有习题和复习题，习题答案直接附于书后仅供参考.

　　本书可作为高职高专、成人教育及同类学校电力类专业的高等数学教材，也可作为其他各类院校学生的自学用书.

图书在版编目（CIP）数据

高等数学 / 于继杰主编. —北京：中国电力出版社，2015.8
（2024.9重印）
"十三五"职业教育规划教材
ISBN 978-7-5123-7908-4

Ⅰ.①高…　Ⅱ.①于…　Ⅲ.①高等数学－高等职业教育－教材　Ⅳ.①O13

中国版本图书馆 CIP 数据核字（2015）第 133907 号

中国电力出版社出版、发行
（北京市东城区北京站西街 19 号　100005　http://www.cepp.sgcc.com.cn）
北京锦鸿盛世印刷科技有限公司印刷
各地新华书店经售

*

2015 年 8 月第一版　　2024 年 9 月北京第八次印刷
787 毫米×1092 毫米　16 开本　17.25 印张　416 千字
定价 **35.00** 元

前　言

　　"高等数学"是高职院校的公共基础课和重要工具课之一，数学是一切自然科学和社会科学的基础，高等数学在高职人才培养中起着重要的奠基作用．为了适应高职院校培养人才的需要，我们分析和借鉴了全国高职院校数学教学改革的经验，紧紧围绕高等职业教育工科类"工学结合"人才培养模式的核心内容，在学院主管教学院长王宏伟创新数学教学、服务于专业的思想指导下，汇集学院从事数学教学全体教师的智慧，组织编写了适合电力类专业课程需求的"高等数学"课程改革实验教材．在编写过程中，注意做到以下几点：

　　（1）淡化理论，注重应用，特别是与电力类专业的联系，在每章节讲授内容中增加专业应用实例；

　　（2）采用问题情境教学法引导学生积极思考，通过解法探究培养学生分析问题的能力；

　　（3）本书中的每一个概念都有其实际背景，从实际问题出发引出概念激发学生的求知欲；

　　（4）精选例题和习题，难易适中，不追求高难技巧，具有一定的梯度，符合学生的认知规律；

　　（5）本教材使学生提前了解数学知识在专业课程中的应用，明确学习目标，培养学生学习兴趣及学生分析和解决实际问题的能力．

　　全书内容包括函数、极限与连续、导数与微分、导数的应用、不定积分、定积分及其应用、常微分方程、向量与空间解析几何、多元函数微分学、无穷级数．另外，考虑到电力类高职学生专业课的需要，本书还包含了行列式与矩阵、拉普拉斯变换的内容，书后附有常用初等数学公式、习题参考答案．

　　参加本书编写的有于继杰、张立冬、冯剑波、刘冬梅、于淼、闫晓亮、穆聪、王慧、李猛．全书框架结构安排、统稿、定稿由于继杰负责．给予专业应用举例指导的有佘晓春、孙丽杰、刘玉莲、姜文凯、王洪旗、王凤云、孙奇志、李俊、曹景竹等，在此对学院领导及各专业课教师的大力支持表示感谢．尽管我们在数学课程教学改革方面做了很多努力，但限于水平，教材中难免存在疏漏或不当之处，恳请广大读者在使用本教材过程中给予关注，并将意见和建议及时反馈给我们，以便修订时改进．

编　者

2015 年 6 月

目　　录

第 1 章 函 数

函数是现代数学的基本概念之一,是高等数学的主要研究对象.在现实世界中,一切事物都在一定的空间中运动着.17 世纪初,数学首先从对运动(如天文、航海问题等)的研究中引出了函数这个基本概念.从那以后的 200 多年里,这个概念在几乎所有的科学研究工作中一直占据着中心位置.

微积分是从研究函数开始的.本章将在中学数学已有函数知识的基础上进一步理解函数概念,并介绍反函数、复合函数及初等函数的主要性质,为微积分的学习打好基础.

1.1 函 数 及 其 性 质

问题提出

如图 1-1 所示为一个单三角脉冲电压的波形图,试确立电压与时间的函数关系.

解法探究

从图 1-1 可看出,脉冲电压 U 随时间 t 的变化规律需要分段进行考察.可求得 U 的对应关系为

$$U \begin{cases} \dfrac{2E}{t_0}t, & 0 \leqslant t < \dfrac{t_0}{2} \\ \dfrac{2E}{t_0}(t-t_0), & \dfrac{t_0}{2} \leqslant t < t_0 \\ 0, & t \geqslant t_0 \end{cases}$$

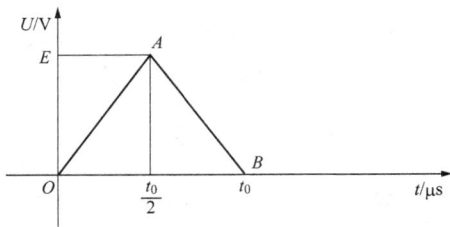

图 1-1

必要知识

一、函数的概念

在客观世界中,函数能够揭示事物之间量的变化关系.因此,函数是研究事物变化规律的数学模型.高等数学研究的主要对象是函数,因此有必要对中学学过的函数的有关概念和性质进行复习和深化.

1. 函数的定义

定义 1 设有两个变量 x 和 y,如果在非空数集 D 内每取定一个数值 x,按照某种法则(或对应关系)f,都有唯一确定的数值 y 与其对应,则称 y 是定义在数集 D 上的 x 的**函数**,记作 $y = f(x)$,其中变量 x 称为**自变量**,变量 y 称为**因变量**,自变量 x 的取值范围 D 称为函数的**定义域**.当自变量 x 取遍 D 中每一个数值时,对应的函数值的全体组成的数集称为函数的**值域**,通常记为 M,即

$$M = \{y \mid y = f(x), \ x \in D\}$$

当 $x_0 \in D$ 时，与 x_0 对应的函数值可以记为 $f(x_0)$ 或者 $y\big|_{x=x_0}$（或称函数在 x_0 处有定义）.

上述定义的函数也叫单值函数，否则叫多值函数. 例如，由方程 $x^2 + y^2 = r^2$ 所确定的以 x 为自变量的函数 $y = \pm\sqrt{r^2 - x^2}$ 是多值函数. 今后若无特殊说明，所研究的函数都是指单值函数.

函数 $y = f(x)$ 的对应法则 f 也可用 φ，h，g，F 等表示，相应的函数就记作 $\varphi(x)$，$h(x)$，$g(x)$，$F(x)$ 等形式.

2. 函数的两个要素

由函数的定义可知，定义域 D 与对应法则 f 唯一确定函数 $y = f(x)$，故定义域与对应法则称为函数的两个要素. 如果函数的两个要素相同，那么这两个函数是相同的函数，否则，就是不同的函数.

例如，函数 $y = \sin^2 x + \cos^2 x$ 与 $y = 1$，由于它们的定义域和对应关系都相同，所以它们是相同的函数.

又如，函数 $y = \dfrac{x^2 - 1}{x - 1}$ 与 $y = x + 1$，它们的定义域不同，所以它们是不同的函数.

在实际问题中，函数的定义域是根据问题的实际意义确定的，若不考虑函数的实际意义，而抽象地研究用解析式表达的函数，则规定函数的定义域是使解析式有意义的所有数值.

通常求函数的定义域应注意以下几点：

① 函数是多项式时，定义域为 $(-\infty, +\infty)$；

② 分式函数的分母不能为零；

③ 偶次根式的被开方式必须大于或等于零；

④ 对数函数的真数必须大于零；

⑤ 在反三角函数式中，要符合反三角函数的定义域；

⑥ 如果函数表达式含有上述几种函数，则应取各部分定义域的交集.

例 1 求下列函数的定义域.

（1）$y = x^2 - 2x + 3$；（2）$y = \dfrac{1}{4 - x^2} + \sqrt{x + 2}$；（3）$y = \dfrac{1}{\ln(1 - x)}$.

解　（1）函数 $y = x^2 - 2x + 3$ 为多项式函数，当 x 取任何实数时，y 都有唯一确定的值与之对应，故所求函数的定义域为 $(-\infty, +\infty)$.

（2）若使 $\dfrac{1}{4 - x^2}$ 有意义，需 $4 - x^2 \neq 0$，即 $x \neq \pm 2$；若使 $\sqrt{x + 2}$ 有意义，需 $x + 2 \geq 0$，即 $x \geq -2$. 所以函数的定义域为 $(-2, 2) \cup (2, +\infty)$.

（3）若使 $\dfrac{1}{\ln(1 - x)}$ 有意义，需 $1 - x > 0$ 且 $\ln(1 - x) \neq 0$，即 $x < 1$ 且 $x \neq 0$，所以函数的定义域为 $(-\infty, 0) \cup (0, 1)$.

函数与自变量的对应规律大多可用一个解析式表示，但有时会遇到一些函数，在自变量的不同取值范围内用不同的解析式表示，这种函数称为**分段函数**. 本节问题的提出，就是一个分段函数.

分段函数是一个函数，而不是几个函数；分段函数的图像要在同一个直角坐标系内逐段描出，然后把各段图像合并得到分段函数的图像．作图时要特别注意每段端点的虚实．

例 2　设有分段函数．

$$f(x)=\begin{cases} x-1, & -1<x\leqslant 0 \\ x^2, & 0<x\leqslant 1 \\ 3-x, & 1<x\leqslant 2 \end{cases}$$

（1）画出函数的图像；

（2）求此函数的定义域；

（3）求 $f\left(-\dfrac{1}{2}\right)$，$f\left(\dfrac{1}{2}\right)$，$f\left(\dfrac{3}{2}\right)$ 的值．

解　（1）函数图像如图 1-2 所示．

　　（2）函数的定义域为（-1，2]．

　　（3）$f\left(-\dfrac{1}{2}\right)=-\dfrac{3}{2}$，$f\left(\dfrac{1}{2}\right)=\dfrac{1}{4}$，$f\left(\dfrac{3}{2}\right)=\dfrac{3}{2}$．

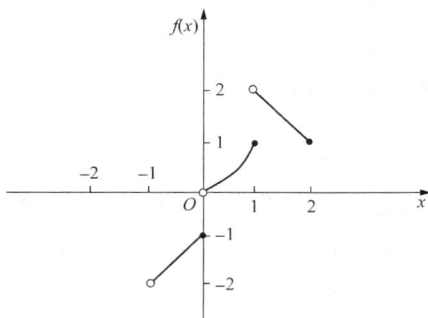

图 1-2

例 3　下列函数是否相同？为什么？

（1）$y=\ln x^2$ 与 $y=2\ln x$；

（2）$w=\sqrt{u}$ 与 $y=\sqrt{x}$．

解　（1）$y=\ln x^2$ 与 $y=2\ln x$ 不是相同的函数，因为定义域不同．

　　（2）$w=\sqrt{u}$ 与 $y=\sqrt{x}$ 是相同的函数，因为对应规律与定义域均相同．

3．函数的表示法

表示函数的方法，通常有**解析法**、**表格法**和**图像法**三种．在理论分析研究中，常用解析法（又称公式法），其优点是表达精确、关系明晰．图像法的优点是直观，在工程技术和日常生活中不难发现它的广泛用途，如人们体检时做的心电图、经济生活中作分析用的股票曲线图等．表格法在生产实践中使用也很广泛，如气象站测量气温与时间变化的关系、列车时刻表等，其优点是使用方便．

二、函数的特性

设函数 $f(x)$ 在某区间 I 内有定义．

1．奇偶性

设 I 为关于原点对称的区间，若对于任意 $x\in I$，都有 $f(-x)=-f(x)$，则称 $f(x)$ 为**奇函数**；若 $f(-x)=f(x)$，则称 $f(x)$ 为**偶函数**；若函数 $f(x)$ 既非奇函数，也非偶函数，则称 $f(x)$ 为**非奇非偶函数**．

例如，$f(x)=x^3$ 在区间 $(-\infty,+\infty)$ 内是奇函数；$f(x)=x^2$ 在区间 $(-\infty,+\infty)$ 内是偶函数；函数 $y=\sin x+\cos x$ 在区间内 $(-\infty,+\infty)$ 是非奇非偶函数．

奇函数的图像关于原点对称；偶函数的图像关于 y 轴对称．

注意

根据上述函数奇偶性的定义，不论是奇函数还是偶函数，它们的定义域必须关于原点对称．

2. 单调性

对于区间 I 内任意两点 x_1，x_2，当 $x_1 < x_2$ 时，若有 $f(x_1) < f(x_2)$，则称 $f(x)$ 在区间 I 上是**单调增（或递增）函数**，区间 I 叫做函数 $f(x)$ 的**单调增加区间**；若有 $f(x_1) > f(x_2)$，则称 $f(x)$ 在区间 I 上是**单调减（或递减）函数**，区间 I 叫做函数 $f(x)$ 的**单调减少区间**。单调增函数或单调减函数统称为**单调函数**，单调增区间或单调减区间统称为**单调区间**。在单调增区间内，函数的图像随 x 的增大而上升；在单调减区间内，函数的图像随 x 的增大而下降。

例如，函数 $y = x^3$ 在其定义域 $(-\infty, +\infty)$ 内是单调递增函数；函数 $y = x^2$ 在区间 $(0, +\infty)$ 内是单调增加的，在区间 $(-\infty, 0)$ 内是单调减少的，但它在定义域 $(-\infty, +\infty)$ 内不是单调函数。

3. 周期性

若存在不为零的数 T，使得对于任意的 $x \in I$，都有 $x + T \in I$，且 $f(x+T) = f(x)$，则称 $f(x)$ 为**周期函数**，其中 T 叫做函数的**周期**。通常周期函数的周期是指它的最小正周期。它的图像在定义域内每隔长度为 T 的相邻区间上有相同的形状。

例如，$y = \sin x$，$y = \cos x$ 都是以 2π 为周期的函数；$y = \tan x$，$y = \cot x$ 都是以 π 为周期的函数。

4. 有界性

若存在正数 M，使得对于区间 I 上恒有 $|f(x)| \leqslant M$，则称 $f(x)$ 在 I 上**有界**；否则称 $f(x)$ 在 I 上**无界**。有界函数的图像必介于两条水平直线之间。

例如，函数 $f(x) = \sin x$ 在定义域 $(-\infty, +\infty)$ 内是有界的，因为对于一切 $x \in \mathbf{R}, |\sin x| \leqslant 1$ 都成立，这里 $M = 1$。

又如，函数 $f(x) = \dfrac{1}{x}$ 在区间 $(0，1)$ 内是无界的，因为对于区间 $(0，1)$ 内一切 x，不存在正数 M，使 $\left| \dfrac{1}{x} \right| \leqslant M$ 成立。但是 $f(x) = \dfrac{1}{x}$ 在区间 $[1，2]$ 内是有界的，因为这里存在 $M = 1$。

三、反函数

定义 2　设有函数 $y = f(x)$，其定义域为 D，值域为 M。如果对于 M 中的每一个 y 值 $(y \in M)$，都可以从关系式 $y = f(x)$ 中确定唯一的 x 值 $(x \in D)$ 与之对应，这样就确定了一个以 y 为自变量，x 为因变量的新函数，这个新的函数称为函数 $y = f(x)$ 的**反函数**，记为 $x = f^{-1}(y)$，它的定义域为 M，值域为 D。

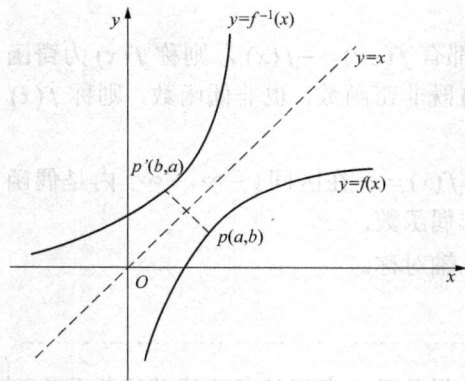

图 1-3

习惯上，函数的自变量都以 x 表示，所以，反函数也可表示为 $y = f^{-1}(x)$。函数 $y = f(x)$ 的图像与其反函数 $y = f^{-1}(x)$ 的图像关于直线 $y = x$ 对称，利用对称性可作出反函数的图像，如图 1-3 所示。

例如，求正弦、余弦、正切、余切四个函数的反函数。

我们知道，正弦函数 $y = \sin x$ 的定义域是 $(-\infty, +\infty)$，值域是 $[-1，1]$。由于正弦函数 $y = \sin x$

在定义域$(-\infty,+\infty)$内反对应关系不是单值的，所以它没有反函数. 但是，如果把其定义域划分为下列区间：$\cdots$，$\left[-\dfrac{\pi}{2},\dfrac{\pi}{2}\right]$，$\left[\dfrac{\pi}{2},\dfrac{3\pi}{2}\right]$，$\left[\dfrac{3\pi}{2},\dfrac{5\pi}{2}\right]$，$\cdots$，即$\left[k\pi-\dfrac{\pi}{2},k\pi+\dfrac{\pi}{2}\right](k\in\mathbf{Z})$，可以看出，当$y$取遍$[-1,1]$上的每一个值时，这些区间上都有唯一确定的$x$值与它对应，即函数$y=\sin x$在这些区间上的反对应关系都是单值的. 例如，在区间$\left[-\dfrac{\pi}{2},\dfrac{\pi}{2}\right]$上，当$y=\dfrac{1}{2}$时，$x=\dfrac{\pi}{6}$；当$y=-\dfrac{1}{2}$时，$x=-\dfrac{\pi}{6}$. 又如，在区间$\left[\dfrac{\pi}{2},\dfrac{3\pi}{2}\right]$上，当$y=\dfrac{1}{2}$时，$x=\dfrac{5\pi}{6}$；当$y=-\dfrac{1}{2}$时，$x=\dfrac{7\pi}{6}$. 因此，函数$y=\sin x$在这些区间上都分别有反函数. 为方便起见，取绝对值最小的角所在的区间来讨论$y=\sin x$的反函数.

正弦函数$y=\sin x$在$\left[-\dfrac{\pi}{2},\dfrac{\pi}{2}\right]$上的反函数称为**反正弦函数**，记作$x=\arcsin y$（或$x=\sin^{-1}y$），习惯记作$y=\arcsin x$，其定义域为$[-1,1]$，值域为$\left[-\dfrac{\pi}{2},\dfrac{\pi}{2}\right]$.

同理可得，余弦函数$y=\cos x$在$[0,\pi]$上的反函数称为**反余弦函数**，记作$x=\arccos y$（或$x=\cos^{-1}y$），习惯记作$y=\arccos x$，其定义域为$[-1,1]$，值域为$[0,\pi]$.

正切函数$y=\tan x$在$\left(-\dfrac{\pi}{2},\dfrac{\pi}{2}\right)$上的反函数称为**反正切函数**，记作$x=\arctan y$（或$x=\tan^{-1}y$），习惯记作$y=\arctan x$，其定义域为$(-\infty,+\infty)$，值域为$\left(-\dfrac{\pi}{2},\dfrac{\pi}{2}\right)$.

余切函数$y=\cot x$在$(0,\pi)$上的反函数称为**反余切函数**，记作$x=\text{arc}\cot y$（或$x=\cot^{-1}y$），习惯记作$y=\text{arc}\cot x$，其定义域为$(-\infty,+\infty)$，值域为$(0,\pi)$.

以上四个函数统称为**反三角函数**，其图像与性质如表 1-1 所示.

习 题 1.1

1．设$f(x)=x^2$，求$f(1.5)$，$f(1+\Delta x)$，$f(1+\Delta x)-f(1)$.

2．下列各题中所给的两个函数是否相同？为什么？

（1）$y=|x|$与$y=\sqrt{x^2}$；　　　　（2）$y=x$与$y=\sqrt[3]{x^3}$；

（3）$y=x-1$与$y=\dfrac{x^2-1}{x+1}$；　　（4）$y=2\ln x$与$y=\ln x^2$.

3．求下列函数的定义域.

（1）$y=\dfrac{2x}{x^2-3x+2}$；　　　　（2）$y=\ln x^2$；

（3）$y=\dfrac{1}{1-x^2}+\sqrt{x+2}$；　　（4）$y=\arcsin(x-1)$；

（5）$y=\sqrt{x^2-4}+\ln(x+2)$；　　（6）$y=\lg\sin x$；

（7）$y = \arctan x + \sqrt{1-|x|}$；

（8）$y = \begin{cases} x+2, & x<0 \\ 1, & x=0 \\ x^2, & x>0 \end{cases}$.

4．指出下列函数中哪些是奇函数，哪些是偶函数，哪些是非奇非偶函数．

（1）$f(x) = x + \sin x$；

（2）$f(x) = x^4 - 2x^2 + 3$；

（3）$y = 2^x$；

（4）$y = \dfrac{1}{2}(e^x + e^{-x})$.

5．指出下列函数的周期．

（1）$y = \sin 3x$；

（2）$y = 1 + \cos \pi x$；

（3）$y = \dfrac{1}{3}\tan x$；

（4）$y = |\cos x|$.

6．指出下列函数的复合过程．

（1）$y = \sqrt{\cos x}$；

（2）$y = \ln(3x+1)$；

（3）$y = e^{x+1}$；

（4）$y = \sin^2 5x$；

（5）$y = \sqrt[3]{5x-1}$；

（6）$y = \sqrt{\cot \dfrac{x}{2}}$；

（7）$y = 3^{\sin x}$；

（8）$y = e^{\sin \frac{1}{x}}$；

（9）$y = \arctan(x+1)$；

（10）$y = (\ln \tan e^x)^2$；

（11）$y = \cos \dfrac{1}{x-1}$；

（12）$y = \left[\arcsin(1-x^2)\right]^3$.

7．下列各对函数中，哪些可以构成复合函数？

（1）$f(u) = \arcsin(3+u)$，$u = x^2$；

（2）$f(u) = \ln(1-u)$，$u = \sin 2x$.

8．设 $f(x) = \begin{cases} x-1, & x<0 \\ x+1, & x\geq 0 \end{cases}$，作出函数 $f(x)$ 的图像，并求出 $f(-2)$、$f(0)$、$f(1)$ 的值．

9．交流电幅值为 36A，频率 $f = 50\text{Hz}$，初相位 $\varphi = \dfrac{\pi}{4}$，试写出电流 i 与时间 t 的函数关系式．

10．设有分段函数 $f(x) = \begin{cases} x+2, & x<0 \\ 1, & x=0 \\ x^2, & x>0 \end{cases}$，作出函数 $f(x)$ 的图形，并求出此函数的定义域．

1.2　初 等 函 数

在科学发展过程中，有一类为数不多的函数，在各种问题中经常出现，因此，这些函数就从大量的各种各样的函数中被挑选出来，作为最基本的函数加以研究．其他常见的函数通常都是由这些基本的函数构成的．

一、基本初等函数及其性质

幂函数：$y = x^\mu$（μ 是常数）；

指数函数：$y = a^x$（a 是常数，且 $a>0$，$a \neq 1$）；

对数函数：$y = \log_a x$（a 是常数，且 $a>0$，$a \neq 1$）；

三角函数：$y = \sin$，$y = \cos x$，$y = \tan x$，$y = \cot x$，$y = \sec x$，$y = \csc x$；

反三角函数：$y = \arcsin x$，$y = \text{arc} \cot x$，$y = \arctan x$，$y = \text{arc} \cot x$.

以上五类函数统称为**基本初等函数**. 为便于学生复习查阅，现将这些函数的图像和性质汇成简单列表 1-1，供学习时参考.

表 1-1

函　数	定义域和值域	图　像	性　质
幂函数 $y = x^\mu$			当 $\mu>0$ 时，函数在第一象限单调增 当 $\mu<0$ 时，函数在第一象限单调减
指数函数 $y = a^x$ （$a>0$，$a \neq 1$）	$x \in (-\infty, +\infty)$ $y \in (0, +\infty)$		过点（0，1） 当 $a>1$ 时，单调增 当 $0<a<1$ 时，单调减
对数函数 $y = \log_a x$ （$a>0$，$a \neq 1$）	$x \in (0, +\infty)$ $y \in (-\infty, +\infty)$		过点（0，1） 当 $a>1$ 时，单调增 当 $0<a<1$ 时，单调减
三角函数 / 正弦函数 $y = \sin x$	$x \in (-\infty, +\infty)$ $y \in [-1, 1]$		奇函数，周期为 2π，有界 在 $\left[2k\pi - \frac{\pi}{2}, 2k\pi + \frac{\pi}{2}\right] (k \in \mathbf{Z})$ 单调增 在 $\left[2k\pi + \frac{\pi}{2}, 2k\pi + \frac{3\pi}{2}\right] (k \in \mathbf{Z})$ 单调减
余弦函数 $y = \cos x$	$x \in (-\infty, +\infty)$ $y \in [-1, 1]$		偶函数，周期为 2π，有界 在 $[2k\pi, 2k\pi + \pi] (k \in \mathbf{Z})$ 单调减 在 $[2k\pi - \pi, 2k\pi] (k \in \mathbf{Z})$ 单调增
正切函数 $y = \tan x$	$x \neq k\pi = \frac{\pi}{2} (k \in \mathbf{Z})$ $y \in (-\infty, +\infty)$		奇函数，周期为 π 在 $\left(k\pi - \frac{\pi}{2}, k\pi + \frac{\pi}{2}\right) (k \in \mathbf{Z})$ 单调增

续表

函　数	定义域和值域	图　像	性　质
三角函数　余切函数 $y=\cot x$	$x\neq k\pi(k\in\mathbf{Z})$ $y\in(-\infty,+\infty)$		奇函数，周期为 π 在 $[k\pi,(k+1)\pi](k\in\mathbf{Z})$ 单调减
反三角函数　反正弦函数 $y=\arcsin x$	$x\in[-1,1]$ $y\in\left[-\dfrac{\pi}{2},\dfrac{\pi}{2}\right]$		奇函数，有界 单调增
反余弦函数 $y=\arccos x$	$x\in[-1,1]$ $y\in[0,\pi]$		有界 单调减
反正切函数 $y=\arctan x$	$x\in(-\infty,+\infty)$ $y\in\left(-\dfrac{\pi}{2},\dfrac{\pi}{2}\right)$		奇函数，有界 单调增
反余切函数 $y=\operatorname{arc\,cot}x$	$x\in(-\infty,+\infty)$ $y\in(0,\pi)$		有界 单调减

二、复合函数

在实际问题中，常常会遇到由几个基本初等函数组合而成的较复杂的函数．例如，函数 $y=\sqrt{1-x^2}$ 是以 $1-x^2$ 代替 $\sqrt{u}$ 中的 u 而得，我们称它为由 $y=\sqrt{u}$，$u=1-x^2$ 复合而成的复合函数．

定义3 如果函数 $y=f(u)$，$u=\varphi(x)$，且 $\varphi(x)$ 的值域与 $f(u)$ 的定义域交集非空，那么 y 通过 u 而成为 x 的函数，把 y 称为 x 的**复合函数**，记作 $y=f[\varphi(x)]$，其中 u 称为**中间变量**.

这里 $f[\varphi(x)]$ 表示复合函数，f 为外层函数，φ 为内层函数，内层函数 φ 表示首先要做的运算，而外层函数 f 表示其次要做的运算.

关于复合函数几点说明：

①不是任何两个函数都可以构成复合函数．例如，$y=\arccos u$，$u=2+x^2$ 是不能复合成一个函数的，因为 $y=\arccos u$ 的定义域 $[-1,1]$ 与 $u=2+x^2$ 的值域 $[2,+\infty)$ 的交集为空集.

②复合函数不仅可以有一个中间变量，也可以有多个中间变量．例如，函数 $y=\sqrt{\ln(2x+1)}$

可看成是由函数 $y=\sqrt{u}$，$u=\ln v$，$v=2x+1$ 复合而成的.

③复合函数不仅可以由基本初等函数构成，而且更多的是由简单函数（由基本初等函数通过有限次四则运算得到）构成的.

例 4 指出下列复合函数的复合过程.

（1）$y=e^{\arctan x}$；（2）$y=\sin^2(x^2+1)$.

解 （1）$y=e^{\arctan x}$ 是由 $y=e^u$ 与 $u=\arctan x$ 复合而成的.

（2）$y=\sin^2(x^2+1)$ 是由 $y=u^2$，$u=\sin v$ 与 $v=x^2+1$ 复合而成的.

例 5 函数 $y=\arcsin u$ 和 $u=2^x-1$ 能否构成复合函数？若能构成，确定它的定义域.

解 因为 $y=\arcsin u$ 的定义域为 $[-1，1]$，而 $u=2^x-1$ 的值域为 $(-1,+\infty)$，显然 $[-1,1]\bigcap(-1,+\infty)\neq\varnothing$，所以 $y=\arcsin u$ 和 $u=2^x-1$ 能构成复合函数，且该复合函数为

$$y=\arcsin(2^x-1)$$

该函数有意义必须满足 $-1<2^x-1\leqslant1$，即定义域为 $(-\infty，1)$.

通常情况下，构成复合函数是由内而外，函数套函数；分解复合函数，就是采取由表及里，逐层分解.

三、初等函数

基本初等函数和常数经过有限次四则运算和有限次复合运算所构成的，并能用一个表达式表示的函数，称为**初等函数**. 否则，称为非初等函数.

例 6 下列函数统称为双曲函数.

双曲正弦函数：

$$\mathrm{sh}x=\frac{e^x-e^{-x}}{2}$$

双曲余弦函数：

$$\mathrm{ch}x=\frac{e^x+e^{-x}}{2}$$

双曲正切函数：

$$\mathrm{th}x=\frac{\mathrm{sh}x}{\mathrm{ch}x}$$

它们都是初等函数，在工程上是常用的. 但是分段函数一般不是初等函数. 今后我们讨论的函数，绝大多数都是初等函数.

四、专业应用举例

在电类专业的课程中常会用到以下一些函数.

1. 正弦型函数

正弦型函数 $y=A\sin(\omega t+\varphi)$ 常用来描述交变电流和电压，不妨以电流来说明. 对于 $i(t)=I_m\sin(\omega t+\varphi)$，它由角频率、振幅（或有效值）和初相位三个要素决定，因此只要能表示它的三个要素，那么这个正弦量就可以确定地表示出来了. i 称为正弦交流电的瞬时电流值，I_m 称为正弦交流电的最大值（幅值），ω 称为角频率，φ 称为初相位，其中 I_m、ω、φ 为常量，且 $\omega=\dfrac{2\pi}{T}$，$f=\dfrac{1}{T}$. 例如，我国工业和民用电频率 $f=50\mathrm{Hz}$，周期 $T=0.02\mathrm{s}$，角频率 $\omega=2\pi f$.

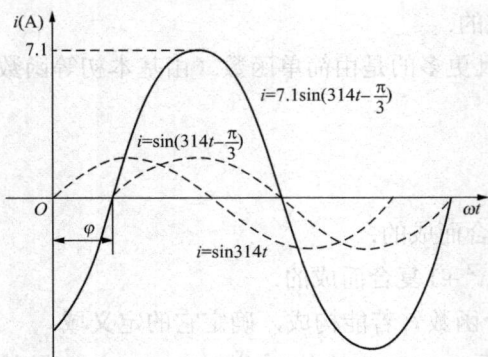

图 1-4

例 7 正弦交流电的瞬时电流 $i(t)=I_m\sin(\omega t+\varphi)$，其中 $I_m=7.1A$ 为正弦电流的最大值，频率 $f=50Hz$，角频率 $\omega=\dfrac{2\pi}{T}=2\pi f=100\pi$，初相位 $\varphi=-\dfrac{\pi}{3}$，电流瞬时值 $i(t)=7.1\sin\left(314t-\dfrac{\pi}{3}\right)$，其图像如图 1-4 所示.

2. 分段函数

例 8 周期为 2π 的矩形波脉冲函数 $y=\begin{cases}-1,&(2k-1)\leqslant x<2k\pi\\1,&2k\pi\leqslant x<(2k+1)\pi\end{cases}$ $(k\in\mathbf{Z})$，其图像如图 1-5 所示.

例 9 符号函数 $y=\operatorname{sgn}x=\begin{cases}-1,&x<0\\0,&x=0\\1,&x>0\end{cases}$，其图像如图 1-6 所示.

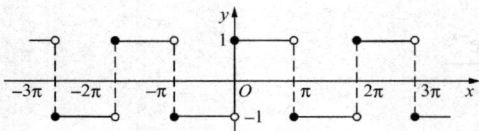

图 1-5

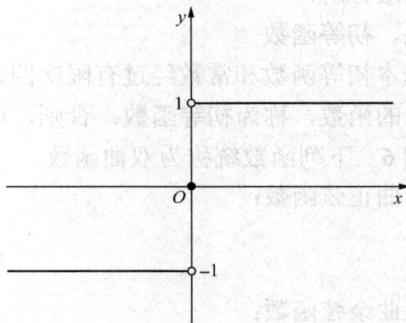

图 1-6

复习题一

1. 填空题.

（1）函数 $y=\sqrt{x-2}+\dfrac{1}{x-3}$ 的定义域为_____.

（2）函数 $y=\sin x$ 在区间_____上单调增加，在区间_____上单调减少.

（3）若 $f(x)=\begin{cases}x+1,x>0\\\pi,&x=0\\0,&x<0\end{cases}$，则 $f\{f[f(-1)]\}=$_____.

（4）$y=e^{\ln\sin\sqrt{x}}$ 的复合过程为_____.

2. 单项选择题.

（1）函数 $y=\sin\left(x+\dfrac{\pi}{2}\right)$ 是（ ）.

A. 奇函数　　B. 偶函数　　C. 非周期函数　　D. 单调函数

（2）下列各对函数中，是相同函数的是（　　）.

A．$y = \ln x^2$ 与 $y = 2\ln x$　　　　B．$y = \ln x^3$ 与 $y = 3\ln x$

C．$y = x + 1$ 与 $y = \dfrac{x^2 - 1}{x - 1}$　　　　D．$y = \sqrt{x^2}$ 与 $y = x$

（3）下列函数中为奇函数的是（　　）.

A．$f(x) = x^2 \cos x$　　　　B．$f(x) = x\arcsin x$

C．$f(x) = \dfrac{a^x + a^{-x}}{2}$　　　　D．$f(x) = \ln\dfrac{1 - x}{1 + x}$

（4）函数 $y = -\sqrt{x - 1}$ 的反函数是（　　）.

A．$y = x^2 + 1\,(-\infty < x < +\infty)$　　　　B．$y = x^2 + 1\ (x \geqslant 0)$

C．$y = x^2 + 1\ (x \leqslant 0)$　　　　D．$y = x^2 + 1\ (x \neq 0)$

3．判断题.

（1）$f(x) = x\sin x\mathrm{e}^{\cos x}(-\infty < x < +\infty)$ 是有界函数.（　　）

（2）$f(x) = \ln\dfrac{x + \sqrt{x^2 + a^2}}{a}\ (a > 0, -\infty < x < +\infty)$ 是奇函数.（　　）

（3）函数 $y = \ln\sqrt{x}$ 与 $y = \dfrac{1}{2}\ln x$ 是相同函数.（　　）

知识结构图

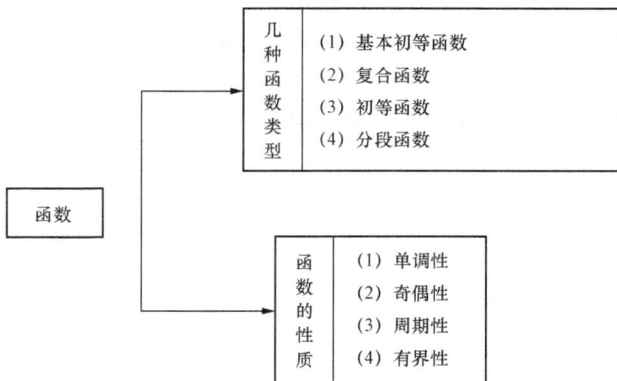

第2章 极限与连续

极限是高等数学中的一个重要概念．它是在一些实际问题中，尤其是在求几何问题和物理问题的精确解时而产生的．从极限思想的产生到极限理论的建立，经历了大约两千多年的时间．微积分学中的许多重要概念，如导数、定积分等，均通过极限来定义．因此，掌握极限的思想与方法是学好微积分学的前提．

本章将介绍极限与连续的基本知识和有关的基本方法．

2.1 极　　限

问题提出

如何求圆的面积？

解法探究

魏晋时代的数学家刘徽用割圆术证明圆面积公式时，从内接正六边形开始割圆，依次得到内接正十二边形、正二十四边形……当内接正多边形的边数无限增加时，圆内接正多边形就无限接近于圆．通过考察这一系列近似值的变化趋势（即圆内接正多边形的面积）S_1，S_2，…，S_n，可解决求圆面积的问题，如图 2-1 所示．

这种解决问题的想法就是通常所说的极限思想．

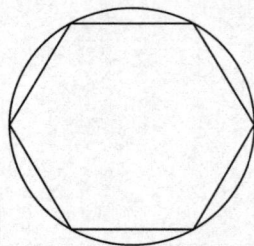

图 2-1

必要知识

一、数列的极限

先观察下列两个数列 $\{u_n\}$ 的变化趋势．

（1）$\dfrac{1}{2}, \dfrac{1}{4}, \dfrac{1}{8}, \cdots, \dfrac{1}{2^n}, \cdots$;

（2）$\dfrac{1}{2}, \dfrac{2}{3}, \dfrac{3}{4}, \cdots, \dfrac{n}{n+1}, \cdots$.

在数轴上表示这两个数列，如图 2-2 所示．

从图 2-2 可以看出，当 n 无限增大时，数列（1）中的一般项 $u_n = \dfrac{1}{2^n}$ 无限趋近于 0，数列

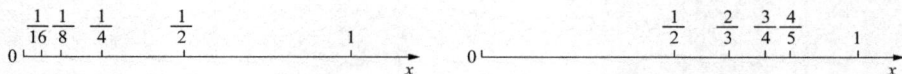

图 2-2

（2）中的一般项 $u_n = \dfrac{n}{n+1}$ 无限趋近于 1.

将数列的这种特性概括起来，给出以下定义.

定义 1 对于数列 $\{u_n\}$，如果当项数 n 无限增大时，一般项 u_n 无限趋近于某个确定的常数 A，那么常数 A 称为数列 $\{u_n\}$ 的极限，记作 $\lim\limits_{n\to\infty} u_n = A$ 或 $u_n \to A (n\to\infty)$.

数列 $\{u_n\}$ 的极限存在，也称数列 $\{u_n\}$ 是收敛的；反之，则称数列 $\{u_n\}$ 是发散的. 根据极限定义，数列（1）的极限 $\lim\limits_{n\to\infty} \dfrac{1}{2^n} = 0$，也称数列（1）收敛于 0；数列（2）的极限 $\lim\limits_{n\to\infty} \dfrac{n}{n+1} = 1$，也称数列（2）收敛于 1.

二、函数的极限

数列 $u_n = f(n), n\in \mathbf{N}^+$ 是整标函数，自变量 n 只能取正整数而无限增大 $(n\to\infty)$. 而一般函数根据自变量 x 的变化趋势，函数的极限可以分为以下两种情况.

1. 当 $x\to\infty$ 时，函数 $f(x)$ 的极限

首先，观察当 $x\to\infty$ 时函数 $y = \dfrac{1}{x} + 1$ 的变化趋势，如图 2-3 所示，当 $x\to\infty$（包括 $x\to +\infty$，$x\to -\infty$）时，函数 $y = \dfrac{1}{x} + 1$ 无限趋近于确定常数 1.

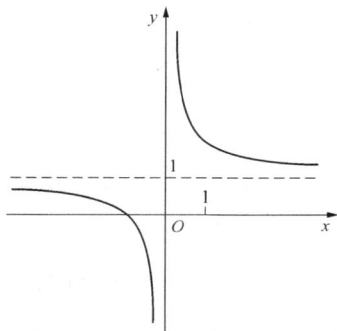

图 2-3

定义 2 设函数 $y = f(x)$ 在 $|x| > a(a > 0)$ 有定义，如果当 x 的绝对值无限增大时，函数值 $f(x)$ 无限趋近于某个确定的常数 A，则称 A 是函数 $f(x)$ 当 $x\to\infty$ 时的极限，记作

$$\lim\limits_{x\to\infty} f(x) = A \text{ 或 } f(x) \to A \ x\to\infty$$

> **注 意**
>
> $x\to\infty$ 表示 x 既取正值而无限增大（记为 $x\to +\infty$），同时也取负值而绝对值无限增大（记为 $x\to -\infty$）.

有时 x 的变化趋势只能或只需取这两种变化中的一种情形.

定义 3 设函数 $y = f(x)$ 在 $(a, +\infty)$ 内有定义. 如果当 x 无限增大时，函数值 $f(x)$ 无限趋近于某个确定的常数 A，则称 A 是函数 $f(x)$ 当 $x\to +\infty$ 时的极限，记作

$$\lim\limits_{x\to +\infty} f(x) = A \text{ 或 } f(x) \to A(x\to +\infty)$$

类似地，可给出 $x\to -\infty$ 时函数 $f(x)$ 的极限定义.

例 1 讨论 $f(x) = \arctan x$ 当 $x\to\infty$ 时的极限.

解 由反正切函数图像可知

$$\lim\limits_{x\to +\infty} \arctan x = \dfrac{\pi}{2}, \quad \lim\limits_{x\to -\infty} \arctan x = -\dfrac{\pi}{2}$$

由于当 $x\to +\infty$ 和 $x\to -\infty$ 时，$f(x) = \arctan x$ 不是无限趋近于同一个确定常数，所以 $\lim\limits_{x\to\infty} \arctan x$ 不存在.

定理 1 $\lim\limits_{x\to\infty} f(x) = A$ 的充分必要条件是 $\lim\limits_{x\to+\infty} f(x) = \lim\limits_{x\to-\infty} f(x) = A$.

2. 当 $x \to x_0$ 时，函数 $f(x)$ 的极限

观察当 $x \to 1$ 时，函数 $f(x) = \dfrac{x^2-1}{x-1}$ 的变化趋势.

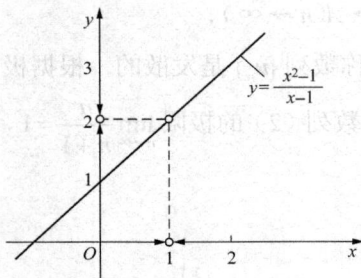

图 2-4

当 $x \neq 1$ 时，函数 $f(x) = \dfrac{x^2-1}{x-1} = x+1$，由图 2-4 可知，当 $x \to 1$ 时，$f(x) \to 2$.

定义 4 设函数 $f(x)$ 在 x_0 的左右近旁有定义（x_0 点可以除外）. 如果当自变量 x 无限趋近于 x_0（$x \neq x_0$）时，函数值 $f(x)$ 无限趋近于某个确定的常数 A，则称 A 是函数 $f(x)$ 当 $x \to x_0$ 时的极限，记作

$$\lim\limits_{x\to x_0} f(x) = A \ \text{或}\ f(x) \to A \ （当 x \to x_0）$$

> **注 意**
>
> $x \to x_0$，表示 x 是既从 x_0 的左侧（即 x 小于 x_0）也从 x_0 的右侧（即 x 大于 x_0）无限趋近于 x_0.

有时只需考虑单侧，x 小于 x_0 而趋近于 x_0（记作 $x \to x_0^-$）或 x 大于 x_0 而趋近于 x_0（记作 $x \to x_0^+$）时，函数 $f(x)$ 以 A 为极限的情形. 前者称为函数 $f(x)$ 在 x_0 的左极限是 A，记作

$$\lim\limits_{x\to x_0^-} f(x) = A \ \text{或}\ f(x_0 - 0) = A$$

后者称为函数 $f(x)$ 在 x_0 的右极限是 A，记作

$$\lim\limits_{x\to x_0^+} f(x) = A \ \text{或}\ f(x_0 + 0) = A$$

定理 2 $\lim\limits_{x\to x_0} f(x) = A$ 的充分必要条件是 $\lim\limits_{x\to x_0^-} f(x) = \lim\limits_{x\to x_0^+} f(x) = A$.

例 2 已知函数 $f(x) = \begin{cases} x-1, & x < 0 \\ x^3, & x \geqslant 0 \end{cases}$，讨论当 $x \to 0$ 时 $f(x)$ 的极限.

解 $\lim\limits_{x\to 0^-} f(x) = \lim\limits_{x\to 0^-} (x-1) = -1$，$\lim\limits_{x\to 0^+} f(x) = \lim\limits_{x\to 0^+} x^3 = 0$，因为 $\lim\limits_{x\to 0^-} f(x) \neq \lim\limits_{x\to 0^+} f(x)$，所以当 $x \to 0$ 时 $f(x)$ 的极限不存在.

三、无穷小与无穷大

1. 无穷小

为简化起见，后面讨论的一般性结论中，若记号"$\lim$"下面没有标明自变量的变化趋势，则表示对自变量的任何变化趋势都适用.

（1）无穷小的定义.

定义 5 如果极限 $\lim f(x) = 0$，则称函数 $f(x)$ 是该自变量变化过程中的无穷小量，简称为无穷小.

例如，因为 $\lim\limits_{x\to 1} (x-1) = 0$，所以函数 $(x-1)$ 是当 $x \to 1$ 时的无穷小.

（1）无穷小是相对于自变量的某一变化趋势而言的. 例如，当 $x \to \infty$ 时，$\dfrac{1}{x}$ 是无穷

小，而当 $x \to 1$ 时，$\dfrac{1}{x}$ 就不是无穷小了.

（2）无穷小是以零为极限的函数，不能理解为一个绝对值很小的常数. 零是唯一可以看作无穷小的常数.

无穷小与函数极限之间存在如下关系.

定理 3　在自变量的同一变化过程中，函数 $f(x)$ 有极限 A 的充分必要条件是 $f(x)$ 能表示为常数 A 与一个无穷小之和.

（2）无穷小的性质.

性质 1　有限个无穷小的和、差、积仍是无穷小.

性质 2　有界函数与无穷小的乘积是无穷小.

例 3　求 $\lim\limits_{x \to 0} x \sin \dfrac{1}{x}$.

解　因为 $\lim\limits_{x \to 0} x = 0$，所以 x 是 $x \to 0$ 时的无穷小. 而 $\left| \sin \dfrac{1}{x} \right| \leqslant 1$，所以 $\sin \dfrac{1}{x}$ 是有界函数. 根据无穷小的性质 2，可知 $\lim\limits_{x \to 0} x \sin \dfrac{1}{x} = 0$.

（3）无穷小的比较. 前面讨论了两个无穷小的和、差、积仍然是无穷小，但两个无穷小之比，则不一定是无穷小，例如，$x \to 0$ 时，x，$2x$ 和 x^2 都是无穷小，但是 $\lim\limits_{x \to 0} \dfrac{x}{x^2} = \infty$，$\lim\limits_{x \to 0} \dfrac{2x}{x} = 2$. 比值的极限不同，反映了无穷小趋于零的速度不同，为比较无穷小趋于零的快慢，给出如下定义.

定义 6　设 α，β 是自变量在同一变化过程中的两个无穷小.

①若 $\lim \dfrac{\alpha}{\beta} = 0$，则称 α 是比 β **高阶的无穷小**，记作 $\alpha = o(\beta)$（也称 β 是比 α 低阶的无穷小）.

②若 $\lim \dfrac{\alpha}{\beta} = c$（常数 $c \neq 0$），则称 α 与 β 是**同阶无穷小**，特别地，当 $c = 1$ 时，称 α 与 β 是**等价无穷小**，记作 $\alpha \sim \beta$.

2. 无穷大

定义 7　在自变量某一变化过程中，若函数 $f(x)$ 的绝对值无限增大，则称 $f(x)$ 为该自变量变化过程中的无穷大量，简称为无穷大，记作 $\lim f(x) = \infty$.

例如，因为 $\lim\limits_{x \to +\infty} 2^x = +\infty$，因此当 $x \to +\infty$ 时，2^x 为无穷大；因为 $\lim\limits_{x \to 0^+} \ln x = -\infty$，所以 $x \to 0^+$ 时，$\ln x$ 为无穷大.

（1）无穷大是极限不存在的一种情形，"$\lim f(x) = \infty$" 只是借用了极限记号，以便于表述"函数 $f(x)$ 的绝对值无限增大"的性态.

（2）无穷大与自变量的某一变化过程有关. 例如，当 $x \to 0$ 时，$\dfrac{1}{x}$ 是无穷大，而当

$x \to \infty$ 时，$\dfrac{1}{x}$ 就是无穷小了.

（3）无穷大是绝对值无限增大的变量，不能将其与很大的常数相混淆.

3. 无穷小与无穷大的关系

定理 4　在自变量同一变化过程中，若 $f(x)$ 是无穷大，则 $\dfrac{1}{f(x)}$ 是无穷小；若 $f(x)$ 是无穷小且 $f(x) \neq 0$，则 $\dfrac{1}{f(x)}$ 是无穷大.

例 4　求 $\lim\limits_{x \to 1} \dfrac{1}{1-x^2}$.

解　因为 $\lim\limits_{x \to 1}(1-x^2)=0$，即 $x \to 1$ 时 $1-x^2$ 为无穷小，所以 $\lim\limits_{x \to 1} \dfrac{1}{1-x^2}=\infty$.

习 题 2.1

1．下列说法是否正确？

（1）若 $\lim\limits_{x \to x_0^+} f(x)$ 与 $\lim\limits_{x \to x_0^-} f(x)$ 均存在，则极限 $\lim\limits_{x \to x_0} f(x)$ 必存在；

（2）无穷小的倒数是无穷大；

（3）任意多个无穷小的和仍是无穷小；

（4）无穷小是零；

（5）$\dfrac{1}{x^2}$ 是无穷小.

2．分析下列各极限，若极限存在，求出该极限.

（1）$\lim\limits_{x \to 1} \ln x$；　　　　（2）$\lim\limits_{x \to \infty} \sin x$；　　　　（3）$\lim\limits_{x \to \infty} e^x$.

3．求下列各极限.

（1）$\lim\limits_{x \to \infty} \dfrac{\arctan x}{x}$；　　　（2）$\lim\limits_{x \to 2} \dfrac{x-1}{x-2}$；　　　（3）$\lim\limits_{x \to 0}(x+x^2)\cos\dfrac{1}{x}$.

4．观察下列数列的变化趋势，若极限存在，写出该极限.

（1）$u_n = \dfrac{1}{n^2}$；　　　　（2）$u_n = \sin\dfrac{n\pi}{2}$.

5．设 $f(x)=\begin{cases}2x, & x<0 \\ x+1, & x \geq 0\end{cases}$，当 $x \to 0$ 时，$f(x)$ 的极限是否存在？

2.2　极 限 的 运 算

必要知识

一、极限的四则运算法则

定理 1　如果 $\lim f(x)=A, \lim g(x)=B$，则

（1）　$\lim[f(x) \pm g(x)] = \lim f(x) \pm \lim g(x) = A \pm B$;

（2）　$\lim[f(x) \cdot g(x)] = \lim f(x) \cdot \lim g(x) = A \cdot B$;

（3）　若 $B \neq 0$，$\lim \dfrac{f(x)}{g(x)} = \dfrac{\lim f(x)}{\lim g(x)} = \dfrac{A}{B}$.

推论　$\lim[Cf(x)] = C \lim f(x) = CA$（$C$ 为常数）.

🔊　**注　意**

（1）上述法则对于数列极限也适用；

（2）定理 1 中的（1）、（2）可推广至有限个函数的情形.

例 1　求 $\lim\limits_{x \to 1}(3x^2 + 5x - 6)$.

解　$\lim\limits_{x \to 1}(3x^2 + 5x - 6) = \lim\limits_{x \to 1}3x^2 + \lim\limits_{x \to 1}5x - \lim\limits_{x \to 1}6 = 3 + 5 - 6 = 2$

例 2　求 $\lim\limits_{x \to 2}\dfrac{3x^2 + 5x - 1}{4x - 1}$.

解　因为 $\lim\limits_{x \to 2}(4x - 1) = \lim\limits_{x \to 2}4x - \lim\limits_{x \to 2}1 = 8 - 1 = 7 \neq 0$，所以

$$\lim_{x \to 2}\frac{3x^2 + 5x - 1}{4x - 1} = \frac{\lim\limits_{x \to 2}(3x^2 + 5x - 1)}{\lim\limits_{x \to 2}(4x - 1)} = = \frac{12 + 10 - 1}{7} = 3$$

例 3　求 $\lim\limits_{x \to 1}\dfrac{x^2 - 1}{x - 1}$.

分析　当 $x \to 1$ 时，分子与分母的极限都是 0（呈现 "$\dfrac{0}{0}$" 形式），不能直接用商的极限法则，但在 $x \to 1$ 的过程中，由于 $x \neq 1$ 即 $x - 1 \neq 0$，而分子及分母有公因子 $x - 1$，故而在式中，可约去公因子 $(x - 1)$.

解
$$\lim_{x \to 1}\frac{x^2 - 1}{x - 1} = \lim_{x \to 1}\frac{(x - 1)(x + 1)}{x - 1} = \lim_{x \to 1}(x + 1) = 2$$

例 4　求 $\lim\limits_{x \to \infty}(x^3 - 3x^2 + 5)$.

分析　当 $x \to \infty$ 时，x^3 和 $3x^2$ 极限都不存在，不能直接用极限的四则运算法则.

解　因为

$$\lim_{x \to \infty}\frac{1}{x^3 - 3x^2 + 5} = \lim_{x \to \infty}\frac{\dfrac{1}{x^3}}{1 - \dfrac{3}{x} + \dfrac{5}{x^3}} = 0$$

根据无穷大与无穷小的关系，得

$$\lim_{x \to \infty}(x^3 - 3x^2 + 5) = \infty$$

例 5　求 $\lim\limits_{x \to \infty}\dfrac{2x^2 - x + 3}{x^3 + 2x + 2}$.

分析　当 $x \to \infty$ 时，分子、分母的极限都不存在 (呈现 "$\dfrac{\infty}{\infty}$" 形式)，不能直接用极限的四则运算法则，可以分子、分母同除以分母中 x 的最高次幂，然后再求极限.

解

$$\lim_{x\to\infty}\frac{2x^2-x+3}{x^3+2x+2}=\lim_{x\to\infty}\frac{\dfrac{2}{x}-\dfrac{1}{x^2}+\dfrac{3}{x^3}}{1+\dfrac{2}{x^2}+\dfrac{2}{x^3}}=0$$

一般地，可得结论

$$\lim_{x\to\infty}\frac{a_0x^m+a_1x^{m-1}+\cdots+a_m}{b_0x^n+b_1x^{n-1}+\cdots+b_n}=\begin{cases}\dfrac{a_0}{b_0}, & m=n\\[2mm] 0, & m<n\\[2mm] \infty, & m>n\end{cases}$$

例 6　求 $\lim\limits_{x\to 4}\dfrac{x-4}{\sqrt{x+5}-3}$.

分析　当 $x\to 4$ 时，分子、分母的极限都为 0（呈现"$\dfrac{\infty}{\infty}$"形式），不能直接用商的极限运算法则，可先对分母有理化，然后再求极限.

解　$\lim\limits_{x\to 4}\dfrac{x-4}{\sqrt{x+5}-3}=\lim\limits_{x\to 4}\dfrac{(x-4)\,(\sqrt{x+5}+3)}{(\sqrt{x+5}-3)\,(\sqrt{x+5}+3)}=\lim\limits_{x\to 4}\dfrac{(x-4)\,(\sqrt{x+5}+3)}{(x-4)}$

$$=\lim_{x\to 4}(\sqrt{x+5}+3)=6$$

例 7　求 $\lim\limits_{x\to 1}\left(\dfrac{2}{1-x^2}-\dfrac{x}{1-x}\right)$.

分析　当 $x\to 1$ 时，两项极限均不存在（呈现"$\infty-\infty$"形式），可先通分，再求极限.

解　$\lim\limits_{x\to 1}\left(\dfrac{2}{1-x^2}-\dfrac{x}{1-x}\right)=\lim\limits_{x\to 1}\dfrac{2-x(1+x)}{1-x^2}=\lim\limits_{x\to 1}\dfrac{(1-x)(2+x)}{(1-x)(1+x)}=\lim\limits_{x\to 1}\dfrac{2+x}{1+x}=\dfrac{3}{2}$

二、两个重要极限

1. $\lim\limits_{x\to 0}\dfrac{\sin x}{x}=1$

由于函数 $\dfrac{\sin x}{x}$ 是偶函数，只需考虑当 $x\to 0^+$ 时，函数 $\dfrac{\sin x}{x}$ 的值的变化趋势，如表 2-1 所示.

表 2-1

x/rad	0.50	0.10	0.05	0.04	0.03	0.03	…
$\dfrac{\sin x}{x}$	0.9585	0.9983	0.9996	0.9997	0.9998	0.9999	…

由表 2-1 可看出当 x 无限趋近于 0 时 $\dfrac{\sin x}{x}$ 变化的大致趋势，可以证明，当 $x\to 0$ 时，函数 $\dfrac{\sin x}{x}$ 的极限存在且等于 1，即 $\lim\limits_{x\to 0}\dfrac{\sin x}{x}=1$.

这个极限有两个特征：

（1）呈现"$\dfrac{0}{0}$"形式；

（2）分子是分母（角度）的正弦函数.

实际运用时经常用它的变量代换形式，即当 $\lim\limits_{x \to a} \varphi(x) = 0$ 时，$\lim\limits_{x \to a} \dfrac{\sin[\varphi(x)]}{\varphi(x)} = 1$（其中，$a$ 可以是有限数 x_0，也可以是 $\pm\infty$ 或 ∞）.

例 8　求 $\lim\limits_{x \to 0} \dfrac{\tan x}{x}$.

解　$\lim\limits_{x \to 0} \dfrac{\tan x}{x} = \lim\limits_{x \to 0} \dfrac{\sin x}{x} \cdot \dfrac{1}{\cos x} = \lim\limits_{x \to 0} \dfrac{\sin x}{x} \cdot \lim\limits_{x \to 0} \dfrac{1}{\cos x} = 1$

例 9　求 $\lim\limits_{x \to 0} \dfrac{\sin 3x}{x}$.

解　$\lim\limits_{x \to 0} \dfrac{\sin 3x}{x} = 3\lim\limits_{x \to 0} \dfrac{\sin 3x}{3x} = 3$

例 10　求 $\lim\limits_{x \to 0} \dfrac{1 - \cos x}{x^2}$.

解　$\lim\limits_{x \to 0} \dfrac{1 - \cos x}{x^2} = \lim\limits_{x \to 0} \dfrac{2\sin^2 \frac{x}{2}}{x^2} = \dfrac{1}{2}\lim\limits_{x \to 0} \dfrac{\sin^2 \frac{x}{2}}{\left(\frac{x}{2}\right)^2} = \dfrac{1}{2}\left[\lim\limits_{x \to 0} \dfrac{\sin \frac{x}{2}}{\frac{x}{2}}\right]^2 = \dfrac{1}{2}$

2．$\lim\limits_{x \to \infty} \left(1 + \dfrac{1}{x}\right)^x = \mathrm{e}$

观察当 $x \to \infty$ 时函数的变化趋势，如表 2-2 所示.

表 2-2

x	1	2	10	1 00	10 000	100 000	1 000 000	…
$\left(1+\frac{1}{x}\right)^x$	2	2.25	2.594	2.717	2.7181	2.718 2	2.718 28	…

由表 2-2 可知，当 x 取正值并无限增大时，$\left(1 + \dfrac{1}{x}\right)^x$ 是逐渐增大的，但是不论如何增大，$\left(1 + \dfrac{1}{x}\right)^x$ 的值总不会超过 3. 实际上如果继续增大 x，即当 $x \to +\infty$ 时，可以验证 $\left(1 + \dfrac{1}{x}\right)^x$ 是趋近于一个确定的无理数 e=2.718281828….

当 $x \to -\infty$ 时，函数 $\left(1 + \dfrac{1}{x}\right)^x$ 有类似的变化趋势，只是它是减小而趋近于 e.

第二个重要极限也有两个特征：

（1）底数是 1 加上无穷小；

（2）指数是底数中无穷小的倒数.

它的变量代换形式是：

（1）当 $\lim\limits_{x \to a} \varphi(x) = \infty$ 时，$\lim\limits_{x \to a} \left(1 + \dfrac{1}{\varphi(x)}\right)^{\varphi(x)} = \mathrm{e}$（其中，$a$ 可以是有限数 x_0，也可以是 $\pm\infty$ 或 ∞）.

（2）$\lim\limits_{x\to 0}(1+x)^{\frac{1}{x}}=\mathrm{e}$.

例 11　求 $\lim\limits_{x\to\infty}\left(1-\dfrac{2}{x}\right)^{x}$.

解　令 $-\dfrac{2}{x}=t$ ，则 $x=-\dfrac{2}{t}$. 当 $x\to\infty$ 时， $t\to 0$ ，所以

$$\lim_{x\to\infty}\left(1-\frac{2}{x}\right)^{x}=\lim_{t\to 0}(1+t)^{-\frac{2}{t}}=\left[\lim_{t\to 0}(1+t)^{\frac{1}{t}}\right]^{-2}=\mathrm{e}^{-2}$$

例 12　求 $\lim\limits_{x\to\infty}\left(\dfrac{3-x}{2-x}\right)^{x}$.

解　令 $\dfrac{3-x}{2-x}=1+u$ ，则 $x=2-\dfrac{1}{u}$. 当 $x\to\infty$ 时， $u\to 0$ ，于是

$$\lim_{x\to\infty}\left(\frac{3-x}{2-x}\right)^{x}=\lim_{u\to 0}(1+u)^{2-\frac{1}{u}}=\lim_{u\to 0}(1+u)^{2}\left[\lim_{u\to 0}(1+u)^{\frac{1}{u}}\right]^{-1}=\mathrm{e}^{-1}$$

习 题 2.2

1．下列说法是否正确？

（1）设 $\lim\limits_{x\to x_0}\left[f(x)+g(x)\right]$ 、$\lim\limits_{x\to x_0}f(x)$ 都存在，则 $\lim\limits_{x\to x_0}g(x)$ 一定存在；

（2）设 $\lim\limits_{x\to x_0}\left[f(x)+g(x)\right]$ 存在，则 $\lim\limits_{x\to x_0}f(x)$ 、$\lim\limits_{x\to x_0}g(x)$ 一定都存在；

（3）设 $\lim\limits_{x\to x_0}\left[f(x)\cdot g(x)\right]$ 、$\lim\limits_{x\to x_0}f(x)$ 都存在，则 $\lim\limits_{x\to x_0}g(x)$ 一定存在；

（4）设 $\lim\limits_{x\to x_0}\left[f(x)\cdot g(x)\right]$ 、$\lim\limits_{x\to x_0}f(x)$ 都存在，且 $\lim\limits_{x\to x_0}f(x)\neq 0$ ，则 $\lim\limits_{x\to x_0}g(x)$ 一定存在.

2．求下列极限.

（1）$\lim\limits_{x\to 1}\dfrac{x^2-1}{x+3}$ ；

（2）$\lim\limits_{x\to 1}\dfrac{x^2-1}{x^2-3x+2}$ ；

（3）$\lim\limits_{x\to 0}\dfrac{1-\sqrt{x+1}}{2x}$ ；

（4）$\lim\limits_{x\to 2}\left(\dfrac{1}{x-2}-\dfrac{4}{x^2-4}\right)$.

3．求下列极限.

（1）$\lim\limits_{x\to 0}\dfrac{\sin 3x}{\tan 2x}$ ；

（2）$\lim\limits_{x\to -1}\dfrac{\sin(x+1)}{2(x+1)}$ ；

（3）$\lim\limits_{x\to\infty}\left(1-\dfrac{2}{x}\right)^{2x}$ ；

（4）$\lim\limits_{x\to 0}(1-x)^{\frac{1}{x}}$.

2.3　函 数 的 连 续 性

问题提出

自然界中的许多现象，如气温变化、河水流动、植物生长等，都是连续变化着的，这些现象反映在数学上称为函数的连续. 如何来刻画函数的这一特性呢？

解法探究

对于气温的变化和植物的生长，当观察的时间间隔很短时，气温的变化和植物的生长改变也很小，由此，利用变量的改变量可以刻画这些自然现象.

必要知识

一、函数的连续性

定义 1　设函数 $y = f(x)$ 在点 x_0 及其近旁有定义，如果自变量从初值 x_0 变到终值 x，对应的函数值由 $f(x_0)$ 变化到 $f(x)$，则称 $x - x_0$ 为自变量的增量，$f(x) - f(x_0)$ 为函数的增量，分别记作 Δx，Δy. 即 $\Delta x = x - x_0$，$\Delta y = f(x) - f(x_0) = f(x_0 + \Delta x) - f(x_0)$.

> **注 意**
> 增量不一定是正的，当初值大于终值时，增量就是负的. 由图 2-5（a）可知，函数 $y = f(x)$ 在点 x_0 处连续的特征是：当 $\Delta x \to 0$ 时，$\Delta y \to 0$. 由图 2-5（b）可知，函数 $y = \varphi(x)$ 在 x_0 处间断的特征是：当 $\Delta x \to 0$ 时，Δy 不趋于零. 由此给出函数在某点处连续的定义.

定义 2　设函数 $y = f(x)$ 在点 x_0 及其近旁有定义，如果当自变量的增量 Δx 趋于零时，对应的函数增量 Δy 也趋于零，即

$$\lim_{\Delta x \to 0} \Delta y = 0 \quad \text{或} \quad \lim_{\Delta x \to 0}[f(x_0 + \Delta x) - f(x_0)] = 0$$

则称函数 $y = f(x)$ 在点 x_0 处连续. 由于 Δy 也可写成 $\Delta y = f(x) - f(x_0)$，$\Delta x \to 0$ 就是 $x \to x_0$，$\Delta y \to 0$ 就是 $f(x) \to f(x_0)$，于是有如下定义.

定义 3　设函数 $f(x)$ 在 x_0 的左右近旁有定义，若 $\lim_{x \to x_0} f(x) = f(x_0)$，则称 $f(x)$ 在点 x_0 处连续.

由定义 3 可看出，函数 $f(x)$ 在点 x_0 处连续，必须同时满足下列三个条件：

（1）函数 $y = f(x)$ 在点 x_0 及其近旁有定义；

（2）$\lim_{x \to x_0} f(x)$ 存在；

（3）$\lim_{x \to x_0} f(x)$ 等于函数值 $f(x_0)$.

上述三个条件中只要有一个不满足，则称点 x_0 是函数 $y = f(x)$ 的间断点.

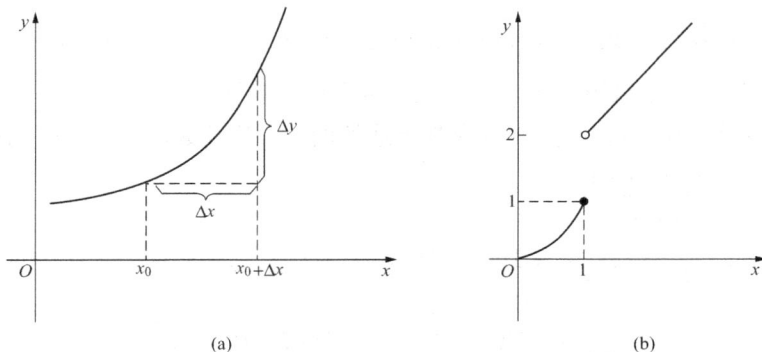

(a)　　　(b)

图 2-5

例 1　讨论函数 $f(x) = \begin{cases} 2x+1, & x \leqslant 0 \\ \cos x, & x > 0 \end{cases}$ 在 $x = 0$ 处的连续性.

解　因为函数 $f(x)$ 在 $x = 0$ 及其近旁有定义，且 $f(0) = 1$，又

$$\lim_{x \to 0^+} f(x) = \lim_{x \to 0^+} \cos x = 1, \lim_{x \to 0^-} f(x) = \lim_{x \to 0^-} (2x+1) = 1$$

即 $\lim_{x \to 0} f(x) = f(0) = 1$，所以 $f(x)$ 在 $x = 0$ 处连续.

例 2　讨论函数 $f(x) = \begin{cases} x, & x \neq 1 \\ \dfrac{1}{2}, & x = 1 \end{cases}$ 在 $x = 1$ 处的连续性.

解　因为函数 $f(x)$ 在 $x = 1$ 及其近旁有定义，且 $f(1) = \dfrac{1}{2}$，而 $\lim_{x \to 1} f(x) = \lim_{x \to 1} x = 1$，所以 $\lim_{x \to 1} f(x) \neq f(1)$，$x = 1$ 是函数 $f(x)$ 的间断点.

有时只需要考虑单侧连续.

定义 4　设函数 $y = f(x)$ 在点 x_0 及其左（或右）侧近旁有定义，如果

$$\lim_{x \to x_0^-} f(x) = f(x_0) \quad \left[\text{或} \lim_{x \to x_0^+} f(x) = f(x_0) \right]$$

则称函数 $f(x)$ 在点 x_0 处**左连续**（或**右连续**）.

若函数 $f(x)$ 在开区间 (a, b) 内每一点都连续，则称函数 $f(x)$ 在开区间 (a, b) 内连续. 若函数 $f(x)$ 在开区间 (a, b) 内连续，且在左端点 $x = a$ 处右连续，在右端点 $x = b$ 处左连续，则称函数 $f(x)$ 在闭区间 $[a, b]$ 上连续.

二、初等函数的连续性

定理 1　若函数 $f(x)$ 和 $g(x)$ 在点 x_0 处均连续，则函数 $f(x) \pm g(x)$、$f(x) \cdot g(x)$ 在点 x_0 处也连续；又若 $g(x_0) \neq 0$，则函数 $\dfrac{f(x)}{g(x)}$ 在点 x_0 处也连续.

定理 2　若函数 $y = f(u)$ 在 u_0 处连续，函数 $u = \varphi(x)$ 在 x_0 处连续，且 $u_0 = \varphi(x_0)$，则复合函数 $y = f[\varphi(x)]$ 在 x_0 处连续.

这个定理说明了连续函数的复合函数仍为连续函数，并可得到如下结论：

$$\lim_{x \to x_0} f[\varphi(x)] = f[\lim_{x \to x_0} \varphi(x)] = f[\varphi(x_0)]$$

这表示对于连续函数，极限记号与函数记号可以交换次序.

推论　若 $\lim_{x \to x_0} \varphi(x) = u_0$，函数 $y = f(u)$ 在 u_0 处连续，则 $\lim_{x \to x_0} f[\varphi(x)] = f[\lim_{x \to x_0} \varphi(x)]$.

此推论意味着复合函数 $y = f[\varphi(x)]$ 在不连续的条件下，只要 $\lim_{x \to x_0} \varphi(x) = u_0$ 存在，函数 $y = f(u)$ 在 u_0 处连续，则极限记号与函数记号也可以交换次序.

定理 3　基本初等函数在其定义域内都是连续的，初等函数在其定义区间内都是连续的.

例 3　求 $\lim_{x \to 2} \dfrac{x^2 + 3\ln(x-1)}{\sqrt{1+x^2}}$.

解　因为初等函数 $f(x) = \dfrac{x^2 + 3\ln(x-1)}{\sqrt{1+x^2}}$ 的定义区间是 $(1, +\infty)$，所以

$$\lim_{x \to 2} \frac{x^2 + 3\ln(x-1)}{\sqrt{1+x^2}} = \frac{2^2 + 3\ln(2-1)}{\sqrt{1+2^2}} = \frac{4\sqrt{5}}{5}$$

例 4 求 $\lim\limits_{x\to 0}\dfrac{\ln(1+x)}{x}$.

解 $\lim\limits_{x\to 0}\dfrac{\ln(1+x)}{x}=\lim\limits_{x\to 0}\ln(1+x)^{\frac{1}{x}}=\ln[\lim\limits_{x\to 0}(1+x)^{\frac{1}{x}}]=\ln \mathrm{e}=1$

三、闭区间上连续函数的性质

定理 4（最值定理） 若函数 $f(x)$ 在闭区间 $[a, b]$ 上连续,则函数 $f(x)$ 在 $[a, b]$ 上必有最大值和最小值.

如果函数在开区间内连续,或函数在闭区间上有间断点,那么函数在该区间上就不一定有最大值或最小值. 例如,函数 $y=x$ 在开区间 (a, b) 内是连续的,但在开区间 (a, b) 内既无最大值也无最小值.

定理 5（零点定理） 若函数 $f(x)$ 在闭区间 $[a, b]$ 上连续,且 $f(a)\cdot f(b)<0$,则至少存在一点 $\xi\in(a, b)$,使得 $f(\xi)=0$.

定理 5 称为根的存在定理,从几何上看,如图 2-6 所示,连续曲线 $y=f(x)$ 从 x 轴下侧的点 A［纵坐标 $f(a)<0$］笔不离纸地画到 x 轴上侧的点 B［纵坐标 $f(b)>0$）］时,必与 x 轴至少交于一点 $C(\xi, 0)$,这表明若方程 $f(x)=0$,左端的函数 $f(x)$ 在闭区间 $[a, b]$ 两个端点处的函数值异号,则该方程在开区间 $[a, b]$ 内至少存在一个根.

定理 6（介值定理） 若函数 $f(x)$ 在闭区间 $[a, b]$ 上连续,且 $f(a)\neq f(b)$,μ 为介于 $f(a)$ 与 $f(b)$ 之间的任意一个数,则至少存在一点 $\xi\in(a, b)$,使得 $f(\xi)=\mu$.

从几何意义上看,如图 2-7 所示,闭区间 $[a, b]$ 上的连续函数 $y=f(x)$ 的图像从 A 连续画到 B 时,至少要与直线 $y=\mu$ 相交一次.

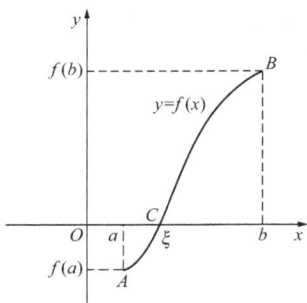

图 2-6

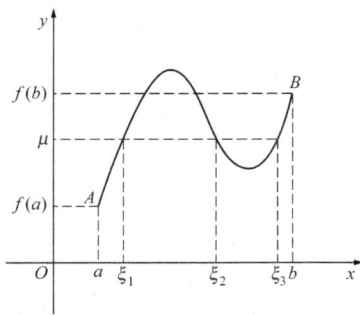

图 2-7

例 5 证明方程 $x^3-x-1=0$ 在区间（1,2）内至少有一个根.

证明 令 $f(x)=x^3-x-1$,因为 $f(x)$ 在闭区间 $[1,2]$ 上连续,且

$$f(1)=-1<0, \quad f(2)=5>0$$

根据零点定理,在（1,2）内至少有一点 ξ,使得 $f(\xi)=0$,即方程 $x^3-x-1=0$ 在区间（1,2）内至少有一个根 ξ.

习 题 2.3

1. 函数 $f(x)$ 在点 x_0 处连续与在点 x_0 处有极限,两者有什么联系与区别?

2．若函数 $f(x)$ 在 $[a, b]$ 上有定义，在 (a, b) 内连续，则函数 $f(x)$ 在 $[a, b]$ 上一定有最大值和最小值，对吗？

3．求下列极限．

（1） $\lim\limits_{x \to \infty} e^{\frac{1}{x}}$ ；

（2） $\lim\limits_{x \to 0} \ln \dfrac{\sin x}{x}$ ．

4．设 $f(x)=\begin{cases} \dfrac{\sin 2x}{x}, & x<0 \\ 3x^2-2x+k, & x \geqslant 0 \end{cases}$ ，试问 k 为何值时，函数 $f(x)$ 在 $x=0$ 处连续？

5．设 $f(x)\begin{cases} \dfrac{\sin x}{x}, & x \neq 0 \\ 1, & x=0 \end{cases}$ ，求函数 $f(x)$ 的连续区间．

6．讨论函数 $f(x)=\begin{cases} e^x, & x \geqslant 0 \\ 2x+1, & x<0 \end{cases}$ 在 $x=0$ 处的连续性．

7．证明：方程 $\sin x-x+1=0$ 在 0 与 π 之间有实根．

复习题二

1．填空题．

（1） $\lim\limits_{x \to 2} \dfrac{x+2}{x-5}=$ ＿＿＿＿＿＿．

（2） $\lim\limits_{x \to 1} \dfrac{x}{x-1}=$ ＿＿＿＿＿＿．

（3） $\lim\limits_{x \to 1} \sqrt{5-x}=$ ＿＿＿＿＿＿．

（4） $\lim\limits_{x \to \infty} \dfrac{3x^3-2x-1}{2x^3+4x^2-3x}=$ ＿＿＿＿＿＿．

（5） $\lim\limits_{x \to \infty} \dfrac{4x^3+2x^2}{5x^4-6x^3+1}=$ ＿＿＿＿＿＿．

（6） $\lim\limits_{x \to 0}(1+x)^{\frac{2}{x}}=$ ＿＿＿＿＿＿．

（7） $\lim\limits_{x \to \infty}\left(1-\dfrac{1}{x}\right)^x=$ ＿＿＿＿＿＿．

（8） $\lim\limits_{x \to \infty} x \sin \dfrac{1}{x}=$ ＿＿＿＿＿＿．

（9）若 $y=f(x)$ 在点 x_0 处连续，则 $\lim\limits_{x \to x_0} f(x)=$ ＿＿＿＿＿＿．

（10）设 $f(x)=\begin{cases} 2+x, & x>1 \\ a e^x, & x \leqslant 1 \end{cases}$ 在 $x=1$ 处连续，则 $a=$ ＿＿＿＿＿＿．

2．单项选择题．

（1）下列等式成立的是（　　）．

　　A． $\lim\limits_{x \to 0} \dfrac{\sin x^2}{x}=1$ 　　　　B． $\lim\limits_{x \to 0} \dfrac{\tan x}{x}=1$

　　C． $\lim\limits_{x \to 0} \dfrac{\sin x}{x^2}=1$ 　　　　D． $\lim\limits_{x \to \infty} \dfrac{\sin x}{x}=1$

（2）若 $\lim\limits_{x \to x_0} f(x)=A$ ，又 $f(x)-A=\alpha$ ，则当 $x \to x_0$ 时，α 是（　　）．

　　A．有界变量　　　B．无穷小量　　　C．无穷大量　　　D．常量

（3）当 $x \to$ （　　）时，$y=\dfrac{x^2-1}{x(x-1)}$ 为无穷大量．

　　A．1　　　　　　B．0　　　　　　C．$+\infty$　　　　　D．$-\infty$

（4）下列等式中成立的是（　　）.

A. $\lim\limits_{x\to\infty}\left(1+\dfrac{1}{x}\right)^{2x}=e$ 　　　　　B. $\lim\limits_{x\to\infty}\left(1+\dfrac{2}{x}\right)^{x}=e$

C. $\lim\limits_{x\to\infty}\left(1+\dfrac{1}{2x}\right)^{x}=e$ 　　　　　D. $\lim\limits_{x\to\infty}\left(1+\dfrac{1}{x}\right)^{x+2}=e$

（5）当 $x\to5$ 时，函数 $f(x)=\dfrac{|x-5|}{x-5}$ 的极限为（　　）.

A. 1 　　　　B. -1 　　　　C. 0 　　　　D. 不存在

3. 设函数 $f(x)=\begin{cases}x^{2}, & x<0\\ x, & x\geq0\end{cases}$.

（1）作出 $f(x)$ 的图像；

（2）给出 $\lim\limits_{x\to0^{-}}f(x)$ 及 $\lim\limits_{x\to0^{+}}f(x)$；

（3）$x\to0$ 时，$f(x)$ 的极限存在吗？

4. 设 $f(x)=\begin{cases}3x, & -1<x<1\\ 2, & x=1\\ 3x^{2}, & 1<x<2\end{cases}$，求 $\lim\limits_{x\to0}f(x)$，$\lim\limits_{x\to1}f(x)$，$\lim\limits_{x\to\frac{3}{2}}f(x)$.

5. 下列各题中，哪些是无穷小？哪些是无穷大？

（1）$\dfrac{1+2x}{x}$（$x\to0$时）；　（2）$\dfrac{1+2x}{x^{2}}$（$x\to\infty$时）；　（3）$\tan x$（$x\to0$时）；

（4）e^{-x}（$x\to+\infty$时）；　（5）$2^{\frac{1}{x}}$（$x\to0^{-}$时）；　（6）$\dfrac{(-1)^{n}}{2^{n}}$（$x\to+\infty$时）.

6. 求下列极限.

（1）$\lim\limits_{x\to0}x^{2}\sin\dfrac{1}{x^{2}}$；　（2）$\lim\limits_{x\to\infty}\dfrac{1}{x}\arctan x$；　（3）$\lim\limits_{x\to\infty}\dfrac{\sin x+\cos x}{x}$.

7. 求下列极限.

（1）$\lim\limits_{x\to\infty}\dfrac{x^{3}+x}{x^{3}-3x^{2}+4}$；　（2）$\lim\limits_{n\to\infty}\dfrac{2^{n+1}+3^{n+1}}{2^{n}+3^{n}}$（$n$ 为自然数）；

（3）$\lim\limits_{x\to1}\dfrac{x^{2}-3x+2}{x^{2}-4x+3}$；　（4）$\lim\limits_{x\to\infty}\dfrac{x-\cos x}{x}$；

（5）$\lim\limits_{x\to1}\dfrac{\sqrt{x+2}-\sqrt{3}}{x-1}$；　（6）$\lim\limits_{n\to\infty}\left[1+\dfrac{(-1)^{n}}{n}\right]$.

8. 求 $\lim\limits_{n\to\infty}\left[\dfrac{1+3+\cdots+(2n-1)}{n^{2}+3}\right]$，其中 n 为自然数.

9. 求下列极限.

（1）$\lim\limits_{x\to\infty}x\tan\dfrac{1}{x}$；　（2）$\lim\limits_{x\to\infty}2^{x}\sin\dfrac{1}{2^{x}}$；　（3）$\lim\limits_{x\to1}\dfrac{\sin^{2}(x-1)}{x-1}$；

（4）$\lim\limits_{x\to0}(1-2x)^{\frac{1}{x}}$；　（5）$\lim\limits_{x\to\infty}\left(1+\dfrac{2}{x}\right)^{x+2}$；　（6）$\lim\limits_{x\to\infty}\left(\dfrac{2x-1}{2x+1}\right)^{x+1}$.

10. 求下列极限.

（1）$\lim\limits_{x \to +\infty} x[\ln(x+a) - \ln x]$；（2）$\lim\limits_{x \to 0} \dfrac{\sqrt{1+x+x^2}-1}{\sin 2x}$.

11. 已知 a，b 为常数，$\lim\limits_{x \to \infty} \dfrac{ax^2 + bx + 5}{3x + 2} = 5$，求 a，b 的值.

12. 已知 a，b 为常数，$\lim\limits_{x \to 2} \dfrac{ax + b}{x - 2} = 2$，求 a，b 的值.

13. 已知 $\lim\limits_{x \to 0} \dfrac{x}{f(4x)} = 1$，求 $\lim\limits_{x \to 0} \dfrac{f(2x)}{x}$.

14. 求函数 $f(x) = \dfrac{1}{\sqrt{x^2 - 1}}$ 的连续区间.

15. 设 $f(x) = \dfrac{|x| - x}{x}$，求 $\lim\limits_{x \to 0^+} f(x)$ 及 $\lim\limits_{x \to 0^-} f(x)$，并说明 $\lim\limits_{x \to 0} f(x)$ 是否存在.

16. 设 $f(x) = \begin{cases} 1 + e^x, & x < 0 \\ x + 2a, & x \geqslant 0 \end{cases}$，则常数 a 为何值时，函数 $f(x)$ 在 $(-\infty, +\infty)$ 内连续？

知识结构图

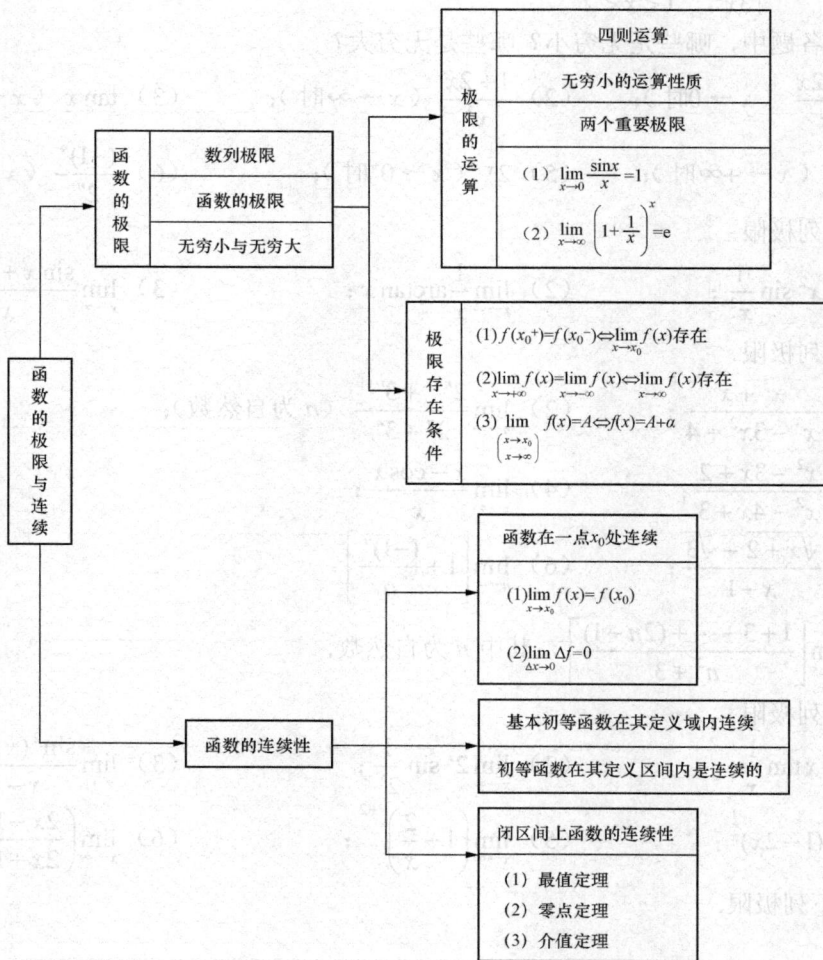

第3章 导 数 与 微 分

导数与微分是微分学中两个重要的基本概念，其中导数是反映函数相对于自变量的变化快慢程度的，即一种变化率，而微分是反映当自变量有微小变化时，函数大约有多少变化．在这一章中，除了阐明导数与微分的概念之外，我们还将建立起一整套的微分法公式和法则，从而系统地解决初等函数求导问题．

3.1 导 数 的 概 念

问题提出

（1）设物体做变速直线运动，其运动方程（路程 s 与时间 t 之间的函数关系）为 $s = s(t)$，求物体在 t_0 时刻的速度．

（2）设某电路中交变电流从 0 到 t 这段时间内通过导线横截面的电量为 $Q(t)$，求其在 t_0 时刻的电流强度．

解法探究

（1）如果是匀速直线运动，我们有速度公式

$$v = \frac{\text{路程}}{\text{时间}}$$

如果是非匀速的，上述公式反映的只能是物体在某段时间内的平均速度，而不能准确反映物体每一时刻的速度，即瞬时速度．为了求得变速直线运动的瞬时速度，以它的运动直线为数轴（图 3-1），于是从时刻 t_0 到 $t_0 + \Delta t$ 这段时间间隔内，物体所经过的路程为

$$\Delta s = s(t_0 + \Delta t) - s(t_0)$$

它在 Δt 时间内的平均速度为

$$\overline{v} = \frac{\Delta s}{\Delta t} = \frac{s(t_0 + \Delta t) - s(t_0)}{\Delta t}$$

当质点做匀速直线运动时，这个平均速度是 t_0 时刻的瞬时速度，但对于变速直线运动，它只能近似地反映 t_0 时刻的瞬时速度．对确定的 t_0，显然 $|\Delta t|$ 越小，近似程度越高，即 $\overline{v}$

图 3-1

越接近 t_0 时刻的瞬时速度 $v(t_0)$．因此，当 $\Delta t \to 0$ 时，如果平均速度 $\overline{v}$ 的极限存在，则此极限值就是质点在 t_0 时刻的瞬时速度，即

$$v(t_0) = \lim_{\Delta t \to 0} \overline{v} = \lim_{\Delta t \to 0} \frac{\Delta s}{\Delta t} = \lim_{\Delta t \to 0} \frac{s(t_0 + \Delta t) - s(t_0)}{\Delta t}$$

（2）设时间 t 在时刻 t_0 时有增量 Δt，则相应的电量 $Q(t)$ 也有增量 $\Delta Q = Q(t_0 + \Delta t) - Q(t_0)$，

在时间段 t_0 到 $t_0 + \Delta t$ 内，平均电流强度为

$$\bar{i} = \frac{\Delta Q}{\Delta t} = \frac{Q(t_0 + \Delta t) - Q(t_0)}{\Delta t}$$

当 $|\Delta t|$ 越小时，平均电流强度 $\bar{i}$ 越接近于 t_0 时刻的瞬时电流强度．因此，当 $\Delta t \to 0$ 时，若极限 $\lim\limits_{\Delta t \to 0} \dfrac{\Delta Q}{\Delta t}$ 存在，则此极限值就是 t_0 时刻的瞬时电流强度，即

$$i(t_0) = \lim_{\Delta t \to 0} \bar{i} = \lim_{\Delta t \to 0} \frac{\Delta Q}{\Delta t} = \lim_{\Delta t \to 0} \frac{Q(t_0 + \Delta t) - Q(t_0)}{\Delta t}$$

　　在自然科学、工程技术问题和经济管理中，还有许多非均匀变化的问题，如瞬时速度、加速度、线密度等都可以归结为当自变量的增量趋于零时，函数的增量与自变量的增量之比的极限问题．

　　这种特殊形式的极限就是函数的导数．

必要知识

一、导数的定义

定义　设函数 $y = f(x)$ 在点 x_0 及其近旁有定义，当自变量 x 在 x_0 处有增量 Δx（点 $x_0 + \Delta x$ 在点 x_0 的近旁）时，相应的函数 y 也有增量 $\Delta y = f(x_0 + \Delta x) - f(x_0)$，如果极限

$$\lim_{\Delta x \to 0} \frac{\Delta y}{\Delta x} = \lim_{\Delta x \to 0} \frac{f(x_0 + \Delta x) - f(x_0)}{\Delta x}$$

存在，则称函数 $y = f(x)$ 在点 x_0 处可导，并称此极限值为函数 $y = f(x)$ 在点 x_0 处的**导数**．记为 $y'|_{x=x_0}$，$f'(x_0)$，$\left.\dfrac{\mathrm{d}y}{\mathrm{d}x}\right|_{x=x_0}$ 或 $\left.\dfrac{\mathrm{d}f(x)}{\mathrm{d}x}\right|_{x=x_0}$，即

$$y'|_{x=x_0} = \lim_{\Delta x \to 0} \frac{\Delta y}{\Delta x} = \lim_{\Delta x \to 0} \frac{f(x_0 + \Delta x) - f(x_0)}{\Delta x}$$

如果上述极限不存在，则称函数 $y = f(x)$ 在点 x_0 处不可导．但如果 $\Delta x \to 0$ 时，$\dfrac{\Delta y}{\Delta x} \to \infty$，则称函数 $y = f(x)$ 在点 x_0 处的导数是无穷大．

　　在定义中，若设 $x = x_0 + \Delta x$，则当 $\Delta x \to 0$ 时，有 $x \to x_0$，故导数定义也可以写成

$$f'(x_0) = \lim_{x \to x_0} \frac{f(x) - f(x_0)}{x - x_0}$$

　　如果函数 $y = f(x)$ 在开区间 $(a,\ b)$ 内每一点都可导，则称函数 $y = f(x)$ 在区间 $(a,\ b)$ 内可导．此时，对于区间 $(a,\ b)$ 内的每一个 x 值，都有唯一确定的导数值 $f'(x)$ 与之对应，这样就确定了一个新的函数，这个新函数被称为函数 $y = f(x)$ 的**导函数**，记作 y'，$f'(x)$，$\dfrac{\mathrm{d}y}{\mathrm{d}x}$ 或 $\dfrac{\mathrm{d}f(x)}{\mathrm{d}x}$．若把 x_0 换成 x，即得 $y = f(x)$ 的导函数的公式

$$y' = \lim_{\Delta x \to 0} \frac{\Delta y}{\Delta x} = \lim_{\Delta x \to 0} \frac{f(x + \Delta x) - f(x)}{\Delta x}$$

显然，函数 $y = f(x)$ 在点 x_0 的导数 $f'(x_0)$ 就是导函数 $f'(x)$ 在点 $x = x_0$ 处函数值，即

$$f'(x_0) = f'(x)|_{x=x_0}.$$

为方便起见，在不致发生混淆的地方，导函数也简称为导数．前面所讨论的问题用导数表述如下：变速直线运动在时刻 t 的瞬时速度 $v(t)$ 是路程函数 $s(t)$ 对时间 t 的导数，即

$$v(t) = s'(t) = \frac{\mathrm{d}s}{\mathrm{d}t}$$

非恒定电流在时刻 t 的瞬时电流强度 $i(t)$ 是电量 $Q(t)$ 对时间 t 的导数，即

$$i(t) = Q'(t) = \frac{\mathrm{d}Q}{\mathrm{d}t}$$

二、求导数举例

根据导数的定义，求函数 $y = f(x)$ 的导数可分为以下三个步骤：

（1）求增量：$\Delta y = f(x + \Delta x) - f(x)$；

（2）算比值：$\dfrac{\Delta y}{\Delta x} = \dfrac{f(x + \Delta x) - f(x)}{\Delta x}$；

（3）取极限：$f'(x) = \lim\limits_{\Delta x \to 0} \dfrac{\Delta y}{\Delta x}$．

下面根据这三个步骤求一些简单函数的导数．

例 1　求函数 $y = C$（C 为常数）的导数．

解　（1）求增量：$\Delta y = f(x + \Delta x) - f(x) = C - C = 0$；

（2）算比值：$\dfrac{\Delta y}{\Delta x} = \dfrac{0}{\Delta x} = 0$；

（3）取极限：$y' = \lim\limits_{\Delta x \to 0} \dfrac{\Delta y}{\Delta x} = \lim\limits_{\Delta x \to 0} 0 = 0$，即

$$(C)' = 0$$

这就是说，常数的导数等于零．

例 2　求函数 $y = x$ 的导数．

解　（1）求增量：$\Delta y = (x + \Delta x) - x = \Delta x$；

（2）算比值：$\dfrac{\Delta y}{\Delta x} = \dfrac{\Delta x}{\Delta x} = 1$；

（3）取极限：$y' = \lim\limits_{\Delta x \to 0} \dfrac{\Delta y}{\Delta x} = \lim\limits_{\Delta x \to 0} 1 = 1$，即

$$(x)' = 1$$

例 3　求函数 $y = x^2$ 的导数．

解　（1）求增量：$\Delta y = (x + \Delta x)^2 - x^2 = 2x\Delta x + (\Delta x)^2$；

（2）算比值：$\dfrac{\Delta y}{\Delta x} = \dfrac{2x\Delta x + (\Delta x)^2}{\Delta x} = 2x + \Delta x$；

（3）取极限：$y' = \lim\limits_{\Delta x \to 0} \dfrac{\Delta y}{\Delta x} = \lim\limits_{\Delta x \to 0} (2x + \Delta x) = 2x$，即

$$(x^2)' = 2x$$

一般地，对于幂函数有下面的导数公式

$$(x^\mu)' = \mu x^{\mu-1} \quad (\mu \text{ 为实数})$$

例如，

$$(\sqrt{x})' = (x^{\frac{1}{2}})' = \frac{1}{2}x^{-\frac{1}{2}} = \frac{1}{2\sqrt{x}}; \quad \left(\frac{1}{x}\right)' = (x^{-1})' = -x^{-2} = -\frac{1}{x^2}$$

例4 求下列函数的导数.

（1）$y = x \cdot \sqrt[3]{x}$；

（2）$y = \dfrac{\sqrt{x}}{\sqrt[5]{x}}$.

解 （1）因为 $y = x \cdot \sqrt[3]{x} = x^{\frac{4}{3}}$，所以 $y' = \dfrac{4}{3}x^{\frac{4}{3}-1} = \dfrac{4}{3}x^{\frac{1}{3}} = \dfrac{4}{3}\sqrt[3]{x}$.

（2）因为 $y = \dfrac{\sqrt{x}}{\sqrt[5]{x}} = x^{\frac{3}{10}}$，所以 $y' = \dfrac{3}{10}x^{\frac{3}{10}-1} = \dfrac{3}{10}x^{-\frac{7}{10}}$.

例5 求函数 $y = \sin x$ 的导数.

解 （1）求增量：

$$\Delta y = f(x+\Delta x) - f(x) = \sin(x+\Delta x) - \sin x = 2\cos\left(x+\frac{\Delta x}{2}\right)\sin\frac{\Delta x}{2}$$

（2）算比值：

$$\frac{\Delta y}{\Delta x} = \frac{\sin(x+\Delta x) - \sin x}{\Delta x} = \frac{2\cos(x+\frac{\Delta x}{2})\sin\frac{\Delta x}{2}}{\Delta x}$$

（3）取极限：

$$y' = \lim_{\Delta x \to 0}\frac{\Delta y}{\Delta x} = \lim_{\Delta x \to 0}\frac{\cos(x+\frac{\Delta x}{2})\sin\frac{\Delta x}{2}}{\frac{\Delta x}{2}} = \cos x$$

即

$$(\sin x)' = \cos x$$

类似可求得

$$(\cos x)' = -\sin x$$

这表明，正弦函数的导数为余弦函数，余弦函数的导数为负的正弦函数.

例6 求函数 $y = \log_a x(a>0,\ a\neq 1)$ 的导数.

解 （1）求增量：

$$\Delta y = \log_a(x+\Delta x) - \log_a x = \log_a\left(1+\frac{\Delta x}{x}\right)$$

（2）算比值：

$$\frac{\Delta y}{\Delta x} = \frac{\log_a\left(1+\frac{\Delta x}{x}\right)}{\Delta x} = \frac{1}{\Delta x}\log_a\left(1+\frac{\Delta x}{x}\right) = \log_a\left(1+\frac{\Delta x}{x}\right)^{\frac{1}{\Delta x}}$$

（3）取极限：

$$y' = \lim_{\Delta x \to 0}\frac{\Delta y}{\Delta x} = \lim_{\Delta x \to 0}\log_a\left(1+\frac{\Delta x}{x}\right)^{\frac{1}{\Delta x}} = \lim_{\Delta x \to 0}\log_a\left[\left(1+\frac{\Delta x}{x}\right)^{\frac{x}{\Delta x}}\right]^{\frac{1}{x}}$$

$$= \lim_{\Delta x \to 0} \frac{1}{x} \log_a \left(1 + \frac{\Delta x}{x}\right)^{\frac{x}{\Delta x}} = \frac{1}{x} \log_a \mathrm{e} = \frac{1}{x} \log_a \mathrm{e} = \frac{1}{x \ln a}$$

即

$$(\log_a x)' = \frac{1}{x \ln a}$$

特别地，当 $a = \mathrm{e}$ 时，有

$$(\ln x)' = \frac{1}{x}$$

上面运用导数定义推出了幂函数、正弦函数、余弦函数及对数函数的导数公式，它们是计算导数的基本公式，应当熟记，其余基本初等函数的导数将在下面陆续导出.

三、导数的几何意义

在平面几何里，圆的切线被定义为"与圆只相交于一点的直线"，对一般曲线来说，不能把与曲线只相交于一点的直线定义为曲线的切线. 例如，抛物线 $y = x^2$ 上任一点处，都可有数条交线，但切线只有一条.

下面给出一般曲线切线的定义. 设曲线 $L: y = f(x)$ 及在 L 上一点 $M(x_0, y_0)$（图 3-2），在点 M 附近另取 L 上一点 $M_1(x_0 + \Delta x, y_0 + \Delta y)$，作割线 MM_1，当点 M_1 沿曲线 L 趋于点 M 时，如果割线 MM_1 绕点 M 旋转而趋于极限位置 MT，那么直线 MT 就称为曲线在点 M 处的切线.

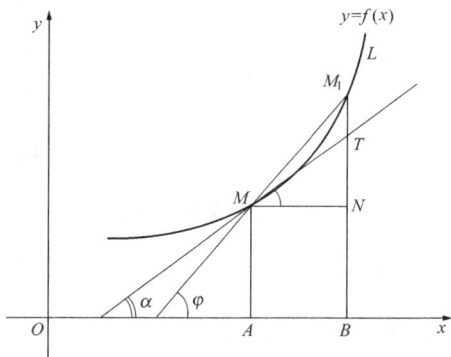

图 3-2

设割线 MM_1 的倾斜角为 φ，由图 3-2 可以看出割线的斜率

$$\tan \varphi = \frac{\Delta y}{\Delta x} = \frac{f(x_0 + \Delta x) - f(x_0)}{\Delta x} \quad \left(\varphi \neq \frac{\pi}{2}\right)$$

设切线 MT 的倾斜角为 α，当 $\Delta x \to 0$ 时，$B \to A$，$\varphi \to \alpha$，从而得到切线 MT 的斜率为

$$\tan \alpha = \lim_{\varphi \to \alpha} \tan \varphi = \lim_{\Delta x \to 0} \frac{\Delta y}{\Delta x} = \lim_{\Delta x \to 0} \frac{f(x_0 + \Delta x) - f(x_0)}{\Delta x} = f'(x_0) \quad \left(\alpha \neq \frac{\pi}{2}\right)$$

因此，函数 $y = f(x)$ 在点 x_0 处的导数 $f'(x_0)$ 在几何上表示曲线 $y = f(x)$ 在点 $M(x_0, y_0)$ 处切线的斜率，即

$$k = f'(x_0) = \tan \alpha \quad \left(\alpha \neq \frac{\pi}{2}\right)$$

这就是**导数的几何意义**.

根据导数的几何意义可知，曲线 $y = f(x)$ 在点 $A(x_0, y_0)$ 处的切线方程为

$$y - y_0 = f'(x_0)(x - x_0)$$

法线方程为

$$y - y_0 = -\frac{1}{f'(x_0)}(x - x_0) \quad (f'(x_0) \neq 0)$$

若函数 $y=f(x)$ 在 x_0 处连续，而导数 $f'(x_0)$ 为无穷大，则表明曲线 $y=f(x)$ 在点 (x_0, y_0) 处切线的倾斜角 $\alpha = \dfrac{\pi}{2}$ ，此时切线方程为 $x=x_0$. 例如，$y=\sqrt[3]{x^2}$ 在原点（0，0）处具有垂直于 x 轴的切线.

例 7 求曲线 $y=\sin x$ 在点 $\left(\dfrac{\pi}{6}, \dfrac{1}{2}\right)$ 处的切线方程和法线方程.

解 因为 $y'=\cos x$ ，所以

$$y'\Big|_{x=\frac{\pi}{6}} = \cos x\Big|_{x=\frac{\pi}{6}} = \frac{\sqrt{3}}{2}$$

故切线方程为 $y - \dfrac{1}{2} = \dfrac{\sqrt{3}}{2}\left(x - \dfrac{\pi}{6}\right)$ ，即

$$\sqrt{3}x - 2y + 1 - \frac{\sqrt{3}}{6}\pi = 0$$

所求法线方程为 $y - \dfrac{1}{2} = -\dfrac{2\sqrt{3}}{3}\left(x - \dfrac{\pi}{6}\right)$ ，即

$$4\sqrt{3}x + 6y - 3 - \frac{2\sqrt{3}}{3}\pi = 0$$

四、可导与连续的关系

函数 $y=f(x)$ 点 x_0 处连续是指 $\lim\limits_{\Delta x \to 0} \Delta y = 0$ ，而在 x_0 处可导是指 $\lim\limits_{\Delta x \to 0} \dfrac{\Delta y}{\Delta x}$ 存在，那么这两种极限有什么关系呢？

定理 如果函数 $y=f(x)$ 在点 x_0 处可导，那么 $f(x)$ 在 x_0 处必连续.

证明 因为函数 $y=f(x)$ 在点 x_0 处可导，则

$$\lim_{\Delta x \to 0} \frac{\Delta y}{\Delta x} = f'(x_0)$$

由函数极限存在与无穷小的关系可知

$$\frac{\Delta y}{\Delta x} = f'(x_0) + \alpha \qquad (\lim_{\Delta x \to 0} \alpha = 0)$$

即

$$\Delta y = f'(x_0)\Delta x + \alpha \cdot \Delta x \quad (\lim_{\Delta x \to 0} \alpha = 0)$$

所以

$$\lim_{\Delta x \to 0} \Delta y = \lim_{\Delta x \to 0}[f'(x_0)\Delta x + \alpha \cdot \Delta x] = 0$$

这表明函数 $y=f(x)$ 在点 x_0 处连续.

定理的逆命题不成立，即函数 $y=f(x)$ 在点 x_0 处连续，却不一定在点 x_0 处可导.

例如，$y=\sqrt{x^2}=|x|$ 在点 $x=0$ 处连续但却不可导. 因为 $\lim\limits_{x \to 0} f(x) = \lim\limits_{x \to 0}|x| = 0 = f(0)$ ，所以 $y=|x|$ 在 $x=0$ 处连续. 而

$$\frac{\Delta y}{\Delta x} = \frac{|0+\Delta x| - |0|}{\Delta x} = \frac{|\Delta x|}{\Delta x}$$

$$\lim_{\Delta x \to 0^+} \frac{\Delta y}{\Delta x} = \lim_{\Delta x \to 0^+} \frac{|\Delta x|}{\Delta x} = 1$$

$$\lim_{\Delta x \to 0^-} \frac{\Delta y}{\Delta x} = \lim_{\Delta x \to 0^-} \frac{|\Delta x|}{\Delta x} = -1$$

故 $\lim\limits_{\Delta x \to 0} \dfrac{\Delta y}{\Delta x}$ 不存在，所以 $y = |x|$ 在 $x = 0$ 处连续但却不可导.

如图 3-3 所示，从几何上看，曲线 $y = |x|$ 在原点（0，0）处没有切线.

五、专业应用举例

从前面所讨论的问题我们知道，非恒定电流在时刻 t 的瞬时电流强度 $i(t)$ 是电量 $Q(t)$ 对时间 t 的导数. 与此类同，许多物理量其实质都是某一函数的导数.

图 3-3

《工程流体力学》中流体的密度.

通常讲能流动的物质称为流体. 按照牛顿定律，流体总是力图保持它原来的运动状态不变，这个性质就是所谓的惯性. 当流体受到外力作用而改变其运动状态时，流体必然产生反抗改变的惯性力. 惯性的大小是用质量来度量的，质量越大，惯性就越大. 为了便于比较不同流体惯性的大小，通常用密度来表明流体质量的密集程度.

对于均质流体（流体各点密度相同），单位体积流体内所具有的质量称为密度，用希腊字母 ρ 表示，则

$$\rho = \frac{m}{v}$$

式中，　ρ ——流体的密度，$\mathrm{kg/m^3}$；

　　　　m ——流体的质量，kg；

　　　　v ——流体的体积，$\mathrm{m^3}$.

对于非均质流体（流体各点的密度不完全相同），流体中某点的密度为

$$\rho = \lim_{\Delta v \to 0} \frac{\Delta m}{\Delta v}$$

式中，　Δv ——包含该点的微小流体体积；

　　　　Δm ——Δv 内的流体质量.

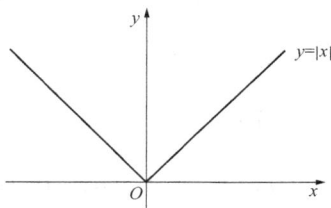

习 题 3.1

1．判断下列命题是否正确.

（1） $f'(x_0) = [f(x_0)]'$. （　　　）

（2）若函数 $y = f(x)$ 在点 x_0 处导数不存在，则函数 $y = f(x)$ 在点 x_0 处一定不连续. （　　　）

（3）若函数 $y = f(x)$ 在点 x_0 处导数不存在，则曲线 $y = f(x)$ 在点 x_0 处的切线一定不存在. （　　　）

2．物体做直线运动的方程为 $s = 3t^2 - 5t$ ，求：

（1）物体在 t_0 s 到 $(t_0 + \Delta t)$ s 的平均速度；

（2）物体在 t_0 s 时的速度.

3．求曲线 $y = \sin x$ 在点 $x = \dfrac{\pi}{3}$ 和 $x = \pi$ 处切线的斜率.

4．求曲线 $y = x^3$ 在点 $x = 2$ 处的切线方程与法线方程.

5．已知函数 $y = (x)$ 在点 x_0 处可导，且 $f'(x_0) = A$，求下列极限.

（1）$\lim\limits_{\Delta x \to 0} \dfrac{f(x_0 + 2\Delta x) - f(x_0)}{\Delta x}$；
（2）$\lim\limits_{h \to 0} \dfrac{f(x_0 - h) - f(x_0)}{h}$.

6．求下列函数的导数.

（1）$y = x^{-3}$；
（2）$y = \sqrt[3]{x^2}$；
（3）$y = x^2 \sqrt[3]{x}$；
（4）$y = \dfrac{x^2 \sqrt{x}}{\sqrt[4]{x}}$.

7．抛物线 $y = x^2$ 在何处的切线平行于直线 $y = 2x - 1$？在何处的切线垂直于直线 $2x - 6y + 5 = 0$？

8．求曲线 $y = \ln x$ 在点（e，1）处的切线方程与法线方程.

9．设函数 $f(x) = \begin{cases} x+1, & 0 \leqslant x < 1 \\ 3x-1, & x > 1 \end{cases}$，讨论 $f(x)$ 在 $x = 1$ 处的连续性与可导性.

3.2 求 导 法 则

问题提出

计算函数的导数时，对一些简单函数的导数可以由导数定义来求，但是对于一些较为复杂的函数，例如，$y = x^3 \sec x$，$y = \ln(x + \sqrt{x + \sqrt{x^2 + 1}})$，如果按定义求导数则极为麻烦，如何能较简便地求出这些函数的导数呢？

解法探究

观察上述较复杂的函数，不难看出，它们是由基本初等函数与常数经过有限次四则运算或有限次复合而成的，属于初等函数. 初等函数的导数可以利用基本初等函数的导数来表示.

必要知识

一、函数和、差、积、商的求导法则

定理 1　若函数 $u = u(x)$ 和 $v = v(x)$ 在点 x 处可导，则函数 $u \pm v$，$u \cdot v$，$\dfrac{u}{v}(v \neq 0)$ 在点 x 处也可导，且有：

（1）$(u \pm v)' = u' \pm v'$；

（2）$(uv)' = u'v + uv'$，特别地，$[Cu]' = Cu'$（C 为任意常数）；

（3）$\left(\dfrac{u}{v}\right)' = \dfrac{u'v - uv'}{v^2}(v \neq 0)$.

下面利用导数定义证明（2），其余由读者自己证明.

证明　设 $y = u(x)v(x)$.

（1）求增量：给自变量 x 以增量 Δx，相应地函数 $u = u(x)$、$v = v(x)$、$y = u(x)v(x)$ 分别有增量 Δu、Δv，Δy，并且

$$\Delta u = u(x + \Delta x) - u(x) \text{ 或 } u(x + \Delta x) = u(x) + \Delta u$$
$$\Delta v = v(x + \Delta x) - v(x) \text{ 或 } v(x + \Delta x) = v(x) + \Delta v$$

所以

$$\Delta y = u(x + \Delta x)v(x + \Delta x) - u(x)v(x)$$
$$= (u(x) + \Delta u)(v(x) + \Delta v) - u(x)v(x) = v(x)\Delta u + u(x)\Delta v + \Delta u \cdot \Delta v$$

（2）算比值：

$$\frac{\Delta y}{\Delta x} = \frac{\Delta u}{\Delta x}v + u\frac{\Delta v}{\Delta x} + \Delta u\frac{\Delta v}{\Delta x}$$

（3）取极限：由于 $u(x)$，$v(x)$ 均在 x 处可导，所以

$$\lim_{\Delta x \to 0}\frac{\Delta u}{\Delta x} = u'(x), \quad \lim_{\Delta x \to 0}\frac{\Delta v}{\Delta x} = v'(x)$$

又因为函数 $u = u(x)$ 和 $v = v(x)$ 在 x 处可导，所以在该点必连续，即

$$\lim_{\Delta x \to 0}\Delta u = 0, \lim_{\Delta x \to 0}\Delta v = 0$$

从而

$$\lim_{\Delta x \to 0}\frac{\Delta y}{\Delta x} = \lim_{\Delta x \to 0}\left(\frac{\Delta u}{\Delta x}v(x) + u(x)\frac{\Delta v}{\Delta x} + \Delta u\frac{\Delta v}{\Delta x}\right)$$
$$= v(x)\lim_{\Delta x \to 0}\frac{\Delta u}{\Delta x} + u(x)\lim_{\Delta x \to 0}\frac{\Delta v}{\Delta x} + \lim_{\Delta x \to 0}\frac{\Delta u}{\Delta x} \cdot \lim_{\Delta x \to 0}\Delta v$$
$$= u'(x)v(x) + u(x)v'(x)$$

所以函数 $y = uv$ 可导，且有 $(uv)' = u'v + uv'$.

特别地，当 $v = C$（C 为任意常数)时，可得 $[Cu]' = Cu'$.

定理 1 的（1）、（2）可以推广到有限个可导函数的情形，例如

$$(u + v + w)' = u' + v' + w'$$
$$(uvw)' = u'vw + uv'w + uvw'$$

例 1　求函数 $y = 2x^3 - 5x^2 + 3x - 7$ 的导数.

解
$$y' = (2x^3)' - (5x^2)' + (3x)' - (7)' = 6x^2 - 10x + 3$$

例 2　求函数 $y = \sqrt{x}\cos x + 4\ln x + 3x + \sin\frac{\pi}{7}$ 的导数.

解

$$y' = \left(\sqrt{x}\cos x\right)' + (4\ln x)' + (3x)' + \left(\sin\frac{\pi}{7}\right)'$$

$$= \left(\sqrt{x}\right)'\cos x + \sqrt{x}(\cos x)' + 4(\ln x)' + 3(x)'$$

$$= \frac{1}{2\sqrt{x}}\cos x - \sqrt{x}\sin x + \frac{4}{x} + 3$$

例 3 求函数 $y = \dfrac{2x^2 - 2x + x\sqrt{x}}{\sqrt{x}}$ 的导数.

解 因为 $y = 2x^{\frac{3}{2}} - 2x^{\frac{1}{2}} + x$，所以 $y' = 3x^{\frac{1}{2}} - x^{-\frac{1}{2}} + 1 = 3\sqrt{x} - \dfrac{1}{\sqrt{x}} + 1$.

应当注意，在求导之前应尽可能先对函数进行化简，往往能使计算变得简捷. 本例若用商的求导法则，计算将复杂得多.

例 4 设 $f(x) = \dfrac{\sin x}{1 + \cos x}$，求 $f'(x)$ 及 $f'\left(\dfrac{\pi}{4}\right)$.

解 因为

$$f'(x) = \frac{(\sin x)' \cdot (1 + \cos x) - \sin x \cdot (1 + \cos x)'}{(1 + \cos x)^2}$$

$$= \frac{\cos x \cdot (1 + \cos x) + \sin^2 x}{(1 + \cos x)^2} = \frac{1 + \cos x}{(1 + \cos x)^2} = \frac{1}{1 + \cos x}$$

所以

$$f'\left(\frac{\pi}{4}\right) = \frac{1}{1 + \cos \dfrac{\pi}{4}} = \frac{1}{1 + \dfrac{\sqrt{2}}{2}} = 2 - \sqrt{2}$$

例 5 求正切函数 $y = \tan x$ 的导数.

解 因为 $\tan x = \dfrac{\sin x}{\cos x}$，所以

$$y' = (\tan x)' = \left(\frac{\sin x}{\cos x}\right)' = \frac{(\sin x)' \cos x - \sin x (\cos x)'}{\cos^2 x}$$

$$= \frac{\cos^2 x + \sin^2 x}{\cos^2 x} = \frac{1}{\cos^2 x} = \sec^2 x$$

即

$$(\tan x)' = \sec^2 x$$

类似地，可求出余切函数 $y = \cot x$ 的导数公式为

$$(\cot x)' = -\csc^2 x$$

例 6 求正割函数 $y = \sec x$ 的导数.

解 因为 $\sec x = \dfrac{1}{\cos x}$，所以

$$y' = (\sec x)' = \left(\frac{1}{\cos x}\right)' = -\frac{(\cos x)'}{\cos^2 x} = \frac{\sin x}{\cos^2 x} = \sec x \tan x$$

即

$$(\sec x)' = \sec x \tan x$$

类似地，可求出余割函数 $y = \csc x$ 的导数公式为

$$(\csc x)' = -\csc x \cot x$$

二、基本初等函数的求导公式

为便于记忆，现将基本初等函数求导公式汇总如下：

（1）$(C)' = 0$（C 为常数）；　　　（2）$(x^\mu)' = \mu x^{\mu-1}$（μ 为实数）；

（3）$(\sin x)' = \cos x$；　　　　　　（4）$(\cos x)' = -\sin x$；

（5）$(\tan x)' = \sec^2 x$；　　　　　（6）$(\cot x)' = -\csc^2 x$；

（7）$(\sec x)' = \sec x \tan x$；　　　（8）$(\cos x)' = -\csc x \cot x$；

（9）$(a^x)' = a^x \ln a$；　　　　　　（10）$(\mathrm{e}^x)' = \mathrm{e}^x$；

（11）$(\log_a x)' = \dfrac{1}{x \ln a}$；　　　　（12）$(\ln x)' = \dfrac{1}{x}$；

（13）$(\arcsin x)' = \dfrac{1}{\sqrt{1-x^2}}$；　　（14）$(\arccos x)' = -\dfrac{1}{\sqrt{1-x^2}}$；

（15）$(\arctan x)' = \dfrac{1}{1+x^2}$；　　（16）$(\text{arccos } x)' = -\dfrac{1}{1+x^2}$.

三、复合函数的求导法则

由 $y = f(u)$，$u = \varphi(x)$ 所构成的函数 $y = f[\varphi(x)]$ 称为 x 的复合函数，如 $y = \sin 2x$，$y = \sqrt{x^2+1}$ 等，下面讨论复合函数的求导法则.

定理 2　如果函数 $u = \varphi(x)$ 在点 x 处可导，且函数 $y = f(u)$ 在对应点 u 处可导，则复合函数 $y = f[\varphi(x)]$ 在点 x 处可导，且导数为

$$\frac{\mathrm{d}y}{\mathrm{d}x} = \frac{\mathrm{d}y}{\mathrm{d}u} \cdot \frac{\mathrm{d}u}{\mathrm{d}x}$$

上式也可写成

$$y'_x = y'_u \cdot u'_x \quad \text{或} \quad \left\{ f\left[\varphi(x)\right] \right\}' = f'(u)\varphi'(x)$$

证明　设变量 x 有增量 Δx，相应地变量 u，y 分别有增量 Δu，Δy. 因为 $u = \varphi(x)$ 在点 x 处可导，所以在 x 点必连续，即当 $\Delta x \to 0$ 时，$\Delta u \to 0$. 故当 $\Delta u \neq 0$ 时

$$\lim_{\Delta x \to 0} \frac{\Delta y}{\Delta x} = \lim_{\Delta x \to 0} \left(\frac{\Delta y}{\Delta u} \cdot \frac{\Delta u}{\Delta x} \right) = \lim_{\Delta x \to 0} \frac{\Delta y}{\Delta u} \cdot \lim_{\Delta x \to 0} \frac{\Delta u}{\Delta x} = \lim_{\Delta u \to 0} \frac{\Delta y}{\Delta u} \cdot \lim_{\Delta x \to 0} \frac{\Delta u}{\Delta x} = y'_u \cdot u'_x$$

即

$$y'_x = y'_u \cdot u'_x$$

当 $\Delta u = 0$ 时，上式也成立.

复合函数的求导法则可以推广到含有多个中间变量的情形.

设 $y = f(u)$，$u = \varphi(v)$，$v = \psi(x)$ 都可导，则复合函数 $y = f\{\varphi[\psi(x)]\}$ 的导数为

$$\frac{\mathrm{d}y}{\mathrm{d}x} = \frac{\mathrm{d}y}{\mathrm{d}u} \cdot \frac{\mathrm{d}u}{\mathrm{d}v} \cdot \frac{\mathrm{d}v}{\mathrm{d}x}$$

例 7　求函数 $y = (1-x)^5$ 的导数.

解　设 $y = u^5$，$u = 1-x$. 因为 $y'_u = 5u^4$，$u'_x = -1$，所以

$$y'_x = y'_u \cdot u'_x = 5u^4 \cdot (-1) = -5(1-x)^4$$

例 8　求函数 $y = \ln \sin x$ 的导数.

解　设 $y = \ln u$，$u = \sin x$，则

$$y'_x = y'_u \cdot u'_x = \frac{1}{u} \cdot \cos x = \frac{1}{\sin x} \cdot \cos x = \cot x$$

通过上面的例子可知，运用复合函数求导法则的关键在于把复合函数分解成基本初等函数或基本初等函数的和、差、积、商，然后运用复合函数求导法则和适当的导数公式进行计算，最后把中间变量换回原来的自变量的式子. 当对复合函数的分解比较熟练后，可不必再写出中间变量，只要将复合步骤默记在心中，直接由外往里，逐层求导即可. 所谓"由外往里"指的是从式子的最后一次运算程序开始往里复合，"逐层求导"指的是每次只对一个中间变量进行求导.

例如，$y = (1-x)^5$（默记 $1-x = u$，最后一次运算程序是乘方），求导有

$$y'_x = 5(1-x)^4 (1-x)' = 5(1-x)^4 (-1) = -5(1-x)^4$$

例 9　求函数 $y = \sqrt{1-x^2}$ 的导数.

解

$$y' = (\sqrt{1-x^2})' = \frac{1}{2} \frac{1}{\sqrt{1-x^2}} \cdot (1-x^2)' = -\frac{x}{\sqrt{1-x^2}}$$

对于经多次复合而成的复合函数，可多次使用复合函数求导法则.

例 10　求函数 $y = \ln \cos(e^x)$ 的导数.

解

$$y' = \frac{1}{\cos(e^x)} \Big[\cos(e^x) \Big]' = \frac{-\sin(e^x)}{\cos(e^x)} (e^x)' = -e^x \tan(e^x)$$

例 11　求下列函数的导数.

（1）$y = (x-1)\sqrt{x^2+1}$；

（2）$y = (x + \sin^2 x)^3$.

解　（1）$y' = (x-1)'\sqrt{x^2+1} + (x-1)\left[(x^2+1)^{\frac{1}{2}} \right]'$

$$= \sqrt{x^2+1} + (x-1)\frac{1}{2}(x^2+1)^{-\frac{1}{2}}(x^2+1)'$$

$$= \sqrt{x^2+1} + (x-1)\frac{x}{\sqrt{x^2+1}}$$

（2）$y' = 3(x + \sin^2 x)^2 (x + \sin^2 x)' = 3(x + \sin^2 x)^2 \left[(x)' + (\sin^2 x)' \right]$

$$= 3(x + \sin^2 x)^2 [1 + 2\sin x \cos x] = 3(x + \sin^2 x)^2 (1 + \sin 2x)$$

例 12　求下列函数的导数.

（1）$y = \dfrac{1}{x - \sqrt{x^2-1}}$；

（2）$y = \ln \sqrt{\dfrac{1-x}{1+x}}$；

（3）$y = \dfrac{\sin^2 x}{1 + \cos x}$.

解　（1）因为 $y = \dfrac{x + \sqrt{x^2-1}}{(x - \sqrt{x^2-1})(x + \sqrt{x^2-1})} = x + \sqrt{x^2-1}$，所以

$$y' = 1 + \frac{(x^2-1)'}{2\sqrt{x^2-1}} = 1 + \frac{x}{\sqrt{x^2-1}}$$

（2）因为 $y = \dfrac{1}{2}[\ln(1-x) - \ln(1+x)]$，所以 $y' = \dfrac{1}{2}\left(\dfrac{-1}{1-x} - \dfrac{1}{1+x}\right) = -\dfrac{1}{1-x^2}$．

（3）因为 $y = \dfrac{1-\cos^2 x}{1+\cos x} = 1 - \cos x$，所以 $y' = \sin x$．

应当注意，有些复合函数能化简的，应当尽量先化简再求导，有时还需要综合应用四则运算的求导法则和复合函数的求导法则．

四、高阶导数

定义 设函数 $y = f(x)$ 存在导函数 $f'(x)$，若导函数 $f'(x)$ 的导数 $[f'(x)]'$ 存在，则称 $[f'(x)]'$ 为函数 $y = f(x)$ 的二阶导数，记作 y''、$f''(x)$、$\dfrac{\mathrm{d}^2 y}{\mathrm{d}x^2}$ 或 $\dfrac{\mathrm{d}^2 f(x)}{\mathrm{d}x^2}$，即

$$y'' = (y')' \quad \text{或} \quad \frac{\mathrm{d}^2 y}{\mathrm{d}x^2} = \frac{\mathrm{d}}{\mathrm{d}x}\left(\frac{\mathrm{d}y}{\mathrm{d}x}\right)$$

相应地，把 $y = f(x)$ 的导数 $f'(x)$ 称为函数 $y = f(x)$ 的一阶导数．

类似地，函数 $y = f(x)$ 的二阶导数 y'' 的导数称为函数 $y = f(x)$ 的三阶导数，函数 $y = f(x)$ 三阶导数的导数称为四阶导数．一般地，函数 $y = f(x)$ 的 $(n-1)$ 阶导数的导数称为函数 $y = f(x)$ 的 n 阶导数，分别记作

$$y''', \quad y^{(4)}, \quad \cdots, \quad y^{(n)}$$

或

$$f'''(x), \quad f^{(4)}(x), \quad \cdots, \quad f^{(n)}(x)$$

或

$$\frac{\mathrm{d}^3 y}{\mathrm{d}x^3}, \frac{\mathrm{d}^4 y}{\mathrm{d}x^4}, \cdots, \frac{\mathrm{d}^n y}{\mathrm{d}x^n}$$

二阶及二阶以上的导数统称为**高阶导数**．

二阶导数在力学中的意义：若变速直线运动的质点运动方程为 $s = s(t)$，由第一节可知物体的运动速度是位移 $s(t)$ 对时间 t 的变化率，即 $v(t) = \dfrac{\mathrm{d}s}{\mathrm{d}t}$；而速度 $v(t)$ 对时间 t 的变化率为加速度 $a(t)$，即 $a(t) = \dfrac{\mathrm{d}v}{\mathrm{d}t}$，所以

$$a(t) = \frac{\mathrm{d}v}{\mathrm{d}t} = \frac{\mathrm{d}}{\mathrm{d}t}\left(\frac{\mathrm{d}s}{\mathrm{d}t}\right) = \frac{\mathrm{d}^2 s}{\mathrm{d}t^2}$$

求函数的高阶导数，不需要引进新的公式和法则，只需用一阶导数的公式和法则逐阶求导即可．

例 13 设简谐运动的方程为 $s = A\sin(\omega t + \varphi)$（振幅 A、角频率 ω、初象角 φ 均为常数），求运动的加速度．

解 因为

$$s'(t) = A\omega\cos(\omega t + \varphi), \quad s''(t) = -A\omega^2 \sin(\omega t + \varphi)$$

所以，简谐运动的加速度为 $a(t) = -A\omega^2 \sin(\omega t + \varphi)$．

例 14 设某飞行器沿直线运动，其运动方程为

$$s(t) = \frac{1}{3}t^3 + \frac{1}{2}t^2 + t$$

求该飞行器在时刻 $t = 2$ (s) 时的加速度.

解 因为 $s'(t) = t^2 + t + 1$，$a(t) = s''(t) = 2t + 1$，所以 $a(2) = 2 \times 2 + 1 = 5m/s^2$.

例 15 设 $y = \sin x$，求 $\dfrac{\mathrm{d}^n y}{\mathrm{d} x^n}$.

解
$$y' = (\sin x)' = \cos x = \sin\left(x + \frac{\pi}{2}\right)$$

$$y'' = \left[\sin\left(x + \frac{\pi}{2}\right)\right]' = \cos\left(x + \frac{\pi}{2}\right)\left(x + \frac{\pi}{2}\right)' = \sin\left(x + \frac{\pi}{2} + \frac{\pi}{2}\right) = \sin\left(x + 2\frac{\pi}{2}\right)$$

$$y''' = \left[\sin\left(x + 2\frac{\pi}{2}\right)\right]' = \cos\left(x + 2\frac{\pi}{2}\right)\left(x + 2\frac{\pi}{2}\right)' = \sin\left(x + 2\frac{\pi}{2} + \frac{\pi}{2}\right) = \sin\left(x + 3\frac{\pi}{2}\right)$$

以此类推，最后可得

$$y^{(n)} = (\sin x)^{(n)} = \sin\left(x + n\frac{\pi}{2}\right)$$

类似地，$(\cos x)^{(n)} = \cos\left(x + n\frac{\pi}{2}\right)$.

五、专业应用举例

"电路与磁路"课程中的实例.

例 16 在图 3-4 所示电路中，已知 $R = 10\Omega$，$L = 2\mathrm{H}$，$i = (4\mathrm{e}^{-3t} - 6\mathrm{e}^{-2t})\mathrm{A}$，试求 u.

解 电阻电压为
$$u_R = Ri = 10 \times (4\mathrm{e}^{-3t} - 6\mathrm{e}^{-2t}) = (40\mathrm{e}^{-3t} - 60\mathrm{e}^{-2t})\,(\mathrm{V})$$

电感电压为
$$u_L = L\frac{\mathrm{d}i}{\mathrm{d}t} = 2 \times \frac{\mathrm{d}(4\mathrm{e}^{-3t} - 6\mathrm{e}^{-2t})}{\mathrm{d}t} = (-24\mathrm{e}^{-3t} + 24\mathrm{e}^{-2t})\,(\mathrm{V})$$

从而
$$u = u_R + u_L = 40\mathrm{e}^{-3t} - 60\mathrm{e}^{-2t} - 24\mathrm{e}^{-3t} + 24\mathrm{e}^{-2t} = (16\mathrm{e}^{-3t} - 36\mathrm{e}^{-2t})\,(\mathrm{V})$$

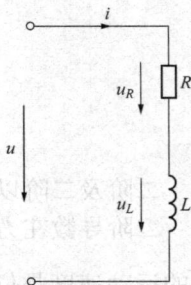

图 3-4

习 题 3.2

1. 判断下列函数的求导过程是否正确.

（1）$(\ln 2)' = \dfrac{1}{2}$；

（2）$\left(\dfrac{\sin x}{x^2}\right)' = \dfrac{\cos x}{2x}$；

（3）$(x\mathrm{e}^x)' = \mathrm{e}^x$；

（4）$(2^{\sin x})' = (2^{\sin x})'(\sin x)' = 2^{\sin x}\ln 2 \cdot \cos x$.

2. 求下列函数的导数.

（1）$y = 3x^2 - \dfrac{2}{x^2} + 5$；

（2）$y = \dfrac{x^4 + x^2 + 1}{\sqrt{x}}$；

（3）$y = (1 + x^2)\sin x$；

（4）$y = x^2(2 + \sqrt{x})$；

（5）$y = (1 + 2x)^2$；

（6）$y = \dfrac{\cos^2 2x}{1 - \sin 2x}$；

（7） $y = (3x^2 + 1)^{10}$ ；

（8） $y = \sqrt{1 + x^2}$ ；

（9） $y = \sin(3x + 5)$ ；

（10） $y = \tan 4x^3$ ；

（11） $y = \sin^2 x$ ；

（12） $y = \ln\sin(3x + 1)$ ；

（13） $s = \sqrt{t}\sin t$ ；

（14） $y = (x^2 + 4x - 7)^5$ ；

（15） $y = \ln x^2 + (\ln x)^2$ ；

（16） $y = \ln(x + \sqrt{1 + x^2})$ ；

（17） $u = 3\ln x - \dfrac{2}{x}$ ；

（18） $y = \dfrac{e^{-x}}{e^x + e^{-x}}$.

3．以初速度 v_0 上抛的物体，其上升的高度 s 与时间 t 的关系为 $s(t) = v_0 t - \dfrac{1}{2}gt^2$ ，求：

（1）上升物体的速度 $v(t)$ ；

（2）经过多少时间，它的速度为零？

4．求下列函数在给定点的导数.

（1） $y = x^5 + 3\sin x$ ，在 $x = \dfrac{\pi}{2}$ 处；

（2） $y = (1 + x^3)\left(5 - \dfrac{1}{x^2}\right)$ ，在 $x = 1$ 处；

（3） $f(t) = \dfrac{t - \sin t}{t + \sin t}$ ，在 $t = \dfrac{\pi}{2}$ 处；

（4） $f(x) = \sqrt{1 + \ln^2 x}$ ，在 $x = e$ 处.

5．求下列函数的二阶导数.

（1） $y = 3x^5 + \sqrt{2}x^3 + \sqrt[5]{7}$ ；

（2） $y = (x + 3)^4$ ；

（3） $y = x\ln x$ ；

（4） $y = \dfrac{1}{x - 1}$ ；

（5） $y = x\cos x$ ；

（6） $y = e^{-2t}\cos t$.

6．求下列函数的 n 阶导数.

（1） $y = x^n$ ；

（2） $y = a^x$ ；

（3） $y = e^{ax}$ ；

（4） $y = \ln(1 + x)$.

7．设电量函数为 $Q(t) = 2t^2 + 3t + 1 (C)$ ，求 $t = 3\,s$ 时的电流强度.

8．已知电容器极板上的电荷为 $Q(t) = cu_m\sin\omega t$ ，其中 c、u_m 及 ω 都是常数，求电流强度.

9．设质点运动方程给定如下，求该质点在指定时刻的速度与加速度.

（1） $s = t^3 - 3t + 2$ ，在 $t = 2$ ；

（2） $s = t + \dfrac{1}{t}$ ，在 $t = 3$ ；

（3） $s = A\cos\dfrac{\pi t}{3}$ （ A 为常数），在 $t = 1$.

3.3 隐函数及参数方程确定的函数的求导法则

必要知识

一、隐函数的导数

由含 x ，y 的方程 $F(x, y) = 0$ 所确定的函数称为**隐函数**. 如由方程 $x^2 + y^2 = 4$ 所确定的函数就是一个隐函数．为区别起见，把形如 $y = f(x)$ 的函数称为**显函数**．有些隐函数很容易化为显函数，例如，方程 $x + y^3 - 1 = 0$ 可以化为显函数 $y = \sqrt[3]{1-x}$；但有些隐函数则很困难或不能化为显函数，如 $xy = e^{x+y}$，如何求这类函数的导数？

在隐函数中，因为函数 y 和 x 的关系隐藏在方程 $F(x, y) = 0$ 之中，所以求隐函数的导数，只需对方程 $F(x, y) = 0$ 两边同时关于 x 求导，并将方程中的 y 看成 x 的函数 $y = f(x)$，然后用复合函数的求导法则去求导，从中解出函数的导数 y' 即可．

例 1　求由方程 $x^2 + y^2 = 4$ 所确定的隐函数 y 的导数 y'_x．

解　将方程 $x^2 + y^2 = 4$ 的两边同时对 x 求导，并注意到 y 是 x 的函数，y^2 是 x 的复合函数，于是得

$$(x^2)'_x + (y^2)'_x = (4)'_x$$

当 $y \neq 0$ 时，解得

$$y'_x = -\frac{x}{y}$$

在这个结果中，分母 y 仍然是由方程 $x^2 + y^2 = R^2$ 所确定的 x 的隐函数．

一般地，由方程 $F(x, y) = 0$ 所确定的隐函数导数 y' 的表达式中含有 x 与 y．

例 2　求由方程 $e^y + xy - e = 0$ 所确定的隐函数 y 的导数．

解　方程两边同时对 x 求导，得

$$e^y y' + y + xy' = 0$$

解得

$$y' = -\frac{y}{x + e^y} \quad (x + e^y \neq 0)$$

例 3　求曲线 $xy + \ln y = 1$ 在点 $M(1, 1)$ 处的切线方程．

解　将方程两边同时对 x 求导，得

$$y + xy' + \frac{1}{y}y' = 0$$

解得

$$y' = -\frac{y^2}{xy + 1} \quad (xy + 1 \neq 0)$$

则该曲线在点 $M(1, 1)$ 处切线的斜率为 $k = y'\big|_{\substack{x=1 \\ y=1}} = -\frac{1}{2}$，所求切线方程为

$$y - 1 = -\frac{1}{2}(x - 1)$$

即

$$x + 2y - 3 = 0$$

对一些较特殊的函数的求导，如幂指函数 $y = [f(x)]^{g(x)} \ (f(x) \neq 0)$ 及幂、积、商等运算较烦琐的式子，如 $y = \sqrt[4]{\dfrac{x(x-1)}{(x-2)(x+3)}}$，可以采用两边取对数，化为隐函数求导的方法，这种求导方法称为对数求导法．

例 4　求函数 $y = \sqrt[4]{\dfrac{x(x-1)}{(x-2)(x+3)}}$ 的导数.

解　将等式两边取自然对数，得

$$\ln y = \frac{1}{4}[\ln x + \ln(x-1) - \ln(x-2) - \ln(x+3)]$$

上式两边同时对 x 求，得

$$\frac{1}{y} \cdot y'_x = \frac{1}{4}\left(\frac{1}{x} + \frac{1}{x-1} - \frac{1}{x-2} - \frac{1}{x+3}\right)$$

所以

$$\begin{aligned}
y'_x &= \frac{1}{4} y \left(\frac{1}{x} + \frac{1}{x-1} - \frac{1}{x-2} - \frac{1}{x+3}\right) \\
&= \frac{1}{4} \sqrt[4]{\frac{x(x-1)}{(x-2)(x+3)}} \left(\frac{1}{x} + \frac{1}{x-1} - \frac{1}{x-2} - \frac{1}{x+3}\right)
\end{aligned}$$

利用上述方法读者自己证明幂函数 $y = x^\mu$ 的导数公式为 $(x^\mu)' = \mu x^{\mu-1}$（μ 为实数）.

例 5　求指数函数 $y = a^x (a > 0 \text{ 且 } a \neq 1)$ 的导数.

解　把 $y = a^x$ 改写成 $x = \log_a y$，两边同时对 x 求导，得

$$(x)' = \frac{1}{y \ln a} y'_x$$

于是

$$y'_x = y \ln a = a^x \ln a$$

即

$$(a^x)' = a^x \ln a$$

这就是以 a 为底的指数函数的导数公式.

特殊地，当 $a = \mathrm{e}$ 时，有 $(\mathrm{e}^x)' = \mathrm{e}^x$.

这表明，以 e 为底的指数函数的导数就是它本身，这是以 e 为底的指数函数的一个重要特性.

例 6　求反正弦函数 $y = \arcsin x (-1 < x < 1)$ 的导数.

解　先将函数 $y = \arcsin x (-1 < x < 1)$ 化为函数 $x = \sin y \left(-\dfrac{\pi}{2} < y < \dfrac{\pi}{2}\right)$，然后在它的两边同时对 x 求导，得

$$1 = \cos y \cdot y'_x$$

从而

$$y'_x = \frac{1}{\cos y}$$

而

$$\cos y = \sqrt{1 - \sin^2 y} = \sqrt{1 - x^2} \quad \left(\text{当} -\frac{\pi}{2} < y < \frac{\pi}{2} \text{时}, \cos y > 0\right)$$

从而

$$y'_x = \frac{1}{\sqrt{1 - x^2}}$$

即

$$(\arcsin x)' = \frac{1}{\sqrt{1-x^2}} \quad (-1 < x < 1)$$

这就是反正弦函数的导数公式.

用类似的方法可求得反余弦函数、反正切函数、反余切函数的导数公式为

$$(\arccos x)' = -\frac{1}{\sqrt{1-x^2}} \quad (-1 < x < 1)$$

$$(\arctan x)' = \frac{1}{1+x^2} \quad (-\infty < x < +\infty)$$

$$(\text{arc}\cot x)' = -\frac{1}{1+x^2} \quad (-\infty < x < +\infty)$$

例 7 求下列函数的导数.

（1）$y = \left(\dfrac{2}{3}\right)^x + x^{\frac{2}{3}}$；　　　　（2）$y = e^{\cos x}$；　　　　（3）$y = \ln(\arccos x)$

解　（1）$y' = \left(\dfrac{2}{3}\right)^x \ln\dfrac{2}{3} + \dfrac{2}{3}x^{\frac{2}{3}-1} = \left(\dfrac{2}{3}\right)^x \ln\dfrac{2}{3} + \dfrac{2}{3}x^{-\frac{1}{3}}$；

（2）$y' = e^{\cos x}(\cos x)' = -e^{\cos x}\sin x$；

（3）$y' = \dfrac{1}{\arccos x}(\arccos x)' = -\dfrac{1}{\sqrt{1-x^2}\,\arccos x}$.

例 8　求函数 $F(x) = \sqrt{e^{2x}+1}$，在点 $x = 0$ 处的导数.

解　因为

$$F'(x) = \frac{1}{2\sqrt{e^{2x}+1}}(e^{2x}+1)' = \frac{e^{2x}\cdot(2x)'}{2\sqrt{e^{2x}+1}} = \frac{e^{2x}}{\sqrt{e^{2x}+1}}$$

所以

$$F'(0) = \frac{e^0}{\sqrt{e^0+1}} = \frac{1}{\sqrt{2}}$$

二、由参数方程确定的函数的导数

变量 x 和 y 分别用另一个变量 t 的一组方程

$$\begin{cases} x = \varphi(t) \\ y = \psi(t) \end{cases} (t \in D)$$

来确定函数关系 $y = f(x)$，称此函数为由**参数方程所确定的函数**. 变量 t 称为**参数**，上述方程称为**参数方程**.

对于参数方程确定的函数，可以不消去参数而直接求出导数 $\dfrac{\mathrm{d}y}{\mathrm{d}x}$.

定理　若 $x = \varphi(t)$，$y = \psi(t)$ 都可导，且 $\varphi'(t) \neq 0$，则由参数式函数 $\begin{cases} x = \varphi(t) \\ y = \psi(t) \end{cases}$ （t 为参数，$\alpha \leqslant t \leqslant \beta$）确定的函数 $y = f(x)$ 也可导，且有

$$\frac{\mathrm{d}y}{\mathrm{d}x} = \frac{\dfrac{\mathrm{d}y}{\mathrm{d}t}}{\dfrac{\mathrm{d}x}{\mathrm{d}t}} = \frac{\psi'(t)}{\varphi'(t)}$$

证明从略.

例 9 已知椭圆的参数方程为 $\begin{cases} x = a\cos t \\ y = b\sin t \end{cases}$，求 $\dfrac{\mathrm{d}y}{\mathrm{d}x}$.

解 因为

$$\frac{\mathrm{d}x}{\mathrm{d}t} = -a\sin t, \quad \frac{\mathrm{d}y}{\mathrm{d}t} = b\cos t$$

所以

$$\frac{\mathrm{d}y}{\mathrm{d}x} = \frac{\dfrac{\mathrm{d}y}{\mathrm{d}t}}{\dfrac{\mathrm{d}x}{\mathrm{d}t}} = \frac{b\cos t}{-a\sin t} = -\frac{b}{a}\cot t$$

例 10 求曲线 $\begin{cases} x = 2\mathrm{e}^t \\ y = \mathrm{e}^{-t} \end{cases}$ 在 $t = 0$ 处的切线方程.

解 因为

$$\frac{\mathrm{d}y}{\mathrm{d}x} = \frac{y_t'}{x_t'} = \frac{\mathrm{e}^{-t}(-1)}{2\mathrm{e}^t}$$

所以

$$\left. \frac{\mathrm{d}y}{\mathrm{d}x} \right|_{t=0} = \left. \frac{-\mathrm{e}^{-t}}{2\mathrm{e}^t} \right|_{t=0} = -\frac{1}{2}$$

又因为 $t = 0$ 时曲线对应点的坐标为（2，1），于是，切线方程为

$$y - 1 = -\frac{1}{2}(x - 2)$$

即

$$x + 2y - 4 = 0$$

三、专业应用举例

"电路与磁路"课程中求电流或电压.

例 11 在图 3-5 所示电路中，已知 $R = 10\Omega$，$C = 0.5\mathrm{F}$，$i_R = 6\mathrm{e}^{-4t}\,\mathrm{A}$，试求 i.

解 电阻电流为

$$u_R = Ri = 10 \times 6\mathrm{e}^{-4t} = 60\mathrm{e}^{-4t}\,(\mathrm{V})$$

电容电流为

$$i_C = C\frac{\mathrm{d}u}{\mathrm{d}t} = 0.5 \times \frac{\mathrm{d}(60\mathrm{e}^{-4t})}{\mathrm{d}t} = -120\,\mathrm{e}^{-4t}\,(\mathrm{A})$$

从而

$$i = i_R + i_C = 6\mathrm{e}^{-4t} - 120\mathrm{e}^{-4t} = -114\mathrm{e}^{-4t}\,(\mathrm{A})$$

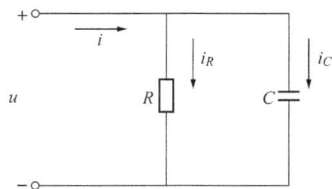

图 3-5

习 题 3.3

1. 求下列函数的导数.

（1）$y = 10^x + x^{10}$;

（2）$y = e^{x^2+1}$;

（3）$y = \ln \cos 2x$;

（4）$y = \sin 2^x$;

（5）$y = (\arcsin x)^2$;

（6）$y = \arccos \sqrt{x}$;

（7）$y = e^{2t} \cos 3t$;

（8）$y = \arctan \sqrt{x^2 + 2x}$;

（9）$y = \text{arc} \cot(\sin \pi x)$;

（10）$y = \ln(e^{2x} + 1) - 2 \arctan e^x$;

（11）$y = \dfrac{5^x}{2^x} + 5^x \cdot 2^{3x}$;

（12）$y = \dfrac{x}{2} \sqrt{a^2 - x^2} + \dfrac{a^2}{2} \arcsin \dfrac{x}{a}$ $(a > 0)$.

2. 求由下列方程所确定的隐函数 y 对 x 的导数.

（1）$x^2 - y^2 = 16$;

（2）$x^3 + 6xy + 5y^3 = 3$;

（3）$x \cos y = \sin(x + y)$;

（4）$x + y - e^{2x} + e^y = 0$;

（5）$\sqrt{x} + \sqrt{y} = \sqrt{a}$ （a 为常数）;

（6）$ye^x + \ln y = 1$;

（7）$y = x + \dfrac{1}{2} \ln y$;

（8）$x = y + \arctan y$.

3. 用对数求导法求下列函数的导数.

（1）$y = \dfrac{\sqrt{x + 2}(3 - x)^4}{(x + 1)^5}$;

（2）$y = \left(\dfrac{x}{1 + x} \right)^x$.

4. 求由下列方程所确定的函数 y 对 x 的导数或在指定点的导数.

（1）$\begin{cases} x = t + \dfrac{1}{t} \\ y = t - \dfrac{1}{t} \end{cases}$;

（2）$\begin{cases} x = e^t \cos t \\ y = e^t \sin t \end{cases}$ 在 $t = \dfrac{\pi}{2}$ 处.

5. 曲线 $y = xe^{-x}$ 上哪一点的切线平行于 x 轴？

6. 求曲线 $x + x^2 y^2 - y = 1$ 在点（1，1）处的切线方程.

7. 求曲线 $\begin{cases} x = t \\ y = t^3 \end{cases}$ 在点(1，1)处的切线斜率.

8. 求曲线 $\begin{cases} x = 2 \sin t \\ y = \cos 2t \end{cases}$ 在 $t = \dfrac{\pi}{4}$ 处的切线方程.

3.4 函 数 的 微 分

问题提出

一块正方形金属薄片受热影响时，其边长由 x_0 变到 $x_0 + \Delta x$，问此薄片的面积改变了多少？

解法探究

设此薄片的边长为 x，面积为 A，则 A 是 x 的函数：$A = x^2$．受热影响当自变量 x 自 x_0 变到 $x_0 + \Delta x$ 时，函数 A 相应的增量为 ΔA，即

$$\Delta A = (x_0 + \Delta x)^2 - x_0^2 = 2x_0\Delta x + (\Delta x)^2$$

如图 3-6 所示，阴影部分表示 ΔA，它由两部分组成，第一部分 $2x_0\Delta x$ 是 Δx 的线性函数，即图中带有斜线的两个矩形面积之和，而第二部分在图中是带有交叉斜线的小正方形的面积．当 $\Delta x \to 0$ 时，第二部分 $(\Delta x)^2$ 是比 Δx 高阶的无穷小，即 $(\Delta x)^2 = o(\Delta x)$．显然，当 $|\Delta x|$ 很小时，$2x_0\Delta x$ 是 ΔA 的主要部分，可以作为 ΔA 的近似值，所产生的误差 $(\Delta x)^2$ 是 Δx 的高阶无穷小，可以忽略不计，于是有

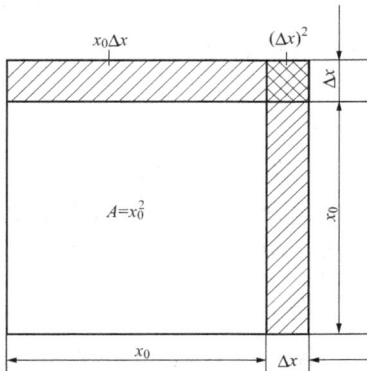

图 3-6

$$\Delta A \approx 2x_0\Delta x$$

由于 $A(x) = x^2$，$A'(x_0) = 2x_0$，上式又可写作 $\Delta A \approx A'(x_0)\,\Delta x$．

一般地，对于可导函数 $y = f(x)$，函数的增量 $\Delta y = f(x_0 + \Delta x) - f(x_0)$ 也可表示为 Δx 的线性函数 $f'(x_0)\Delta x$ 与 Δx 的高阶无穷小两部分之和．这是因为函数 $y = f(x)$ 在点 x_0 处可导，即

$$\lim_{\Delta x \to 0} \frac{\Delta y}{\Delta x} = f'(x_0)$$

根据函数极限与无穷小的关系可得

$$\frac{\Delta y}{\Delta x} = f'(x_0) + \alpha \;(\lim_{\Delta x \to 0} \alpha = 0)$$

由此得

$$\Delta y = f'(x_0)\Delta x + \alpha \cdot \Delta x \;(\lim_{\Delta x \to 0} \alpha = 0)$$

通常当 $f'(x_0) \neq 0$ 时，称 $f'(x_0)\Delta x$ 是 Δy 的**线性主部**．

当 $|\Delta x|$ 很小时，可用线性主部 $f'(x_0)\Delta x$ 作为 Δy 的近似值，即 $\Delta y \approx f'(x_0)\Delta x$．这在工程设计的数值计算中有着广泛的用途．

必要知识

一、微分的概念

定义　设函数 $y = f(x)$ 在点 x 处的改变量 $\Delta y = f(x + \Delta x) - f(x)$ 可以表示成

$$\Delta y = A\Delta x + o(\Delta x)$$

其中 $o(\Delta x)$ 为比 $\Delta x(\Delta x \to 0)$ 高阶的无穷小，则称函数 $f(x)$ 在点 x 处可微，并称其线性主部 $A\Delta x$ 为函数 $y = f(x)$ **在点 x 处的微分**，记作 $\mathrm{d}y$ 或 $\mathrm{d}f(x)$，即 $\mathrm{d}y = A\Delta x$ 且有 $A = f'(x)$，这样 $\mathrm{d}y = f'(x)\Delta x$．

当然 $f(x) = x$ 时，函数的微分 $\mathrm{d}f(x) = \mathrm{d}x = x'\Delta x = \Delta x$，即 $\mathrm{d}x = \Delta x$．

因此我们规定自变量的微分等于自变量的增量，这样函数 $y = f(x)$ 的微分可以写成

$$dy = f'(x)\Delta x = f'(x)dx$$

或上式两边同除以 dx，有 $\dfrac{dy}{dx} = f'(x)$．

由此可见，导数等于函数的微分与自变量的微分之商，即 $f'(x) = \dfrac{dy}{dx}$，正因为这样，导数也称为"微商"，而微分的分式 $\dfrac{dy}{dx}$ 也被用作导数的符号．对一元函数而言，函数可微与可导是等价的．

注 意

微分与导数虽然有着密切的联系，但它们有区别：导数是函数在一点处的变化率，而微分是函数在一点处由自变量增量引起的函数变化量的主要部分，导数的值只与 x 有关，而微分的值与 x 和 Δx 都有关．

例 1　求函数 $y = x^2$ 在 $x = 1, \Delta x = 0.01$ 时的增量与微分．

解　因为 $\Delta y = (x + \Delta x)^2 - x^2 = 2x\Delta x + (\Delta x)^2$，$dy = (x^2)'\Delta x = 2x\Delta x$，所以

$$\Delta y\big|_{\substack{x=1\\\Delta x=0.01}} = 2\times1\times0.01 + (0.01)^2 = 0.0201$$

$$dy\big|_{\substack{x=1\\\Delta x=0.01}} = 2\times1\times0.01 = 0.02$$

例 2　求函数 $y = x\sin x$ 的微分．

解　因为

$$y' = \sin x + x\cos x$$

所以

$$dy = y'dx = (\sin x + x\cos x)dx$$

二、微分的几何意义

设函数 $y = f(x)$ 的图像如图 3-7 所示，点 $M(x_0, y_0)$，$N(x_0 + \Delta x, y_0 + \Delta y)$ 在图像上，过 M，N 分别作 x 轴、y 轴的平行线，相交于点 Q，则线段 $MQ = \Delta x$、$QN = \Delta y$．过点 M 再作曲线的切线 MT，交 QN 于点 P，设切线的倾斜角为 α，则线段

$$QP = MQ\tan\alpha = \Delta x \cdot f'(x_0) = dy\big|_{x=x_0}$$

因此函数 $y = f(x)$ 在 x_0 处的微分的几何意义是曲线 $y = f(x)$ 在点 $M(x_0, y_0)$ 处切线的纵坐标的相应增量．

由图 3-7 还可以看出：

（1）线段 PN 的长，表示用 dy 来近似代替 Δy 所产生的误差，当 $|\Delta x|$ 很小时，它比 $|\Delta y|$ 要小得多；

（2）近似式 $dy \approx \Delta y$，表示当 $\Delta x \to 0$ 时，可以用切线段 MP 近似代替曲线弧段 MN，即在一点的附近可以"以直代曲"，"以直代曲"是微分的一个基本思想，常常应用于工程技术中．

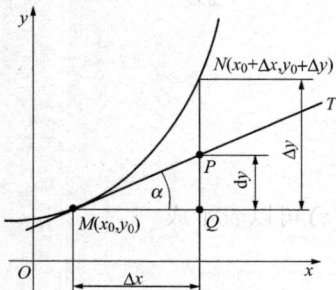

图 3-7

三、微分的基本公式与运算法则

由函数微分的定义 $dy = f'(x)dx$ 及导数的基本公式、求导运算法则，就可以得到相应的微

分的基本公式与运算法则.

1. 微分的基本公式

（1） $d(C) = 0$ （C 为常数）;

（2） $d(x^\mu) = \mu \cdot x^{\mu-1} dx$;

（3） $d(\sin x) = \cos x dx$;

（4） $d(\cos x) = -\sin x dx$;

（5） $d(\tan x) = \sec^2 x dx$;

（6） $d(\cot x) = -\csc^2 x dx$;

（7） $d(\sec x) = \sec x \tan x dx$;

（8） $d(\csc x) = -\csc x \cot x dx$;

（9） $d(a^x) = a^x \ln a dx$ （$a > 0$）;

（10） $d(e^x) = e^x dx$;

（11） $d(\log_a x) = \dfrac{1}{x \ln a} dx$;

（12） $d(\ln x) = \dfrac{1}{x} dx$;

（13） $d(\arcsin x) = \dfrac{1}{\sqrt{1-x^2}} dx$;

（14） $d(\arccos x) = -\dfrac{1}{\sqrt{1-x^2}} dx$;

（15） $d(\arctan x) = \dfrac{1}{1+x^2} dx$;

（16） $d(\operatorname{arc cot} x) = -\dfrac{1}{1+x^2} dx$.

2. 函数和、差、积、商的微分法则

设 u 和 v 都是 x 的函数，则有

（1） $d(u \pm v) = du \pm dv$;

（2） $d(uv) = udv + vdu$，特别地， $d(Cu) = Cdu$ （C 为常数）;

（3） $d\left(\dfrac{u}{v}\right) = \dfrac{vdu - udv}{v^2}$ （$v \neq 0$）.

3. 复合函数的微分法则

设 $y = f(u)$，而 $u = \varphi(x)$，则复合函数 $y = f[\varphi(x)]$ 的导数为 $y' = f'(u)\varphi'(x)$. 于是复合函数 $y = f[\varphi(x)]$ 的微分为 $dy = f'(u) \cdot \varphi'(x) \cdot dx$.

因为 $\varphi'(x)dx = du$，所以

$$dy = f'(u)du$$

由此可见，无论 u 是自变量还是中间变量，函数 $y = f(u)$ 的微分形式 $dy = f'(u)du$ 都保持不变，这一性质称为**一阶微分形式的不变性**，利用这一性质可求复合函数的微分.

例 3 求函数 $y = \ln(1 + e^x)$ 的微分.

解
$$dy = d\ln(1 + e^x) = \frac{1}{1+e^x} d(1 + e^x) = \frac{e^x}{1+e^x} dx$$

例 4 求函数 $y = \sin^2 x + x \ln x$ 的微分.

解
$$dy = d(\sin^2 x + x \ln x) = d(\sin^2 x) + d(x \ln x)$$
$$= 2\sin x d\sin x + \ln x dx + x d(\ln x)$$
$$= 2\sin x \cos x dx + \ln x dx + x \frac{1}{x} dx = (\sin 2x + \ln x + 1)dx$$

例 5 求函数 $y = \dfrac{e^{3x}}{x}$ 的微分.

解
$$dy = \frac{x de^{3x} - e^{3x} dx}{x^2} = \frac{x e^{3x} d(3x) - e^{3x} dx}{x^2} = \frac{e^{3x}(3x-1)dx}{x^2}$$

习 题 3.4

1. 设函数 $y = x^2 - 3x + 5$，当自变量 x 由 1 变到 1.1 时，求函数的增量 Δy 和微分 $\mathrm{d}y$.

2. 将适当的函数填入下列括号，使等式成立.

（1）d（　　　）$= 2\mathrm{d}x$；　　　　（2）d（　　　）$3x\mathrm{d}x$；

（3）d（　　　）$= \cos t\mathrm{d}t$；　　（4）d（　　　）$= \sin t\mathrm{d}t$；

（5）d（　　　）$= \sqrt{x}\mathrm{d}x$；　　　（6）d（　　　）$= \mathrm{e}^{-2x}\mathrm{d}x$；

（7）d（　　　）$= \dfrac{1}{1+x}\mathrm{d}x$；　（8）d（　　　）$= -\dfrac{1}{x^2}\mathrm{d}x$.

3. 求下列函数的微分.

（1）$y = 2x^3 - 3x^2 + 6x$；　　（2）$y = \dfrac{1}{x} + 2\sqrt{x}$；

（3）$y = \cos 3x$；　　　　　　（4）$y = \mathrm{e}^{\sin x}$；

（5）$y = \ln\sqrt{1 - x^2}$；　　　（6）$y = (\mathrm{e}^x + \mathrm{e}^{-x})^2$；

（7）$y = \mathrm{e}^{-x}\cos(3 - x)$；　　（8）$y = \tan^2(1 + 2x^2)$.

复习题 三

1. 填空题.

（1）过曲线 $y = x^2$ 上点 $A(2,4)$ 的切线斜率为_____，过该点的切线方程为_____. 当 $x = 2$，$\Delta x = 0.01$ 时函数 $y = x^2$ 的微分为_____.

（2）若质点的运动方程为 $s = A\sin\dfrac{\omega}{4}t$，则该质点在 t 时刻的速度为_____，加速度为_____（A、ω 为常数）.

（3）$\mathrm{d}(\sqrt{1 - x^2}) = $_____；　d_____ $= 3^x\mathrm{d}x$.

2. 单项选择题.

（1）若函数在点 x 可导，则 $f'(x)$ 等于（　　）.

　　A. $\lim\limits_{\Delta x \to 0}\dfrac{f(x - \Delta x) - f(x)}{\Delta x}$　　　B. $\lim\limits_{\Delta x \to 0}\dfrac{f(x - \Delta x) - f(x)}{3\Delta x}$

　　C. $\lim\limits_{\Delta x \to 0}\dfrac{f(x + \Delta x) - f(x - \Delta x)}{\Delta x}$　　D. $\lim\limits_{\Delta x \to 0}\dfrac{f(x) - f(x - \Delta x)}{\Delta x}$

（2）函数在点 x_0 连续是函数在该点可导的（　　）.

　　A. 充分条件但不是必要条件　　　B. 充分条件

　　C. 必要条件但不是充分条件　　　D. 既不是充分条件，也不是必要条件

（3）设函数 $f(x)$ 可导，则当 x 在点 $x = 2$ 处有微小增量 Δx 时，函数的增量约为（　　）.

　　A. $f'(2)$　　　　　　　　　　　B. $\lim\limits_{x \to 2}f(x)$

　　C. $f(2 + \Delta x)$　　　　　　　　D. $f'(2)\Delta x$

（4）下列式子成立的是（　　）.

A. $\left(\sin\dfrac{\pi}{3}\right)' = \cos\dfrac{\pi}{3}$ 　　　　　　B. $\left(\sin\dfrac{\pi}{3}\right)' = \dfrac{1}{3}\cos\dfrac{\pi}{3}$

C. $\left(\sin\dfrac{\pi}{3}\right)' = 0$ 　　　　　　　　D. $\left[(x)^x\right]' = xx^{x-1}$

3．判断题．

（1）基本初等函数在其定义域内连续．（　　　）

（2）若函数 $y = f(x)$ 在点 x_0 处不连续，则 $y = f(x)$ 在点 x_0 处一定不可导．（　　　）

（3）若函数 $y = f(x)$ 在点 x_0 可微，则 $f(x)$ 在点 x_0 一定可导．（　　　）

4．求下列函数的导数．

（1）$y = 2x^2 - \dfrac{1}{x^3} + 5x - 1$；　　　　（2）$y = (x + \sin^2 x)^4$；

（3）$y = \dfrac{1}{x - \sqrt{a^2 + x^2}}$；　　　　（4）$y = \ln\sqrt{\dfrac{1 + \cos x}{1 + \sin x}}$．

5．求由下列方程所确定的隐函数 y 对 x 的导数．

（1）$y^3 + x^3 - 3xy = 0$；　　　　（2）$\arctan\dfrac{y}{x} = \ln\sqrt{x^2 + y^2}$．

6．求下列函数的微分．

（1）$y = \ln\sin\dfrac{x}{2}$；　　　　（2）$\mathrm{e}^{\frac{x}{y}} - xy = 0$．

知识结构图

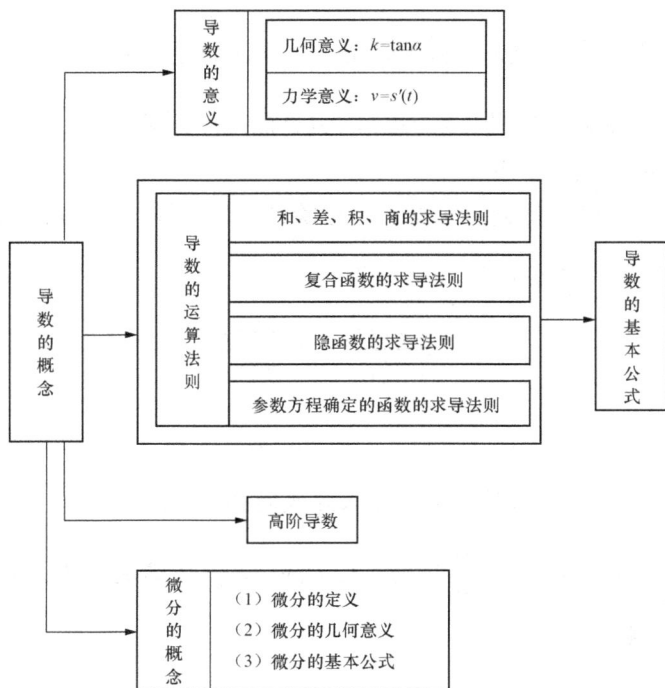

第4章 导 数 的 应 用

在第三章中，我们介绍了微分学的两个基本概念——导数与微分及其计算方法．本章以微分学基本定理——微分中值定理为基础，进一步介绍利用导数研究函数的性态．例如，判断函数的单调性，求函数的极限、极值、最大（小）值及曲率的计算．

4.1 洛 必 达 法 则

必要知识

在求函数的极限时，常会遇到两个函数 $f(x)$，$g(x)$ 都是无穷小或都是无穷大时，求它们比值的极限．例如，比较两个无穷小的阶就会出现这样的极限．这种极限可能存在，也可能不存在，通常把这种比值的极限称为**未定式**．当 $f(x)$，$g(x)$ 都是无穷小时，称为"$\dfrac{0}{0}$"型未定式．例如，重要极限 $\lim\limits_{x\to 0}\dfrac{\sin x}{x}$ 就是"$\dfrac{0}{0}$"型未定式．当 $f(x)$，$g(x)$ 都是无穷大时，称为"$\dfrac{\infty}{\infty}$"型未定式．对于这类未定式，即使它的极限存在，也不能用"商的极限等于极限的商"的运算法则来求极限．洛必达法则（L'Hospital）就是求这种未定式极限的一个重要且有效的方法．

一、"$\dfrac{0}{0}$"型未定式

关于当 $x\to x_0$ 时的"$\dfrac{0}{0}$"型未定式的情形，有下面的定理：

定理1（洛必达法则） 如果函数 $f(x)$，$g(x)$ 满足下列条件：

（1） $\lim\limits_{x\to x_0}f(x)=0,\ \lim\limits_{x\to x_0}g(x)=0$；

（2） $f(x)$ 和 $g(x)$ 在点 x_0 的近旁（点 x_0 可以除外）都可导，且 $g'(x)\neq 0$；

（3） $\lim\limits_{x\to x_0}\dfrac{f'(x)}{g'(x)}$ 存在（或为无穷大），那么

$$\lim_{x\to x_0}\frac{f(x)}{g(x)}=\lim_{x\to x_0}\frac{f'(x)}{g'(x)}$$

注意

（1）上述定理对 $x\to\infty$ 时的"$\dfrac{0}{0}$"型未定式同样适用；

（2）如果 $\lim\limits_{x\to x_0}\dfrac{f'(x)}{g'(x)}$ 仍属于"$\dfrac{0}{0}$"型，且 $f'(x)$ 和 $g'(x)$ 满足洛必达法则的条件，那么可继续使用洛必达法则，即

$$\lim_{x \to x_0} \frac{f(x)}{g(x)} = \lim_{x \to x_0} \frac{f'(x)}{g'(x)} = \lim_{x \to x_0} \frac{f''(x)}{g''(x)} = \cdots$$

但应注意，如果所求的极限已不是未定式，则不能再应用这个法则，否则会导致错误的结果.

例 1   求 $\lim\limits_{x \to 0} \dfrac{(1+x)^{\alpha} - 1}{x}$ （α 为任意实数）.

解   这是 "$\dfrac{0}{0}$" 型未定式，所以

$$\lim_{x \to 0} \frac{(1+x)^{\alpha} - 1}{x} = \lim_{x \to 0} \frac{\alpha(1+x)^{\alpha-1}}{1} = \alpha$$

例 2   求 $\lim\limits_{x \to 0} \dfrac{\ln(1+x)}{x^2}$. （"$\dfrac{0}{0}$" 型）

解 $$\lim_{x \to 0} \frac{\ln(1+x)}{x^2} = \lim_{x \to 0} \frac{\dfrac{1}{1+x}}{2x} = \lim_{x \to 0} \frac{1}{2x(1+x)} = \infty$$

例 3   求 $\lim\limits_{x \to \frac{\pi}{2}} \dfrac{\cos x}{x - \dfrac{\pi}{2}}$. （"$\dfrac{0}{0}$" 型）

解 $$\lim_{x \to \frac{\pi}{2}} \frac{\cos x}{x - \dfrac{\pi}{2}} = \lim_{x \to \frac{\pi}{2}} \frac{-\sin x}{1} = -1$$

例 4   求 $\lim\limits_{x \to 1} \dfrac{x^3 - 3x + 2}{x^3 - x^2 - x + 1}$. （"$\dfrac{0}{0}$" 型）

解 $$\lim_{x \to 1} \frac{x^3 - 3x + 2}{x^3 - x^2 - x + 1} = \lim_{x \to 1} \frac{3x^2 - 3}{3x^2 - 2x - 1} \quad (\text{"}\frac{0}{0}\text{" 型})$$

$$= \lim_{x \to 1} \frac{6x}{6x - 2} = \lim_{x \to 1} \frac{3x}{3x - 1} = \frac{3}{2}$$

二、"$\dfrac{\infty}{\infty}$" 型未定式

定理 2（洛必达法则）   如果函数 $f(x)$，$g(x)$ 满足下列条件：

（1） $\lim\limits_{x \to x_0} f(x) = \infty$，$\lim\limits_{x \to x_0} g(x) = \infty$；

（2） $f(x)$ 和 $g(x)$ 在点 x_0 的近旁（点 x_0 可以除外）都可导，且 $g(x) \neq 0$；

（3） $\lim\limits_{x \to x_0} \dfrac{f'(x)}{g'(x)}$ 存在（或为无穷大），那么

$$\lim_{x \to x_0} \frac{f(x)}{g(x)} = \lim_{x \to x_0} \frac{f'(x)}{g'(x)}$$

注 意

（1）上述定理对 $x \to \infty$ 时的 "$\dfrac{\infty}{\infty}$" 型未定式同样适用；

（2）如果 $\lim\limits_{x \to x_0} \dfrac{f'(x)}{g'(x)}$ 仍属于 "$\dfrac{\infty}{\infty}$" 型，且 $f'(x)$ 和 $g'(x)$ 满足洛必达法则的条件，那么可继续使用洛必达法则，即

$$\lim_{x \to x_0} \frac{f(x)}{g(x)} = \lim_{x \to x_0} \frac{f'(x)}{g'(x)} = \lim_{x \to x_0} \frac{f''(x)}{g''(x)} = \cdots$$

例 5 求 $\lim\limits_{x \to 0^+} \dfrac{\ln \cot x}{\ln x}$. ("$\dfrac{\infty}{\infty}$" 型)

解
$$\lim_{x \to 0^+} \frac{\ln \cot x}{\ln x} = \lim_{x \to 0^+} \frac{\dfrac{1}{\cot x}(-\csc^2 x)}{\dfrac{1}{x}} = \lim_{x \to 0^+} \frac{-x}{\sin x \cos x}$$

$$= -\lim_{x \to 0^+} \frac{1}{\cos x} \cdot \lim_{x \to 0^+} \frac{x}{\sin x} = -1$$

例 6 求 $\lim\limits_{x \to +\infty} \dfrac{\ln x}{x^3}$. ("$\dfrac{\infty}{\infty}$" 型)

解
$$\lim_{x \to +\infty} \frac{\ln x}{x^3} = \lim_{x \to +\infty} \frac{\dfrac{1}{x}}{3x^2} = \lim_{x \to +\infty} \frac{1}{3x^3} = 0$$

例 7 求 $\lim\limits_{x \to +\infty} \dfrac{x^n}{e^x}$ （n 为正整数）. ("$\dfrac{\infty}{\infty}$" 型)

解
$$\lim_{x \to +\infty} \frac{x^n}{e^x} = \lim_{x \to +\infty} \frac{nx^{n-1}}{e^x} = \lim_{x \to +\infty} \frac{n(n-1)x^{n-2}}{e^x} \quad ("\frac{\infty}{\infty}" \text{ 型})$$

$$= \cdots = \lim_{x \to +\infty} \frac{n!}{e^x} = 0$$

三、 "$0 \cdot \infty$" 与 "$\infty - \infty$" 型的未定式

对于未定式的极限问题，除了上述两大基本类型（"$\dfrac{0}{0}$" 型、"$\dfrac{\infty}{\infty}$" 型）之外，还有 "$0 \cdot \infty$"、"$\infty - \infty$" 等其他类型的未定式，这些类型的极限，都可以经过适当的恒等变换，转化成 "$\dfrac{0}{0}$" 型或 "$\dfrac{\infty}{\infty}$" 型，一般地，"$0 \cdot \infty$" 型可转化为 $\dfrac{1}{\dfrac{1}{0}} = \dfrac{\infty}{\infty}$ 型或 $\dfrac{0}{\dfrac{1}{\infty}} = \dfrac{0}{0}$ 型；"$\infty - \infty$" 型可通分转化为 "$\dfrac{0}{0}$" 型或 "$\dfrac{\infty}{\infty}$" 型未定式，再用洛必达法则求极限.

例 8 求 $\lim\limits_{x \to 0^+} x \ln x$ （"$0 \cdot \infty$" 型）

解
$$\lim_{x \to 0^+} x \ln x = \lim_{x \to 0^+} \frac{\ln x}{\dfrac{1}{x}} = \lim_{x \to 0^+} \frac{\dfrac{1}{x}}{-\dfrac{1}{x^2}} = \lim_{x \to 0^+} (-x) = 0$$

例 9　求 $\lim\limits_{x \to 0}\left(\dfrac{1}{\sin x} - \dfrac{1}{x}\right)$.（"$\infty-\infty$"型）

解

$$\lim_{x \to 0}\left(\frac{1}{\sin x} - \frac{1}{x}\right) = \lim_{x \to 0}\frac{x - \sin x}{x \sin x} \quad \text{（"}\frac{0}{0}\text{" 型）}$$

$$= \lim_{x \to 0}\frac{1 - \cos x}{\sin x + x \cos x} \quad \text{（"}\frac{0}{0}\text{" 型）}$$

$$= \lim_{x \to 0}\frac{\sin x}{2 \cos x - x \sin x} = 0$$

总结上述例 1 至例 9，使用洛必达法则计算极限应注意以下几点：

（1）只有对于"$\dfrac{0}{0}$"型或"$\dfrac{\infty}{\infty}$"型未定式，才能直接使用洛必达法则计算极限．对 $\lim\limits_{x \to x_0}\dfrac{f(x)}{g(x)} = \lim\limits_{x \to x_0}\dfrac{f'(x)}{g'(x)}$，应注意，是分子分母分别求导数，而不是用商的导数法则对商式 $\dfrac{f(x)}{g(x)}$ 求导数．对于"$0 \bullet \infty$"型或"$\infty-\infty$"型等类型未定式，应先化为"$\dfrac{0}{0}$"型或"$\dfrac{\infty}{\infty}$"型未定式才可使用洛必达法则．

（2）每次使用洛必达法则前都要检验是否满足此法则的条件，其中条件（2）、（3）可在计算过程中检验，如果仍属"$\dfrac{0}{0}$"型，只要满足洛必达法则中的条件，就可连续使用此法则，直到求出极限值或得出不符合此法则条件的情形为止．若是循环未定式，就不能使用洛必达法则，应改用其他方法．

（3）如果有可约因子，或有非零极限的乘积因子，则可先约去或提出，然后再利用洛必达法则，以简化演算步骤．

（4）洛必达法则是用于求连续自变量的函数的未定式的极限，对于数列的未定式的极限，例如 $\lim\limits_{n \to \infty}\dfrac{f(n)}{g(n)}$（"$\dfrac{0}{0}$"型或"$\dfrac{\infty}{\infty}$"型），不能直接使用洛必达法则，但可以把 n 换成连续自变量 x，把 $f(n)$ 和 $g(n)$ 写成相应的函数 $f(x)$ 和 $g(x)$，然后再利用洛必达法则．若 $\lim\limits_{x \to \infty}\dfrac{f(x)}{g(x)}$ 存在为 A（或为无穷大），则 $\lim\limits_{n \to \infty}\dfrac{f(n)}{g(n)}$ 存在为 A（或为无穷大）.

（5）洛必达法则的条件是充分的，但不是必要的．因此，当 $\lim\dfrac{f'(x)}{g'(x)}$ 不存在（不包括 $\lim\dfrac{f'(x)}{g'(x)} = \infty$）时，并不能判定原极限 $\lim\dfrac{f(x)}{g(x)}$ 也不存在，只是这时不能使用洛必达法则，而需要使用别的方法求极限．

例 10　求 $\lim\limits_{x \to 0}\dfrac{x^2 \sin \dfrac{1}{x}}{\sin x}$.

解　这个极限属于"$\dfrac{0}{0}$"型，但因为

$$\left(x^2 \sin\frac{1}{x}\right)' = 2x\sin\frac{1}{x} + x^2\cos\frac{1}{x}\left(-\frac{1}{x^2}\right)$$

$$= 2x\sin\frac{1}{x} + x^2\cos\frac{1}{x}\left(-\frac{1}{x^2}\right)$$

$$= 2x\sin\frac{1}{x} - \cos\frac{1}{x}$$

其中，$\lim\limits_{x\to 0} 2x\sin\frac{1}{x} = 0$，而 $\lim\limits_{x\to 0}\cos\frac{1}{x}$ 不存在，所以不能使用洛必达法则进行计算. 正确的解法是

$$\lim_{x\to 0}\frac{x^2\sin\frac{1}{x}}{\sin x} = \lim_{x\to 0}\left[\left(\frac{x}{\sin x}\right)\left(x\sin\frac{1}{x}\right)\right] = 1\times 0 = 0$$

例 11　求 $\lim\limits_{x\to +\infty}\dfrac{\sqrt{1+x^2}}{x}$.

解　$\lim\limits_{x\to +\infty}\dfrac{\sqrt{1+x^2}}{x} = \lim\limits_{x\to +\infty}\dfrac{\dfrac{2x}{2\sqrt{1+x^2}}}{1}$

$$= \lim_{x\to +\infty}\frac{x}{\sqrt{1+x^2}} = \lim_{x\to +\infty}\frac{\dfrac{1}{2x}}{2\sqrt{1+x^2}}$$

$$= \lim_{x\to +\infty}\frac{\sqrt{1+x^2}}{x}$$

利用两次洛必达法则后，又还原为原来的问题，产生了循环，因而洛必达法则失效，可采用其他方法求解. 事实上，

$$\lim_{x\to +\infty}\frac{\sqrt{1+x^2}}{x} = \lim_{x\to +\infty}\sqrt{\frac{1}{x^2}+1} = 1$$

从例 10、例 11 可以看出，有些极限虽是未定式，但使用洛必达法则无法得出极限的值，说明洛必达法则并不是万能的；洛必达法则失效，并不能说明极限不存在，此时就应考虑用其他方法进行计算.

习 题 4.1

1. 曲线 $y = x^3 - x + 1$ 上哪一点的切线与连接曲线上点（0，1）和点（2，7）的割线平行？

2. 用洛必达法则求下列极限.

（1）$\lim\limits_{x\to 0}\dfrac{\sin ax}{\sin bx}$（$b\neq 0$）；　　（2）$\lim\limits_{x\to \pi}\dfrac{\sin 3x}{\tan 5x}$；　　（3）$\lim\limits_{x\to +\infty} x\left(\dfrac{\pi}{2} - \arctan x\right)$；

（4）$\lim\limits_{x\to a}\dfrac{\sin x - \sin a}{x - a}$；　　（5）$\lim\limits_{x\to 0}\dfrac{e^x - e^{-x}}{\sin x}$；　　（6）$\lim\limits_{x\to 1}\left(\dfrac{2}{x^2-1} - \dfrac{1}{x-1}\right)$.

3．求下列极限．

（1）$\lim\limits_{x\to\infty}\dfrac{x+\sin x}{x}$；

（2）$\lim\limits_{x\to+\infty}\dfrac{e^x-e^{-x}}{e^x+e^{-x}}$．

4.2　函数的单调性、极值与最值

问题提出

图 4-1 所示为稳压电源回路，电动势为 ε，内阻为 r，负载电阻为 R，则电阻 R 取多大时，输出功率最大？

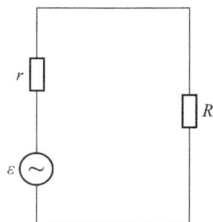

图 4-1

解法探究

由电学知识知道，消耗在负载电阻 R 上的功率为 $P=I^2R$，其中 I 为回路中的电流，又由欧姆定律知道

$$I=\frac{\varepsilon}{R+r}$$

将其代入 $P=I^2R$，得

$$P=P(R)=\left(\frac{\varepsilon}{R+r}\right)^2R=\frac{\varepsilon^2 R}{(R+r)^2},\quad R\in(0,+\infty)$$

电阻 R 取多大时，输出功率 P 最大，学完本节之后，就能迅速判断．

必要知识

一、拉格朗日（Lagrange）中值定理

定理 1　如果函数 $y=f(x)$ 满足下列条件：

（1）在闭区间 $[a,\ b]$ 上连续；

（2）在开式间 $(a,\ b)$ 内可导．

则至少存在一点 $\xi\in(a,\ b)$，使得

$$f'(\xi)=\frac{f(b)-f(a)}{b-a}$$

$$f(b)-f(a)=f'(\xi)(b-a)$$

这个定理称为**拉格朗日中值定理**．从几何上看，定理的正确性是明显的，如图 4-2 所示．

首先，条件（1）表明曲线 $y=f(x)$ 在 $[a,\ b]$ 上是一条连续的弧段 AB；条件（2）表明曲线弧段 AB 上每一点处都有不垂直于 x 轴的切线．其次，连接端点 A 和 B，作弦 AB，则割线 AB 的斜率为 $\dfrac{f(b)-f(a)}{b-a}$．当我们将直线 AB 作平行移动时，显然在曲线弧的内部至少能找到一点 $P(\xi,\ f(\xi))$，使得过 P 点的切线与割线 AB 平行，也就是说曲线 $y=f(x)$ 在点 P 处的切

线的斜率 $f'(\xi)$ 与割线 AB 的斜率相等，即

$$f'(\xi) = \frac{f(b) - f(a)}{b - a}$$

或

$$f(b) - f(a) = f'(\xi)(b - a)$$

这就是拉格朗日中值定理所表达的结论．

拉格朗日中值定理是微积分学的重要定理之一，它准确地表达了函数在一个闭区间上的平均变化率（或改变量）和函数在该区间内某点处导数之间的关系，它是用函数的局部性来研究函数的整体性的工具，应用十分广泛．

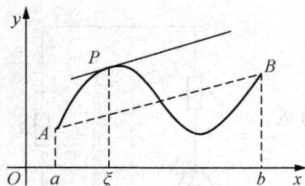

图 4-2

例 1 函数 $f(x) = x^3$ 在区间 $[0, 2]$ 上是否满足拉格朗日中值定理的条件？如果满足，找出同时使定理结论成立的 ξ 的值.

解 因为 $f(x) = x^3$ 是初等函数，它在 $[0, 2]$ 上是连续的，且导数 $f'(x) = 3x^2$ 在 $(0, 2)$ 内存在，所以函数 $f(x) = x^3$ 在 $[0, 2]$ 上满足拉格朗日中值定理的两个条件.

令 $\dfrac{f(2) - f(0)}{2 - 0} = f'(x)$，即 $6x^2 = 8$，解之，得 $x = \pm \dfrac{2}{\sqrt{3}} = \pm \dfrac{2}{3}\sqrt{3}$．其中 $x = \dfrac{2}{3}\sqrt{3}$ 在区间 $(0,$

$2)$ 内，所以存在 $\xi = \dfrac{2}{3}\sqrt{3} \in (0, 2)$，使得 $f'(\xi) = \dfrac{f(2) - f(0)}{2 - 0}$ 成立.

利用拉格朗日中值定理，还可以得出下面的推论：

推论 1 如果函数 $f(x)$ 在区间 (a, b) 内的导数恒为零，则函数 $f(x)$ 在 (a, b) 内为一常数.

证明 在 (a, b) 内任取两点 x_1、x_2（不妨设 $x_1 < x_2$），则 $f(x)$ 在区间 $[x_1, x_2]$ 上满足拉格朗日中值定理的条件，由拉格朗日中值定理，有

$$f(x_2) - f(x_1) = f'(\xi)(x_2 - x_1) \quad (x_1 < \xi < x_2)$$

由假定 $f'(\xi) = 0$，所以 $f(x_2) - f(x_1) = 0$，即 $f(x_2) = f(x_1)$．由于 x_1、x_2 是 (a, b) 内任意两点，因此 $f(x)$ 在 (a, b) 内为一常数.

在 3.1 节证明过"常数的导数等于零"，推论 1 说明它的逆命题也是对的.

推论 2 如果函数 $f(x)$、$g(x)$ 在区间 (a, b) 内每一点的导数均相等，则这两个函数在区间 (a, b) 内至多相差一个常数，即 $f(x) = g(x) + C$.

证明 因为对于区间 (a, b) 内任意一点 x，有 $f'(x) = g'(x)$，因此 $[f(x) - g(x)]' = f'(x) - g'(x) = 0$．由推论 1 得 $f(x) - g(x) = C$（C 为常数），即 $f(x) = g(x) + C$.

二、函数的单调性

单调性是函数的重要性态之一，但根据函数单调性的定义来判定函数的单调性是比较困难的，下面讨论如何利用导数判定函数的单调性.

从函数的图形（图 4-3、图 4-4）可以看出，函数 $y = f(x)$ 的单调性在几何上表现为曲线沿 x 轴正方向的上升或下降．如果函数 $y = f(x)$ 在区间 I 上单调增加，从图 4-3 可以看出曲线上各点的切线的倾斜角都是锐角，其斜率 $\tan \alpha > 0$，即 $f'(x) > 0$；如果函数 $y = f(x)$ 在区间 I

上单调减少，从图 4-4 可以看出曲线上各点的切线的倾斜角都是钝角，其斜率 $\tan\alpha<0$ ，即 $f'(x)<0$. 由此可见，函数的单调性与导数的符号有着密切的关系. 这就给我们提出一个问题：如果已知一个函数 $y=f(x)$ ，能否利用它的导数 y' 的符号来判定函数的单调性呢？这个问题可以应用拉格朗日中值定理来解决.

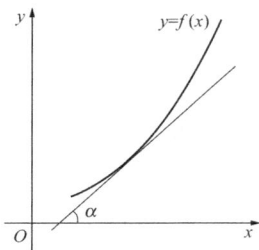

图 4-3

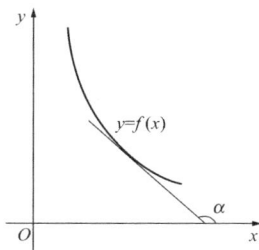

图 4-4

定理 2 设函数 $y=f(x)$ 在闭区间 $[a,b]$ 上连续，在开区间 (a,b) 内可导，则

（1）如果在开区间 (a,b) 内恒有 $f'(x)>0$ ，那么函数 $y=f(x)$ 在闭区间 $[a,b]$ 上单调增加；

（2）如果在开区间 (a,b) 内恒有 $f'(x)<0$ ，那么函数 $y=f(x)$ 在闭区间 $[a,b]$ 上单调减少.

证明 （1）任取 $x_1,x_2\in[a,b]$ ，且 $x_1<x_2$ ，则 $f(x)$ 在区间 $[x_1,x_2]$ 上满足拉格朗日中值定理的条件，由拉格朗日中值定理，有

$$f(x_2)-f(x_1)=f'(\xi)(x_2-x_1) \quad (x_1<\xi<x_2)$$

在 (a,b) 内，若 $f'(x)>0$ ，则有 $f'(\xi)>0$ ，又因为 $x_2-x_1>0$ ，故 $f(x_2)-f(x_1)>0$ ，即 $f(x_2)>f(x_1)$. 所以，函数 $y=f(x)$ 在闭区间 $[a,b]$ 上单调增加.

同理可证（2）.

上述定理中的闭区间 $[a,b]$ 若改为开区间 (a,b) 或无限区间，结论同样成立.

如果函数 $y=f(x)$ 在开区间 (a,b) 内的个别点的导数为零，其余的点都有 $f'(x)>0$ （或 $f'(x)<0$ ），则 $y=f(x)$ 在 (a,b) 内仍是单调增加（或单调减少）.

例 2 讨论函数 $f(x)=\arctan x-x$ 的单调性.

解 $f(x)$ 的定义域为 $(-\infty,+\infty)$ ， $f'(x)=\dfrac{1}{1+x^2}-1=\dfrac{-x^2}{1+x^2}\leqslant0$ ，且等号仅在 $x=0$ 处成立，故 $f(x)$ 在 $(-\infty,+\infty)$ 上单调减少.

有时，函数在整个定义域上并不单调，这时，就需要把定义域划分为若干个单调区间，如图 4-5 所示. 在区间 $[a,b]$ 上，函数 $y=f(x)$ 并不单调，但可以划分 $[a,b]$ 为 $[a,x_1]$ ， $[x_1,x_2]$ ， $[x_2,b]$ 3 个区间，在 $[a,x_1]$ ， $[x_2,b]$ 上 $y=f(x)$ 单调增加，而在 $[x_1,x_2]$ 上单调减少.

观察图 4-5， $y=f(x)$ 在 $[a,b]$ 上可导，那么在单调区间的分界点处的切线一定平行于 x 轴，即 $f'(x_1)=f'(x_2)=0$.

定义 1 若 $f'(x_0)=0$ ，则称 x_0 为函数 $f(x)$ 的驻点.

一般地，驻点常常是函数单调增减区间的分界点.

还需要指出的是：使导数不存在的点也可能是函数单调增减区间的分界点. 例如，函数

$y = |x| = \sqrt{x^2}$ 在点 $x=0$ 处连续，它的导数 $y' = \dfrac{2x}{2\sqrt{x^2}} = \dfrac{x}{\sqrt{x^2}}$ 在点 $x=0$ 处不存在．但是在区间 $(-\infty, 0)$ 内 $y' < 0$，在区间 $(0, +\infty)$ 内 $y' > 0$，即函数在区间 $(-\infty, 0)$ 内单调减少，在区间 $(0, +\infty)$ 内单调增加，所以，点 $x=0$ 是函数单调区间的分界点，如图 4-6 所示．

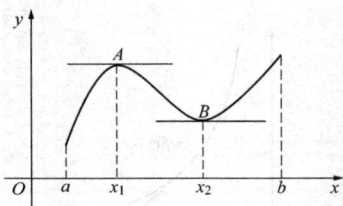

图 4-5

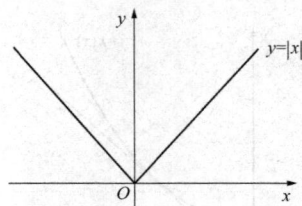

图 4-6

综上所述，求函数 $y = f(x)$ 的单调区间的一般步骤如下：

（1）确定函数 $y = f(x)$ 的定义域；

（2）求 $f'(x)$，并求出定义域内 $f(x)$ 的驻点和 $f'(x)$ 不存在的点；

（3）用所求出的驻点和 $f'(x)$ 不存在的点将定义域划分为若干个子区间，并列表讨论各区间内 $f'(x)$ 的符号，确定单调区间．

例 3　确定函数 $f(x) = 2x^3 - 6x^2 - 18x + 7$ 的单调区间．

解　（1）函数的定义域为 $(-\infty, +\infty)$．

（2）$f'(x) = 6x^2 - 12x - 18 = 6(x+1)(x-3)$，令 $f'(x) = 0$，得驻点 $x_1 = -1$，$x_2 = 3$，$f'(x)$ 无不存在的点．

（3）列表 4-1 讨论如下：

表 4-1

x	$(-\infty, -1)$	-1	$(-1, 3)$	3	$(3, +\infty)$
$f'(x)$	$+$	0	$-$	0	$+$
$f(x)$	↗		↘		↗

故函数 $f(x)$ 的单调增区间为 $(-\infty, -1)$ 和 $(3, +\infty)$，单调减区间为 $(-1, 3)$．

例 4　求函数 $f(x) = \dfrac{x^2}{3} - \sqrt[3]{x^2}$ 的单调区间．

解　（1）函数的定义域为 $(-\infty, +\infty)$．

（2）$f'(x) = \dfrac{2x}{3} - \dfrac{2}{3\sqrt[3]{x}}$，令 $f'(x) = 0$，得驻点 $x_1 = -1$，$x_2 = 1$．$f'(x)$ 不存在的点为 $x_3 = 0$．

（3）列表 4-2 讨论如下：

表 4-2

x	$(-\infty, -1)$	-1	$(-1, 0)$	0	$(0, 1)$	1	$(1, +\infty)$
$f'(x)$	$-$	0	$+$	不存在	$-$	0	$+$
$f(x)$	↘		↗		↘		↗

故函数 $f(x)$ 的单调增区间为 $(-1,0)$ 和 $(1,+\infty)$，单调减区间为 $(-\infty,-1)$ 和 $(0,1)$．

三、函数的极值

极值是函数的一种局部性态，它能帮助我们进一步把握函数的变化状况，为描绘函数图形提供不可缺少的信息，也是研究函数最大值、最小值问题的关键所在．

定义 2　设函数 $f(x)$ 在点 x_0 及其近旁有定义，如果对于点 x_0 近旁的任意点 $x\,(x\neq x_0)$，均有 $f(x)<f(x_0)$，则称 $f(x_0)$ 为函数 $f(x)$ 的一个极大值，x_0 称为 $f(x)$ 的一个极大值点；如果对于 x_0 近旁的任意点 $x\,(x\neq x_0)$，均有 $f(x)>f(x_0)$，则称 $f(x_0)$ 为函数 $f(x)$ 的一个极小值，x_0 称为 $f(x)$ 的一个极小值点．

函数的极大值与极小值统称为函数的极值，使函数取得极值的极大值点和极小值点统称为函数的极值点．

例如，在图 4-7 中，$f(c_1)$ 和 $f(c_4)$ 是函数的极大值，c_1 和 c_4 是 $f(x)$ 的极大值点；$f(c_2)$ 和 $f(c_5)$ 是函数的极小值，c_2 和 c_5 是 $f(x)$ 的极小值点．

关于函数极值应当注意以下几点：

（1）函数的极值是一个局部性概念，即极值只是函数在某点附近局部范围内的最大值与最小值，不能与函数在定义区间上的最大值、最小值这个整体性概念相混淆．

（2）极值是指函数值，而极值点是指自变量的值，两者是不同的概念．

（3）函数极大值不一定比极小值大，从图 4-7 中可看出，极大值 $f(c_1)$ 就比极小值 $f(c_5)$ 小．

（4）函数的极值一定在区间内部取得，在区间端点处不能取得极值．而函数的最大值、最小值则可能出现在区间内部，也可能在区间的端点处取得．如图 4-7 中，$f(b)$、$f(c_2)$ 分别是函数在区间 $[a,b]$ 上的最大值与最小值．

从图 4-7 可以看出，函数 $f(x)$ 的极值是对应于曲线的凸起部分的峰顶（或凹下部分的谷底），它是函数由增到减（或由减到增）的分界点．若函数

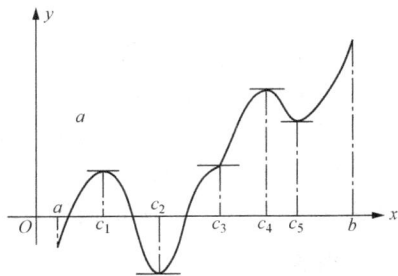

图 4-7

$f(x)$ 在极值点处可导，则曲线 $f(x)$ 在极值点（如 c_1 点）处具有水平的切线，即 $f'(c_1)=0$；反之曲线上有水平切线的点并不一定是极值点（如 c_3 点）．于是有如下函数取得极值的必要条件．

定理 3（极值存在的必要条件）　若函数 $f(x)$ 在点 x_0 处可导，并且在点 x_0 处取得极值，则 $f'(x_0)=0$．

该定理说明，可导函数的极值点必定是驻点．应当注意，可导函数的驻点未必是极值点．例如，设 $f(x)=x^3$，则 $f'(x)=3x^2$，所以 $f'(0)=0$，即 $x=0$ 是 $f(x)$ 的驻点，但 $x=0$ 不是 $f(x)$ 的极值点．因此，$f'(x_0)=0$ 是函数 $f(x)$ 在 x_0 点取得极值的必要条件，而不是充分条件．另一方面，在 $f'(x)$ 不存在的点处，函数 $f(x)$ 也可能取得极值．例如，设 $f(x)=|x|$，则 $f(x)$ 在 $x=0$ 处的导数不存在，但 $x=0$ 是函数的极小值点．

那么，当我们求得函数的驻点和导数不存在的点后，如何判定它是不是极值点？是极大值点还是极小值点？为解决这个问题，下面介绍函数取得极值的充分条件．

定理 4（极值的第一充分条件）　设函数 $f(x)$ 在点 x_0 处连续，并且在点 x_0 的左右近旁可

导．当 x 由小到大经过 x_0 时，

（1）若 $f'(x)$ 由正变负，则函数 $f(x)$ 在点 x_0 处取得极大值，$f(x_0)$ 是 $f(x)$ 的极大值；

（2）若 $f'(x)$ 由负变正，则函数 $f(x)$ 在点 x_0 处取得极小值，$f(x_0)$ 是 $f(x)$ 的极小值；

（3）若 $f'(x)$ 不变号，则函数 $f(x)$ 在点 x_0 处没有极值．

从几何图形上看，定理的正确性是明显的．当 x 渐增地经过 x_0 时，如果 $f'(x)$ 的符号由 $f'(x)>0$ 到 $f'(x_0)=0$ 再变为 $f'(x)<0$，则表示函数由单调增加变为单调减少，函数 $y=f(x)$ 对应的曲线也就由上升达到局部最高点后再变为下降，因此函数 $f(x)$ 在点 x_0 取得极大值 ［图 4-8（a）］；同理，可说明 $f(x)$ 在 x_0 点取得极小值的情形 ［图 4-8（b）］．

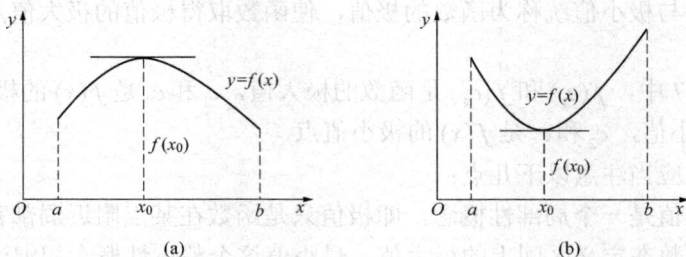

图 4-8

综上所述，求函数 $y=f(x)$ 的极值的一般步骤如下：

（1）确定函数 $y=f(x)$ 的定义域；

（2）求 $f'(x)$，并求出定义域内 $f(x)$ 的驻点和 $f'(x)$ 不存在的点；

（3）用所求出的驻点和 $f'(x)$ 不存在的点将定义域划分为若干个子区间，并列表讨论各区间内 $f'(x)$ 的符号，确定极值点，求出相应的极值．

例 5 求函数 $f(x)=(x-1)\sqrt[3]{x^2}$ 的极值．

解 （1）函数的定义域为 $(-\infty,+\infty)$．

（2）$f'(x)=\dfrac{5x-2}{3\sqrt[3]{x}}$．令 $f'(x)=0$，得驻点 $x_1=\dfrac{2}{5}$，$f'(x)$ 不存在的点为 $x_2=0$．

（3）列表 4-3 讨论如下：

表 4-3

x	$(-\infty,0)$	0	$\left(0,\dfrac{2}{5}\right)$	$\dfrac{2}{5}$	$\left(\dfrac{2}{5},+\infty\right)$
$f'(x)$	+	不存在	−	0	+
$f(x)$	↗	极大值	↘	极小值	↗

所以，函数的极大值为 $f(0)=0$，极小值为 $f\left(\dfrac{2}{5}\right)=-\dfrac{3}{5}\sqrt[3]{\dfrac{4}{25}}$．

定理 5（极值的第二充分条件） 设 $f(x)$ 在点 x_0 处具有二阶导数，且 $f'(x_0)=0$，$f''(x_0)\neq0$．

（1）若 $f''(x_0)<0$，则 $f(x)$ 在点 x_0 处取得极大值；

（2）若 $f''(x_0) > 0$，则 $f(x)$ 在点 x_0 处取得极小值.

例 6　求函数 $f(x) = \dfrac{1}{3}x^3 - 9x + 1$ 的极值.

解　**方法一**（1）函数的定义域为 $(-\infty, +\infty)$.

（2）$f'(x) = x^2 - 9 = (x-3)(x+3)$，令 $f'(x) = 0$，得驻点 $x_1 = -3$，$x_2 = 3$，$f'(x)$ 无不存在的点.

（3）列表 4-4 讨论如下：

表 4-4

x	$(-\infty, -3)$	-3	$(-3, 3)$	3	$(3, +\infty)$
$f'(x)$	+	0	−	0	+
$f(x)$	↗	极大值	↘	极小值	↗

所以，函数的极大值为 $f(-3) = 19$，极小值为 $f(3) = -17$.

方法二（1）函数的定义域为 $(-\infty, +\infty)$.

（2）$f'(x) = x^2 - 9 = (x-3)(x+3)$，$f''(x) = 2x$，令 $f'(x) = 0$，得驻点 $x_1 = -3$，$x_2 = 3$.

（3）因为 $f''(-3) = -6 < 0$，$f''(3) = 6 > 0$，所以函数的极大值为 $f(-3) = 19$，极小值为 $f(3) = -17$.

四、函数的最大值与最小值

在工农业生产、科学技术研究、经营管理中，常常会遇到在一定条件下，如何使材料最省、效率最高、利润最大等问题，在数学上，这类问题可以归结为求某一函数的最大值或最小值问题.

定义 3　设函数 $y = f(x)$ 在某区间 I 上有定义，若存在 $x_0 \in I$，使得对任意 $x \in I$，恒有 $f(x) \leqslant f(x_0)$（$f(x) \geqslant f(x_0)$），则称 $f(x_0)$ 为 $f(x)$ 在区间 I 上的最大（小）值，x_0 为 $f(x)$ 在区间 I 上的最大（小）值点.

函数的最大值、最小值统称为最值，最大值点、最小值点统称为最值点.

1. 函数最值的求法

若函数 $f(x)$ 在闭区间 $[a, b]$ 上连续，则函数在 $[a, b]$ 上一定能取得最大值和最小值. 连续函数在闭区间 $[a, b]$ 上的最大值和最小值可能在区间的端点 a 或 b 处取得，也可能在开区间 (a, b) 内取得，而若在开区间 (a, b) 内某点取得，则该点一定是极值点. 因此，求函数 $f(x)$ 在闭区间 $[a, b]$ 上的最大值与最小值的一般步骤如下：

（1）求出函数在 (a, b) 内的所有可能的极值点（所有驻点和导数不存在的点）；

（2）计算函数在驻点、导数不存在的点和端点处的函数值；

（3）比较这些函数值的大小，其中最大的就是最大值，最小的就是最小值.

例 7　求函数 $f(x) = x^4 - 8x^2 + 1$ 在闭区间 $[-3, 3]$ 上的最大值和最小值.

解　（1）$f'(x) = 4x^3 - 16x = 4x(x-2)(x+2)$，令 $f'(x) = 0$，得驻点 $x_1 = -2$，$x_2 = 0$，$x_3 = 2$，$f'(x)$ 无不存在的点.

（2）计算得 $f(-2) = f(2) = -15$，$f(0) = 1$，$f(-3) = f(3) = 10$.

（3）比较上述各值的大小，得函数在闭区间 $[-3, 3]$ 上的最大值为 $f(-3) = f(3) = 10$，

最小值为 $f(-2) = f(2) = -15$.

在求函数的最值时，特别指出下述情形：如果函数 $f(x)$ 在一个区间（开区间、闭区间或无穷区间）内可导且只有唯一的极值点 x_0 ，那么，当 $f(x_0)$ 是极大值时， $f(x_0)$ 就是 $f(x)$ 在该区间上的最大值；当 $f(x_0)$ 是极小值时， $f(x_0)$ 就是 $f(x)$ 在该区间上的最小值（图 4-8）.

例 8　求函数 $y = x^2 - 2x + 6$ 的最小值.

解　（1）函数的定义域为 $(-\infty, +\infty)$.

（2） $y' = 2x - 2 = 2(x-1)$ ， $y'' = 2$. 令 $y' = 0$ ，得驻点 $x = 1$ ， y' 无不存在的点，又 $y''(1) = 2 > 0$ ，所以 $x = 1$ 是函数的极小值点.

（3）由于函数在 $(-\infty, +\infty)$ 内只有唯一的极值点，所以函数的极小值就是函数的最小值，即函数的最小值为 $y|_{x=1} = 5$.

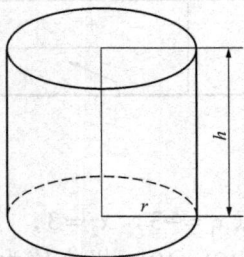

2. 实际问题中最值的求法

在解决实际问题时，首先将实际问题转换为函数 $y = f(x)$ 的最值问题.

例 9　要制造一个容积为定值 V 的圆柱形无盖茶杯，为使用料最省，问茶杯底的半径和高的尺寸应各取多少？

解　所谓用料最省，就是要求使茶杯的表面积为最小.

设茶杯的底面半径为 r ，高为 h （图 4-9），则表面积 S 为

图 4-9

$$S = \pi r^2 + 2\pi rh$$

因为容积 V 是常数，由 $V = \pi r^2 h$ 得

$$h = \frac{V}{\pi r^2}$$

于是表面积 S 可表示为

$$S(r) = \pi r^2 + \frac{2V}{r} \quad (r > 0)$$

至此，问题归结为在区间 $(0, +\infty)$ 内 r 取何值时，函数 $S(r)$ 取得最小值. 这一过程称为建模. 在数学中我们把一个实际问题转换为一个函数关系式，并在定义域上优化该函数的方法称为建立函数模型，简称为**建模**.

现在来求 $S(r)$ 在区间 $(0, +\infty)$ 内的最小值. 因为 $S'(r) = 2\pi r - \frac{2V}{r^2}$ ，令 $S'(r) = 0$ ，得驻点 $r = \sqrt[3]{\frac{V}{\pi}}$ ，这是函数 $S(r)$ 在 $(0, +\infty)$ 内的唯一驻点，并且容积一定时表面积一定有最小值. 所以，当 $r = \sqrt[3]{\frac{V}{\pi}}$ 时表面积 $S(r)$ 取得最小值. 此时， $h = \frac{V}{\pi r^2} = \sqrt[3]{\frac{V}{\pi}} = r$. 即茶杯的底面半径与高相等时： $h = r = \sqrt[3]{\frac{V}{\pi}}$ ，用料最省.

小结　求最值的应用题的方法：

（1）建立函数模型：首先画出草图，搞清题意，明确要求哪一个量的最值；其次确定自变量和因变量，一般是把要求最值的量作为因变量，自变量要选择适当，以便计算简单；然后再根据几何、物理、力学、电专业等知识建立自变量和因变量之间的函数关系式，并由实

际问题确定函数的定义区间.

（2）求上述函数最值：一般地，如果函数 $f(x)$ 在某区间内可导，且只有唯一驻点 x_0，而根据问题的实际意义可知，$f(x)$ 在此区间内一定存在最大值（或最小值），则 $f(x_0)$ 就是实际问题所要求的最大值（或最小值）.

五、专业应用举例

1. "材料力学"中横梁最大强度

例 10 横截面为矩形的横梁称为矩形梁，其强度与矩形的宽和高的平方的乘积成正比. 要将一直径为 d 的圆木切割成具有最大强度的矩形梁，则此时矩形梁的高与宽之比是多少？

解 （1）建立函数模型.

设横梁的高为 y、宽为 x、强度为 W，则由题意可知［图 4-10（a）］

$$W = kxy^2 \quad （其中 k 为比侧系数）$$

由于有 $x^2 + y^2 = d^2$，从而可得函数 $W(x) = kx(d^2 - x^2)$ $(0 < x < d)$

（2）求函数最大值.

现在问题归结为：当 x 在 $(0, d)$ 内取何值时，函数 $W(x)$ 有最大值.

令 $W'(x) = k(d^2 - 3x^2) = 0$，得 $x_1 = \dfrac{d}{\sqrt{3}}$，$x_2 = -\dfrac{d}{\sqrt{3}}$. 其中 x_2 不在函数的定义域内. 故在定义域内 $x_1 = \dfrac{d}{\sqrt{3}}$ 是唯一的驻点. 又因为将圆木切割成矩形梁必定有最大强度，所以，当矩形梁的宽为 $x = \dfrac{d}{\sqrt{3}}$ 时，强度取得最大值. 此时 $y = \sqrt{d^2 - x^2} = \sqrt{3x^2 - x^2} = \sqrt{2}x$，即高:宽=$x$:$y = \sqrt{2}$ 时矩形梁的强度最大.

容易证明：将圆木的直径 AB 三等分，过分点 C、D 作 AB 的垂线，分别交圆周于 E、F，那么以 $AEBF$ 为截面的矩形梁强度最大［见图 4-10（b）］. 早在公元 1100 年，我国宋朝李诚撰写的《营造法式》一书中，就已用文字表述了 $y:x = \sqrt{2} \approx 7:5$ 这一结果.

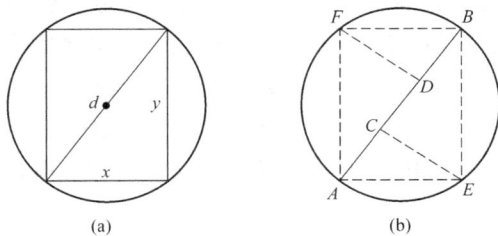
图 4-10

2. 电专业课程中的实例

例 11 求本节引入问题中的 R 取多大时，输出功率最大.

解 （1）建立函数模型. 由电学知识可得函数

$$P = P(R) = \left(\frac{\varepsilon}{R+r}\right)^2 R = \frac{\varepsilon^2 R}{(R+r)^2}, \quad R \in (0, +\infty)$$

（2）求函数最大值. 现在问题归结为：当 R 在 $(0, +\infty)$ 内取何值时，函数 $P(R)$ 有最大值.

$$P'(R) = \varepsilon^2 \frac{r - R}{(R+r)^3}$$

令 $P'(R) = 0$，在 $(0, +\infty)$ 内有唯一驻点 $R = r$. 由于最大输出功率一定存在，且驻点唯一，因此当 $R = r$ 时，输出功率最大，最大输出功率为 $P = \dfrac{\varepsilon^2 r}{(r+r)^2} = \dfrac{\varepsilon^2}{4r}$

习 题 4.2

1．判断下列说法是否正确．

（1）如果 $f'(x_0)=0$，则 $f(x)$ 一定在点 x_0 处取得极值；

（2）如果 $f(x)$ 在点 x_0 处取得极值，则一定有 $f'(x_0)=0$；

（3）如果函数 $y=f(x)$ 在闭区间 $[a, b]$ 上连续，$f(x_0)$ 是 $f(x)$ 的极大值，则 $f(x_0)$ 一定是 $f(x)$ 的最大值．

2．下列函数在给定区间上是否满足拉格朗日中值定理的条件？如果满足，求出定理中 ξ 的值．

（1）$f(x)=x^2+2x-2$，$[0, 1]$；　　　　　　（2）$f(x)=\mathrm{e}^x+1$，$[-1, 4]$．

3．证明不等式：当 $x \geqslant 0$ 时，$\sin x \leqslant x$．

4．判定下列函数在给定区间内的单调性．

（1）$f(x)=x+\cos x$，$[0, 2\pi]$；　　　　　　（2）$f(x)=\tan x,\left(-\dfrac{\pi}{2}, \dfrac{\pi}{2}\right)$．

5．求下列函数的单调区间和极值．

（1）$f(x)=2x^3-9x^2+12x-3$；　　　　　（2）$f(x)=2x^2-\ln x$；

（3）$f(x)=(x-1)(x+1)^3$；　　　　　　　　（4）$f(x)=\mathrm{e}^{-x^2}$．

6．求函数 $f(x)=x^3-3x$ 在区间 $[-1, 3]$ 上的最大值和最小值．

7．某车间要在靠墙壁处盖一间长方形小屋，现有存砖只够砌 20m 长的墙壁，问应围成怎样的长方形才能使这间小屋的面积最大？

8．铁路线上 AB 段的距离为 100km，工厂 C 距离 A 处为 20km，AC 垂直于 AB（图 4-11），为了运输需要，要在 AB 线上选定一点 D 向工厂修筑一条公路．已知铁路上每吨千米货运的运费与公路上每吨千米货运的运费之比为 3:5．为了使货物从供应站 B 运到工厂 C 每吨货物的总运费最省，问 D 应选在何处？

9．甲、乙两工厂合用一台变压器，其位置如图 4-12 所示．若两工厂用相同型号、相同成本的电线来架设输电干线，问变压器设在输电干线何处时，所需输电线最短？

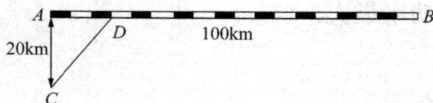

图 4-11

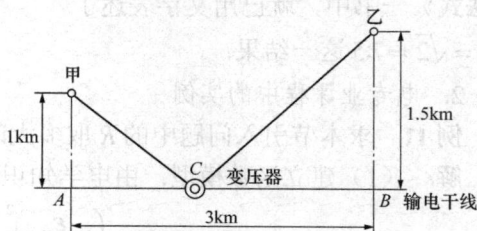

图 4-12

4.3　曲　　率

问题提出

图 4-13 所示为火车铁轨由直道 BA 转入圆弧形弯道 AM．应如何设计，才能使火车转弯

时能平稳行驶？

解法探究

　　当火车行驶经过点 A 时，由于接头 A 处的弯曲程度突然改变，就会产生一个冲动，容易发生事故. 所以在铺设铁轨时应该设法使路线各点处的弯曲程度连续变化，通常当火车由直线行驶转入曲线行驶时，用一条过渡曲线来连接，使弯曲程度连续. 这过渡曲线的弯曲程度，在与直轨连接处应等于 0；在与曲线轨道连接处，应等于曲线轨道在该点的弯曲程度. 通常都用立方抛物线作为过渡曲线. 学完本节之后，这一问题就能得到解决.

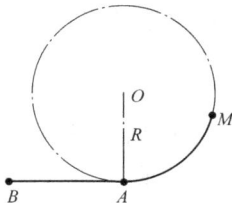

图 4-13

必要知识

一、曲率的概念

　　我们坐汽车时，公路拐弯在车里是有感觉的. 我们说这个弯大，那个弯小，通常是从两方面说的：一是指公路的方向改变的大小，如原来向北最后拐向东了，我们说方向改变了 90°；另一方面是指在多远的路程上改变了这个角度，如果两个弯都是改变了 90°，但一个是在 10m 内改变的，一个是在 1000m 内改变的，当然我们说前者比后者弯曲的厉害. 由此可见，弯曲程度是由方向改变的大小及在多长一段路程上改变的这两个因素所决定的. 并且，弯曲程度与方向改变的大小成正比，与改变这个方向所经过的路程成反比.

　　设 A，B 是曲线 $y = f(x)$ 上的两个点（图 4-14）. 假如曲线在点 A 和点 B 的切线与 x 轴的夹角分别为 α 和 $\alpha + \Delta\alpha$，那么，当点从 A 沿曲线 $y = f(x)$ 变到 B 时，角度改变了 $\Delta\alpha$，而改变这个角度所经过的路程则是弧长 $\Delta s = \overset{\frown}{AB}$，我们自然就用比值 $\left|\dfrac{\Delta\alpha}{\Delta s}\right|$ 来刻画曲线段 $\overset{\frown}{AB}$ 上的弯曲程度，称为**平均曲率**. 为了刻画曲线在某点处的曲率，我们有如下定义：

　　定义　称 $K = \left|\lim\limits_{\Delta s \to 0} \dfrac{\Delta\alpha}{\Delta s}\right| = \left|\dfrac{\mathrm{d}\alpha}{\mathrm{d}s}\right|$ 为曲线在点 A 处的曲率.

　　例 1　求半径为 R 的圆的平均曲率及曲率.

　　解　作图 4-15，因为 $\angle AO'B = \Delta\alpha = \dfrac{\Delta s}{R}$，所以

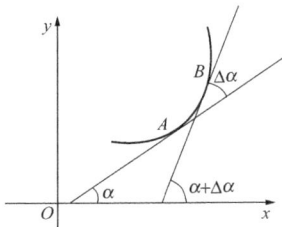

图 4-14

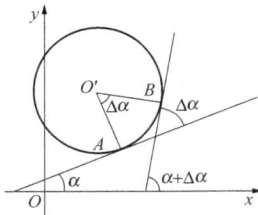

图 4-15

$$\frac{\Delta\alpha}{\Delta s} = \frac{\dfrac{\Delta s}{R}}{\Delta s} = \frac{1}{R}$$

为 $\overset{\frown}{AB}$ 段的平均曲率. 当 $B \to A$ 时, 有 $\Delta s \to 0$, 所以, 圆上任一点 A 处的曲率为

$$K = \left| \lim_{\Delta s \to 0} \frac{\Delta \alpha}{\Delta s} \right| = \lim_{\Delta s \to 0} \frac{1}{R} = \frac{1}{R}$$

可见, 圆上任一点处的曲率都等于圆半径的倒数. 因而圆的半径越大, 曲率越小; 半径越小, 曲率越大. 这表明曲率确实反映了曲线的弯曲程度.

二、曲率的计算公式

下面给出曲线 $y = f(x)$ 上任意点处的曲率计算公式.

设函数 $y = f(x)$ 具有二阶导数, 则曲线 $y = f(x)$ 在任意一点 $M(x, y)$ 处的曲率计算公式为

$$K = \left| \frac{y''}{(1 + y'^2)^{\frac{3}{2}}} \right|$$

例 2　求直线 $y = ax + b$ 的曲率.

解　因为 $y' = a$, $y'' = 0$, 所以 $K = 0$, 即直线的弯曲程度为 0 (直线不弯曲).

例 3　在铁轨由直道进入圆弧弯道时, 由于接头处的曲率突然改变, 容易产生事故, 为了平稳行驶, 往往在直线和圆弧交接处接入一段缓冲曲线 (图 4-16), 使它的曲率逐步地由零过渡到 $\frac{1}{R}$ (R 为圆弧半径), 通常采用立方抛物线 $y = \dfrac{x^3}{6Rl}$ 作为缓冲曲线, 其中 l 为弧 $\overset{\frown}{OM}$ 的长度, 试验证缓冲曲线弧 $\overset{\frown}{OM}$ 在端点 O 处的曲率为零, 并且当 $\dfrac{l}{R}$ 很小时, 在 M 处的曲率为 $\dfrac{1}{R}$.

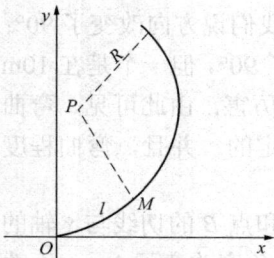

图 4-16

解　因为 $\overset{\frown}{OM}$ 的方程为 $y = \dfrac{x^3}{6Rl}$, 所以 $y' = \dfrac{1}{2Rl} x^2$, $y'' = \dfrac{1}{Rl} x$, 在 $x = 0$ 处, $y' = 0$, $y'' = 0$, 故缓冲曲线在点 O 处的曲率 $K_0 = 0$.

设点 M 的横坐标为 x_0, 实际上 l 与 x_0 比较接近, 即 $l \approx x_0$, 于是

$$y' \big|_{x = x_0} = \frac{1}{2Rl} x_0^2 \approx \frac{1}{2Rl} l^2 = \frac{l}{2R}$$

$$y'' \big|_{x = x_0} = \frac{1}{Rl} x_0 \approx \frac{1}{Rl} l = \frac{1}{R}$$

故在点 M 的曲率为

$$K_M = \frac{|y''|}{(1 + y'^2)^{\frac{3}{2}}} \approx \frac{\dfrac{1}{R}}{\left(1 + \dfrac{l^2}{4R^2} \right)^{\frac{3}{2}}}$$

因 $\dfrac{l}{R}$ 很小, 略去 $\dfrac{l^2}{4R^2}$ 项, 得 $K_M \approx \dfrac{1}{R}$.

综合上述结果可以看出, 在直轨道和圆弧轨道中间接上一段缓冲曲线轨道后, 就能使铁

路的曲率 K 从 0 连续地变到 $\dfrac{1}{R}$，从而可使列车在转弯时行驶平稳，保证安全．

三、曲率圆与曲率半径

设曲线 $y = f(x)$，在点 $M(x, y)$ 处的曲率为 K $(K \neq 0)$，在点 M 处该曲线的法线（与切线垂直的直线）上凹向的一侧取一点 C，使 $CM = \dfrac{1}{K} = R$，以 C 为圆心，R 为半径作圆，如图 4-17 所示，我们把这个圆叫做曲线 $y = f(x)$ 在点 M 处的曲率圆，把曲率圆的圆心 C 叫做曲线在点 M 处的**曲率中心**，把曲率圆的半径 R 叫做曲线在点 M 处的曲率半径，即有

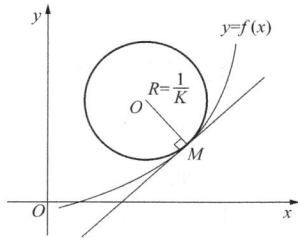

$$R = \frac{1}{K} = \frac{(1 + y'^2)^{\frac{3}{2}}}{|y''|}$$

图 4-17

由此可见，曲线上某点处的曲率半径 R 较大时，曲线在该点处的曲率 K 就较小，则曲线在该点附近就平坦；当曲率半径 R 较小时，曲线的曲率 K 就较大，则曲线在该点附近就弯曲得较厉害．

例 4 求等边双曲线 $xy = 1$ 在点（1，1）处的曲率半径 R .

解 由 $y = \dfrac{1}{x}$，得

$$y' = -x^{-2}, \quad y'' = 2x^{-3}$$

因此

$$y'\big|_{x=1} = -1, \quad y''\big|_{x=1} = 2$$

曲率半径为

$$R = \frac{(1 + y'^2)^{\frac{3}{2}}}{|y''|}\bigg|_{x=1} = \frac{\left[1 + (-1)^2\right]^{\frac{3}{2}}}{2} = \sqrt{2}$$

所以该曲线在点（1，1）处的曲率半径为 $\sqrt{2}$.

习 题 4.3

1．求立方抛物线 $y = ax^3$ $(a > 0)$ 上各点处的曲率，并求 $x = a$ 处的曲率半径．

2．抛物线 $y = ax^2 + bx + c$ 上哪一点处的曲率最大？求出该点的曲率．

复习题四

1．填空题．

（1）函数 $y = x^3 - 3x + 6$ 在区间 $[2, 5]$ 上的单调性为_____．

（2）函数 $y = x^3 - 12x + 6$ 的极小值为_____．

（3）若 $f'(x_0) = 0$，则称点 x_0 为函数 $f(x)$ 的_____．

（4）函数 $f(x) = \sqrt{2x+1}$ 在区间 $[0, 4]$ 上的最大值为_____，最小值为_____．

2．单项选择题．

（1）函数 $y = x^3 - 3x - 1$ 的单调减区间为（　　）．

  A．$[-1, 1]$ B．$(-\infty, -1]$ C．$[1, +\infty)$ D．$(-\infty, +\infty)$

（2）函数 $y = x^3 - 3x + 1$ 的极大值为（　　）．

  A．0   B．1   C．2   D．3

（3）函数 $f(x) = x + \sqrt{1-x}$ 在区间 $[-5, 1]$ 上的极大值点为（　　）．

  A．$x = -5$ B．$x = 1$ C．$x = \dfrac{3}{4}$ D．$x = \dfrac{5}{8}$

3．判断题．

（1）若函数 $y = f(x)$ 在点 x_0 处取得极值，且 $f'(x_0)$ 存在，则必有 $f'(x_0) = 0$；

（2）函数 $y = x + \sin x$ 在 $(-\infty, +\infty)$ 内没有极值．

（3）若曲线 $y = f(x)$ 在任一点 x 处都有切线，则函数 $y = f(x)$ 在任一点 x 处都可导．

4．求下列极限．

（1）$\lim\limits_{x \to +\infty} \dfrac{x^3}{e^x}$；   （2）$\lim\limits_{x \to \frac{\pi}{2}} \dfrac{\tan x}{\tan 3x}$；   （3）$\lim\limits_{x \to +\infty} \dfrac{x^2 + \ln x}{x \ln x}$；

（4）$\lim\limits_{x \to \frac{\pi}{2}} \dfrac{\ln \sin x}{(\pi - 2x)^2}$； （5）$\lim\limits_{x \to 0} \dfrac{e^x - x - 1}{x(e^x - 1)}$； （6）$\lim\limits_{x \to \infty} \dfrac{x - \sin x}{x + \sin x}$．

5．求下列函数的单调区间和极值．

（1）$f(x) = x^3 - 3x$；   （2）$f(x) = e^x - x - 1$；

（3）$f(x) = \dfrac{x^2}{1+x}$；   （4）$f(x) = (x^2 - 1)^3 + 1$．

6．如果函数 $f(x) = a\sin x + \dfrac{1}{3}\sin 3x$ 在 $x = \dfrac{\pi}{3}$ 取得极值，求 a 的值．该极值是极大值还是极小值？并求此极值．

7．求下列函数在给定区间上的最大值和最小值．

（1）$y = \sin 2x - x$，$\left[-\dfrac{\pi}{2}, \dfrac{\pi}{2}\right]$； （2）$y = x + \sqrt{1-x}$，$[-5, 1]$．

8．从长为 12cm，宽为 8cm 的矩形纸板的四个角上剪去相同的小正方形，折成一个无盖的盒子，要使盒子的容积最大，剪去的小正方形的边长应为多少？

9．某构件的横截面上部为一半圆，下部是矩形，（图 4-18）周围长 15m．要求横截面的面积最大，宽 x 应为多少米？

10．甲轮船位于乙轮船东 75 海里，以每小时 12 海里的速度向西行驶，而乙轮船则以每小时 6 海里的速度向北行驶，如图 4-19 所示，问经过多少时间，两船相距最近？

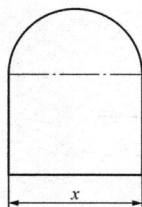

图 4-18

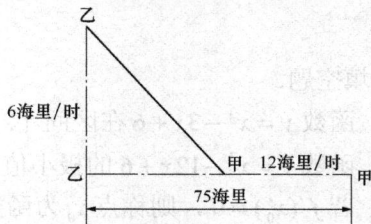

图 4-19

知识结构图

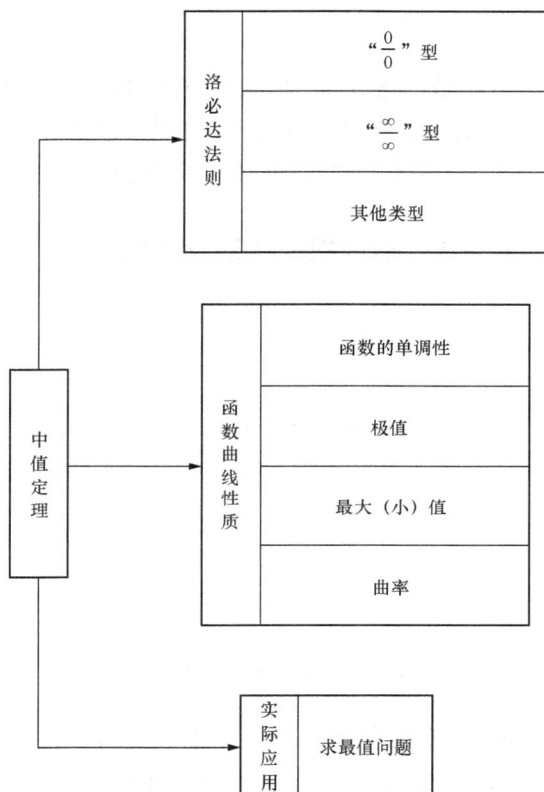

第 5 章 不 定 积 分

前面我们已经研究了一元函数的微分学，即求一个已知函数的导数（或微分）的问题．但在科学技术和生产实践中，我们还会遇到已知函数的导数（或微分），求该函数的问题．这就是本章将要讨论的不定积分问题．本章将讨论函数的不定积分的概念、性质及常用的积分方法．

5.1 不定积分的概念及性质

问题提出

某实验电路中，测得电路中导线横截面的电流 $i = i(t)$，求 t_0 时刻通过导线横截面的电量 $Q = Q(t)$．

解法探究

根据函数变化率的知识可知

$$i(t) = \lim_{\Delta t \to 0} \frac{\Delta Q}{\Delta t} = Q'(t)$$

即 $Q'(t) = i(t)$，且 $Q(t)\big|_{t=0} = 0$，则由求导公式和法则可以反推出 $Q(t)$．

像这类与求导运算相反的问题，在科学技术和社会实践中会经常遇到．如已知质点的速度，求质点的位移；已知曲线上任意一点处的切线斜率，求曲线方程等．撇开它们的实际意义，可以归结为同一个问题，就是已知某函数的导函数 $F'(x) = f(x)$，求原来的函数 $F(x)$．

必要知识

一、原函数与不定积分的概念

1. 原函数的概念

定义 1 设 $f(x)$ 是定义在某区间的已知函数，若存在函数 $F(x)$，使得

$$F'(x) = f(x) \text{ 或 } dF(x) = f(x)dx$$

则称 $F(x)$ 为 $f(x)$ 的一个**原函数**．

例如，因为 $(\sin x)' = \cos x$ 或 $d(\sin x) = \cos x dx$，故 $\sin x$ 是函数 $\cos x$ 的一个原函数；再如，因为 $(x^2)' = 2x$ 或 $d(x^2) = 2x dx$，所以函数 x^2 是函数 $2x$ 的一个原函数，又因为 $(x^2 + 1)' = 2x$，$(x^2 - \sqrt{3})' = 2x$，$\left(x^2 + \dfrac{1}{4}\right)' = 2x$，$(x^2 + C)' = 2x$（$C$ 为任意常数），所以 $x^2 + 1$，$x^2 - \sqrt{3}$，$x^2 + \dfrac{1}{4}$，$x^2 + C$ 等，都是 $2x$ 的原函数．

由此可见，如果一个函数存在原函数，那么必有无穷多个. 关于原函数，我们给出如下定理.

定理 1 如果 $F(x)$ 是 $f(x)$ 的一个原函数，则 $F(x)+C$ 是 $f(x)$ 的全部原函数，其中 C 为任意常数.

上面的结论已经指出，假定已知函数有一个原函数，它就有无限多个原函数. 函数族 $F(x)+C$ 刚好是 $f(x)$ 的全体原函数. 现在要问，任何一个函数是不是一定有原函数？下面的定理解决了这个问题.

定理 2（**原函数存在定理**） 如果函数 $f(x)$ 在某区间连续，则在该区间必存在可导函数 $F(x)$，使得

$$F'(x) = f(x)$$

此定理也就是说：连续函数必有原函数.

2. 不定积分的概念

定义 2 函数 $f(x)$ 的全部原函数 $F(x)+C$ 称为 $f(x)$ 的不定积分，记为

$$\int f(x)\mathrm{d}x = F(x) + C$$

其中"$\int$"叫做积分号，$f(x)$ 称为**被积函数**，$f(x)\mathrm{d}x$ 称为**被积表达式**，x 称为**积分变量**.

根据上面的讨论可知，如果 $F(x)$ 是 $f(x)$ 的一个原函数，那么，$f(x)$ 的不定积分 $\int f(x)\mathrm{d}x$ 就是原函数族 $F(x)+C$，即

$$\int f(x)\mathrm{d}x = F(x) + C$$

例 1 用微分法验证下列各等式.

（1）$\int x^3 \mathrm{d}x = \dfrac{x^4}{4} + C$ ； （2）$\int \mathrm{e}^x \mathrm{d}x = \mathrm{e}^x + C$.

证明 （1）由于 $\left(\dfrac{x^4}{4} + C\right)' = x^3$，而且含有任意常数 C，所以 $\int x^3 \mathrm{d}x = \dfrac{x^4}{4} + C$.

（2）由于 $(\mathrm{e}^x + C)' = \mathrm{e}^x$，而且含有任意常数 C，所以 $\int \mathrm{e}^x \mathrm{d}x = \mathrm{e}^x + C$.

例 2 设曲线过点（0，0）且切线斜率为 $2x$，求曲线方程.

解 设所求曲线方程为 $y = y(x)$. 按题意有 $\dfrac{\mathrm{d}y}{\mathrm{d}x} = 2x$，故 $y = \int 2x\mathrm{d}x = x^2 + C$. 又因为曲线过点（0，0），故代入上式有 $0 = 0 + C$，得 $C = 0$，于是所求方程为 $y = x^2$.

例 3 已知物体以速度 $v = 2t^2 + 1(\mathrm{m/s})$ 沿 Os 轴做直线运动. 当 $t = 1\mathrm{s}$ 时，物体经过的路程为 $3\mathrm{m}$，求物体的运动规律.

解 设所求的运动规律为 $s = s(t)$，于是有 $s'(t) = v = 2t^2 + 1$，所以 $s(t) = \int (2t^2 + 1)\mathrm{d}t = \dfrac{2}{3}t^3 + t + C$

将题设的条件：$t = 1$ 时，$s = 3$ 代入上式，得 $3 = \dfrac{2}{3} + 1 + C$，即 $C = \dfrac{4}{3}$. 于是所求的物体的运动规律为 $s(t) = \dfrac{2}{3}t^3 + t + \dfrac{4}{3}$.

从不定积分的概念可以知道，"求不定积分"和"求导数"或"求微分"互为逆运算，即有

$\left[\int f(x)\mathrm{d}x\right]' = f(x)$ 或 $\mathrm{d}\left[\int f(x)\mathrm{d}x\right] = f(x)\mathrm{d}x$；反之，则有 $\int F'(x)\mathrm{d}x = F(x)+C$ 或 $\int \mathrm{d}F(x) = F(x)+C$.

这就是说，若先积分后微分，则两者的作用互相抵消；反过来，若先微分后积分，则应该在抵消后加上任意常数 C.

为了简便起见，今后在不致发生混淆的情况下，不定积分也简称为积分，求不定积分的运算和方法分别称为积分运算和积分法. 由上述定义可知，积分运算与求导运算互为逆运算，可示意为如下形式：

$$f(x) \xleftarrow[\text{求导运算}]{\text{积分运算}} F(x)+C$$

二、不定积分的几何意义

定义 3 函数 $f(x)$ 的任意一个原函数 $F(x)$ 的图形称为 $F(x)$ 的一条**积分曲线**，该积分曲线的方程为 $y = F(x)$.

因为 $f(x)$ 的不定积分 $\int f(x)\mathrm{d}x$ 表示的不是一个原函数，而是原函数族 $F(x)+C$. 因此，函数 $f(x)$ 的不定积分 $\int f(x)\mathrm{d}x$ 在几何上表示一族积分曲线，称为 $f(x)$ 的**积分曲线族**. 这就是不定积分的几何意义（图 5-1）.

积分曲线族 $y = F(x)+C$ 具有如下特点：

（1）曲线族中任一条积分曲线均可由积分曲线 $y = F(x)$ 沿 y 轴方向平移而得到（当 $C>0$ 时，向上平移；$C<0$ 时，向下平移）；

（2）积分曲线族中每一条曲线上相同横坐标对应点处的切线互相平行.

当需要从积分曲线族 $y = F(x)+C$ 中求出经过点 $(x_0,\ y_0)$ 的一条积分曲线时，只要将 x_0，y_0 代入 $y = F(x)+C$ 中解出 C 即可.

例如，上面例 2 中提出的切线斜率为 $2x$ 的全部曲线是 $y = \int 2x\mathrm{d}x = x^2+C$（图 5-2），即

$$y = x^2+C$$

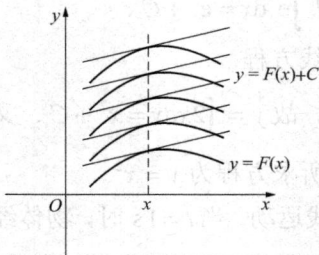

图 5-1

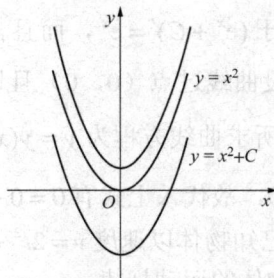

图 5-2

所求的曲线经过点（0，0），即 $x=0$ 时，$y=0$，把它们代入上式，得 $C=0$，于是所求曲线为 $y = x^2$.

三、不定积分的基本公式

由于积分运算是微分运算的逆运算，所以从基本导数公式可以直接得到基本积分公式.

例如，由导数公式

$$\left(\frac{x^{\mu+1}}{\mu+1}\right)' = x^{\mu}(\mu \neq -1)$$

得到分公式

$$\int x^{\mu}dx = \frac{x^{\mu+1}}{\mu+1} + C \quad (\mu \neq -1)$$

类似地，可以推导出其他基本积分公式，现列表如下（表 5-1）.

表 5-1

序号	$F'(x) = f(x)$	$\int f(x)dx = F(x) + C$
1	$(x)' = 1$	$\int dx = x + C$
2	$\left(\frac{x^{\mu+1}}{\mu+1}\right)' = x^{\mu}$	$\int x^{\mu}dx = \frac{x^{\mu+1}}{\mu+1} + C \quad (\mu \neq -1)$
3	$(\ln|x|)' = \frac{1}{x}$	$\int \frac{1}{x}dx = \ln|x| + C$
4	$(\arctan x)' = \frac{1}{1+x^2}$	$\int \frac{1}{1+x^2}dx = \arctan x + C$
5	$(\arcsin x)' = \frac{1}{\sqrt{1-x^2}}$	$\int \frac{1}{\sqrt{1-x^2}}dx = \arcsin x + C$
6	$\left(\frac{a^x}{\ln a}\right)' = a^x$	$\int a^x dx = \frac{a^x}{\ln a} + C$
7	$(e^x)' = e^x$	$\int e^x dx = e^x + C$
8	$(\sin x)' = \cos x$	$\int \cos x dx = \sin x + C$
9	$(-\cos x)' = \sin x$	$\int \sin x dx = -\cos x + C$
10	$(\tan x)' = \sec^2 x$	$\int \sec^2 x dx = \tan x + C$
11	$(-\cot x)' = \csc^2 x$	$\int \csc^2 x dx = -\cot x + C$
12	$(\sec x)' = \sec x \tan x$	$\int \sec x \tan x dx = \sec x + C$
13	$(-\csc x)' = \csc x \cot x$	$\int \csc x \cot x dx = -\csc x + C$

上述 13 个公式是求不定积分的基础，读者必须熟记.

例 4 求（1）$\int \frac{1}{x^2}dx$;　　　　　　（2）$\int x \cdot \sqrt[3]{x}dx$.

解 （1）$\int \frac{1}{x^2}dx = \int x^{-2}dx = \frac{x^{-2+1}}{-2+1} + C = -\frac{1}{x} + C$.

（2）$\int x \cdot \sqrt[3]{x}dx = \int x^{\frac{4}{3}}dx = \frac{x^{\frac{4}{3}+1}}{\frac{4}{3}+1} + C = \frac{3}{7}x^{\frac{7}{3}} + C$.

例 4 表明，对某些分式或根式函数求积分，可先把它们化为 x^μ 的形式，然后应用幂函数的积分公式求积分.

四、不定积分的性质

根据积分和微分的互逆运算关系，可得到积分的运算性质.

性质 1 被积函数中不为零的常数因子可以提到积分号的前面，即当 k 为不等于零的常数时，有

$$\int kf(x)\mathrm{d}x = k\int f(x)\mathrm{d}x \quad (k\neq 0)$$

性质 2 两个函数的代数和的积分等于各个函数的积分的代数和，即

$$\int [f_1(x)\pm f_2(x)]\mathrm{d}x = \int f_1(x)\mathrm{d}x \pm \int f_2(x)\mathrm{d}x$$

上述性质对于有限个函数的代数和也是成立的.

例 5 求 $\int (2x^3+1-\mathrm{e}^x)\mathrm{d}x$.

解 根据积分的性质，得

$$\int (2x^3+1-\mathrm{e}^x)\mathrm{d}x = 2\int x^3\mathrm{d}x + \int \mathrm{d}x - \int \mathrm{e}^x\mathrm{d}x$$

然后再应用基本公式，得

$$\int (2x^3+1-\mathrm{e}^x)\mathrm{d}x = 2\cdot\frac{x^4}{4} + x - \mathrm{e}^x + C = \frac{1}{2}x^4 + x - \mathrm{e}^x + C$$

其中每一项的积分虽然都应当有一个积分常数，但是这里并不需要在每一项后面各加上一个积分常数. 因为任意常数之和还是任意常数，所以这里只把它们的和 C 写在末尾，以后仿此.

应当注意，检验积分结果是否正确，只要把结果求导，看它的导数是否等于被积函数即可. 如上例，由于

$$\left(\frac{1}{2}x^4 + x - \mathrm{e}^x + C\right)' = 2x^3 + 1 - \mathrm{e}^x$$

所以结果是正确的.

五、直接积分法

在求积分问题中，可以直接按积分基本公式和两个性质求出结果（见例 4、例 5）. 但有时，被积函数常需要经过适当的恒等变形（包括代数和三角的恒等变形），再利用积分的两个性质，然后按积分基本公式求出结果. 这样的积分方法称为**直接积分法**.

例 6 求 $\int \dfrac{x^3-3x^2+2x+4}{x^2}\mathrm{d}x$.

解
$$\int \frac{x^3-3x^2+2x+4}{x^2}\mathrm{d}x = \int\left(x-3+\frac{2}{x}+\frac{4}{x^2}\right)\mathrm{d}x$$
$$= \int x\mathrm{d}x - 3\int \mathrm{d}x + 2\int\frac{1}{x}\mathrm{d}x + 4\int\frac{1}{x^2}\mathrm{d}x$$
$$= \frac{1}{2}x^2 - 3x + 2\ln|x| - \frac{4}{x} + C$$

例 7 求 $\int (x-\sqrt{x})^2 dx$.

解 $\int (x-\sqrt{x})^2 dx = \int(x^2-2x\sqrt{x}+x)dx = \dfrac{x^3}{3}-\dfrac{4}{5}x^{\frac{5}{2}}+\dfrac{x^2}{2}+C$

例 8 求 $\int\left(\cos x - a^x + \dfrac{1}{\cos^2 x}\right)dx$.

解 $\int\left(\cos x - a^x + \dfrac{1}{\cos^2 x}\right)dx = \int\cos x dx - \int a^x dx + \int \sec^2 x dx = \sin x - \dfrac{a^x}{\ln a} + \tan x + C$

例 9 求 $\int \dfrac{2x^2+1}{x^2(x^2+1)}dx$.

解 在积分基本公式中没有这种类型的积分公式，我们可以先把被积函数作恒等变形，再逐项求积分.

$$\int \frac{2x^2+1}{x^2(x^2+1)}dx = \int \frac{x^2+1+x^2}{x^2(x^2+1)}dx = \int\frac{x^2+1}{x^2(x^2+1)}dx + \int\frac{x^2}{x^2(x^2+1)}dx$$
$$= \int\frac{1}{x^2}dx + \int\frac{1}{x^2+1}dx = -\frac{1}{x}+\arctan x + C$$

例 10 求 $\int \dfrac{x^4}{1+x^2}dx$.

解 通过分子加项、减项的办法:

$$\int \frac{x^4}{1+x^2}dx = \int\frac{x^4-1+1}{x^2+1}dx = \int\frac{(x^2-1)(x^2+1)+1}{1+x^2}dx$$
$$= \int(x^2-1)dx + \int\frac{1}{1+x^2}dx = \frac{x^3}{3}-x+\arctan x + C$$

例 11 求 $\int \tan^2 x dx$.

解 先利用三角恒等式进行变形，然后再求积分.

$$\int\tan^2 x dx = \int(\sec^2 x - 1)dx = \int\sec^2 x dx - \int dx = \tan x - x + C$$

例 12 求 $\int \dfrac{\cos 2x}{\cos x - \sin x}dx$.

解 $\int\dfrac{\cos 2x}{\cos x - \sin x}dx = \int\dfrac{\cos^2 x - \sin^2 x}{\cos x - \sin x}dx = \int\dfrac{(\cos x + \sin x)(\cos x - \sin x)}{\cos x - \sin x}dx$
$= \int(\cos x + \sin x)dx$ ($\cos x \neq \sin x$, 即 $\tan x \neq 1$)
$= \sin x - \cos x + c$

注意

导数公式表与积分公式表是进行微积分计算的依据，是高等数学最基本、最核心的内容. 但有些初学者往往在运用公式时出现错误. 例如，把公式 $(a^x)' = a^x \ln x$ 及 $\int a^x dx = \dfrac{a^x}{\ln x}+C$ 错误地写成 $(a^x)' = \dfrac{a^x}{\ln a}$ 及 $\int a^x dx = a^x \ln a + C$, 把 $f(x) = \sin x$ 的积分公式

错写成 $\int \sin x dx = \cos x + C$，等等. 这些都是由于粗心大意、缺乏训练所致. 望此类错误不再发生.

习 题 5.1

1. 若 $f(x)$ 有一个原函数 $\sin x$，则 $f(x)$ 为怎样的函数？求 $\int f(x) dx$.

2. $\int 2 \sin x \cos x dx = \sin^2 x + C$ 与 $\int 2 \sin x \cos x dx = -\cos^2 x + C$ 是否矛盾？为什么？

3. 写出下列各式的结果.

（1）$\int d(\sin 3x)$；

（2）$d\left(\int \dfrac{1}{\cos x} dx\right)$；

（3）$\int (\sqrt{a^2 + x^2})' dx$；

（4）$(\int e^x \sin x dx)'$.

4. 求下列各不定积分.

（1）$\int \dfrac{dx}{x^2 \sqrt{x}}$；

（2）$\int \left(\dfrac{1}{x} + 3^x + \dfrac{1}{\cos^2 x} - e^x\right) dx$；

（3）$\int \dfrac{x-4}{\sqrt{x}+2} dx$；

（4）$\int \dfrac{3x^3 - 2x^2 + x + 1}{x^3} dx$；

（5）$\int a^x e^x dx$；

（6）$\int \dfrac{\cos 2x}{\cos^2 x \sin^2 x} dx$；

（7）$\int \dfrac{x^2}{1 + x^2} dx$；

（8）$\int \dfrac{1 + \cos^2 x}{1 + \cos 2x} dx$.

5. 已知某曲线上任意一点 (x, y) 处切线的斜率等于 x，且曲线通过点 $M(0, 1)$，求曲线的方程.

6. 设物体的运动速度为 $v = \cos t (\text{m/s})$. 当 $t = \dfrac{\pi}{2}$ s 时，物体所经过的路程 $s = 10 \text{m}$，求物体的运动规律.

5.2 换 元 积 分 法

问题提出

如何计算形如 $\int \cos 3x dx$ 的积分？经观察不能直接应用基本积分公式.

解法探究

在基本积分公式里虽有

$$\int \cos x dx = \sin x + C$$

但我们这里不能直接应用，这是因为被积函数 $\cos 3x$ 是一个复合函数. 为了套用这个积分公式，先把原积分作下列变形，然后进行计算.

$$\int \cos 3x dx = \frac{1}{3}\Big[\int \cos 3x \cdot 3dx\Big] \xtwoheadrightarrow{\text{令}u=3x} \frac{1}{3}\int \cos u du$$

$$= \frac{1}{3}\sin u + C \xtwoheadrightarrow{\text{回代}} \frac{1}{3}\sin 3x + C$$

验证：

$$\left(\frac{1}{3}\sin 3x + C\right)' = \cos 3x$$

由此可见，上述的计算方法是正确的.

像这种通过适当的变量代换，就可以用直接积分法来解决的方法，称为换元积分法. 本节主要讨论这种积分法.

必要知识

用直接积分法所能计算的不定积分是非常有限的，因此，有必要进一步研究不定积分的求法. 换元积分法通常分为第一类换元积分法和第二类换元积分法.

一、第一类换元积分法

第一类换元积分法是与微分学中的复合函数求导法则相对应的积分方法. 该解法的特点是引入新变量 $u = \varphi(x)$，从而把原积分化为关于 u 的一个简单的积分，再套用基本积分公式求解，现在的问题是，在公式

$$\int \cos x dx = \sin x + C$$

中，将 x 换成了 $u = \varphi(x)$，对应得到的公式

$$\int \cos u du = \sin u + C$$

是否还成立？回答是肯定的，我们有下述定理：

定理 1 如果 $\int f(x)dx = F(x) + C$，则

$$\int f(u)du = F(u) + C$$

其中，$u = \varphi(x)$ 可导.

证明 由于 $\int f(x)dx = F(x) + C$，所以 $dF(x) = f(x)dx$. 根据微分形式不变性，则有 $dF(u) = f(u)du$. 其中 $u = \varphi(x)$ 可导，由此得

$$\int f(u)du = \int dF(u) = F(u) + C$$

这个定理非常重要，它表明：在基本积分公式中，积分变量 u 不论是自变量还是中间变量，积分公式 $\int f(u)du = F(u) + C$ 总是正确的. 这就是**积分形式不变性**. 应用这一结论，上述例题引用的方法，可一般化为下列计算程序：

$$\int f[\varphi(x)]\varphi'(x)dx \xtwoheadrightarrow{\text{凑微分}} \int f[\varphi(x)]d\varphi(x)$$

$$\xrightarrow[\quad]{\text{令}u=\varphi(x)} \int f(u)\,\mathrm{d}u = F(u)+C \xrightarrow[\quad]{\text{回代}} F[\varphi(x)]+C$$

这种积分法的主要思想是将被积表达式 $f[\varphi(x)]\varphi'(x)\mathrm{d}x$ 凑成两部分，即 $f[\varphi(x)]$ 和 $\mathrm{d}\varphi(x)$，然后引入新变量 $u=\varphi(x)$，变原积分为 $\int f(u)\,\mathrm{d}u$，由 $\int f(u)\,\mathrm{d}u=F(u)+C=F[\varphi(x)]+C$，从而使问题得到解决. 通常把这种积分方法叫做**第一类换元积分法**. 下面的例 1 体现了第一类换元积分法的基本思想.

例 1　求 $\int (3x-1)^{10}\,\mathrm{d}x$.

解　在基本积分公式中没有现成的公式可用. 但所求积分 $\int (3x-1)^{10}\,\mathrm{d}x$ 与公式 $\int u^{\alpha}\,\mathrm{d}u = \dfrac{u^{\alpha+1}}{\alpha+1}+C\,(\alpha \neq -1)$ 相似，它们都是幂函数的积分，这提示了我们**凑微分**的方向，即把原积分"凑"成与该公式完全相同的形状.

因为 $\mathrm{d}(3x-1)=(3x-1)'\,\mathrm{d}x=3\mathrm{d}x$ 所以 $\mathrm{d}x=\dfrac{1}{3}\mathrm{d}(3x-1)$，所以

$$\int (3x-1)^{10}\,\mathrm{d}x = \frac{1}{3}\int (3x-1)^{10}\,\mathrm{d}(3x-1) \xrightarrow[\quad]{\text{令}u=3x-1} \frac{1}{3}\int u^{10}\,\mathrm{d}u$$

$$= \frac{1}{33}u^{11}+C \xrightarrow[\quad]{\text{回代}} \frac{1}{33}(3x-1)^{11}+C$$

从上例可以看出，求积分时经常需要用到下面两个微分性质.

（1）$\mathrm{d}[a\varphi(x)]=a\mathrm{d}\varphi(x)$，即常系数可以从微分号内移出移进. 例如，

$$2\mathrm{d}x=\mathrm{d}(2x),\quad \mathrm{d}(-x)=-\mathrm{d}x,\quad \mathrm{d}\!\left(\frac{1}{2}x^2\right)=\frac{1}{2}\mathrm{d}(x^2)$$

（2）$\mathrm{d}\varphi(x)=\mathrm{d}[\varphi(x)\pm b]$，即微分号内的函数可加（或减）一个常数. 例如，

$$\mathrm{d}x=\mathrm{d}(x+1),\quad \mathrm{d}(x^2)=\mathrm{d}(x^2\pm 1)$$

上例是把这两个微分性质结合起来运用而得到

$$\mathrm{d}x=\frac{1}{3}\mathrm{d}(3x-1)$$

例 2　求 $\int \sqrt{ax+b}\,\mathrm{d}x \quad (a\neq 0)$.

解　因为 $\mathrm{d}x=\dfrac{1}{a}\mathrm{d}(ax+b)$，所以

$$\int \sqrt{ax+b}\,\mathrm{d}x = \frac{1}{a}\int \sqrt{ax+b}\,\mathrm{d}(ax+b) \xrightarrow[\quad]{\text{令}u=ax+b} \frac{1}{a}\int u^{\frac{1}{2}}\,\mathrm{d}u = \frac{2}{3a}u^{\frac{3}{2}}+C$$

$$= \frac{2}{3a}(ax+b)\sqrt{ax+b}+C$$

例 3　求 $\int x\mathrm{e}^{x^2}\,\mathrm{d}x$.

解　因为 $x\mathrm{d}x=\dfrac{1}{2}\mathrm{d}(x^2)$，所以

$$\int xe^{x^2}\mathrm{d}x = \frac{1}{2}\int e^{x^2}\mathrm{d}(x^2)\xrightarrow{\diamond u=x^2}\frac{1}{2}\int e^u\mathrm{d}u = \frac{1}{2}e^u + C = \frac{1}{2}e^{x^2}+C$$

例 4　求 $\displaystyle\int\frac{\ln x}{x}\mathrm{d}x$.

解　因为 $\ln x$ 中 $x > 0$，所以 $\dfrac{1}{x}\mathrm{d}x = \mathrm{d}\ln x$. 于是

$$\int\frac{\ln x}{x}\mathrm{d}x = \int\ln x\,\mathrm{d}(\ln x)\xrightarrow{\diamond u=\ln x}\int u\,\mathrm{d}u = \frac{1}{2}u^2 + C = \frac{1}{2}\ln^2 x + C$$

由上面例题可以看出，用第一类换元积分法计算积分时，关键是如何把被积表达式凑成两部分，使其中一部分为 $\mathrm{d}\varphi(x)$，另一部分为 $\varphi(x)$ 的函数 $f[\varphi(x)]$，且换元后使 $\int f(u)\mathrm{d}u$ 易求. 因此，通常又把第一类换元积分法称为**凑微分法**. 凑微分法是积分计算中应用广泛且十分有效的一种方法，它比较灵活，在凑微分时，常要用到下列的微分式子，熟悉它们有助于求不定积分.

（1）$\mathrm{d}x = \dfrac{1}{a}\mathrm{d}(ax+b)$;　　　　　　（2）$x\mathrm{d}x = \dfrac{1}{2}\mathrm{d}(x^2)$;

（3）$\dfrac{1}{x}\mathrm{d}x = \mathrm{d}\ln|x|$;　　　　　　（4）$\dfrac{1}{\sqrt{x}}\mathrm{d}x = 2\mathrm{d}\sqrt{x}$;

（5）$\dfrac{1}{x^2}\mathrm{d}x = -\mathrm{d}\left(\dfrac{1}{x}\right)$;　　　　　（6）$\dfrac{1}{1+x^2}\mathrm{d}x = \mathrm{d}(\arctan x)$;

（7）$\dfrac{1}{\sqrt{1-x^2}}\mathrm{d}x = \mathrm{d}(\arcsin x)$;　　（8）$e^x\mathrm{d}x = \mathrm{d}(e^x)$;

（9）$\sin x\mathrm{d}x = -\mathrm{d}(\cos x)$;　　　　　（10）$\cos x\mathrm{d}x = \mathrm{d}(\sin x)$;

（11）$\sec^2 x\mathrm{d}x = \mathrm{d}(\tan x)$;　　　　（12）$\csc^2 x\mathrm{d}x = -\mathrm{d}(\cot x)$;

（13）$\sec x\tan x\mathrm{d}x = \mathrm{d}(\sec x)$;　　（14）$\csc x\cot x\mathrm{d}x = -\mathrm{d}(\csc x)$.

显然，微分式子绝非只有这些，大多是要根据具体问题具体分析，读者应在熟记基本积分公式和一些常用微分式子的基础上，通过大量的练习来积累经验，才能逐步掌握这一重要的积分方法.

例 5　求 $\displaystyle\int\frac{\sin(\sqrt{x}+1)}{\sqrt{x}}\mathrm{d}x$.

解

$$\int\frac{\sin(\sqrt{x}+1)}{\sqrt{x}}\mathrm{d}x = 2\int\sin(\sqrt{x}+1)\,\mathrm{d}(\sqrt{x})$$

$$= 2\int\sin(\sqrt{x}+1)\,\mathrm{d}(\sqrt{x}+1)\xrightarrow{\diamond u=\sqrt{x}+1}2\int\sin u\,\mathrm{d}u$$

$$= -2\cos u + C = -2\cos(\sqrt{x}+1)+C$$

当运算比较熟练后，设变量代换 $u = \varphi(x)$ 这一个步骤可省略不写，从而简化积分的计算步骤.

例 6　求 $\displaystyle\int\frac{x\mathrm{d}x}{\sqrt{1-x^2}}$.

解
$$\int \frac{x\mathrm{d}x}{\sqrt{1-x^2}} = -\frac{1}{2}\int \frac{\mathrm{d}(1-x^2)}{\sqrt{1-x^2}} = -\sqrt{1-x^2} + C$$

例 7 求 $\int \frac{\mathrm{d}x}{a^2-x^2}$.

解
$$\int \frac{\mathrm{d}x}{a^2-x^2} = \int \frac{\mathrm{d}x}{(a+x)(a-x)} = \frac{1}{2a}\int \frac{(a+x)+(a-x)}{(a+x)(a-x)}\mathrm{d}x$$
$$= \frac{1}{2a}\int \left(\frac{1}{a+x}+\frac{1}{a-x}\right)\mathrm{d}x = \frac{1}{2a}\left[\int \frac{\mathrm{d}(a+x)}{a+x} - \int \frac{\mathrm{d}(a-x)}{a-x}\right]$$
$$= \frac{1}{2a}\left[\ln|a+x| - \ln|a-x|\right] + C = \frac{1}{2a}\ln\left|\frac{a+x}{a-x}\right| + C$$

例 8 求 $\int \tan x\mathrm{d}x$.

解
$$\int \tan x\mathrm{d}x = \int \frac{\sin x}{\cos x}\mathrm{d}x = -\int \frac{\mathrm{d}(\cos x)}{\cos x} = -\ln|\cos x| + C$$
类似地，可得
$$\int \cot x\mathrm{d}x = \ln|\sin x| + C$$

例 9 求 $\int \cos^3 x\mathrm{d}x$.

解
$$\int \cos^3 x\mathrm{d}x = \int \cos^2 x \cdot \cos x\mathrm{d}x = \int (1-\sin^2 x)\mathrm{d}(\sin x)$$
$$= \int \mathrm{d}(\sin x) - \int \sin^2 x\mathrm{d}(\sin x) = \sin x - \frac{\sin^3 x}{3} + C$$

例 10 求 $\int \cos^2 x\mathrm{d}x$.

解 如果仿照例 9 的方法化为 $\int \cos x\mathrm{d}(\sin x)$ 是求不出结果的，需要先用三角公式作恒等变换，然后再求积分，即
$$\int \cos^2 x\mathrm{d}x = \int \frac{1+\cos 2x}{2}\mathrm{d}x = \frac{1}{2}\int \mathrm{d}x + \frac{1}{2}\int \cos 2x\mathrm{d}x$$
$$= \frac{1}{2}x + \frac{1}{4}\int \cos 2x\mathrm{d}(2x) = \frac{1}{2}x + \frac{1}{4}\sin 2x + C$$
类似地，可得
$$\int \sin^2 x\mathrm{d}x = \frac{x}{2} - \frac{1}{4}\sin 2x + C$$

例 11 求 $\int \sec^4 x\mathrm{d}x$.

解
$$\int \sec^4 x\mathrm{d}x = \int \sec^2 x\mathrm{d}(\tan x) = \int (\tan^2 x + 1)\,\mathrm{d}(\tan x) = \frac{\tan^3 x}{3} + \tan x + C$$

例 12 求 $\int \sec x\mathrm{d}x$.

解 $\int \sec x\mathrm{d}x = \int \frac{1}{\cos x}\mathrm{d}x = \int \frac{\mathrm{d}\sin x}{\cos^2 x}$ ，利用例 7 的结论得

$$\int \sec x \mathrm{d}x = \frac{1}{2}\ln\left|\frac{1+\sin x}{1-\sin x}\right| + C = \frac{1}{2}\ln\left(\frac{1+\sin x}{\cos x}\right)^2 + C = \ln|\sec x + \tan x| + C$$

类似地，可得

$$\int \csc x \mathrm{d}x = \ln|\csc x - \cot x| + C$$

二、第二类换元积分法

在求不定积分时，为了将被积表达式化为基本积分公式中的形式，有时也可以作另外一种形式的变量代换 $x = \varphi(t)$ ．

例 13　求 $\int \dfrac{\mathrm{d}x}{1+\sqrt{x}}$ ．

解　求这个积分的困难在于被积式中含有根式 $\sqrt{x}$ ，为了去掉根式，容易想到令 $\sqrt{x} = t$ ，即 $x = t^2 (t > 0)$ ，于是 $\mathrm{d}x = 2t\mathrm{d}t$ ．把它们代入积分式，得

$$\int \frac{\mathrm{d}x}{1+\sqrt{x}} = \int \frac{2t}{1+t}\mathrm{d}t = 2\int \frac{1+t-1}{1+t}\mathrm{d}t$$

$$= 2\left[\int \mathrm{d}t - \int \frac{1}{1+t}\mathrm{d}t\right] = 2[t - \ln(1+t)] + C$$

为了使所得结果仍用变量 x 来表示，把 $t = \sqrt{x}$ 回代上式，最后得

$$\int \frac{\mathrm{d}x}{1+\sqrt{x}} = 2\left[\sqrt{x} - \ln(1+\sqrt{x})\right] + C$$

验证：

$$\left[2\sqrt{x} - 2\ln(1+\sqrt{x}) + C\right]' = \frac{1}{1+\sqrt{x}}$$

由此可见，例 13 的计算方法是正确的．针对这种不定积分的计算方法，我们给出如下定理．

定理 2（第二类换元积分法）　如果在不定积分 $\int f(x)\mathrm{d}x$ 中，可令 $x = \varphi(t)$ ，$\varphi(t)$ 单调可导，且 $\varphi'(t) \neq 0$ ，则有

$$\int f(x)\mathrm{d}x = \int f[\varphi(t)]\varphi'(t)\mathrm{d}t$$

又设 $f[\varphi(t)]\varphi'(t)$ 具有原函数 $\phi(t)$ ，则有

$$\int f(x)\mathrm{d}x = \int f[\varphi(t)]\varphi'(t)\mathrm{d}t = \phi(t) + C = \phi\left[\varphi^{-1}(x)\right] + C$$

其中，$t = \varphi^{-1}(x)$ 是 $x = \varphi(t)$ 的反函数．

例 14　求 $\int \dfrac{1}{1+\sqrt[3]{1+x}}\mathrm{d}x$ ．

解　解答本题的难处是被积函数中含有根式 $\sqrt[3]{1+x}$ ，为了消去根式，可进行以下变换．令 $t = \sqrt[3]{1+x}$ ，则 $x = t^3 - 1$ ，$\mathrm{d}x = 3t^2\mathrm{d}t$ ，所以

$$\int \frac{1}{1+\sqrt[3]{1+x}}\mathrm{d}x = \int \frac{1}{1+t}3t^2\mathrm{d}t = 3\int \left(\frac{t^2-1}{1+t} + \frac{1}{1+t}\right)\mathrm{d}t$$

$$= 3\int \left(t - 1 + \frac{1}{1+t}\right)\mathrm{d}t = \frac{3}{2}t^2 - 3t + 3\ln|1+t| + C$$

把 $t=\sqrt[3]{1+x}$ 回代上式，于是，所求积分为

$$\int\frac{1}{1+\sqrt[3]{1+x}}\mathrm{d}x=\frac{3}{2}\sqrt[3]{(1+x)^2}-3\sqrt[3]{1+x}+3\ln\left|1+\sqrt[3]{1+x}\right|+C$$

例 15 求 $\int\dfrac{\mathrm{d}x}{\sqrt{x}+\sqrt[3]{x}}$.

解 令 $x=t^6$，这时 $\sqrt{x}=t^3$，$\sqrt[3]{x}=t^2$，$\mathrm{d}x=6t^5\mathrm{d}t$，因此

$$\int\frac{\mathrm{d}x}{\sqrt{x}+\sqrt[3]{x}}=\int\frac{6t^5\mathrm{d}t}{t^3+t^2}=6\int\frac{t^3\mathrm{d}t}{t+1}=6\int\frac{(t^3+1)-1}{t+1}\mathrm{d}t$$

$$=6\int\left(t^2-t+1-\frac{1}{t+1}\right)\mathrm{d}t=2t^3-3t^2+6t-6\ln(t+1)+C$$

由于 $x=t^6$，所以 $t=\sqrt[6]{x}$，于是，所求积分为

$$\int\frac{\mathrm{d}x}{\sqrt{x}+\sqrt[3]{x}}=2\sqrt{x}-3\cdot\sqrt[3]{x}+6\cdot\sqrt[6]{x}-6\ln(\sqrt[6]{x}+1)+C$$

例 16 求 $\int\sqrt{a^2-x^2}\,\mathrm{d}x$ （$a>0$）.

解 为了消去被积函数中的根式，使两个量的平方差表示成另外一个量的平方，我们联想到有关的三角函数平方公式，在此可进行三角变换. 令 $x=a\sin t\left(-\dfrac{\pi}{2}<t<\dfrac{\pi}{2}\right)$，则

$$\sqrt{a^2-x^2}=a\cos t,\quad \mathrm{d}x=a\cos t\,\mathrm{d}t$$

于是有

$$\int\sqrt{a^2-x^2}\,\mathrm{d}x=\int a^2\cos^2 t\,\mathrm{d}t=a^2\int\frac{1+\cos 2t}{2}\mathrm{d}t$$

$$=a^2\left(\frac{t}{2}+\frac{\sin 2t}{4}\right)+C$$

为把 t 回代成 x 的函数，可根据 $\sin t=\dfrac{x}{a}$ 作一辅助直角三角形（图 5-3），得 $\cos t=\dfrac{\sqrt{a^2-x^2}}{a}$，所以

$$\int\sqrt{a^2-x^2}\,\mathrm{d}x=\frac{a^2}{2}\arcsin\frac{x}{a}+\frac{1}{2}x\sqrt{a^2-x^2}+C$$

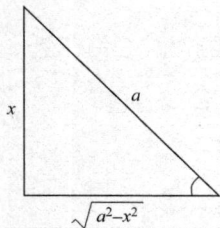

例 16 中采用了三角变换消去根式. 这种方法称为三角代换法，它是第二类换元积分法的重要组成部分. 一般地，根据被积函数的根式类型，常用以下三角代换：

（1）被积函数中含有 $\sqrt{a^2-x^2}$，可作代换 $x=a\sin t$；

（2）被积函数中含有 $\sqrt{x^2+a^2}$，可作代换 $x=a\tan t$；

（3）被积函数中含有 $\sqrt{x^2-a^2}$，可作代换 $x=a\sec t$.

图 5-3

使用换元积分法解题时，还要具体问题具体分析，应根据被积函数的具体情况，选取尽可能简便的方法. 例如，$\int\dfrac{1}{\sqrt{a^2-x^2}}\mathrm{d}x$，$\int x\sqrt{x^2+a^2}\mathrm{d}x$ 就不必用三角代换，而用凑微分法更为方便.

在积分计算中，有些积分在求其他积分时经常碰到，为了避免重复计算，通常把它们的

结果作为公式直接引用. 这样, 除了基本积分公式中的 13 个公式外, 以下 8 个积分也可以作为积分基本公式使用, 现归纳如下:

（1）$\int \tan x \mathrm{d}x = -\ln|\cos x| + C$.

（2）$\int \cot x \mathrm{d}x = \ln|\sin x| + C$.

（3）$\int \sec x \mathrm{d}x = \ln|\sec x + \tan x| + C$.

（4）$\int \csc x \mathrm{d}x = \ln|\csc x - \cot x| + C$.

（5）$\int \dfrac{\mathrm{d}x}{a^2 + x^2} = \dfrac{1}{a}\arctan\dfrac{x}{a} + C$.

（6）$\int \dfrac{\mathrm{d}x}{a^2 - x^2} = \dfrac{1}{2a}\ln\left|\dfrac{a+x}{a-x}\right| + C$.

（7）$\int \dfrac{\mathrm{d}x}{\sqrt{a^2 - x^2}} = \arcsin\dfrac{x}{a} + C$.

（8）$\int \dfrac{\mathrm{d}x}{\sqrt{x^2 \pm a^2}} = \ln\left|x + \sqrt{x^2 \pm a^2}\right| + C$.

小结　两种换元积分法的比较: 第一类换元积分法与第二类换元积分法的目的是相同的, 都是通过变量代换把原积分化为基本积分公式中的形式或较简单的积分, 但也有不同之处.

（1）第一类换元积分法的代换 $u = \varphi(x)$ 是从原积分被积函数中分离出来的, 在凑微分的过程中逐步明确; 而第二类换元积分法的代换 $x = \varphi(t)$ 是根据被积函数的特点一开始就选定的.

（2）第二类换元积分法的代换 $x = \varphi(t)$, 要求 $x = \varphi(t)$ 单调可导, $\varphi'(t) \neq 0$, 且其反函数 $t = \varphi^{-1}(x)$ 存在; 而第一类换元积分法对 $u = \varphi(x)$ 则无此限制.

（3）原积分变量 x 在第一类换元积分法的代换 $u = \varphi(x)$ 中处于自变量的地位; 而在第二类换元积分法的代换 $x = \varphi(t)$ 中则处于因变量的地位.

习 题 5.2

1. 在下列各等式右端的括号内填入适当的常数, 使等式成立. 例如, $\mathrm{d}x = \left(\dfrac{1}{9}\right)\mathrm{d}(9x - 5)$.

（1）$\mathrm{d}x = (\quad) \mathrm{d}(5x - 7)$;　　　（2）$\mathrm{d}x = (\quad) \mathrm{d}(6x)$;

（3）$x\mathrm{d}x = (\quad) \mathrm{d}(x^2)$;　　　（4）$x\mathrm{d}x = (\quad) \mathrm{d}(4x^2)$;

（5）$x\mathrm{d}x = (\quad) \mathrm{d}(1 - 2x^2)$;　　　（6）$x^2\mathrm{d}x = (\quad) \mathrm{d}(2x^3 - 3)$;

（7）$\mathrm{e}^{3x}\mathrm{d}x = (\quad) \mathrm{d}(\mathrm{e}^{3x})$;　　　（8）$\mathrm{e}^{-\frac{x}{2}}\mathrm{d}x = (\quad) \mathrm{d}\left(1 + \mathrm{e}^{-\frac{x}{2}}\right)$;

（9）$\cos\dfrac{2}{3}x\mathrm{d}x = (\quad) \mathrm{d}\left(\sin\dfrac{2}{3}x\right)$;　　　（10）$\dfrac{\mathrm{d}x}{x} = (\quad) \mathrm{d}(5\ln|x|)$;

（11）$\dfrac{\mathrm{d}x}{x} = (\quad) \mathrm{d}(3 - 5\ln|x|)$;　　　（12）$x\sin x^2\mathrm{d}x = (\quad) \mathrm{d}(\cos x^2)$.

2. 判断下列不定积分的计算是否正确, 如果不正确, 请予以改正.

（1）$\int e^{-x}dx = e^{-x} + C$；

（2）$\int (x+1)^5 dx = \dfrac{1}{6}(x+1)^6 + C$；

（3）$\int \sin x \cos x dx = \int \sin x d\sin x = -\cos x + C$．

3．在电学中，功率定义为功（W）关于时间（t）的变化率，即 $P = \dfrac{dW}{dt}$，如果功率 $P = 12t - t^2$，求物体做功的函数关系式．

4．求下列各不定积分．

（1）$\int \cos 4x dx$；

（2）$\int \sin \dfrac{t}{3} dt$；

（3）$\int (x^2 - 3x + 2)^3 (2x - 3)dx$；

（4）$\int (2x-1)^5 dx$；

（5）$\int (3 - 2x)^3 dx$；

（6）$\int \dfrac{x}{\sqrt{x^2 - 2}} dx$；

（7）$\int \dfrac{\sin x}{\cos^2 x} dx$；

（8）$\int \dfrac{\cos x}{\sqrt{\sin x}} dx$；

（9）$\int \dfrac{x^2}{(a^2 + x^3)^{1/2}} dx$；

（10）$\int \sqrt{2 + e^x} e^x dx$；

（11）$\int \dfrac{x dx}{x^2 + 3}$；

（12）$\int \cot x dx$；

（13）$\int \dfrac{dx}{x \ln^2 x}$；

（14）$\int \dfrac{dx}{1 - 2x}$；

（15）$\int \dfrac{\sin x}{a + b\cos x} dx$；

（16）$\int x \cos(a + bx^2)dx$；

（17）$\int x^2 \sin 3x^3 dx$；

（18）$\int e^{-3x} dx$．

5．求下列各不定积分．

（1）$\int x\sqrt{x-2} dx$；

（2）$\int \dfrac{dx}{x\sqrt{x+1}}$；

（3）$\int \dfrac{dx}{\sqrt{x^2 + a^2}}$ $(a > 0)$；

（4）$\int \dfrac{dx}{\sqrt{x^2 - a^2}}$ $(a > 0)$．

5.3 分 部 积 分 法

问题提出

对于形如 $\int x \cos x dx$，$\int e^x \cos x dx$，$\int \ln x dx$，$\int \arcsin x dx$ 之类的积分，采用直接积分法、换元积分法已不能奏效．如何解决此类积分问题？

解法探究

由于积分与微分是互逆运算关系，可以由乘积的微分公式获得启发，因为
$$d(uv) = udv + vdu$$
移项，得
$$udv = d(uv) - vdu$$

两边积分，得

$$\int u\,\mathrm{d}v = uv - \int v\,\mathrm{d}u$$

采用上述公式来解决积分问题，这种方法称为**分部积分法**. 它也是一种基本而重要的积分方法.

必要知识

设函数 $u = u(x)$ 及 $v = v(x)$ 具有连续导数，则由两个函数乘积的微分法则可得公式

$$\int u\,\mathrm{d}v = uv - \int v\,\mathrm{d}u$$

上式称为**分部积分公式**，这个公式的作用在于把求左边的不定积分 $\int u\,\mathrm{d}v$ 转化为求右边的不定积分 $\int v\,\mathrm{d}u$. 如果 $\int u\,\mathrm{d}v$ 不易求得，而 $\int v\,\mathrm{d}u$ 容易求得，利用这个公式，就起到了化难为易的作用.

例如，求 $\int x\cos x\,\mathrm{d}x$ 时，如果选取 $u = x$，$\mathrm{d}v = \cos x\,\mathrm{d}x = \mathrm{d}(\sin x)$，代入分部积分公式，得

$$\int x\cos x\,\mathrm{d}x = \int x\,\mathrm{d}(\sin x) = x\sin x - \int \sin x\,\mathrm{d}x$$

其中 $\int \sin x\,\mathrm{d}x$ 容易求出，于是

$$\int x\cos x\,\mathrm{d}x = x\sin x + \cos x + C$$

如果选取 $u = \cos x$，$\mathrm{d}v = x\,\mathrm{d}x = \mathrm{d}\left(\dfrac{x^2}{2}\right)$，代入分部积分公式，得

$$\int x\cos x\,\mathrm{d}x = \frac{x^2}{2}\cos x + \int \frac{x^2}{2}\sin x\,\mathrm{d}x$$

上式右端的积分比原来的积分更不容易求出.

由此可见，如果 u 和 $\mathrm{d}v$ 选取不当，就求不出结果. 所以在应用分部积分法时，恰当地选取 u 和 $\mathrm{d}v$ 是一个关键. 选取 u 和 $\mathrm{d}v$ 一般要考虑下面两点：

（1）v 要容易求得；

（2）$\int v\,\mathrm{d}u$ 要比 $\int u\,\mathrm{d}v$ 容易积出.

例 1 求 $\int x\mathrm{e}^x\,\mathrm{d}x$.

解 选取 $u = x$，$\mathrm{d}v = \mathrm{e}^x\,\mathrm{d}x = \mathrm{d}(\mathrm{e}^x)$，则

$$\int x\mathrm{e}^x\,\mathrm{d}x = \int x\,\mathrm{d}(\mathrm{e}^x) = x\mathrm{e}^x - \int \mathrm{e}^x\,\mathrm{d}x = x\mathrm{e}^x - \mathrm{e}^x + C = \mathrm{e}^x(x-1) + C$$

例 2 求 $\int x^2 \ln x\,\mathrm{d}x$.

解 选取 $u = \ln x$，$\mathrm{d}v = x^2\,\mathrm{d}x = \mathrm{d}\left(\dfrac{x^3}{3}\right)$，则

$$\int x^2 \ln x dx = \int \ln x d\left(\frac{x^3}{3}\right) = \frac{x^3}{3}\ln x - \int \frac{x^3}{3}d(\ln x) = \frac{x^3}{3}\ln x - \frac{1}{3}\int x^3 \cdot \frac{1}{x}dx$$

$$= \frac{x^3}{3}\ln x - \frac{1}{3}\int x^2 dx = \frac{x^3}{3}\ln x - \frac{1}{9}x^3 + C = \frac{x^3}{9}(3\ln x - 1) + C$$

对分部积分法熟练后，计算时 u 和 dv 可默记在心里不必写出.

例 3　求 $\int x^2 e^x dx$.

解
$$\int x^2 e^x dx = \int x^2 (e^x dx) = \int x^2 de^x = x^2 e^x - \int e^x dx^2 = x^2 e^x - 2\int x e^x dx$$

$$\xlongequal{\text{例}1} x^2 e^x - 2e^x(x-1) + C = e^x(x^2 - 2x + 2) + C$$

例 4　求 $\int \ln x dx$.

解　$\int \ln x dx = x\ln x - \int x d(\ln x) = x\ln x - \int dx = x\ln x - x + C = x(\ln x - 1) + C$.

例 5　求 $\int e^x \cos x dx$.

解　选取 $u = e^x$，$dv = \cos x dx = d(\sin x)$，则

$$\int e^x \cos x dx = \int e^x d(\sin x) = e^x \sin x - \int \sin x de^x = e^x \sin x - \int e^x \sin x dx$$

对于等式右边的积分 $\int e^x \sin x dx$，再一次使用分部积分法，选择规律不变，有

$$\int e^x \cos x dx = e^x \sin x + \int e^x d(\cos x) = e^x \sin x + e^x \cos x - \int \cos x de^x$$

移项，可化简得

$$2\int e^x \cos x dx = e^x(\sin x + \cos x) + C_1$$

故

$$\int e^x \cos x dx = \frac{1}{2}e^x(\sin x + \cos x) + C \qquad \left(\text{令} C = \frac{C_1}{2}\right)$$

请思考，如果选取 $u = \cos x$，$dv = e^x dx = d(e^x)$ 是否可行？答案是肯定的.

但应该注意的是两次连续使用分部积分法时，两次选取的 u 应为同一类型的函数.

总结前面所讲例子可以知道，利用公式 $\int u dv = uv - \int v du$，即分部积分法计算不定积分的使用范围有限，一般地，当被积函数为指数函数、三角函数、幂函数、对数函数、反三角函数这五类函数中的两个函数的乘积的情形时较有效，u 的选取是关键.

分部积分法在选取 u 时有下述规律：

（1）当被积函数是幂函数和正（余）弦函数或幂函数和指数函数的乘积时，可选取幂函数作为 u；

（2）当被积函数是幂函数和对数函数或幂函数和反三角函数的乘积时，可选取对数函数或反三角函数作为 u；

（3）当被积函数是指数函数和正（余）弦函数的乘积时，那么两者均可作为 u .

在计算不定积分的过程的，往往有些积分不只局限于一种积分方法. 如下面的例 6，需

要换元积分法与分部积分法兼用．

例 6　$\int \cos \sqrt{x}\,\mathrm{d}x$ ．

解　令 $\sqrt{x}=t$ ，即 $x=t^2\,(t>0)$ ，于是 $\mathrm{d}x=2t\,\mathrm{d}t$ ，所以

$$\int \cos \sqrt{x}\,\mathrm{d}x = 2\int t\cos t\,\mathrm{d}t = 2\int t\,\mathrm{d}\sin t = 2\left(t\sin t - \int \sin t\,\mathrm{d}t\right)$$

$$= 2(t\sin t + \cos t) + C = 2(\sqrt{x}\sin\sqrt{x} + \cos\sqrt{x}) + C$$

习题 5.3

1．对 $\int x\mathrm{e}^x\mathrm{d}x$ （例 1）使用分部积分法时，如果选取 $u=\mathrm{e}^x$ ， $\mathrm{d}v=x\mathrm{d}x=\dfrac{1}{2}\mathrm{d}x^2$ 来计算可以吗？为什么？

2．下面的算式在计算上虽然正确，但出现了循环，得不到结果，由此说出计算这一积分时 u 和 $\mathrm{d}v$ 的选取规律．

$$\int \mathrm{e}^x\cos x\mathrm{d}x = \int \mathrm{e}^x\mathrm{d}\sin x = \mathrm{e}^x\sin x - \int \sin x\mathrm{d}\mathrm{e}^x = \mathrm{e}^x\sin x - \left(\mathrm{e}^x\sin x - \int \mathrm{e}^x\mathrm{d}\sin x\right)$$

$$= \mathrm{e}^x\sin x - \mathrm{e}^x\sin x + \int \mathrm{e}^x\cos x\mathrm{d}x = \int \mathrm{e}^x\cos x\mathrm{d}x$$

3．求下列各不定积分．

（1）$\int x\sin x\mathrm{d}x$ ；　　　　（2）$\int x\ln 3x\mathrm{d}x$ ；　　　　（3）$\int x^3\ln x\mathrm{d}x$ ；

（4）$\int x\mathrm{e}^{-x}\mathrm{d}x$ ；　　　　（5）$\int \arcsin x\mathrm{d}x$ ；　　　　（6）$\int \ln(1+x^2)\mathrm{d}x$ ．

复习题五

1．填空题．

（1）已知 $f(x)$ 的一个原函数为 $x^2-3\mathrm{e}^x$ ，则 $\int f(x)\mathrm{d}x=$ _____ ．

（2）已知 $f(x)$ 的一个原函数为 $x^3-2\sin x$ ，则 $\int f'(x)\mathrm{d}x=$ _____ ．

（3）$\int \mathrm{e}^{x+8}\mathrm{d}x=$ _____ ．

（4）$\int (3x+2)^8\mathrm{d}x=$ _____ ．

（5）$\int \dfrac{2x}{x^2+3}\mathrm{d}x=$ _____ ．

（6）$\int \dfrac{1}{x^2(1+x^2)}\mathrm{d}x=$ _____ ．

（7）设 $\int f(x)\mathrm{d}x=F(x)+C$ ，则 $\int f(ax+b)\mathrm{d}x=$ _____ $(a>0)$ ．

（8）已知 $\int x\cos x\mathrm{d}x=x\sin x+\cos x+C$ ，则 $\int x\cos 3x\mathrm{d}x=$ _____ ．

（9）已知 $\int xf(x)\mathrm{d}x=\arcsin x+C$ ，则 $f(x)=$ _____ ．

2．单项选择题．

（1）若 $\int f(x)\mathrm{d}x = x^2\mathrm{e}^{2x} + C$，则 $f(x)$ 等于（　　　）.

　　A．$2x\mathrm{e}^{2x}(1+x)$　　B．$2x^2\mathrm{e}^{2x}$　　　　C．$2x\mathrm{e}^{2x}$　　　　　D．$x\mathrm{e}^{2x}$

（2）已知 $\int f(x)\mathrm{d}x = F(x) + C$，则 $\int \sin x f(\cos x)\mathrm{d}x$ 等于（　　　）.

　　A．$F(\sin x) + C$　　　　　　　　B．$-F(\sin x) + C$

　　C．$F(\cos x) + C$　　　　　　　　D．$-F(\cos x) + C$

（3）不定积分 $\int x\mathrm{e}^{-x}\mathrm{d}x$ 等于（　　　）.

　　A．$\mathrm{e}^x(x-1) + C$　　　　　　　　B．$\mathrm{e}^{-x}(x-1) + C$

　　C．$-\mathrm{e}^x(x+1) + C$　　　　　　　　D．$-\mathrm{e}^{-x}(x+1) + C$

3．判断题.

（1）若函数 $f(x)$ 有原函数，则必有无限多个原函数.（　　　）

（2）不定积分 $\int f(x)\mathrm{d}x$ 在几何上表示一条积分曲线.（　　　）

（3）$\int F'(x)\mathrm{d}x = F(x) + C$.（　　　）

4．用微分法验证下列各等式.

（1）$\int\left(a^x - \sin x + \dfrac{1}{1+x^2}\right)\mathrm{d}x = \dfrac{a^x}{\ln a} + \cos x + \arctan x + C$；

（2）$\int \dfrac{1}{x\sqrt{x}}\mathrm{d}x = -\dfrac{2}{\sqrt{x}} + C$；　　（3）$\int \cos^2 x\mathrm{d}x = \dfrac{x}{2} + \dfrac{1}{4}\sin 2x + C$；

5．已知某曲线经过点（1，−5），并知曲线上每一点切线的斜率 $k = 1 - x$，求此曲线的方程.

6．一物体以速度 $v = 3t^2 + 4t\,(\mathrm{m/s})$ 做直线运动，当 $t = 2\,\mathrm{s}$ 时，物体经过的路程 $s = 16\,\mathrm{m}$，试求这物体的运动规律.

7．求下列各不定积分.

（1）$\int\left(\dfrac{x+2}{x}\right)^2\mathrm{d}x$；　　　　（2）$\int \dfrac{(x+1)^2}{x(x^2+1)}\mathrm{d}x$；　　　　（3）$\int \dfrac{3x^4 + 3x^2 + 1}{x^2 + 1}\mathrm{d}x$；

（4）$\int \dfrac{1}{1+\cos 2x}\mathrm{d}x$；　　（5）$\int x^2 \sin 3x^3\mathrm{d}x$；　　　（6）$\int \mathrm{e}^{-2x}\mathrm{d}x$；

（7）$\int \dfrac{\mathrm{d}x}{\sqrt[3]{3-2x}}$；　　　　（8）$\int \mathrm{e}^{\sin x}\cos x\mathrm{d}x$；　　（9）$\int x^2 a^{x^3}\mathrm{d}x$；

（10）$\int\left(\sin ax - \mathrm{e}^{\frac{x}{b}}\right)\mathrm{d}x$；　（11）$\int \mathrm{e}^{-\frac{1}{x}}\dfrac{\mathrm{d}x}{x^2}$；　　　（12）$\int \dfrac{\mathrm{d}x}{\cos^2(a-bx)}$；

（13）$\int \dfrac{x\mathrm{d}x}{\sin^2(x^2+1)}$；　　（14）$\int \dfrac{2x-1}{\sqrt{1-x^2}}\mathrm{d}x$　　（15）$\int \dfrac{\mathrm{d}x}{x\sqrt{1-\ln^2 x}}$；

（16）$\int \dfrac{\mathrm{d}x}{4+x^2}$；　　　　（17）$\int \sin^2\dfrac{x}{2}\mathrm{d}x$；　　（18）$\int \sin^3 2x\mathrm{d}x$；

（19）$\int \dfrac{\sin^4 x}{\cos^2 x}\mathrm{d}x$；　　　（20）$\int \dfrac{1}{\mathrm{e}^x + \mathrm{e}^{-x}}\mathrm{d}x$.

8．求下列各不定积分．

（1）$\displaystyle\int \frac{x^2}{\sqrt{2-x}}\mathrm{d}x$ ；

（2）$\displaystyle\int \frac{\sqrt{x+1}-1}{\sqrt{x+1}+1}\mathrm{d}x$ ；

（3）$\displaystyle\int \frac{\mathrm{d}x}{x^3\sqrt{x^2-9}}$ ；

（4）$\displaystyle\int 2\mathrm{e}^x\sqrt{1-\mathrm{e}^{2x}}\mathrm{d}x$ ．

9．求下列各不定积分．

（1）$\displaystyle\int \arctan x\mathrm{d}x$ ；

（2）$\displaystyle\int x\mathrm{e}^{5x}\mathrm{d}x$ ；

（3）$\displaystyle\int x^3\mathrm{e}^{x^2}\mathrm{d}x$ ；

（4）$\displaystyle\int \mathrm{e}^{\sqrt{x}}\mathrm{d}x$ ．

知识结构图

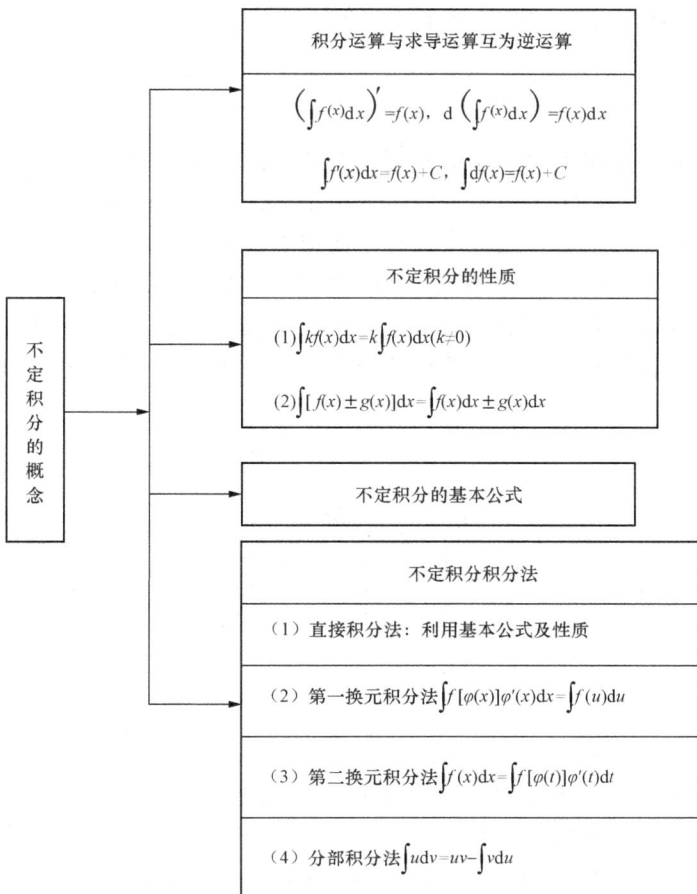

第6章 定积分及其应用

定积分是积分学的又一个基本问题,它与不定积分密切相关,又有本质区别.本章将介绍定积分的概念性质和计算方法,最后讨论定积分的应用.

6.1 定积分的概念和性质

问题提出

求曲边梯形的面积.以连续曲线 $y = f(x)$ 和直线 $x = a$、$x = b$ 及 x 轴所围成的平面图形称为曲边梯形.如图 6-1 所示,求曲边梯形的面积 A.

解法探究

问题关键在于曲边梯形的面积不能套用初等数学的面积公式.考虑近似解法,即用区间 $[a, b]$ 的长度为宽,高为 $f(\xi)(a < \xi < b)$ 的矩形面积作为 A 的近似值,但一般误差较大.注意到,曲边梯形的底宽较窄时,近似度较好,如图 6-2 所示.

把曲边梯形分割成窄条小曲边梯形,每个窄条小曲边梯形用小矩形面积近似代替.把所有小矩形的面积累加,就可得到曲边梯形面积 A 的近似值.进一步观察发现,分割越细,精度越好,当分割无限细时,小矩形的面积累加值无限接近于曲边梯形的面积 A,如图 6-3 所示.

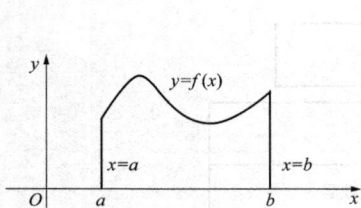

图 6-1

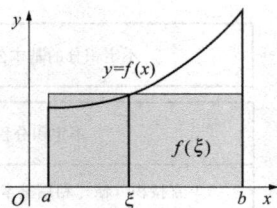

图 6-2

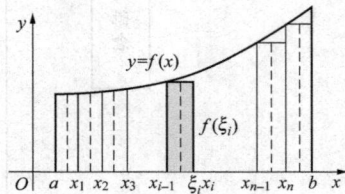

图 6-3

上述过程分为以下 4 步.

(1)分割.在区间 $[a, b]$ 中任意插入 $n-1$ 个分点:$x_1, x_2, \cdots, x_{n-1}$,令 $x_0 = a$,$x_n = b$,可满足 $a = x_0 < x_1 < x_2 < \cdots < x_{i-1} < x_i < \cdots < x_{n-1} < x_n = b$($i = 1, 2, \cdots, n$).这些分点把区间 $[a, b]$ 分成 n 个小区间 $[x_0, x_1]$,$[x_1, x_2]$,$[x_2, x_3]$,$\cdots$,$[x_{n-1}, x_n]$,记 $\Delta x_i = x_i - x_{i-1}$.

(2)取近似.在小区间 $[x_{i-1}, x_i]$ 上任取一点 ξ_i,用以 $[x_{i-1}, x_i]$ 为底、$f(\xi_i)$ 为高的窄矩形面积近似替代第 i 个窄曲边梯形面积($i = 1, 2, \cdots, n$),即

$$\Delta A_i \approx f(\xi_i)\Delta x_i \quad (i = 1, 2, \cdots, n)$$

（3）累加.
$$A = \sum_{i=1}^{n} \Delta A_i \approx \sum_{i=1}^{n} f(\xi_i)\Delta x_i$$

（4）取极限. 分割越细，和式的极限越接近曲边梯形面积. 记 $\lambda = \max\{\Delta x_i\}$ $i=1, 2, \cdots, n$，于是，该过程可表示为
$$A = \lim_{\lambda \to 0} \sum_{i=1}^{n} f(\xi_i)\Delta x_i$$

必要知识

一、定积分的概念

定义 设函数 $f(x)$ 在区间 $[a, b]$ 上有定义，任取分点 $a = x_0 < x_1 < x_2 < \cdots < x_{n-1} < x_n = b$，分 $[a, b]$ 为 n 个小区间 $[x_{i-1}, x_i]$（$i=1, 2, \cdots, n$）. 记
$$\Delta x_i = x_i - x_{i-1} (i=1, 2, \cdots, n), \quad \lambda = \max_{1 \leqslant i \leqslant n}\{\Delta x_i\}$$
再在每个小区间 $[x_{i-1}, x_i]$ 上任取一点 ξ_i，作乘积 $f(\xi_i)\Delta x_i$ 的和式：
$$\sum_{i=1}^{n} f(\xi_i)\Delta x_i$$

如果 $\lambda \to 0$ 时上述极限存在（即这个极限值与 $[a, b]$ 的分割及点 ξ_i 的取法均无关），则称此极限值为函数 $f(x)$ 在区间 $[a, b]$ 上的定积分，记为
$$\int_a^b f(x)\mathrm{d}x = \lim_{\lambda \to 0} \sum_{i=1}^{n} f(\xi_i)\Delta x_i$$

其中，$f(x)$ 称为**被积函数**，$f(x)\mathrm{d}x$ 称为**被积表达式**，x 称为**积分变量**，$[a, b]$ 称为**积分区间**，a，b 分别称为称为积分下限和积分上限.

根据定积分的定义，曲边梯形的面积为 $A = \int_a^b f(x)\mathrm{d}x$. 同样可以分析得出，做变速直线运动的物体，当速度 $v = v(t)$ 时，在时间 $[a, b]$ 上物体所行驶的路程 $S = \int_a^b v(t)\mathrm{d}t$.

注意

（1）当和式 $\sum_{i=1}^{n} f(\xi_i)\Delta x_i$ 的极限存在时，称 $f(x)$ 在区间 $[a, b]$ 上可积，定积分的值仅与被积函数和积分区间有关，与区间 $[a, b]$ 的分法和 ξ_i 的选取无关，与积分变量用什么字母表示无关.

（2）$f(x)$ 在区间 $[a, b]$ 上连续，或只有有限个间断点，则 $f(x)$ 在 $[a, b]$ 上可积.

（3）定积分中，一般是 $a < b$，特殊地，当 $a \geqslant b$ 时，为计算方便，规定如下：
$$\int_a^b f(x)\mathrm{d}x = \begin{cases} -\int_b^a f(x)\mathrm{d}x, & a > b \\ 0, & a = b \end{cases}$$

二、定积分的几何意义

从前面曲边梯形的面积求法中看到，当 $f(x)$ 在区间 $[a, b]$ 上连续且 $f(x) \geqslant 0$ 时，

$\int_a^b f(x)\mathrm{d}x$ 表示由曲线 $y = f(x)$，以及两条直线 $x = a$、$x = b$ 与 x 轴所围成的曲边梯形的面积；

当 $f(x)$ 在区间 $[a, b]$ 上连续且 $f(x) \leqslant 0$ 时，由曲线 $y = f(x)$，以及两条直线 $x = a$、$x = b$ 与 x 轴所围成的曲边梯形位于 x 轴的下方，如图 6-4 所示，$\int_a^b f(x)\mathrm{d}x$ 表示上述曲边梯形面积的负值，即

$$\int_a^b f(x)\mathrm{d}x = -A$$

当 $f(x)$ 在区间 $[a, b]$ 上连续且符号不定时，定积分 $\int_a^b f(x)\mathrm{d}x$ 表示由曲线 $y = f(x)$，以及两条直线 $x = a$、$x = b$ 和 x 轴所围成的面积代数和，如图 6-5 所示，即

$$\int_a^b f(x)\mathrm{d}x = A_1 - A_2 + A_3$$

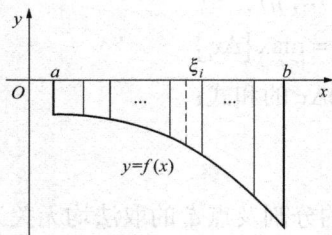

图 6-4

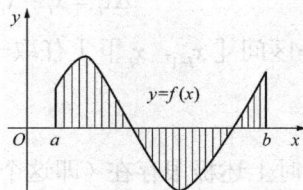

图 6-5

根据定积分的几何意义，有些定积分由面积可直接计算其值. 例如，

（1） $\int_a^b \mathrm{d}x = \int_a^b 1 \cdot \mathrm{d}x = b - a$，表示高为 1、底为 $b - a$ 的矩形面积.

（2） $\int_0^a x\mathrm{d}x = \frac{1}{2}a^2$，表示高为 a、底为 a 的直角三角形面积.

（3） $\int_{-R}^R \sqrt{R^2 - x^2}\,\mathrm{d}x = \frac{1}{2}\pi R^2$，表示半径为 R 的半圆面积.

（4） $\int_0^{2\pi} \sin x\mathrm{d}x = 0$，表示正负面积相消后的面积代数和为 0.

三、定积分的性质

性质 1　函数的和（差）的定积分等于它们的定积分的和（差），即

$$\int_a^b [f(x) \pm g(x)]\mathrm{d}x = \int_a^b f(x)\mathrm{d}x \pm \int_a^b g(x)\mathrm{d}x$$

性质 2　被积函数的常数因子可以提到积分号外面，即

$$\int_a^b kf(x)\mathrm{d}x = k\int_a^b f(x)\mathrm{d}x$$

性质 3（定积分对积分区间的可加性）

$$\int_a^b f(x)\mathrm{d}x = \int_a^c f(x)\mathrm{d}x + \int_c^b f(x)\mathrm{d}x$$

性质 4（定积分的保序性）　如果在区间 $[a, b]$ 上有 $f(x) \leqslant g(x)$，则

$$\int_a^b f(x)\mathrm{d}x \leqslant \int_a^b g(x)\mathrm{d}x$$

性质 5（积分的估值性）　设 m 和 M 分别是 $f(x)$ 在区间 $[a, b]$ 上的最小值和最大值，则

$$m(b-a) \leqslant \int_a^b f(x)\mathrm{d}x \leqslant M(b-a)$$

性质 6（积分中值定理） 设 $f(x)$ 在 $[a, b]$ 上连续，则在 $[a, b]$ 上至少存在一点 ξ（图 6-6），使得

$$\int_a^b f(x)\mathrm{d}x = f(\xi)(b-a)$$

成立.

从函数值的角度看，$f(\xi) = \dfrac{1}{b-a}\int_a^b f(x)\mathrm{d}x$ 就是函数

$y = f(x)$ 在区间 $[a, b]$ 上的平均值 $\bar{y}$，即

例 1 估计定积分 $\int_0^1 \sqrt{x}\mathrm{d}x$ 与 $\int_0^1 x^2\mathrm{d}x$ 的大小.

解 因为在 $[0，1]$ 上 $x^2 \leqslant \sqrt{x}$，所以 $\int_0^1 x^2\mathrm{d}x \leqslant \int_0^1 \sqrt{x}\mathrm{d}x$

例 2 估计定积分 $\int_{-1}^1 \mathrm{e}^{-x^2}\mathrm{d}x$ 的值.

解 设 $f(x) = \mathrm{e}^{-x^2}$，则 $f'(x) = -2x\mathrm{e}^{-x^2}$. 令 $f'(x)=0$，得 $x=0$. 则 $f(0)=1$，$f(1)=f(-1)=\mathrm{e}^{-1}$，所以 $m=\mathrm{e}^{-1}$，$M=1$. 所以 $2\mathrm{e}^{-1} \leqslant \int_{-1}^1 \mathrm{e}^{-x^2}\mathrm{d}x \leqslant 2$.

例 3 求函数 $f(x) = \sqrt{4-x^2}$ 在区间 $[-2, 2]$ 上的平均值.

解 $$\bar{y} = \frac{1}{b-a}\int_a^b f(x)\mathrm{d}x = \frac{1}{4}\int_{-2}^2 \sqrt{4-x^2}\mathrm{d}x = \frac{1}{4}\times\frac{1}{2}\pi\times 2^2 = \frac{1}{2}\pi$$

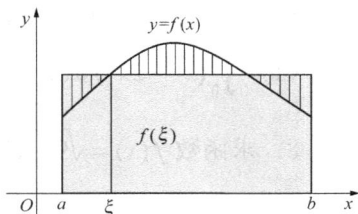

图 6-6

习 题 6.1

1. 设电流强度 $i = 5\sin\omega t$，试用定积分表示从 $t=t_0$ 到 $t=t_1$ 时间段内流过导线横截面的电量.

2. 已知变速直线运动的速度 $v = 2+3t$，试用定积分表示从 $t=0$ 到 $t=3\,\mathrm{s}$ 行驶的路程 s.

3. 试用定积分表示曲线 $y=\ln x$ 和两直线 $x=1$、$x=2$ 及 x 轴所围成的平面图形的面积.

4. 利用定积分的几何意义判断下列定积分值的正负.

（1）$\int_{-1}^1 \sqrt{1-x^2}\mathrm{d}x$； （2）$\int_{-1}^2 x^2\mathrm{d}x$； （3）$\int_0^{2\pi}\sin x\mathrm{d}x$.

5. 利用定积分表示图 6-7 中阴影部分的面积.

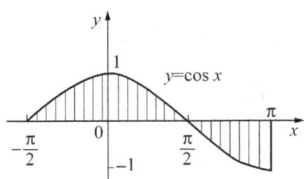

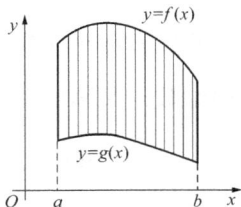

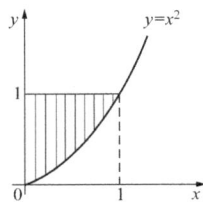

图 6-7

6. 不通过计算，比较下列各组定积分值的大小.

（1）$\int_0^1 x\,dx$ 与 $\int_0^1 x^2\,dx$； （2）$\int_1^2 \ln x\,dx$ 与 $\int_1^2 \ln^2 x\,dx$；

（3）$\int_0^{\frac{\pi}{2}} \sin x\,dx$ 与 $\int_0^{\frac{\pi}{2}} x\,dx$； （4）$\int_0^1 e^x\,dx$ 与 $\int_0^1 e^{x^2}\,dx$.

7. 确定下列定积分值的范围.

（1）$\int_0^1 (x^2 - 2x^3)\,dx$； （2）$\int_{-2}^0 x e^x\,dx$.

8. 求函数 $f(x) = \sqrt{9-x^2}$ 在区间 $[-3,3]$ 上的平均值.

6.2　微积分的基本公式

问题提出

设某质点做变速直线运动，其速度是时间间隔 $[a,\ b]$ 上的连续函数 $v = v(t)(v(t) \geqslant 0)$，如何求这段时间内质点所经过的路程 s？

解法探究

由前面介绍的定积分的定义知道，做变速直线运动的质点在时间 $[a,\ b]$ 上行驶的路程 $s = \int_a^b v(t)\,dt$. 注意到物体在时间 $[a,\ b]$ 内经过的路程，还可以根据质点的运动规律 $s = s(t)$ 来计算，即

$$s = s(b) - s(a)$$

所以

$$\int_a^b v(t)\,dt = s(b) - s(a) = s(t)\Big|_a^b$$

因为 $s'(t) = v(t)$，$s(t)$ 是 $v(t)$ 的一个原函数，说明定积分与不定积分密切相关.

必要知识

一、变上限的定积分

设函数 $f(t)$ 在区间 $[a,\ b]$ 上连续，若 $x \in [a,\ b]$，则积分 $\int_a^x f(t)\,dt$ 的值随 x 的变化

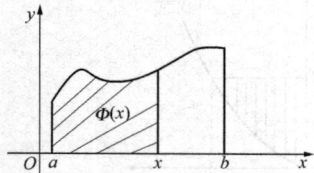

图 6-8

而变化. 函数 $f(t)$ 在部分区间 $[a,\ x]$ 上的定积分 $\int_a^x f(t)\,dt$ 称为积分上限函数. 又称变上限积分函数，记为 $\Phi(x)$（图 6-8），即

$$\Phi(x) = \int_a^x f(t)\,dt, \quad x \in [a,\ b]$$

为避免混淆，积分变量与积分上限不用同一个字母，所以一般不

用 $\int_a^x f(x)\mathrm{d}x$ 表示.

变上限积分具有以下重要性质.

定理 1 如果 $f(t)$ 在区间 $[a, b]$ 上连续，则函数 $\varPhi(x) = \int_a^x f(t)\mathrm{d}t$ 在区间 $[a, b]$ 上可导，且

$$\varPhi'(x) = \frac{\mathrm{d}}{\mathrm{d}x}\int_a^x f(t)\mathrm{d}t = f(x),\ x\in[a, b]$$

运用导数的定义和积分中值定理可以证明.（证明从略）

定理 1 表明：

（1）连续函数一定存在原函数；

（2）定积分与不定积分密切相关，即

$$\int f(x)\mathrm{d}x = \int_a^x f(t)\mathrm{d}t + C$$

例 1 设 $f(x) = \int_a^x \ln(1+t^2)\mathrm{d}t$ 求 $f'(x)$, $f'(1)$.

解

$$f'(x) = \left[\int_a^x \ln(1+t^2)\mathrm{d}t\right]' = \ln(1+x^2)$$

$$f'(1) = \ln(1+1) = \ln 2$$

例 2 设 $\varphi(x) = \int_1^{\sqrt{x}} \sin t^2\mathrm{d}t$ 求 $\varphi'(x)$.

解

$$\varphi'(x) = \left(\int_1^{\sqrt{x}} \sin t^2\mathrm{d}t\right)' = \sin(\sqrt{x})^2(\sqrt{x})' = \frac{1}{2\sqrt{x}}\sin x$$

例 3 求 $\lim\limits_{x\to 0}\dfrac{\int_{\cos x}^1 \mathrm{e}^{-t}\mathrm{d}t}{x^2}$.

解 这是一个 $\dfrac{0}{0}$ 型未定式，由洛必达法则，得

$$\lim_{x\to 0}\frac{\int_{\cos x}^1 \mathrm{e}^{-t}\mathrm{d}t}{x^2} = \lim_{x\to 0}\frac{-\int_1^{\cos x}\mathrm{e}^{-t}\mathrm{d}t}{x^2} = \lim_{x\to 0}\frac{\sin x\cdot \mathrm{e}^{-\cos x}}{2x} = \frac{1}{2\mathrm{e}}$$

二、微积分基本公式

定理 2 如果函数 $F(x)$ 是连续函数 $f(x)$ 在区间 $[a, b]$ 上的一个原函数，则

$$\int_a^b f(x)\mathrm{d}x = F(b) - F(a) = F(x)\Big|_a^b$$

此公式称为牛顿—莱布尼茨公式，也称为微积分基本公式.

证明 因为 $F(x)$ 和 $\varPhi'(x) = \int_a^x f(t)\mathrm{d}t$ 都是 $f(x)$ 的原函数，所以 $F(x) - \varPhi(x) = C$（C 为某一常数）. 由 $F(a) - \varPhi(a) = C$ 及 $\varPhi(a) = 0$ 得 $C = F(a)$，所以 $F(x) - \varPhi(x) = F(a)$. 又由 $F(b) -$

$\Phi(b)=F(a)$，得 $\Phi(b)=F(b)-F(a)$，即 $\int_a^b f(x)\mathrm{d}x=F(b)-F(a)$.

例4 计算下列定积分.

（1）$\int_0^{\frac{\pi}{2}}\cos x\mathrm{d}x$；　　　（2）$\int_0^{\frac{\sqrt3}{2}}\dfrac{\mathrm{d}x}{\sqrt{1-x^2}}$；　　　（3）$\int_0^{\sqrt3}\dfrac{3x^4+3x^2+1}{1+x^2}\mathrm{d}x$.

解　（1）$\int_0^{\frac{\pi}{2}}\cos x\mathrm{d}x=\sin x\Big|_0^{\frac{\pi}{2}}=\sin\dfrac{\pi}{2}-\sin0=1-0=1$.

（2）$\int_0^{\frac{\sqrt3}{2}}\dfrac{\mathrm{d}x}{\sqrt{1-x^2}}=\arcsin x\Big|_0^{\frac{\sqrt3}{2}}=\arcsin\dfrac{\sqrt3}{2}-\arcsin0=\dfrac{\pi}{3}$.

（3）$\int_0^{\sqrt3}\dfrac{3x^4+3x^2+1}{1+x^2}\mathrm{d}x=\int_0^{\sqrt3}\dfrac{3x^2(1+x^2)+1}{1+x^2}\mathrm{d}x=(x^3+\arctan x)\Big|_0^{\sqrt3}$

$$=(\sqrt3)^3+\arctan\sqrt3=3\sqrt3+\dfrac{\pi}{3}.$$

例5 计算下列定积分.

（1）$\int_{-1}^3|2-x|\mathrm{d}x$；

（2）设 $f(x)=\begin{cases}1+x,&0<x\le2\\1&x\le0\end{cases}$，求 $\int_{-1}^1 f(x)\mathrm{d}x$.

解　（1）$\int_{-1}^3|2-x|\mathrm{d}x=\int_{-1}^2(2-x)\mathrm{d}x+\int_2^3(x-2)\mathrm{d}x=\left(2x-\dfrac{x^2}{2}\right)\Big|_{-1}^2+\left(\dfrac{x^2}{2}-2x\right)\Big|_2^3=5$；

（2）$\int_{-1}^1 f(x)\mathrm{d}x=\int_{-1}^0\mathrm{d}x+\int_0^1(1+x)\mathrm{d}x=x\Big|_{-1}^0+\dfrac12(1+x)^2\Big|_0^1=\dfrac52$.

习 题 6.2

1．求下列函数对 x 的导数.

（1）$y=\int_0^x t\sqrt{t^2+1}\mathrm{d}t$，求 $\dfrac{\mathrm{d}y}{\mathrm{d}x}\Big|_{x=1}$；　　　（2）$y=\int_x^1\cos^2 t\mathrm{d}t$，求 $\dfrac{\mathrm{d}y}{\mathrm{d}x}$.

2．计算下列积分.

（1）$\int_0^{\frac{\pi}{4}}\tan^2 x\mathrm{d}x$；　　　（2）$\int_1^{\sqrt3}\dfrac{1}{x^2(1+x^2)}\mathrm{d}x$；

（3）$\int_{-2}^1|x|\mathrm{d}x$；　　　（4）$\int_0^{2\pi}\sqrt{1-\sin^2 t}\mathrm{d}t$.

3．计算下列定积分.

（1）$\int_{-1}^0\dfrac{3x^4+3x^2+1}{x^2+1}\mathrm{d}x$；　　　（2）$\int_0^4\sqrt x(1-\sqrt x)\mathrm{d}x$；

（3）$\int_1^4\dfrac{(2x-1)^2}{x^2}\mathrm{d}x$；　　　（4）$\int_0^1\dfrac{1}{\mathrm{e}^x+\mathrm{e}^{-x}}\mathrm{d}x$；

（5）$\displaystyle\int_0^{\frac{\pi}{2}}\left|\sin x-\cos x\right|\mathrm{d}x$；

（6）$\displaystyle\int_{\frac{1}{e}}^{e}\frac{\left|\ln x\right|}{x}\mathrm{d}x$.

6.3 定积分的换元法与分部积分法

问题提出

如何计算形如 $\displaystyle\int_0^4\frac{1}{1+\sqrt{x}}\mathrm{d}x$，$\displaystyle\int_0^1 x\ln x\mathrm{d}x$ 的定积分？

解法探究

根据微积分的基本公式，解决上述积分问题，可以先求出不定积分，然后再代入微积分的基本公式计算其值．如计算 $\displaystyle\int_0^4\frac{1}{1+\sqrt{x}}\mathrm{d}x$ 的值．由于

$$\int\frac{1}{1+\sqrt{x}}\mathrm{d}x\xrightarrow{\diamondsuit\sqrt{x}=t}\int\frac{2t}{1+t}\mathrm{d}t=2\int\left(1-\frac{1}{1+t}\right)\mathrm{d}t=2(t-\ln\left|1+t\right|)+C$$
$$=2(\sqrt{x}-\ln\left|1+\sqrt{x}\right|)+C$$

所以

$$\int_0^4\frac{1}{1+\sqrt{x}}\mathrm{d}x=2(\sqrt{x}-\ln\left|1+\sqrt{x}\right|)\Big|_0^4=2(2-\ln 3)$$

如此计算，过程十分麻烦，能否简化上述过程，求出不定积分后直接代入公式？

必要知识

一、定积分的换元积分法

定理 设 $f(x)$ 在区间 $[a，b]$ 上连续，而 $x=\varphi(t)$ 在区间 $[\alpha，\beta]$ 上单调且有连续导数，当 t 在区间 $[\alpha，\beta]$ 上变化时，$x=\varphi(t)$ 的值在区间 $[a，b]$ 上变化，且 $\varphi(\alpha)=a$，$\varphi(\beta)=b$，则

$$\int_a^b f(x)\mathrm{d}x=\int_\alpha^\beta f\left[\varphi(t)\right]\varphi'(t)\mathrm{d}t \quad （证明从略）$$

> **注 意**
>
> 在使用定积分的换元法时，积分的上下限也要随之做相应的变换．换元法的口诀是先换元再换限．

例 1 求 $\displaystyle\int_0^3\frac{x}{\sqrt{1+x}}\mathrm{d}x$.

解 令 $\sqrt{1+x}=t$，则 $x=t^2-1$，$\mathrm{d}x=2t\mathrm{d}t$．当 $x=0$ 时，$t=1$，当 $x=3$ 时，$t=2$，则

$$\int_0^3 \frac{x}{\sqrt{1+x}}dx = \int_1^2 \frac{t^2-1}{t} \cdot 2t dt = 2\left(\frac{t^3}{3}-t\right)\Big|_1^2 = \frac{8}{3}$$

例2 求 $\int_0^2 \sqrt{4-x^2}dx$.

解 令 $x=2\sin t$，则 $\sqrt{4-x^2}=2\cos t$，$dx=2\cos t dt$. 当 $x=0$ 时，$t=0$，当 $x=2$ 时，$t=\frac{\pi}{2}$，则

$$\int_0^2 \sqrt{4-x^2}dx = \int_0^{\frac{\pi}{2}} 4\cos^2 t dt = 2\int_0^{\frac{\pi}{2}}(1+\cos 2t)dt = 2\left(t+\frac{1}{2}\sin 2t\right)\Big|_0^{\frac{\pi}{2}} = \pi$$

例3 若 $f(x)$ 在区间 $[-a, a]$ 上连续，试证明：

$$\int_{-a}^a f(x)dx = \begin{cases} 0, & f(x)是奇函数 \\ 2\int_0^a f(x)dx, & f(x)是偶函数 \end{cases}$$

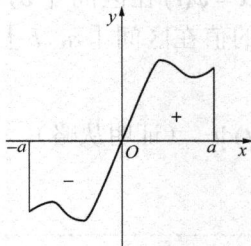

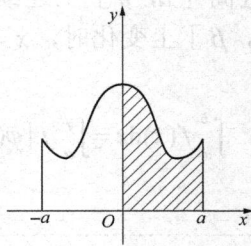

证明 因为

$$\int_{-a}^a f(x)dx = \int_{-a}^0 f(x)dx + \int_0^a f(x)dx$$

对于 $\int_{-a}^0 f(x)dx$，令 $x=-t$，则 $dx=-dt$. 当 $x=-a$ 时，$t=a$，当 $x=0$ 时，$t=0$，则

$$\int_{-a}^0 f(x)dx = -\int_a^0 f(-t)dt = \int_0^a f(-t)dt = \int_0^a f(-x)dx$$

当 $f(x)$ 是奇函数时 [图 6-9（a）]，$f(-x)=-f(x)$，则

$$\int_{-a}^a f(x)dx = \int_0^a f(-x)dx + \int_0^a f(x)dx = \int_0^a [-f(x)+f(x)]dx = 0$$

当 $f(x)$ 是偶函数时 [图 6-9（b）]，$f(-x)=f(x)$，则

$$\int_{-a}^a f(x)dx = \int_0^a f(-x)dx + \int_0^a f(x)dx = \int_0^a [f(x)+f(x)]dx = 2\int_0^a f(x)dx$$

所以

$$\int_{-a}^a f(x)dx = \begin{cases} 0, & f(x)是奇函数 \\ 2\int_0^a f(x)dx & f(x)是偶函数 \end{cases}$$

图 6-9

例4 证明：$\int_0^{\frac{\pi}{2}} f(\sin x)dx = \int_0^{\frac{\pi}{2}} f(\cos x)dx$.

证明 令 $x=\frac{\pi}{2}-t$，则 $dx=-dt$. 当 $x=0$ 时，$t=\frac{\pi}{2}$，当 $x=\frac{\pi}{2}$ 时，$t=0$，则

$$左式=-\int_{\frac{\pi}{2}}^{0}f\left[\sin\left(\frac{\pi}{2}-t\right)\right]dt=\int_{0}^{\frac{\pi}{2}}f\left[\sin\left(\frac{\pi}{2}-t\right)\right]dt=\int_{0}^{\frac{\pi}{2}}\left[f(\cos t)\right]dt=右式$$

所以

$$\int_{0}^{\frac{\pi}{2}}f(\cos x)dx=\int_{0}^{\frac{\pi}{2}}f(\cos x)dx$$

例5 求下列定积分的值.

（1）$\int_{-\frac{\pi}{2}}^{\frac{\pi}{2}}\sqrt{\cos x-\cos^3 x}dx$;　　　　（2）$\int_{-\frac{\sqrt{2}}{2}}^{\frac{\sqrt{2}}{2}}\frac{x^2\sin x+1}{1+x^2}dx$.

解 （1）令 $f(x)=\sqrt{\cos x-\cos^3 x}$，因为 $f(x)$ 是偶函数，所以

$$\int_{-\frac{\pi}{2}}^{\frac{\pi}{2}}\sqrt{\cos x-\cos^3 x}dx=2\int_{0}^{\frac{\pi}{2}}\sqrt{\cos x(1-\cos^2 x)}dx=2\int_{0}^{\frac{\pi}{2}}\sin x\sqrt{\cos x}dx$$

$$=-2\int_{0}^{\frac{\pi}{2}}\sqrt{\cos x}d\cos x=-2\times\frac{2}{3}\cos^{\frac{3}{2}}x\Big|_{0}^{\frac{\pi}{2}}=\frac{4}{3}$$

（2）令 $f(x)=\frac{x^2\sin x+1}{1+x^2}$ 因为

$$f(x)=\frac{x^2\sin x}{1+x^2}+\frac{1}{1+x^2}$$

故

$$\int_{-\frac{\sqrt{2}}{2}}^{\frac{\sqrt{2}}{2}}\frac{x^2\sin x+1}{1+x^2}dx=\int_{-\frac{\sqrt{2}}{2}}^{\frac{\sqrt{2}}{2}}\frac{x^2\sin x}{1+x^2}dx+\int_{-\frac{\sqrt{2}}{2}}^{\frac{\sqrt{2}}{2}}\frac{1}{1+x^2}dx$$

又因为函数 $\frac{x^2\sin x}{1+x^2}$ 是奇函数，$\frac{1}{1+x^2}$ 是偶函数，所以

$$\int_{-\frac{\sqrt{2}}{2}}^{\frac{\sqrt{2}}{2}}\frac{x^2\sin x+1}{1+x^2}dx=2\int_{0}^{\frac{\sqrt{2}}{2}}\frac{1}{1+x^2}dx=2\arctan\frac{\sqrt{2}}{2}$$

二、定积分的分部积分法

设函数 $u(x)$、$v(x)$ 在区间 $[a,b]$ 上具有连续导数 $u'(x)$、$v'(x)$，则有

$$\int_{a}^{b}udv=(uv)\Big|_{a}^{b}-\int_{a}^{b}vdu$$

称上式为定积分的分部积分公式.

例6 计算下列定积分.

（1）$\int_{1}^{e}x^2\ln xdx$；　　　　（2）$\int_{0}^{4}e^{\sqrt{x}}dx$.

解 （1）$\int_{1}^{e}x^2\ln xdx=\frac{1}{3}\int_{1}^{e}\ln xdx^3=\frac{1}{3}\left[(x^3\ln x)\Big|_{1}^{e}-\int_{1}^{e}x^3d\ln x\right]$

$$=\frac{1}{3}\cdot\left[e^3-\int_{1}^{e}\frac{x^3}{x}dx\right]=\frac{1}{3}\cdot e^3-\frac{x^3}{9}\Big|_{1}^{e}=\frac{1}{9}\cdot(2e^3+1)$$

（2）令 $\sqrt{x}=t$，则 $x=t^2$，$dx=2tdt$. 当 $x=0$ 时，$t=0$；当 $x=4$ 时，$t=2$. 故

$$\int_0^4 e^{\sqrt{x}}dx = 2\int_0^2 te^t dt = 2\int_0^2 tde^t = 2(te^t)\Big|_0^2 - 2\int_0^2 e^t dt = 4e^2 - 2(e^t)\Big|_0^2 = 2(e^2+1)$$

习 题 6.3

1．计算下列定积分．

（1）$\int_0^4 \dfrac{2}{1+\sqrt{x}}dx$；

（2）$\int_0^1 x\sqrt{1-x^2}\,dx$；

（3）$\int_1^2 \dfrac{1}{x\sqrt{1+\ln x}}dx$；

（4）$\int_1^e \dfrac{1}{x(\ln^2 x+1)}dx$；

（5）$\int_0^{\frac{\sqrt{2}}{2}} \dfrac{x}{\sqrt{1-x^2}}dx$；

（6）$\int_0^1 xe^{-x}dx$；

（7）$\int_1^e x\ln x\,dx$；

（8）$\int_0^1 x\arctan x\,dx$；

（9）$\int_0^{\frac{\pi}{2}} x^2\cos x\,dx$；

（10）$\int_1^e x^2\ln x\,dx$．

2．计算下列定积分．

（1）$\int_{-3}^3 \dfrac{x^2\sin x}{1+x^2+2x^4}dx$；

（2）$\int_{-\frac{1}{2}}^{\frac{1}{2}} \dfrac{x^2\sin x+3}{\sqrt{1-x^2}}dx$．

6.4 广 义 积 分

问题提出

在解决实际问题中，有时会遇到积分区间为无限或被积函数无界的积分问题，如计算 $\int_0^1 \dfrac{dx}{\sqrt{1-x^2}}$ 或 $\int_0^{+\infty} e^{-x}dx$，这类积分是定积分的推广，统称为广义积分．

例如，计算由曲线 $y=e^{-x}$、y 轴及 x 轴所围图形的面积 A，如图 6-10 所示．

解法探究

曲线与两轴所围图形不封闭，直观地称为开口曲边梯形，积分区间是无限区间 $[0,+\infty]$，根据定积分的几何意义，此面积可表示为 $A=\int_0^{+\infty} e^{-x}dx$，这是一个广义积分．

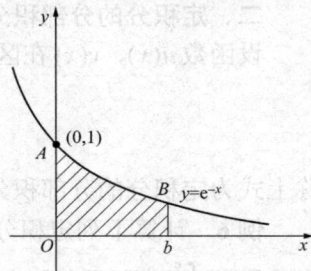

图 6-10

尝试解法，任取实数 b，在有限区间 $[0,b]$ 上，以曲线 $y=e^{-x}$、两坐标轴及 $x=b$ 所围的曲边梯形面积为

$$A = \int_0^b \mathrm{e}^{-x}\mathrm{d}x = -\mathrm{e}^{-x}\Big|_0^b = 1 - \frac{1}{\mathrm{e}^b}$$

如图 6-10 阴影部分所示. 显然，当 $b \to +\infty$ 时，阴影部分曲边梯形面积的极限即为所求的开口曲边梯形的面积，即

$$A = \int_0^{+\infty} \mathrm{e}^{-x}\mathrm{d}x = \lim_{b \to +\infty}\left(1 - \frac{1}{\mathrm{e}^b}\right) = 1$$

必要知识

一、无穷区间上的广义积分

定义 1 设 $f(x)$ 在区间 $[a, +\infty)$ 上连续，取 $b > a$，如果极限 $\lim\limits_{b \to +\infty}\int_a^b f(x)\mathrm{d}x$ 存在，则称此极限为函数 $f(x)$ 在无穷区间 $[a, +\infty)$ 上的广义积分，记作 $\int_a^{+\infty} f(x)\mathrm{d}x$，即

$$\int_a^{+\infty} f(x)\mathrm{d}x = \lim_{b \to +\infty}\int_a^b f(x)\mathrm{d}x$$

此时也称广义积分 $\int_a^{+\infty} f(x)\mathrm{d}x$ **收敛**. 如果上述极限不存在，则称广义积分 $\int_a^{+\infty} f(x)\mathrm{d}x$ 发散.

类似地，可定义被积函数 $f(x)$ 在区间 $(-\infty, b]$ 和 $(-\infty, +\infty)$ 上的广义积分.

$$\int_{-\infty}^b f(x)\mathrm{d}x = \lim_{a \to -\infty}\int_a^b f(x)\mathrm{d}x$$

$$\int_{-\infty}^{+\infty} f(x)\mathrm{d}x = \int_{-\infty}^c f(x)\mathrm{d}x + \int_c^{+\infty} f(x)\mathrm{d}x$$

$$= \lim_{a \to -\infty}\int_a^c f(x)\mathrm{d}x + \lim_{b \to +\infty}\int_c^b f(x)\mathrm{d}x$$

为书写方便实际运算中常常省去极限记号，而形式地把 ∞ 当成一个"数"，直接利用牛顿-莱布尼茨公式的计算格式.

$$\int_a^{+\infty} f(x)\mathrm{d}x = F(x)\Big|_a^{+\infty} = F(+\infty) - F(a)$$

$$\int_{-\infty}^b f(x)\mathrm{d}x = F(x)\Big|_{-\infty}^b = F(b) - F(-\infty)$$

$$\int_{-\infty}^{+\infty} f(x)\mathrm{d}x = F(x)\Big|_{-\infty}^{+\infty} = F(+\infty) - F(-\infty)$$

注意
对于广义积分 $\int_{-\infty}^{+\infty} f(x)\mathrm{d}x$，它收敛的充要条件是 $\int_{-\infty}^c f(x)\mathrm{d}x$、$\int_c^{+\infty} f(x)\mathrm{d}x$ 均收敛.

例 1 计算广义积分 $\int_{-\infty}^0 \frac{1}{1+x^2}\mathrm{d}x$.

解
$$\int_{-\infty}^0 \frac{1}{1+x^2}\mathrm{d}x = \arctan x\Big|_{-\infty}^0 = \arctan 0 - \arctan(-\infty) = \frac{\pi}{2}$$

例 2 计算广义积分 $\int_0^{+\infty} xe^{-x^2}dx$.

解
$$\int_0^{+\infty} xe^{-x^2}dx = -\frac{1}{2}\int_0^{+\infty} e^{-x^2}d(-x^2) = -\frac{1}{2}e^{-x^2}\Big|_0^{+\infty} = \frac{1}{2}$$

例 3 讨论广义积分 $\int_a^{+\infty} \frac{1}{x^p}dx(a>0)$ 的敛散性.

解 （1）当 $p>1$ 时，$\int_a^{+\infty} \frac{dx}{x^p} = \frac{1}{1-p}\cdot x^{1-p}\Big|_a^{+\infty} = \frac{1}{(p-1)a^{p-1}}$，收敛；

（2）当 $p=1$ 时，$\int_a^{+\infty} \frac{dx}{x^p} = \int_a^{+\infty} \frac{dx}{x} = \ln x\Big|_a^{+\infty} = +\infty$，发散；

（3）当 $p<1$ 时，$\int_a^{+\infty} \frac{dx}{x^p} = \frac{1}{1-p}\cdot x\Big|_a^{+\infty} = +\infty$，发散.

综上可知：当 $p>1$ 时，$\int_a^{+\infty} \frac{dx}{x^p}$ 收敛于 $\frac{a^{1-p}}{p-1}$；当 $p\leq 1$ 时，$\int_a^{+\infty} \frac{dx}{x^p}$ 发散.

二、有限区间无界函数的广义积分

定义 2 设函数 $f(x)$ 在区间 $(a, b]$ 上连续，且 $\lim\limits_{x\to a^+} f(x) = \infty$，若极限 $\lim\limits_{\xi\to 0^+} \int_{a+\xi}^b f(x)dx$ $(\xi>0)$ 存在，则称此极限为 $f(x)$ 在 $(a, b]$ 上的广义积分，记作 $\int_a^b f(x)dx = \lim\limits_{\xi\to 0^+} \int_{a+\xi}^b f(x)dx$. 此时也称广义积分 $\int_a^b f(x)dx$ 收敛，否则称为发散.

类似地，当 $x=b$ 或 $x=c$，$c\in [a, b]$ 且为函数 $f(x)$ 的无穷间断点时，可定义如下的广义积分：
$$\int_a^b f(x)dx = \lim\limits_{\xi\to 0^+} \int_a^{b-\xi} f(x)dx$$
$$\int_a^b f(x)dx = \int_a^c f(x)dx + \int_c^b f(x)dx$$
$$= \lim\limits_{\xi_1\to 0^+} \int_a^{c-\xi_1} f(x)dx + \lim\limits_{\xi_2\to 0^+} \int_{c+\xi_2}^b f(x)dx$$

> **注意**
>
> 当无穷间断点 c 在区间 $[a, b]$ 内时，广义积分 $\int_a^b f(x)dx$ 收敛的充要条件是 $\int_a^c f(x)dx$、$\int_c^b f(x)dx$ 均收敛. 对于无界函数的广义积分，有时又称瑕积分，无穷间断点又称瑕点.

例 4 计算广义积分 $\int_0^1 \frac{dx}{\sqrt{1-x^2}}$.

解 $x=1$ 为函数 $f(x) = \frac{1}{\sqrt{1-x^2}}$ 的无穷间断点，这是一个瑕积分. 故
$$\int_0^1 \frac{dx}{\sqrt{1-x^2}} = \lim\limits_{\xi\to 0^+} \int_0^{1-\xi} \frac{dx}{\sqrt{1-x^2}} = \lim\limits_{\xi\to 0^+} \arcsin(1-\xi) = \frac{\pi}{2}$$

例 5 讨论广义积分 $\int_{-1}^1 \frac{1}{x^2}dx$ 的敛散性.

解 $x = 0$ 为函数 $f(x) = \dfrac{1}{x^2}$ 的无穷间断点，这是一个瑕积分．因为

$$\int_0^1 \frac{\mathrm{d}x}{x^2} = \lim_{\xi \to 0^+} \int_\xi^1 \frac{\mathrm{d}x}{x^2} = \lim_{x \to 0^+} \left(-\frac{1}{x}\right)\Big|_\xi^1 = \lim_{\xi \to 0^+} \left(\frac{1}{\xi} - 1\right) = +\infty$$

所以广义积分 $\displaystyle\int_0^1 \frac{1}{x^2}\mathrm{d}x$ 发散，则广义积分 $\displaystyle\int_{-1}^1 \frac{1}{x^2}\mathrm{d}x$ 发散．

习题 6.4

1．计算下列广义积分．

（1） $\displaystyle\int_0^{+\infty} \mathrm{e}^{-5x}\mathrm{d}x$；

（2） $\displaystyle\int_0^{+\infty} x\mathrm{e}^{-x^2}\mathrm{d}x$；

（3） $\displaystyle\int_{-\infty}^{+\infty} \frac{1}{1+x^2}\mathrm{d}x$；

（4） $\displaystyle\int_e^{+\infty} \frac{1}{x\ln x}\mathrm{d}x$．

2．计算下列广义积分．

（1） $\displaystyle\int_0^1 \frac{1}{\sqrt[3]{x}}\mathrm{d}x$；

（2） $\displaystyle\int_1^e \frac{1}{x\sqrt{1-\ln^2 x}}\mathrm{d}x$．

6.5 定积分的应用

问题提出

如图 6-11（a）所示为某风景区的水域平面图．请测算该水域的面积．

解法探究

回顾 6.1 节中解决曲边梯形面积的方法，类似地，可按以下步骤进行．

（1）分割．将区间 $[a, b]$ 分割成若干个小区间，则水区域被分割成若干条形的小区域 [图 6-11（b）]，水域的面积 $S = \displaystyle\sum_{i=1}^n \Delta A_i$（其中，$\Delta A_i$ 为每个条形小区域的面积）．

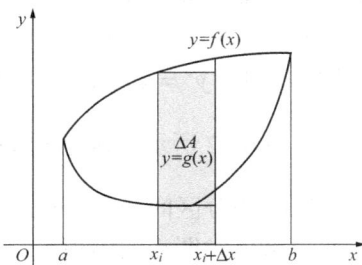

(a)   (b)

图 6-11

（2）取近似．条形小区域被近似看成是一个小矩形，即在每一个小区间 $[x_i,\ x_i+\Delta x]$（$\Delta x=dx$）上取任意一点 ξ_i，以小区间的长度为宽，$f(\xi_i)-g(\xi_i)$ 的值为矩形的长，小矩形面积作为条形小区域的面积近似值，即 $\Delta A_i \approx [f(\xi_i)-g(\xi_i)]\Delta x_i(i=1,2,\cdots,\ n)$.

（3）累加．将每个小矩形面积相加，可得所测水域面积的近似值为

$$S \approx \sum_{i=1}^{n}[f(\xi_i)-g(\xi_i)]\,dx_i$$

（4）取极限．令 $|\Delta x|=\max\{\Delta x_1,\ \Delta x_2,\cdots,\ \Delta x_n\}$，则

$$S=\lim_{\|\Delta x\|\to 0}\sum_{i=1}^{n}[f(\xi_i)-g(\xi_i)]\Delta x_i=\int_a^b[f(x)-g(x)]dx$$

因此，所求水域的面积为 $S=\int_a^b[f(x)-g(x)]dx$.

必要知识

一、定积分的微元法

上述问题的解法具有普遍性．经分析可知，解法的关键是第二步，即在小区间上，把一个非均匀变化的量近似看成是均匀变化的，由此得到局部近似值；最后在 $[a,b]$ 上无限累加求精确值，即在 $[a,b]$ 上求积分．因此，上述解题过程可精简为以下两个步骤：

（1）恰当选择积分变量，确定其变化范围 $[a,b]$，从中任取一小区间，略去下标，记作 $[x,\ x+dx]$，并取 $\xi_i=x$，然后写出这个小区间上的部分量 Δq 的近似值，记作 $dq=f(x)dx$（称为所求量 Q 的微元）.

（2）将微元 Δq 在 $[a,\ b]$ 上积分（无限累加），即得 $Q=\int_a^b f(x)dx$，称这种解决问题的方法为微元法，dq 称为微元.

关于微元 $dq=f(x)dx$，我们再说明两点：

（1）$f(x)dx$ 作为 Δq 的近似表达式，应该足够准确，确切地说，就是要求其差是关于 Δx 的高阶无穷小，即 $\Delta q-f(x)dx=o(\Delta x)$.

（2）具体怎样要求微元呢？这是问题的关键，这要分析问题的实际意义及数量关系，一般按着在局部 $[x,\ x+dx]$ 上，以"常代变"、"匀代不匀"、"直代曲"的思路（局部线性化），写出局部上所求量的近似值，即为微元 $dq=f(x)dx$.

下面我们就用微元法来讨论定积分在几何及物理方面的一些应用.

二、用定积分求平面图形的面积

直角坐标系中求平面图形的面积.

例 1 求由两条抛物线 $y^2=x$，$y=x^2$ 所围成的平面图形的面积.

解 所围图形如图 6-12 所示，确定区域所在范围，解方程组 $\begin{cases} y^2=x \\ y=x^2 \end{cases}$ 得交点 $(0,0)$，$(1,1)$．选择积分变量为 x，积分区间为 $[0,1]$，在积分区间 $[0,1]$ 上任取一小区间 $[x,\ x+dx]$，则 $dA=(\sqrt{x}-x^2)dx$，故所求图形的面积为

$$A=\int_0^1(\sqrt{x}-x^2)dx=\left(\frac{2}{3}x^{\frac{3}{2}}-\frac{1}{3}x^3\right)\Big|_0^1=\frac{1}{3}$$

例 2 求由曲线 $\sqrt{y}=x$ 与直线 $y=-x$、$y=1$ 所围成的平面图形的面积.

解 所围图形如图 6-13 所示,确定区域所在范围.解方程组 $\begin{cases} \sqrt{y}=x \\ y=1 \end{cases}$ 得交点（1，1），解

方程组 $\begin{cases} \sqrt{y}=x \\ y=-x \end{cases}$ 得交点（0，0），解方程组 $\begin{cases} y=-x \\ y=1 \end{cases}$ 得交点（-1，1），选择积分变量为 y，积分

区间为 $[0,1]$，在积分区间 $[0,1]$ 上任取一小区间 $[y,y+\mathrm{d}y]$，则 $\mathrm{d}A=(\sqrt{y}+y)\,\mathrm{d}y$，故所求图形的面积为

$$A=\int_0^1 (\sqrt{y}+y)\mathrm{d}y=\left(\frac{2}{3}y^{\frac{3}{2}}+\frac{1}{2}y^2\right)\bigg|_0^1=\frac{7}{6}$$

例 3 求由曲线 $y^2=2x$ 与直线 $x-y-4=0$ 所围成的图形的面积.

解 所围图形如图 6-14 所示,确定区域所在范围.解方程组 $\begin{cases} y^2=2x \\ x-y-4=0 \end{cases}$ 得交点（8，4），

（2，-2），选择积分变量为 y，积分区间为 $[-2,4]$，在积分区间 $[-2,4]$ 上任取一小区间 $[y,y+\mathrm{d}y]$，则 $\mathrm{d}A=\left(y+4-\frac{1}{2}y^2\right)\mathrm{d}y$，故所求图形面积为

$$A=\int_{-2}^4 \left[\left(y+4-\frac{1}{2}y^2\right)\right]\mathrm{d}y=\left[\frac{1}{2}y^2+4y-\frac{1}{6}y^3\right]\bigg|_{-2}^4=18$$

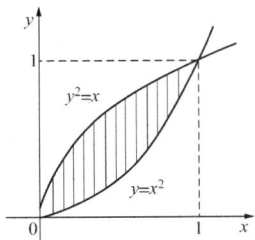
图 6-12

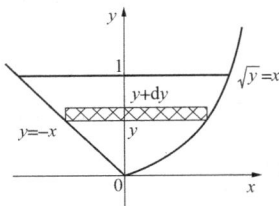
图 6-13

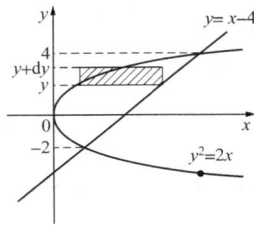
图 6-14

例 4 求摆线一拱 $\begin{cases} x=2(t-\sin t) \\ y=2(1-\cos t) \end{cases}$，$t\in[0,2\pi]$ 与 x 轴

所围图形的面积 A.

解 所围图形如图 6-15 所示,设所围区域的曲边方程为 $y=f(x)$，$x\in[0,4\pi]$，则区域的面积

$$A=\int_0^{4\pi} f(x)\mathrm{d}x$$

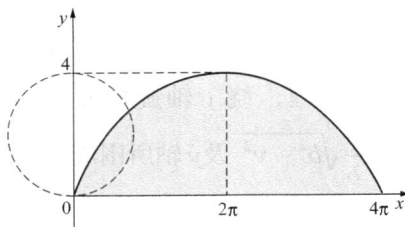
图 6-15

又

$$\begin{cases} x=2(t-\sin t) \\ y=2(1-\cos t) \end{cases}, \quad t\in[0,2\pi]$$

根据定积分的换元法则得 $\mathrm{d}x=2(1-\cos t)\mathrm{d}t$，$y=f(x)=2(1-\cos t)$，所以

$$A = \int_0^{2\pi} 4(1-\cos t)^2 \, dt = 4 \int_0^{2\pi} (1-2\cos t + \cos^2 t) \, dt$$

$$= 4 \int_0^{2\pi} \left[1 - 2\cos t + \frac{(1+\cos 2t)}{2} \right] dt = 12\pi$$

三、用定积分求旋转体的体积

在中学已接触过一些旋转体，如圆柱、圆锥、圆台、球等．所谓旋转体，就是由一个平面图形绕该平面内的一条直线旋转一周而形成的立体图形．

如图 6-16 所示，旋转体是由连续曲线 $y = f(x)$ 与直线 $x = a$、$x = b$ 及 x 轴所围成的曲边梯形绕 x 轴旋转一周而形成的，求它的体积．

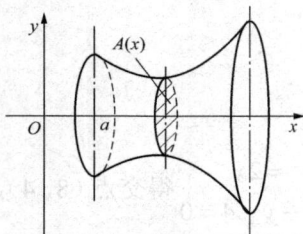

利用微元法，积分变量取 x，变量所在区间为 $[a, b]$ 在区间 $[a, b]$ 上任取一小区间 $[x, x+dx]$，则相应于此区域上的小旋转体的体积近似于一个小圆柱体，它的底面半径是 $f(x)$，高为 dx．因此体积元素 $dV = \pi f^2(x) dx$，所以此旋转体的体积为

$$V = \int_a^b \pi f^2(x) \, dx$$

图 6-16

类似可得由 $x = g(y)$ 与直线 $y = c$、$y = d (c < d)$ 及 y 轴所围曲边梯形绕 y 轴旋转而形成的旋转体的体积为

$$V = \pi \int_c^d \left[g(y) \right]^2 \, dy$$

例 5　求椭圆 $\dfrac{x^2}{a^2} + \dfrac{y^2}{b^2} = 1 (a > b > 0)$ 分别绕 x 轴和 y 轴旋转一周而形成的旋转体（称椭球体）的体积．

解　（1）如图 6-17 所示，旋转体可看作是由椭圆上半部 $y = \dfrac{b}{a}\sqrt{a^2 - x^2}$ 及 x 轴所围成的单曲边梯形绕 x 轴旋转而形成的，所以

$$V = \pi \int_{-a}^a \left(\frac{b}{a}\sqrt{a^2 - x^2} \right)^2 dx = \frac{2\pi b^2}{a^2} \int_0^a (a^2 - x^2) \, dx$$

$$= \frac{2\pi b^2}{a^2} \left[a^2 x - \frac{x^3}{3} \right] \Big|_0^a = \frac{4}{3}\pi a b^2$$

（2）同理，绕 y 轴旋转而得的旋转体如图 6-18 所示．旋转体可看作是由椭圆右半支 $x = \dfrac{a}{b}\sqrt{b^2 - y^2}$ 及 y 轴所围成的曲边梯形绕 y 轴旋转而形成的，所以

$$V = \pi \int_{-b}^b \left(\frac{a}{b}\sqrt{b^2 - y^2} \right)^2 dy = \frac{2\pi a^2}{b^2} \int_0^b (b^2 - y^2) \, dy$$

$$= \frac{2\pi a^2}{b^2} \left[b^2 y - \frac{y^3}{3} \right] \Big|_0^b = \frac{4}{3}\pi a^2 b$$

特别地，当 $a = b = R$ 时，旋转体即为半径为 R 的球体，它的体积 $V = \dfrac{4}{3}\pi R^3$．

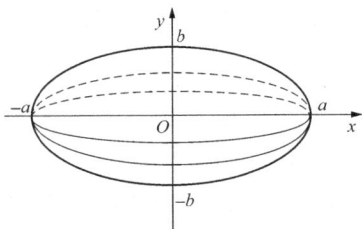

图 6-17

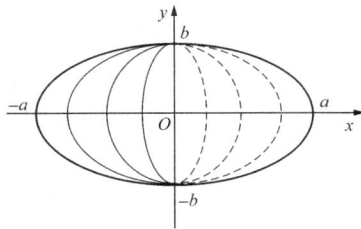

图 6-18

四、定积分在物理上的应用

根据物理学知识，如果物体在恒力 F 的作用下，沿力的方向移动了距离 s，则力 F 所做的功 $W = F \cdot s$．如果物体在运动过程中受的力是变化的，则属于变力做功问题，可用微元法来解．

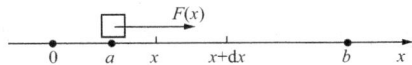

如图 6-19 所示，设力 F 的方向不变，但大小随着位移而连续变化，记为 $F = F(x)$；物体在 F 的作用下，沿平行于力的方向上做直线运动，当物体从点 $x = a$ 移动到点 $x = b$ 时，求力 F 所做的功 W．

图 6-19

利用定积分的微元法，选择积分变量为 x，积分区间为 $[a, b]$，在区间 $[a, b]$ 上任取一小区间 $[x, x + \mathrm{d}x]$，由于物体在此区间上力 $F(x)$ 的变化很小，可以近似地看成不变，因此力 $F(x)$ 在此小区间上做的功微元为

$$\mathrm{d}W = F(x)\mathrm{d}x$$

$$W = \int_a^b \mathrm{d}W = \int_a^b F(x)\mathrm{d}x$$

例 6　在弹簧弹性限度之内，外力拉长或压缩弹簧，需要克服弹力做功．已知弹簧每拉长 0.02m 要用 9.8N 的力，如图 6-20 所示．求把弹簧拉长 0.1m 时，外力所做的功 W．

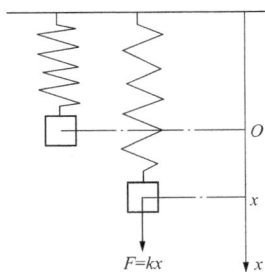

解　根据物理学中的胡克定律，在弹性限度内，拉伸弹簧所需要的外力 F 和弹簧的伸缩长度 x 成正比，即 $F(x) = k(x)$，其中 k 为弹性系数．

根据题设，$x = 0.02$ m 时，$F = 9.8$ N，所以

$$K = \frac{F}{x} = 4.9 \times 10^2 \quad (\text{N/m})$$

图 6-20

由此当弹簧被拉长 0.1m 时，外力克服弹力所做的功为

$$W = \int_0^{0.1} 4.9 \times 10^2 x\mathrm{d}x = \frac{1}{2} \times 4.9 \times 10^2 x^2 \Big|_0^{0.1} = 2.45(\text{J})$$

例 7　一个点电荷 O 会形成一个电场，其表现就是对周围的其他电荷 A 产生沿径向 OA 作用的引力或斥力；电场内单位正电荷所受的力称为电场强度．根据库仑定律，距点电荷 $r = OA$ 处的电场强度为

$$F(r) = k\frac{q}{r^2} \quad (k为比例常数, q为点电荷O的电量)$$

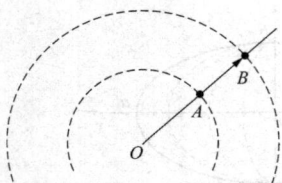

图 6-21

若电场中单位正电荷 A 沿 OA 从 $r = OA = a$ 移到 $r = OB = b$（$a < b$），如图 6-21 所示，求电场对它所做的功 W .

解 这是在变力 $F(r)$ 对移动物体作用下的做功问题. 因为作用力和移动路径在同一直线上，故以 r 为积分变量，可应用简易积分表中第（六）类公式（12），得

$$W = \int_a^b k\frac{q}{r^2}\mathrm{d}r = kq\left[-\frac{1}{r}\right]_b^a = kq\left(\frac{1}{a} - \frac{1}{b}\right)$$

五、专业应用

1. "流体力学" 课程中的实例

液体的压力. 根据物理学知识，如果一物体水平旋转在液体中，距离液体表面的深度为 h，面积为 A，液体密度为 ρ，则该薄片一侧受到的压力为 $F = \rho g h A$. 但如果不能直接利用上述方法计算它所受的压力，可用定积分的微元法来解决.

例 8 设有一竖直的闸门，开头是等腰梯形，尺寸如图 6-22 所示. 当水面齐闸门顶时，求闸门所受的水压力 F .

解 如图 6-22 所示，建立直角坐标系. 应用相似三角形关系可得

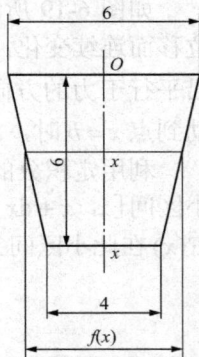

图 6-22

$$\frac{1}{6} = \frac{\frac{1}{2}[f(x) - 4]}{6 - x}$$

则 $f(x) = 6 - \dfrac{x}{3}$. 因为水的密度 $\rho = 1.0 \times 10^3 \text{ N/m}^3$，闸门入水深度从 0m 到 6m，所以闸门受水的总压力为

$$F = \int_a^b \rho g f(x)\mathrm{d}x = 9.8 \times 10^3 \int_0^6 x\left(6 - \frac{x}{3}\right)\mathrm{d}x$$

$$= 9.8 \times 10^3 \left(3x^2 - \frac{x^3}{9}\right)\bigg|_0^6 = 9.8 \times 10^3 \times (108 - 24)$$

$$\approx 8.23 \times 10^5 \text{(N)}$$

2. "电路与磁路" 课程中的实例

例 9 计算纯电阻电路中正弦交流电 $i = I_m \sin\omega t$ 在一个周期内功率的平均值.

解 设电阻为 R，那么在这个电路中，R 两端的电压为

$$u = Ri = RI_m \sin\omega t$$

而功率

$$P = ui = Ri^2 = RI_m^2 \sin^2\omega t$$

因为交流电 $i = I_m \sin\omega$ 的周期为 $T = \dfrac{2\pi}{\omega}$，所以在一个周期 $\left[0, \dfrac{2\pi}{\omega}\right]$ 上，P 的平均值为

$$\overline{P} = \frac{1}{\dfrac{2\pi}{\omega} - 0} \int_0^{\frac{2\pi}{\omega}} RI_{\mathrm{m}}^2 \sin^2 \omega t\, \mathrm{d}t = \frac{\omega R}{2\pi} \int_0^{\frac{2\pi}{\omega}} I_{\mathrm{m}}^2 \left(\frac{1 - \cos 2\omega t}{2} \right) \mathrm{d}t$$

$$= \frac{\omega R I_{\mathrm{m}}^2}{4\pi} \int_0^{\frac{2\pi}{\omega}} (1 - \cos 2\omega t)\, \mathrm{d}t = \frac{\omega R I_{\mathrm{m}}^2}{4\pi} \left[t - \frac{1}{2\omega} \sin 2\omega t \right]_0^{\frac{2\pi}{\omega}}$$

$$= \frac{\omega R I_{\mathrm{m}}^2}{4\pi} \cdot \frac{2\pi}{\omega} = \frac{R I_{\mathrm{m}}^2}{2} = \frac{I_{\mathrm{m}} u_{\mathrm{m}}}{2} \text{（功率单位）}$$

其中 $u_{\mathrm{m}} = I_{\mathrm{m}} R$. 这就是说，纯电阻电路中正弦交流电的平均功率等于电流和电压的峰值乘积的一半．通常交流电器上标明的功率是平均功率．

习题 6.5

1．利用微元法解决实际问题（如计算平面图形的面积和旋转体的体积，或变力做功和液体压力的计算），把所求量表示成一个定积分，其关键是什么？

2．利用微元法解决问题的一般步骤是什么？

3．求下列平面图形的面积．

（1）求由曲线 $y = \sin x$ ， $y = \cos x$ 与直线 $x = 0$ ， $x = \dfrac{\pi}{2}$ 所围成的平面图形的面积．

（2）求由曲线 $y = 2 - x^2$ 与 $y = -x$ 所围成的平面图形的面积．

4．求由曲线 $y^2 = x$ 与直线 $x = 1$ ， $x = 2$ 及 $y = 0$ 所围成的平面图形的面积 S 及该平面图形绕 x 轴旋转所得的旋转体体积 V ．

复习题六

1．填空题．

（1） $\dfrac{\mathrm{d}}{\mathrm{d}x} \displaystyle\int_0^x \sqrt{1 + t}\, \mathrm{d}t = $ _____； （2） $\dfrac{\mathrm{d}}{\mathrm{d}x} \displaystyle\int_x^{-1} t e^t \mathrm{d}t = $ _____；

（3） $\displaystyle\int_{-\frac{\pi}{2}}^{\frac{\pi}{2}} \dfrac{\sin x}{1 + \cos x} \mathrm{d}x = $ _____； （4） $\displaystyle\int_{-\frac{\pi}{2}}^{\frac{\pi}{2}} (\sin^3 x + 3) \mathrm{d}x = $ _____；

（5） $\displaystyle\int_{-a}^{a} \dfrac{x}{1 + x^2} \mathrm{d}x = $ _____； （6） $\displaystyle\int_{-1}^{1} \sin^3 x \cos^5 x \mathrm{d}x = $ _____．

（7）已知 $\displaystyle\int_0^{\pi} x^2 \sin x \mathrm{d}x = \pi^2 - 4\pi$ ，则 $\displaystyle\int_{-\pi}^{\pi} x^2 \sin x \mathrm{d}x = $ _____．

（8）设 $f(x)$ 在 $[a,\ b]$ 上连续，则 $\dfrac{\mathrm{d}}{\mathrm{d}x} \left(\displaystyle\int_a^x f(t) \mathrm{d}t \right) = $ _____； $\dfrac{\mathrm{d}}{\mathrm{d}x} \left(\displaystyle\int_a^b f(t) \mathrm{d}t \right) = $ _____．

（9）广义积分 $\displaystyle\int_1^{+\infty} x^{-\frac{6}{5}} \mathrm{d}x = $ _____．

2．单项选择题．

（1）设函数 $f(x)$ 在 $[a,\ b]$ 上连续， $F(x) = \displaystyle\int_a^x f(t) \mathrm{d}t$ ，则有（　　）．

A. $F(x)$ 是 $f(x)$ 在 $[a, b]$ 上的一个原函数

B. $f(x)$ 是 $F(x)$ 在 $[a, b]$ 上的一个原函数

C. $F(x)$ 是 $f(x)$ 在 $[a, b]$ 上唯一的原函数

D. $f(x)$ 是 $F(x)$ 在 $[a, b]$ 上唯一的原函数

（2） $y = \int_0^x (t-1)^3(t-2)\mathrm{d}t$, 则 $\dfrac{\mathrm{d}y}{\mathrm{d}x}\Big|_{x=0}$ 等于（　　）.

A. 2 　　　　B. −2 　　　　C. −1 　　　　D. 1

（3） $\lim\limits_{x\to 0}\dfrac{\int_0^x \cos t^2 \mathrm{d}t}{x}$ 等于（　　）.

A. 1 　　　　B. −20 　　　　C. 1 　　　　D. ∞

（4）设 $\int_0^x f(t)\mathrm{d}t = a^{2x}$, 则 $f(x)$ 等于（　　）.

A. $2a^{2x}$ 　　　B. $a^{2x}\ln a$ 　　　C. $2xa^{2x-1}$ 　　　D. $2a^{2x}\ln a$

（5）下列结论正确的是（　　）.

A. $\mathrm{d}\int f(x)\,\mathrm{d}x = f(x)$ 　　　　B. $\dfrac{\mathrm{d}}{\mathrm{d}x}\int f(x)\mathrm{d}x = f(x)+C$

C. $\int_a^b f'(x)\,\mathrm{d}x = f(x)$ 　　　　D. $\int f'(x)\,\mathrm{d}x = f(x)+C$

（6）下列结论不正确的是（　　）.

A. $\left(\int_a^b f'(x)\mathrm{d}x\right)' = 0$ 　　　　B. $\left(\int f(x)\mathrm{d}x\right)' = f(x)$

C. $\int f'(x)\mathrm{d}x = f(x)+C$ 　　　　D. $\int f'(x)\,\mathrm{d}x = f(x)$

（7） $\dfrac{\mathrm{d}}{\mathrm{d}x}\int_a^b \sin x$ 等于（　　）.

A. $\sin b - \sin a$ 　　B. $\cos b - \cos a$ 　　C. $\cos a - \cos b$ 　　D. 0

（8）下列广义积分收敛的是（　　）.

A. $\int_1^{+\infty} 6\mathrm{d}x$ 　　B. $\int_1^{+\infty} x\mathrm{d}x$ 　　C. $\int_1^{+\infty}\dfrac{1}{x}\mathrm{d}x$ 　　D. $\int_1^{+\infty}\dfrac{1}{x^2}\mathrm{d}x$

3. 利用牛顿—莱布尼茨公式积分.

（1） $\int_{-1}^{1}(x-1)^3\,\mathrm{d}x$; 　　　　　　（2） $\int_0^5 |1-x|\,\mathrm{d}x$;

（3） $\int_{-2}^{2} x\sqrt{x^2}\,\mathrm{d}x$; 　　　　　　（4） $\int_1^{\sqrt{3}}\dfrac{1+2x^2}{x^2(1+x^2)}\,\mathrm{d}x$;

（5） $\int_0^{\pi}\sqrt{\sin x - \sin^3 x}\,\mathrm{d}x$; 　　（6） $\int_0^{\sqrt{\ln 2}} xe^{x^2}\,\mathrm{d}x$;

（7） $\int_e^{e^2}\dfrac{\ln^2 x}{x}\,\mathrm{d}x$; 　　　　　（8） $\int_{\frac{\pi^2}{4}}^{\frac{\pi^2}{4}}\dfrac{\cos\sqrt{x}}{\sqrt{x}}\,\mathrm{d}x$.

4．设函数 $f(x)$ 以 T 为周期，试证明 $\int_a^{a+T} f(x)\mathrm{d}x = \int_0^T f(x)\mathrm{d}x$ （ a 为常数）．

5．用分部积分法计算下列定积分．

（1） $\int_0^1 x^3 \mathrm{e}^{x^2} \mathrm{d}x$ ；

（2） $\int_{\frac{\pi}{4}}^{\frac{\pi}{3}} \dfrac{x}{\sin^2 x} \mathrm{d}x$ ；

（3） $\int_1^3 \ln x \mathrm{d}x$ ；

（4） $\int_0^{\frac{\pi}{2}} \mathrm{e}^x \cos x \mathrm{d}x$ ．

6．计算下列积分．

（1） $\int_{\frac{2}{\pi}}^{+\infty} \dfrac{1}{x^2} \sin \dfrac{1}{x} \mathrm{d}x$

（2） $\int_2^{+\infty} \dfrac{1-\ln x}{x^2} \mathrm{d}x$ ．

7．求由曲线 $y = \ln x$ ，直线 $x = \dfrac{1}{\mathrm{e}}$ 与 $x = \mathrm{e}$ 及 x 轴所围成的平面图形的面积．

知识结构图

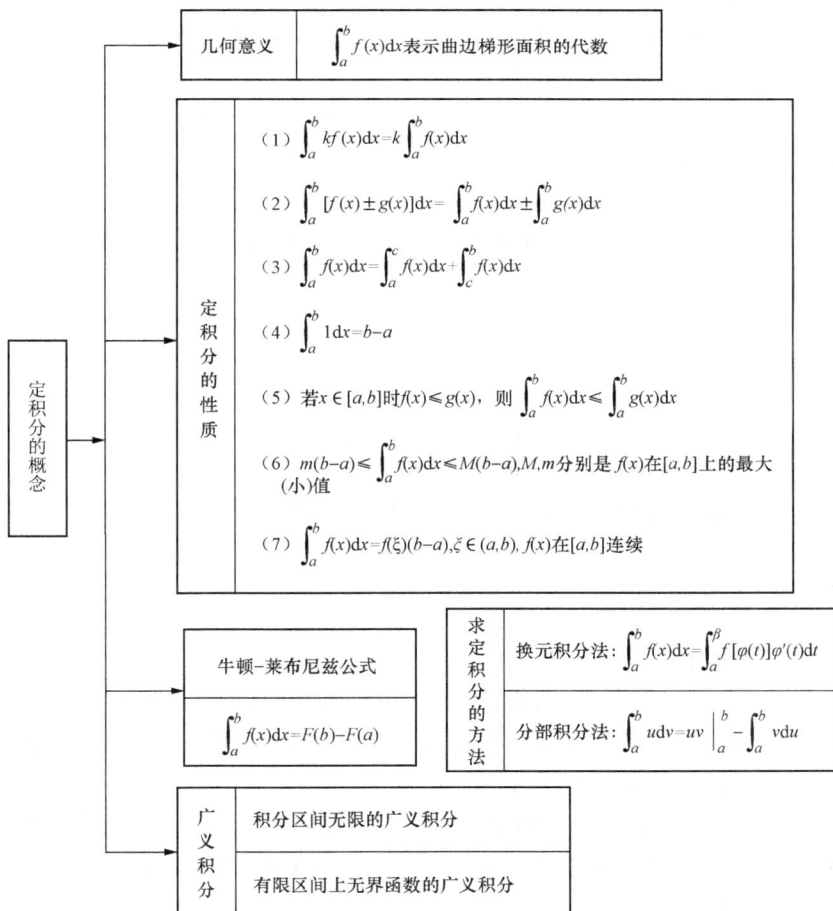

第 7 章 常 微 分 方 程

在实践中，经常需要根据问题提供条件寻求函数关系．可是在许多问题中，往往不能直接找出所研究的函数关系，而有时却可以列出所研究的函数及其导数之间的关系，这种关系式就是所谓的微分方程，微分方程建立后，再通过求解微分方程，可以得到所要找的未知函数．本章主要介绍微分方程的基本概念和几类常见的微分方程的解法．

7.1 微分方程的基本概念

问题提出

由电阻、电感串接而成的闭合电路如图 7-1 所示，其中电源电动势 $E = E_0 \sin \omega t$（E_0，ω 为常量），电阻 R 和电感 L 为常量，在开关 S 闭合时，求此电路中电流 i 与时间 t 的函数关系．

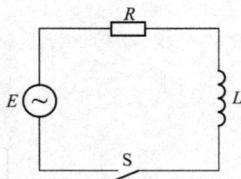

图 7-1

解法探究

由电学知识，电感 L 上的感应电动势为 $L\dfrac{\mathrm{d}i}{\mathrm{d}t}$，根据回路电压定律，有

$$E = Ri + L\frac{\mathrm{d}i}{\mathrm{d}t}$$

即

$$\frac{\mathrm{d}i}{\mathrm{d}t} + \frac{R}{L}i = \frac{E_0}{L}\sin \omega t$$

此方程中含有未知函数 i 的导数，这个方程称为微分方程．

必要知识

一、微分方程的概念

定义 1 含有未知函数的导数（或微分）的方程称为**微分方程**．

未知函数是一元函数的微分方程称为常微分方程．未知函数是多元函数的微分方程称为偏微分方程（本章只讨论常**微分方程**）．

定义 2 微分方程中出现的未知函数的导数的最高阶数，称为微分方程的**阶**．

例如，$y'' + 2y' + y = 1$ 是二阶微分方程，$(y')^2 + xy = 0$ 是一阶微分方程．

二、微分方程的解

定义 3 如果将一个函数代入微分方程后能使方程两端恒等，则称此函数为微分方程的解. 求微分方程解的过程称为**解微分方程**.

定义 4　如果微分方程的解中包含任意常数, 且独立的任意常数的个数与微分方程的阶数相同, 则称这样的解为微分方程的**通解**. 确定微分方程通解中的任意常数的取值的条件称为初始条件, 满足初始条件的解为微分方程的**特解**.

例如, $y = x^2 + C$ （ C 为任意常数）就是方程 $y' = 2x$ 的通解, 若求上述满足 $y\big|_{x=0} = 0$ 条件的方程的解, 将 $x = 0$ 时 $y = 0$ 代入, 可得 $C = 0$, 则 $y = x^2$ 是该方程的一个特解.

例 1　验证函数 $y = C_1 \mathrm{e}^{2x} + C_2 \mathrm{e}^{-2x}$ （ C_1 , C_2 为任意常数）是方程 $y'' - 4y = 0$ 的通解, 并求满足初始条件 $y\big|_{x=0} = 0$, $y'\big|_{x=0} = 1$ 的特解.

解　$y' = 2C_1 \mathrm{e}^{2x} - 2C_2 \mathrm{e}^{-2x}$, $y'' = 4C_1 \mathrm{e}^{2x} + 4C_2 \mathrm{e}^{-2x}$, 将 y , y'' 代入微分方程, 得

$$左边 = y'' - 4y = 4(C_1 \mathrm{e}^{2x} + C_2 \mathrm{e}^{-2x}) - 4(C_1 \mathrm{e}^{2x} + C_2 \mathrm{e}^{-2x}) = 0 = 右边$$

所以函数 $y = C_1 \mathrm{e}^{2x} + C_2 \mathrm{e}^{-2x}$ （ C_1 , C_2 为任意常数）是所给微分方程的解, 又因为 $\dfrac{\mathrm{e}^{2x}}{\mathrm{e}^{-2x}} = \mathrm{e}^{4x} \neq$ 常数, 所以解中含有两个独立的任意常数 C_1 , C_2 , 且任意常数的个数与方程的阶数相同, 所以它是该方程的通解.

将初始条件 $y\big|_{x=0} = 0$, $y'\big|_{x=0} = 1$ 分别代入 y 及 y' 中, 得

$$\begin{cases} C_1 + C_2 = 0 \\ 2C_1 - 2C_2 = 1 \end{cases}$$

解得 $C_1 = \dfrac{1}{4}$, $C_2 = -\dfrac{1}{4}$. 于是所求特解为 $y = \dfrac{1}{4}(\mathrm{e}^{2x} - \mathrm{e}^{-2x})$.

什么是独立的任意常数? 我们引入下面的概念.

定义 5（线性相关, 线性无关）　设函数 $y_1(x)$, $y_2(x)$ 是定义在区间 (a, b) 内的函数, 若存在两个不全为零的数 k_1 , k_2 , 使得对于 (a, b) 内的任一 x 恒有

$$k_1 y_1 + k_2 y_2 = 0$$

成立, 则称函数 y_1 , y_2 在 (a, b) 内线性相关, 否则称线性无关.

例如, e^x 与 e^{2x} 线性无关; e^x 与 $3\mathrm{e}^x$ 线性相关.

于是, 当 y_1 , y_2 线性无关时, 函数 $y = c_1 y_1 + c_2 y_2$ 中含有两个独立的任意常数 c_1 和 c_2 .

例 2　一平面曲线通过点 （1，2）, 且在该曲线上任一点 $M(x, y)$ 处的切线的斜率为 $2x$, 求此曲线方程.

解　设所求曲线方程为 $y = f(x)$, 根据导数的几何意义得

$$\frac{\mathrm{d}y}{\mathrm{d}x} = 2x$$

即

$$\mathrm{d}y = 2x\mathrm{d}x$$

两边积分, 得

$$y = \int 2x\mathrm{d}x = x^2 + C$$

因为曲线经过点 （1，2）, 所以 $y\big|_{x=1} = 2$, 将 $x = 1$ 时 $y = 2$ 代入上式, 得 $2 = 1^2 + C$, 即 $C = 1$. 于是所求曲线方程为 $y = x^2 + 1$.

习 题 7.1

1．指出下列方程中哪些是微分方程．若是，属于几阶微分方程？

（1）$2y' + y + 4x^2 = 0$；

（2）$y'' + x + 1 = y^2$；

（3）$(y')^2 + y = 0$；

（4）$2y^2 + x + 1 = 0$；

（5）$\dfrac{d^2 y}{dx^2} + \dfrac{dy}{dx} - 2y = e^x$；

（6）$x + 2y + \dfrac{dy}{dx} = 1$．

2．已知微分方程 $y' + y = x + \dfrac{1}{2}$，则下列函数是不是它的解？是通解还是特解？

（1）$y = \dfrac{x}{2}$；

（2）$y = Ce^{-2x} + \dfrac{x}{2}$；

（3）$y = Ce^{-x} + x - \dfrac{1}{2}$；

（4）$y = x - \dfrac{1}{2}$．

3．验证 $y = e^x(1 + 2x)$ 是否是微分方程 $\dfrac{d^2 y}{dx^2} - 2\dfrac{dy}{dx} + y = 0$ 的解．

4．验证下列函数是否为所给方程的解．

（1）$y = 5x^2$，$xy' = 2y$；

（2）$y = 3\sin x - 4\cos x$，$y'' + y = 0$；

（3）$y = 2\cos 2x - 5\sin 2x$，$y'' + 4y = 0$；

（4）$y = x^2 e^x$，$y'' - 2y' + y = 0$．

5．一曲线通过点（1，1）且在该曲线上任一点 $P(x, y)$ 处的切线斜率为该点横坐标的平方，求此曲线的方程．

6．一物体做直线运动，其运动速度为 $v = 2\cos t (\text{m/s})$，当 $t = \dfrac{\pi}{4} s$ 时，物体与原点 O 相距 10m，求物体在时刻 t 与原点 O 的距离 $s(t)$．

7.2　一阶微分方程

问题提出

在由电阻、电感串接而成的闭合电路图 7-1 中电源电动势 $E = E_0 \sin \omega t$（E_0，ω 为常量），电阻 R 和电感 L 为常量，在开关 S 闭合时，求此电路中电流 i 与时间 t 的函数关系．

解法探究

由电学知识，电感 L 上的感应电动势为 $L\dfrac{di}{dt}$，根据回路电压定律，有

$$E = Ri + L\frac{di}{dt}$$

即

$$\frac{di}{dt} + \frac{R}{L}i = \frac{E_0}{L}\sin \omega t$$

📚 **必要知识**

一、可分离变量的微分方程

形如 $\dfrac{\mathrm{d}y}{\mathrm{d}x} = f(x)g(y)$ 的方程，称为可分离变量的微分方程. 这类方程的特点是经过适当的变换，可将该方程化为一边只含 x 的函数，而另一边只含变量 y 的函数.

可分离变量的微分方程的求解步骤：

（1）分离变量： $\dfrac{\mathrm{d}y}{g(y)} = f(x)\bigl(g(y) \neq 0\bigr)$;

（2）两边积分： $\displaystyle\int \dfrac{\mathrm{d}y}{g(y)} = \int f(x)\mathrm{d}x$ ，最后简化求出通解.

例 1　求微分方程 $\dfrac{\mathrm{d}y}{\mathrm{d}x} = 2xy$ 的通解.

解　分离变量，得

$$\frac{\mathrm{d}y}{y} = 2x\mathrm{d}x$$

两边积分，得

$$\int \frac{\mathrm{d}y}{y} = \int 2x\mathrm{d}x$$

即

$$\ln|y| = x^2 + C_1$$

于是

$$|y| = \mathrm{e}^{x^2+C_1} = \mathrm{e}^{C_1}\mathrm{e}^{x^2}$$

即

$$y = \pm\, \mathrm{e}^{C_1}\mathrm{e}^{x^2} = C\mathrm{e}^{x^2} \quad (C = \pm \mathrm{e}^{C_1}\ \text{为任意常数})$$

因此，方程的通解为 $y = C\mathrm{e}^{x^2}$ （ C 为任意常数）.

例 2　求微分方程 $\cos x \sin y\mathrm{d}y = \cos y \sin x\mathrm{d}x$ 满足初始条件 $y\big|_{x=0} = \dfrac{\pi}{4}$ 的特解.

解　分离变量，得

$$\frac{\sin y}{\cos y}\mathrm{d}y = \frac{\sin x}{\cos x}\mathrm{d}x$$

两边积分，得

$$\int \frac{\sin y}{\cos y}\mathrm{d}y = \int \frac{\sin x}{\cos x}\mathrm{d}x$$

即

$$-\ln|\cos y| = -\ln|\cos x| - \ln C_1$$

所以

$$\ln|\cos y| - \ln|\cos x| = \ln C_1, \quad \text{即}\ \left|\frac{\cos y}{\cos x}\right| = C_1$$

因此方程的通解为

$$\cos y = C \cos x \qquad （C = \pm C_1）$$

将初始条件 $y\big|_{x=0} = \dfrac{\pi}{4}$ 代入上式，可得 $C = \dfrac{\sqrt{2}}{2}$．

因此，满足初始条件的方程的特解为 $\cos y = \dfrac{\sqrt{2}}{2} \cos x$．

例 3　求微分方程 $\mathrm{d}x + xy\mathrm{d}y = y^2\mathrm{d}x + y\mathrm{d}y$ 的通解．

解　方程可化为

$$y(x-1)\mathrm{d}y = (y^2-1)\mathrm{d}x$$

分离变量，得

$$\frac{y}{y^2-1}\mathrm{d}y = \frac{1}{x-1}\mathrm{d}x$$

两边积分，得

$$\int \frac{y}{y^2-1}\mathrm{d}y = \int \frac{1}{x-1}\mathrm{d}x$$

即

$$\frac{1}{2}\ln(y^2-1) = \ln(x-1) + \frac{1}{2}\ln C$$

所以

$$y^2 = C(x-1)^2 + 1$$

因此，方程的通解为 $y^2 = C(x-1)^2 + 1$．

二、一阶线性微分方程

形如

$$y' + P(x)y = Q(x) \tag{7-1}$$

的微分方程称为**一阶线性微分方程**，其中 $P(x)$，$Q(x)$ 为已知函数．

特别地，当 $Q(x) \equiv 0$ 时，称

$$y' + P(x)y = 0 \tag{7-2}$$

为一阶齐次线性微分方程；当 $Q(x) \neq 0$ 时，称方程（7-1）为一阶非齐次线性微分方程．通过分离变量的方法可以求得方程（7-2）的通解为

$$y = C\mathrm{e}^{-\int P(x)\mathrm{d}x}$$

当 $Q(x) \neq 0$ 时，可设想将 $y = C\mathrm{e}^{-\int P(x)\mathrm{d}x}$ 中常数 C 换成待定函数 $C(x)$ 后，它有可能是方程（7-1）的解．

设 $y = C(x)\mathrm{e}^{-\int P(x)\mathrm{d}x}$ 为非齐次线性微分方程（7-1）的解，代入方程（7-1）中，得

$$C'(x) = Q(x)\mathrm{e}^{\int P(x)\mathrm{d}x}$$

两边积分得 $C(x) = \int Q(x)\mathrm{e}^{\int P(x)\mathrm{d}x}\mathrm{d}x + C$，将 $C(x) = \int Q(x)\mathrm{e}^{\int P(x)\mathrm{d}x}\mathrm{d}x + C$ 代入 $y = C(x)\mathrm{e}^{-\int P(x)\mathrm{d}x}$，得

方程（7-1）的通解为

$$y = \mathrm{e}^{-\int P(x)\mathrm{d}x}\left[\int Q(x)\mathrm{e}^{\int P(x)\mathrm{d}x}\mathrm{d}x + C\right] \tag{7-3}$$

上述求解的方法称为常数变易法.

例 4　求微分方程 $y' + y = 3x$ 的通解.

解　$P(x) = 1$，$Q(x) = 3x$，由式（7-3）得原方程的通解为

$$y = \mathrm{e}^{-\int \mathrm{d}x}\left[\int \mathrm{e}^{\int \mathrm{d}x}\cdot 3x\mathrm{d}x + C\right] = \mathrm{e}^{-x}\left[\int \mathrm{e}^{x}\cdot 3x\mathrm{d}x + C\right]$$

$$= \mathrm{e}^{-x}\left[3x\mathrm{e}^{x} - 3\mathrm{e}^{x} + C\right] = 3(x-1) + C\mathrm{e}^{-x}$$

三、专业应用举例

例 5　设有一个由电阻 $R = 10\Omega$，电感 $L = 2\mathrm{H}$ 和电源电动势 $E = 20\sin 5t\mathrm{V}$ 串联组成的电路（图 7-2），开关 S 闭合后，电路中有电流通过，求电流 i 与时间 t 的函数关系.

解　根据电学知识，当电流 $i(t)$ 变化时，电阻 R 上的电压为 iR，电感 L 上的感应电动势为 $L\dfrac{\mathrm{d}i}{\mathrm{d}t}$. 根据回路电压定律，可列出方程

$$iR + L\frac{\mathrm{d}i}{\mathrm{d}t} = 20\sin 5t$$

即

$$\frac{\mathrm{d}i}{\mathrm{d}t} + \frac{R}{L}i = \frac{20}{L}\sin 5t$$

初始条件为 $i\big|_{t=0} = 0$. 将 $R = 10\Omega$，$L = 2\mathrm{H}$ 代入方程，得

$$\frac{\mathrm{d}i}{\mathrm{d}t} + 5i = 10\sin 5t$$

这是一个一阶非齐次线性微分方程，它的通解为

$$i(t) = \mathrm{e}^{-\int 5\mathrm{d}t}\left[\int 10\sin 5t\mathrm{e}^{\int 5\mathrm{d}t}\,\mathrm{d}t + C\right]$$

$$= \mathrm{e}^{-\int 5\mathrm{d}t}\left[\int 10\sin 5t\cdot \mathrm{e}^{5t}\,\mathrm{d}t + C\right]$$

$$= \mathrm{e}^{-5x}\left[(\sin 5t - \cos 5t)\mathrm{e}^{5t} + C\right]$$

将初始条件 $i\big|_{t=0} = 0$ 代入上式，得 $C = 1$. 于是所求电流为

$$i(t) = \mathrm{e}^{-5t} + \sin 5t - \cos 5t = \mathrm{e}^{-5t} + \sqrt{2}\sin\left(5t - \frac{\pi}{4}\right)$$

由上式可以看出，当接通电路后，随着 t 的增大，第一项趋于零，电路中的电流由第二项决定，这是一个周期与电源电动势周期相同的周期函数.

本节"问题提出"中的一阶线性微分方程 $\dfrac{\mathrm{d}i}{\mathrm{d}t} + \dfrac{R}{L}i = \dfrac{E_0}{L}\sin \omega t$ 可进行类似求解.

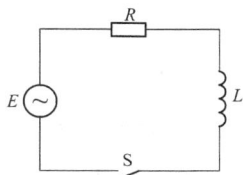

图 7-2

习 题 7.2

1．求下列微分方程的通解.

（1）$(1+e^x)y^2y' = e^x$；

（2）$xy' - y\ln y = 0$；

（3）$\dfrac{dy}{dx} = -\dfrac{y}{x}$；

（4）$\sqrt{y^2+1}dx = xydy$；

（5）$y\ln xdx + x\ln ydy = 0$；

（6）$x(y^2-1)dx + y(x^2-1)dy = 0$.

2．求下列微分方程满足初始条件的特解.

（1）$y' = e^{x-y}$，$y|_{x=0} = 2$；

（2）$\dfrac{dy}{dx} = \dfrac{x}{y}$，$y|_{x=4} = 0$；

（3）$\dfrac{dy}{dx} + 3y = 8$，$y|_{x=0} = 2$；

（4）$y' - 2y = e^x - x$，$y|_{x=0} = \dfrac{5}{4}$.

3．如图 7-3 所示为一个由电阻 R，电容 C 及直流电源 E 串联而成的电路. 当开关 S 闭合时，电路中有电流 i 通过，电容器逐渐充电，电容器的电压 U_C 逐渐升高，求电容器上电压 U_C 随时间 t 变化的规律.（提示：由电学知识可知，$U_C = \dfrac{Q}{C}$，于是有 $i = \dfrac{dQ}{dt}$，在利用回路定律 $E = U_C + Ri$）

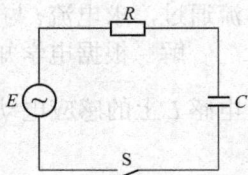

图 7-3

7.3　二阶常系数线性微分方程

问题提出

一个 RLC 电路由电阻 $R = 180\Omega$，电容 $C = \dfrac{1}{280}F$，电感 $L = 20H$，电源电动势 $E(t) = 10\sin t$ V 构成. 假定在初始时刻 $t = 0$，电容上没有电量，电流是 1A，求任意时刻电容上的电量.

解法探究

根据电学知识，$U_R + U_L + U_C = E$，即

$$Ri + L\frac{di}{dt} + \frac{Q}{C} = E$$

又 $i = \dfrac{dQ}{dt}$，$\dfrac{di}{dt} = \dfrac{d^2Q}{dt^2}$，将此代入上式化简得

$$\frac{d^2Q}{dt^2} + \frac{R}{L}\frac{dQ}{dt} + \frac{1}{LC}Q = \frac{E}{L}$$

即

$$\frac{\mathrm{d}^2 Q}{\mathrm{d}t^2} + 9\frac{\mathrm{d}Q}{\mathrm{d}t} + 14Q = \frac{1}{2}\sin t$$

初始条件为

$$Q\big|_{t=0} = 0, \frac{\mathrm{d}Q}{\mathrm{d}t}\bigg|_{t=0} = 1$$

上述方程是二阶微分方程，那么要解决 RLC 电路中任意时刻电容上的电量问题，须研究该类二阶微分方程的求解方法.

必要知识

形如 $y'' + py' + qy = f(x)$ 的方程称为二阶常系数线性微分方程，其中 p，q 为已知常数，$f(x)$ 称为自由项.

当 $f(x) = 0$ 时，$y'' + py' + qy = 0$ 称为二阶常系数线性齐次微分方程；

当 $f(x) \neq 0$ 时，$y'' + py' + qy = f(x)$ 称为二阶常系数线性非齐次微分方程.

一、二阶常系数线性微分方程解的结构

定理 1　如果函数 y_1，y_2 是二阶常系数线性齐次微分方程 $y'' + py' + qy = 0$ 的解，则函数 $y = C_1 y_1 + C_2 y_2$ 仍是它的**解**.

定理 2　如果函数 y_1，y_2 是二阶常系数线性齐次微分方程 $y'' + py' + qy = 0$ 的两个线性无关的特解，则函数 $y = C_1 y_1 + C_2 y_2$ 是齐次方程 $y'' + py' + qy = 0$ 的**通解**.

定理 3　设 y_p 是方程 $y'' + py' + qy = f(x)$ 的特解，$y_c = C_1 y_1 + C_2 y_2$ 是相应的齐次方程 $y'' + py' + qy = 0$ 的通解，则 $y = y_c + y_p$ 是方程 $y'' + py' + qy = f(x)$ 的**通解**.

二、二阶常系数齐次线性微分方程的求解方法

由定理 2 可知，求方程 $y'' + py' + qy = 0$ 的通解，只需求出它的两个线性无关的特解即可. 为此，先分析二阶常系数线性齐次微分方程 $y'' + py' + qy = 0$ 具有的特点，可以看出 y，y'，y'' 必须是同类型函数，才有可能使方程右端为零，这很容易让人想到指数函数 $y = \mathrm{e}^{rx}$（r 为待定常数）有可能是方程 $y'' + py' + qy = 0$ 的解.

事实上，将 $y = \mathrm{e}^{rx}$，$y' = r\mathrm{e}^{rx}$，$y'' = r^2 \mathrm{e}^{rx}$ 代入方程 $y'' + py' + qy = 0$，得 $\mathrm{e}^{rx}(r^2 + pr + q) = 0$. 因为 $\mathrm{e}^{rx} \neq 0$，所以 $r^2 + pr + q = 0$.

由此可见，函数 $y = \mathrm{e}^{rx}$ 为方程 $y'' + py' + qy = 0$ 的解的充要条件是：r 是方程 $r^2 + pr + q = 0$ 的根.

代数方程 $r^2 + pr + q = 0$ 称为微分方程 $y'' + py' + qy = 0$ 的**特征方程**，特征方程的两个根 r_1，r_2 称为**特征根**.

下面就特征方程 $r^2 + pr + q = 0$ 的不同特征根，讨论齐次方程 $y'' + py' + qy = 0$ 的解.

（1）当特征方程 $r^2 + pr + q = 0$ 有两个不同的实根 r_1 和 r_2 时，方程 $y'' + py' + qy = 0$ 有两个线性无关的解 $y = \mathrm{e}^{r_1 x}$ 和 $y = \mathrm{e}^{r_2 x}$. 此时，方程 $y'' + py' + qy = 0$ 有通解

$$y = C_1 \mathrm{e}^{r_1 x} + C_2 \mathrm{e}^{r_2 x}$$

（2）当特征方程 $r^2 + pr + q = 0$ 有两个相同的实根时，即 $r_1 = r_2 = r$，方程 $y'' + py' + qy = 0$ 只有一个解 $y_1 = \mathrm{e}^{rx}$，可以证明 $y_2 = x\mathrm{e}^{rx}$ 是方程 $y'' + py' + qy = 0$ 的另一个特解，且 y_1，y_2 线性

无关，所以此时方程 $y'' + py' + qy = 0$ 有通解

$$y = (C_1 + C_2 x)e^{rx}$$

（3）当特征方程 $r^2 + pr + q = 0$ 有一对共轭复根时，即 $r = \alpha \pm i\beta$（其中，α，β 均为实常数且 $\beta \neq 0$），可以证明 $y_1 = e^{\alpha x} \cos \beta x$，$y_2 = e^{\alpha x} \sin \beta x$ 是方程 $y'' + py' + qy = 0$ 的两个线性无关的特解，所以，此时方程 $y'' + py' + qy = 0$ 有通解为

$$y = e^{\alpha x}(C_1 \cos \beta x + C_2 \sin \beta x)$$

根据上述讨论，求二阶常系数线性齐次微分方程的通解的步骤可归纳如下：

① 写出微分方程的特征方程 $r^2 + pr + q = 0$，并求出特征根；

② 根据特征根的不同情况，方程 $y'' + py' + qy = 0$ 的通解如表 7-1 所示.

表 7-1

特征根的情况	方程 $y'' + py' + qy = 0$ 的通解形式
两个不等实根（$r_1 \neq r_2$）	$y = C_1 e^{r_1 x} + C_2 e^{r_2 x}$
两个相等实根（$r_1 = r_2 = r$）	$y = (C_1 + C_2 x)e^{rx}$
一对共轭复根 $[r = \alpha \pm i\beta(\beta > 0)]$	$y = e^{\alpha x}(C_1 \cos \beta x + C_2 \sin \beta x)$

例 1　求微分方程 $y'' - 2y' - 3y = 0$ 的通解.

解　微分方程的特征方程为

$$r^2 - 2r - 3 = 0$$

特征根为

$$r_1 = -1，r_2 = 3$$

所以微分方程的通解为

$$y = C_1 e^{-x} + C_2 e^{3x} \quad （C_1，C_2 为任意常数）$$

例 2　求微分方程 $y'' - 4y' + 4y = 0$ 的通解.

解　微分方程的特征方程为

$$r^2 - 4r + 4 = 0$$

特征根为

$$r_1 = r_2 = 2$$

所以微分方程的通解为

$$y = (C_1 + C_2 x)e^{2x} \quad （C_1，C_2 为任意常数）$$

例 3　求微分方程 $y'' - 4y' + 13y = 0$ 的通解.

解　微分方程的特征方程为

$$r^2 - 4r + 13 = 0$$

特征根为

$$r = 2 \pm 3i$$

所以微分方程的通解为

$$y = e^{2x}(C_1 \cos 3x + C_2 \sin 3x) \quad （C_1，C_2 为任意常数）$$

例 4 求微分方程 $y'' + 4y = 0$ 的通解.

解 微分方程的特征方程为 $r^2 + 4 = 0$，特征根为 $r = \pm 2i$，所以微分方程的通解为
$$y = C_1 \cos 2x + C_2 \sin 2x \quad (C_1, C_2 \text{ 为任意常数})$$

三、二阶常系数非齐次线性微分方程的求解方法

由定理 3 可知，求非齐次线性微分方程 $y'' + py' + qy = f(x)$ 的通解，可先求其对应的齐次线性微分方程 $y'' + py' + qy = 0$ 的通解，再设法求出非齐次线性微分方程 $y'' + py' + qy = f(x)$ 的某个特解，两者之和就是 $y'' + py' + qy = f(x)$ 的通解.

如何求方程 $y'' + py' + qy = f(x)$ 的特解？显然，方程的特解与方程右端的函数 $f(x)$ 类型有关，以下就常见的三种函数类型加以讨论.

1. $f(x) = p_m(x)$ 型

$f(x)$ 是多项式函数. 微分方程为 $y'' + py' + qy = p_m(x)$.

因为一个多项式的导数仍是多项式，而且次数比原来降低一次，因此，当 $q \neq 0$ 时，非齐次方程的特解 y_p 仍是一个 m 次多项式，记为 $Q_m(x)$；当 $q = 0$ 而 $p \neq 0$ 时，y_p' 仍是一个 m 次多项式. 也就是说，y_p 应是一个 $m+1$ 次多项式 $Q_{m+1}(x)$. 下面通过例题具体说明非齐次方程的特解 y_p 的求法.

例 5 求微分方程 $y'' + y = 2x^2 - 3$ 的一个特解.

解 因为这时 $p_m(x) = 2x^2 - 3$ 是一个二次多项式，而且 $q = 1 \neq 0$，则该方程的特解也是一个二次多项式. 因此，设
$$y_p = Ax^2 + Bx + C$$

其中 A，B，C 为待定系数. 为求得这三个系数，将 y_p 求导，得
$$y_p' = 2Ax + B, \quad y_p'' = 2A$$

把它们代入原方程，得
$$2A + Ax^2 + Bx + C = 2x^2 - 3$$

即
$$Ax^2 + Bx + (2A + C) = 2x^2 - 3$$

上式是一个恒等式，所以两边的同次项系数必须相等，即
$$\begin{cases} A = 2 \\ B = 0 \\ 2A + C = -3 \end{cases}$$

解此方程组，得 $A = 2$，$B = 0$，$C = -7$. 于是，得到所求方程的一个特解为
$$y_p = 2x^2 - 7$$

例 6 求微分方程 $y'' - 2y' = 3x + 1$ 的通解.

解 微分方程的特征方程为 $r^2 - 2r = 0$，特征根为 $r_1 = 2$，$r_2 = 0$，对应的齐次方程的通解为

$$y_c = C_1 e^{2x} + C_2$$

因为原方程中 $p_m(x) = 3x + 1$ 是一个一次多项式，而且 $q = 0$，$p = -2 \neq 0$，所以特解应是一个二次多项式. 因此，设

$$y_p = Ax^2 + Bx + C$$

代入原方程，得

$$2A - 2(2Ax + B) = 3x + 1$$

即

$$-4Ax + (2A - 2B) = 3x + 1$$

比较两边的系数，得

$$\begin{cases} -4A = 3 \\ 2A - 2B = 1 \end{cases}$$

解得 $A = -\dfrac{3}{4}$，$B = -\dfrac{5}{4}$. 这里 C 的值可以任意选取，为简单起见，可取 $C = 0$. 因此，得到

原方程的一个特解为 $y_p = -\dfrac{3}{4}x^2 - \dfrac{5}{4}x$.

故原方程的通解为

$$y = C_1 e^{2x} + C_2 - \frac{3}{4}x^2 - \frac{5}{4}x.$$

2. $f(x) = p_m(x) e^{\lambda x}$ 型

$f(x)$ 是多项式函数和指数函数乘积的情形，$f(x) = p_m(x) e^{\lambda x}$，其中 λ 是常数，$p_m(x)$ 是 m 次多项式. 微分方程为

$$y'' + py' + qy = p_m(x) e^{\lambda x}$$

由于多项式函数和指数函数乘积求导以后仍是同一类型的函数（p，q 是常数），所以特解 y_p 也是这一类函数. 不妨设 $y_p = Q(x) e^{\lambda x}$，仍用待定系数法可以推导得到方程 $y'' + py' + qy = p_m(x) e^{\lambda x}$ 具有以下特解形式：

$$y_p = x^k Q_m(x) e^{\lambda x} = \begin{cases} Q_m(x) e^{\lambda x}, & \lambda \text{不是特征根，} k = 0 \\ x Q_m(x) e^{\lambda x}, & \lambda \text{是特征单根，} k = 1 \\ x^2 Q_m(x) e^{\lambda x}, & \lambda \text{是特征重根，} k = 2 \end{cases}$$

例 7　求微分方程 $y'' - 4y' + 3y = -2e^x$ 的通解.

解　微分方程的特征方程为 $r^2 - 4r + 3 = 0$，特征根为 $r_1 = 1$，$r_2 = 3$，对应的齐次方程的通解为

$$y_c = C_1 e^x + C_2 e^{3x}$$

$f(x) = -2e^x$，$P_m(x) = -2$，$\lambda = 1$ 是特征单根，所以可设特解 $y_p = Axe^x$. 将 $y_p' = (A + Ax)e^x$，$y_p'' = (2A + Ax)e^x$ 代入原方程

$$(2A + Ax)e^x - 4(A + Ax)e^x + 3Axe^x = -2e^x$$

得 $A = 1$．所以方程的特解为 $y_p = xe^x$，所求方程的通解为 $y = C_1e^x + C_2e^{3x} + xe^x$．

四、专业应用举例

例 8　在如图 7-4 所示的电路中，先将开关拨向 A，使电容充电，当达到稳定状态后在将开关拨向 B．设开关拨向 B 的时间 $t = 0$，求 $t > 0$ 时回路中的电流 $i(t)$．已知 $E = 20\,\text{V}$，$C = 0.5\,\text{F}$，$L = 1.6\,\text{H}$，$R = 4.8\,\Omega$，且

$$i\big|_{t=0} = 0, \quad \frac{\text{d}i}{\text{d}t}\bigg|_{t=0} = \frac{25}{2}$$

解　在 RLC 电路中各元件的电压降分别为

$$u_R = Ri$$

$$u_C = \frac{1}{C}Q \ ,$$

$$u_L = -E_L = L\frac{\text{d}i}{\text{d}t} \ ,$$

图 7-4

根据回路电压定律，得

$$u_L + u_R + u_C = 0$$

将上述各式代入，得

$$L\frac{\text{d}i}{\text{d}t} + Ri + \frac{1}{C}Q = 0$$

上式两边对 t 求导，因为 $\dfrac{\text{d}Q}{\text{d}t} = i$，因此得

$$L\frac{\text{d}^2i}{\text{d}t^2} + R\frac{\text{d}i}{\text{d}t} + \frac{1}{C}i = 0$$

即

$$\frac{\text{d}^2i}{\text{d}t^2} + \frac{R}{L}\frac{\text{d}i}{\text{d}t} + \frac{1}{LC}i = 0$$

将 $R = 4.8$，$L = 1.6$，$C = 0.5$ 代入，得

$$\frac{\text{d}^2i}{\text{d}t^2} + 3\frac{\text{d}i}{\text{d}t} + \frac{4}{5}i = 0$$

故此微分方程的特征方程为

$$r^2 + 3r + \frac{4}{5} = 0$$

特征根为 $r_1 = -\dfrac{5}{2}$，　$r_2 = -\dfrac{1}{2}$．所以此方程的通解为

$$i = C_1e^{-\frac{5}{2}t} + C_2e^{-\frac{1}{2}t}$$

为求满足初值条件的特解，求导数得

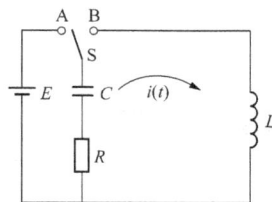

$$i' = -\frac{5}{2}C_1 e^{-\frac{5}{2}t} - \frac{1}{2}C_2 e^{-\frac{1}{2}t}$$

将初值条件 $i\big|_{t=0} = 0$ 及 $\dfrac{\mathrm{d}i}{\mathrm{d}t}\bigg|_{t=0} = \dfrac{25}{2}$ 代入，得

$$\begin{cases} C_1 + C_2 = 0 \\ \dfrac{5}{2}C_1 + \dfrac{1}{2}C_2 = -\dfrac{25}{2} \end{cases}$$

解得 $C_1 = -\dfrac{25}{4}$，$C_2 = \dfrac{25}{4}$. 因此得回路电流为

$$i = -\frac{25}{4}e^{-\frac{5}{2}t} + \frac{25}{4}e^{-\frac{1}{2}t}$$

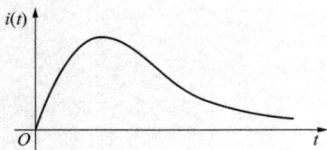

图 7-5

图 7-5 为电流 i 的图像. 由图 7-5 知，知当开关 S 拨向 B 后，这回路中的电流 i，先由 0 开始逐渐增大，达到最大值后又逐渐趋向于零.

例 9　变压器副边空载，把原边接入电源称空载投入（或称空载合闸），试分析空载合闸时铁心中主磁通的表达式.

解　变压器空载稳态运行时，空载电流只占额定电流的 2%~10%. 而空载投入时，可能出现较大的电流，需经过一个短暂的过渡过程，才能恢复到正常的空载电流值，在过渡过程中出现的空载投入电流称为励磁涌流. 空载投入时的励磁涌流现象，是与铁心中磁场的建立过程密切联系在一起的，是由于铁心过度饱和引起的. 空载投入示意图如图 7-6 所示，由基尔霍夫电压定律可列出变压器原边投入电源时的微分方程式为

$$u_1 = \sqrt{2}U_1 \sin(\omega t + \alpha) = i_0 r_1 + N_1 \frac{\mathrm{d}\phi}{\mathrm{d}t}$$

式中，U_1 ——电源电压有效值；

$\quad\ \alpha$ ——电源电压的初相角；

$\quad\ r_1$ ——原绕组电阻；

$\quad\ N_1$ ——原绕组匝数；

$\quad\ \phi$ ——原绕组交链的总磁通；

$\quad\ i_0$ ——空载投入时的电流.

由于铁心具有磁饱和特性，i_0 与 ϕ 之间为非线性关系，为简化求解，可假设铁心不饱和且无剩磁，并忽略较小的 r_1，此时上式可简化为

$$N_1 \frac{\mathrm{d}\phi}{\mathrm{d}t} = \sqrt{2}U_1 \sin(\omega t + \alpha)$$

即

$$\mathrm{d}\phi = \frac{1}{N_1}\sqrt{2}U_1 \sin(\omega t + \alpha)\mathrm{d}t$$

解得

$$\phi = -\frac{\sqrt{2}U_1}{\omega N_1}\cos(\omega t + \alpha) + C = -\phi_{\mathrm{m}}\cos(\omega t + \alpha) + C$$

式中，C ——积分常数，由初始条件决定；

ϕ_{m} ——稳态磁通最大值，$\phi_{\mathrm{m}} = \dfrac{\sqrt{2}U_1}{\omega N_1}$.

因设铁心无剩磁，故 $t = 0$ 时 $\phi = 0$，代入上式，得积分常数 $C = \phi_{\mathrm{m}} \cos \alpha$，于是解得铁心中的磁通为

$$\phi = -\phi_{\mathrm{m}} \cos(\omega t + \alpha) + \phi_{\mathrm{m}} \cos \alpha$$

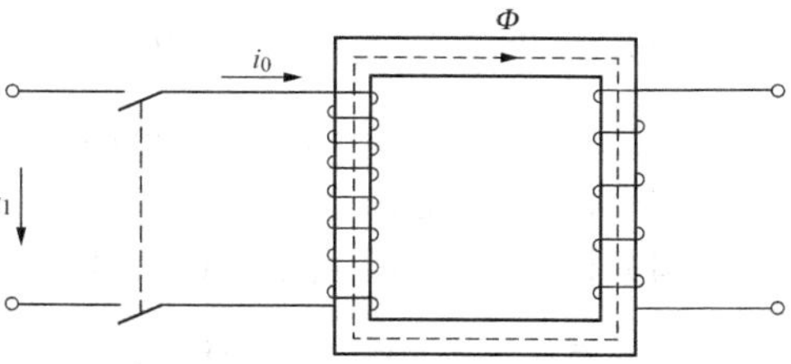

图 7-6

习 题 7.3

1．求下列微分方程的形式特解（不必计算）.

（1）$y'' + 3y' + 2y = x\mathrm{e}^{-x}$，$y_{\mathrm{p}}$ _____ .

（2）$y'' - 2y' + y = \mathrm{e}^x$，$y_{\mathrm{p}} =$ _____ .

2．求下列微分方程的通解.

（1）$y'' + y' - 2y = 0$;   （2）$y'' + 2y' = 0$;   （3）$y'' + 2y' - y = -2x + 5$.

3．求下列微分方程的通解.

（1）$y'' + y' = x + 1$;   （2）$y'' + 3y' - 4y = 5\mathrm{e}^x$;   （3）$y'' + 4y' + 4y = x\mathrm{e}^{2x}$.

4．求下列微分方程满足初始条件的特解.

$y'' - 4y' + 3y = 0$，$y(0) = 6, y'(0) = 10$.

复 习 题 七

1．填空题.

（1）微分方程 $\dfrac{\mathrm{d}^2 y}{\mathrm{d}x^2} + \left(\dfrac{\mathrm{d}y}{\mathrm{d}x}\right)^3 + 2x = 0$ 的阶数是 _____ .

（2）微分方程 $\dfrac{\mathrm{d}^3 y}{\mathrm{d}x^3} + \mathrm{e}^x \left(\dfrac{\mathrm{d}y}{\mathrm{d}x}\right)^2 + \mathrm{e}^{2x} = 1$ 的通解中应包含的任意常数的个数为 _____ .

（3）求 $y'' + 4y' = x^2 + 1$ 的特解时，应令 $y_{\mathrm{c}} =$ _____ .

（4）按方程 $x^2 \mathrm{d}y + (2xy - x^2)\mathrm{d}x = 0$ 的特点，此方程为 _____ .

（5）按方程 $y'' + 4y' - 7y = \sin x$ 的特点，此方程为 _____ .

2．单项选择题.

（1）微分方程 $y'' = x^2$ 的解是（ ）.

    A．$y = \dfrac{1}{x}$ B．$y = \dfrac{x^3}{3} + C$ C．$y = \dfrac{x^4}{12}$ D．$y = \dfrac{x^4}{6}$

（2）微分方程 $x\mathrm{d}y + (x + y)\mathrm{d}x = 0$ 的通解是（ ）.

    A．$y = \dfrac{2C - x^2}{2x}$ B．$y = -\dfrac{x}{2} + C$ C．$y = \dfrac{x}{2} + C$ D．$y = \dfrac{C + x^2}{2x}$

（3）微分方程 $\dfrac{\mathrm{d}^2 x}{\mathrm{d}t^2} + \omega^2 x = 0$ 的通解是（　　　）.

A. $x = C_1 \cos \omega t + C_2 \sin \omega t$　　　　B. $x = \cos \omega t$

C. $x = \sin \omega t$　　　　　　　　　　D. $x = \cos \omega t + \sin \omega t$

（4）微分方程 $y'' - 2y' + y = 0$ 的解是（　　　）.

A. $y = x^2 \mathrm{e}^x$　　B. $y = \mathrm{e}^x$　　C. $y = x\mathrm{e}^x$　　D. $y = \mathrm{e}^{-x}$

（5）微分方程 $2y'\sqrt{x} = y$，$y|_{x=4} = 1$ 的特解是（　　　）.

A. $x^2 + y^2 = C$　　B. $y + x = C$　　C. $y = x + 1$　　D. $y = \mathrm{e}^{\sqrt{x}-2}$

3. 验证下面的函数是否均为 $\dfrac{\mathrm{d}^2 y}{\mathrm{d}x^2} + \omega^2 y = 0$ 的解（ω 是常数）.

（1）$y = \cos \omega x$；

（2）$y = C_1 \sin \omega x$　（C_1 是任意常数）；

（3）$y = A \sin(\omega x + B)$　（A，B 是任意常数）.

4. 给定一阶微分方程 $\dfrac{\mathrm{d}y}{\mathrm{d}x} = 3x$.

（1）求它的通解；

（2）求过点（2，5）的特解；

（3）求出与直线 $y = 2x-1$ 相切的曲线方程.

5. 物体在空气中的冷却速度与物体和外界的温差成正比，如果物体在 20min 内由 100℃ 冷至 60℃，那么在多长时间内这个物体的温度达到 30℃（假设空气温度为 20℃）？

6. 试求以原点为圆心，R 为半径的圆所满足的微分方程.

7. 求微分方程 $\dfrac{\mathrm{d}y}{\mathrm{d}x} = \mathrm{e}^x$ 满足初始条件 $y(0) = 2$ 的解.

8. 一曲线上各点切线的斜率等于该点横坐标之积，且知该曲线过点（0，1），试写出该曲线所满足的微分方程和初始条件.

9. 求下列各微分方程的通解.

（1）$3x^2 + 5x - 5y' = 0$；　　（2）$y' = \dfrac{\cos x}{3y^2 + \mathrm{e}^y}$；　　　（3）$xy' = y \ln y$；

（4）$x^2 y' = (x-1)y$；　　（5）$y' = 10^{x+y}$；　　　（6）$1 + y' = \mathrm{e}^y$.

10. 求下列各微分方程满足初始条件的特解.

（1）$y'\sin x = y \ln y$，$y\left(\dfrac{\pi}{2}\right) = \mathrm{e}$；　　（2）$y' = \mathrm{e}^{2x-y}$，$y(0) = 0$；

（3）$xy' + y = y^2$，$y(1) = 0.5$；　　（4）$\dfrac{\mathrm{d}r}{\mathrm{d}\theta} = r$，$r(0) = 2$.

11. 一电动机运转后每秒温度升高 10℃，设室内温度恒为 15℃，电动机温度升高后，冷却速度和电动机与室内的温差成正比，求电动机温度与时间的函数关系.

12. 求下列方程的通解.

（1）$y' + y = \mathrm{e}^{-x}$；　　　　　　（2）$y'\cos x + y \sin x = 1$.

13．求下列初值问题的解．

（1） $y' + \dfrac{1-2x}{x^2} y = 1$，$y(1) = 0$；   （2） $y' - y = 2xe^{2x}$，$y(0) = 1$.

14．求一曲线，使其每点处的切线斜率为 $2x + y$，且通过点（0，0）．

15．求所给微分方程的通解．

（1） $y'' - 9y = 0$；   （2） $y'' - 4y' = 0$；

（3） $y'' + 4y' + 13y = 0$；   （4） $y''' + y' = 0$．

16．求下列各微分方程满足初始条件的特解．

（1） $y'' + 2y' + 3y = 0$，$y(0) = 1$，$y'(0) = 1$；

（2） $4y'' + 4y' + y = 0$，$y(0) = 2$，$y'(0) = 0$.

17．求下列方程的通解．

（1） $y'' - 4y = 2x + 1$；   （2） $y'' - 5y' + 4y = 3 - 2x$；   （3） $2y'' + y' - y = 2e^x$．

知识结构图

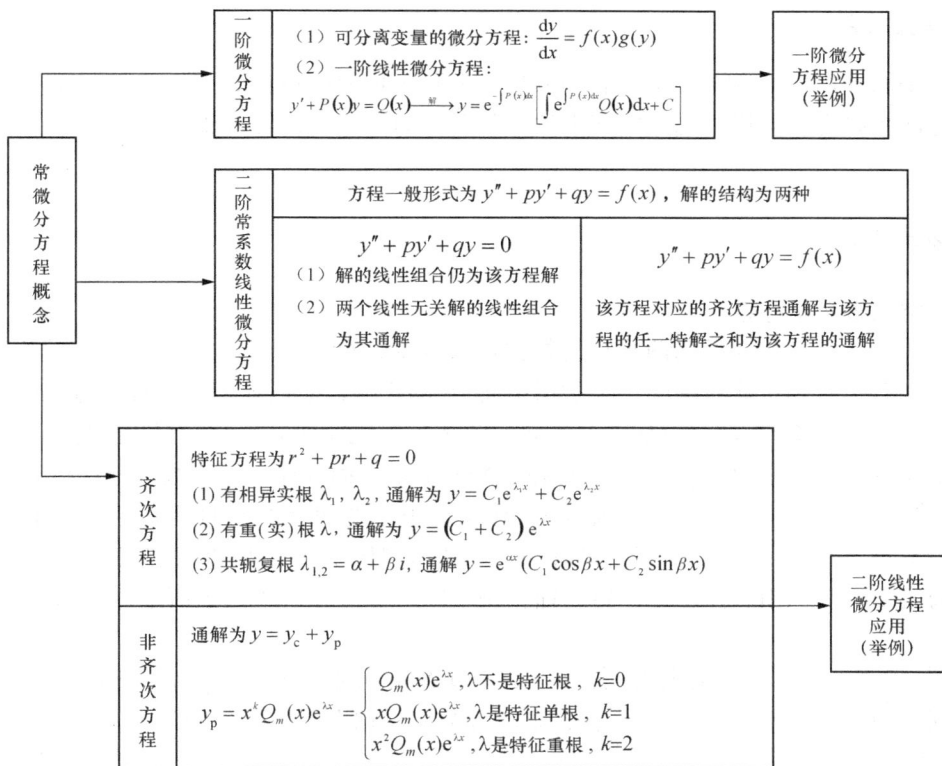

第 8 章　向量与空间解析几何

向量是解决工程技术问题的重要工具，空间直角坐标系是研究向量和多元函数微积分的基础，本章在建立空间直角坐标系的基础上研究向量的概念及运算，并以向量为工具讨论空间平面和直线的方程，进而介绍常见的曲面及其方程．

8.1　空间向量及其坐标表示

问题提出

怎样确定空间内的点、线、面的位置？如何研究它们之间的位置关系？

解法探究

确定平面上点、线间的位置关系，可通过建立平面直角坐标系，用二元有序数对来定位，用代数方法来研究．同样，确定空间内的点与图形的位置，也可以通过建立空间直角坐标系来实现．

必要知识

一、空间直角坐标系

过空间一定点 O 作 3 条两两垂直的数轴 Ox、Oy、Oz（一般取相同的长度单位），各轴的正向遵守右手法则；让右手的 4 个手指指向 Ox 的正向，然后让四指沿握拳方向转向 Oy 轴的正向，大拇指所指的方向为 Oz 轴的正向（图 8-1），这就建立了空间直角坐标系 $O-xyz$．

在空间直角坐标系 $O-xyz$ 中，点 O 称为坐标原点，简称原点；三数轴分别称为 x 轴（横轴）、y 轴（纵轴）、z 轴（竖轴），统称为坐标轴；由任意两条坐标轴所确定的平面称为坐标面，共有 xOy、yOz、zOx 3 个坐标面；3 个坐标面把空间分隔成 8 个部分，每个部分依次分别称为第 Ⅰ、Ⅱ、Ⅲ、Ⅳ、Ⅴ、Ⅵ、Ⅶ、Ⅷ 象限，其位置如图 8-2 所示，坐标面不属于任何象限．

如图 8-3 所示，设 M 为空间的任意一点，过点 M 分别作 x 轴、y 轴、z 轴垂直的平面，交点分别记为 P、Q 和 R，这 3 个点在 x 轴、y 轴、z 轴上的坐标分别为 x，y，z，则空间的点 M 唯一确定了一个三元有序实数组 (x, y, z)．反之，给定一个三元有序实数组 (x, y, z)，若依次在 x 轴、y 轴和 z 轴上取坐标为 x，y，z 的点 P，Q 和 R，过此三点分别作垂直于 x 轴，y 轴和 z 轴的平面，这 3 个平面相交于空间唯一的一点 M．这样借助于空间直角坐标系，就建立了空间的点 M 与有序实数组 (x, y, z) 的一一对应关系．(x, y, z) 称为点 M 的坐标，记作 $M(x, y, z)$．其中 x，y，z 分别称为点 M 的横坐标、纵坐标和竖坐标.

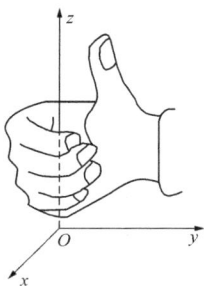

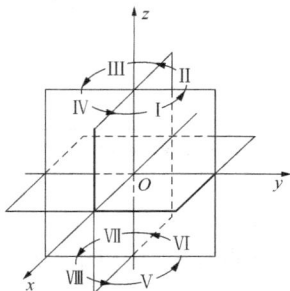

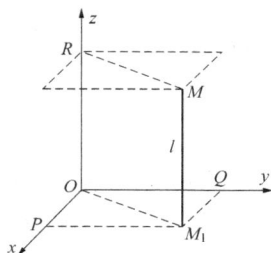

图 8-1　　　　　　　　　　　图 8-2　　　　　　　　　　　图 8-3

空间直角坐标系中的 8 个象限、坐标轴、坐标面上点的坐标特征如表 8-1 所示.

表 8-1

各象限内点的坐标符号	特殊点及坐标
I　$(+, +, +)$	x 轴上的点 $(x, 0, 0)$
II　$(-, +, +)$	y 轴上的点 $(0, y, 0)$
III　$(-, -, +)$	z 轴上的点 $(0, 0, z)$
IV　$(+, -, +)$	xOy 面上的点 $(x, y, 0)$
V　$(+, +, -)$	yOz 面上的点 $(0, y, z)$
VI　$(-, +, -)$	zOx 面上的点 $(x, 0, z)$
VII　$(-, -, -)$	
VIII　$(+, -, -)$	

二、向量的概念

在自然科学和工程技术中经常遇到既有大小又有方向的量，如力、速度、位移等，这种既有大小又有方向的量称为向量（矢量）. 数学上经常用有向线段表示向量，如以 A 为起点，B 为终点的向量记作 $\overrightarrow{AB}$，也可用标上箭头的字母表示向量，如 $\vec{a}$，$\vec{b}$（或者黑体小写字母，为方便教学，本书中向量用带箭头的字母表示）.

向量的大小（长度）称为向量的模，记作 $|\overrightarrow{AB}|$ 或 $|\vec{a}|$.

模为 1 的向量称为单位向量. 模为 0 的向量称为零向量，记作 $\vec{0}$，零向量的方向可以是任意的.

如果两个向量 $\vec{a}$ 和 $\vec{b}$ 方向相同且模相同，则称这两个向量相等，记作 $\vec{a} = \vec{b}$. 两个相等的向量经过平移后可完全重合.

三、向量的坐标表示

1. 向量坐标的定义

设在空间中建立了直角坐标系 $O-xyz$，把已知向量 $\vec{a}$ 的起点移到原点 O 时，其终点在 P（图 8-4），即 $\vec{a} = \overrightarrow{OP}$. 称点 P 的坐标（x,

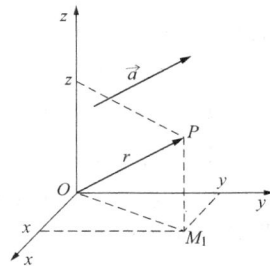

图 8-4

y, z) 为 $\vec{a}$ 的坐标，记作 $\vec{a}=\{x, y, z\}$. 且称起点为原点 O，终点为 P 的向量 $\overrightarrow{OP}$ 为向径. 即向量 $\vec{a}$ 的坐标就是与其相等的向径的终点坐标. 这样在空间直角坐标系中，向量、坐标之间就建立了一一对应关系.

若 $\vec{a}=\{x, y, z\}$，则

$$|\vec{a}|=\sqrt{x^2+y^2+z^2} \tag{8-1}$$

2. 已知起、终点坐标的向量坐标

把向量 $\vec{a}$ 的起点移到点 M 时，终点在点 N（图 8-5），若已知点 M、N 的坐标为 (x_1, y_1, z_1)，(x_2, y_2, z_2)，则

$$\vec{a}=\overrightarrow{MN}=\{x_2-x_1, y_2-y_1, z_2-z_1\} \tag{8-2}$$

即向量坐标为终点坐标减去对应起点坐标.

根据式（8-1），立即得到空间两点距离公式：若 $M(x_1, y_1, z_1)$，$N(x_2, y_2, z_2)$，则

$$|\overrightarrow{MN}|=\sqrt{(x_2-x_1)^2+(y_2-y_1)^2+(z_2-z_1)^2} \tag{8-3}$$

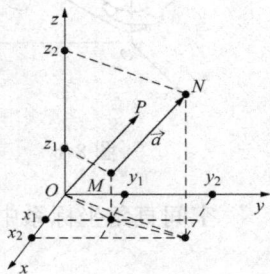

图 8-5

例 1 已知向量 $\vec{a}=\overrightarrow{AB}=\{-3, 0, 1\}$，始点 A 的坐标为 $(-3, 1, 4)$，求终点 B 的坐标.

解 设点 B 的坐标为 (x, y, z)，则

$$\overrightarrow{AB}=\{x+3, y-1, z-4\}=\{-3, 0, 1\}$$

所以 $x=-6$，$y=1$，$z=5$，即点 B 的坐标为 $(-6, 1, 5)$.

例 2 在 y 轴上求与点 $A(1, -3, 7)$ 和 $B(5, 7, -5)$ 等距离的点.

解 因为所求的点在 y 轴上，故可设它为 $M(0, y, 0)$. 根据题意有

$$|\overrightarrow{MA}|=|\overrightarrow{MB}|$$

即

$$\sqrt{(1-0)^2+(-3-y)^2+(7-0)^2}=\sqrt{(5-0)^2+(7-y)^2+(-5-0)^2}$$

两边平方去根号，整理后得 $20y=40$，从而有 $y=2$. 所以，所求点 M 的坐标为 $(0, 2, 0)$.

习 题 8.1

1. 写出下列特殊点的坐标：（1）原点；（2）x 轴上的点；（3）y 轴上的点；（4）z 轴上的点；（5）xOy 面上的点；（6）yOz 面上的点；（7）xOz 面上的点.

2. 指出下列各点所在象限：$(2, -1, -4)$，$(-1, -3, 1)$，$(2, -3, 1)$.

3. 已知向量 $\overrightarrow{AB}=\{4, -4, 7\}$，它的终点坐标为 $B(2, -1, 7)$，求它的始点 A 的坐标.

4. 求两点 $A(-2, 1, 3)$，$B(0, -1, 2)$ 之间的距离.

5. 设 A，B 两点坐标为 $A(4, -7, 1)$，$B(6, 2, Z)$，它们间的距离为 $\overrightarrow{AB}=11$，求点 B 的未知坐标 z.

6. 在 xOy 面上求与点 $A(1, -1, 5)$，$B(3, 4, 4)$ 和 $C(4, 6, 1)$ 等距离的点.

7. 求与原点 $O(0, 0, 0)$，$A(0, a, 0)$ 等距离的点 P 的坐标应满足的条件.

8.2　向　量　的　运　算

问题提出

陀螺在原地旋转，并不移动，怎么解释这种现象？

解法探究

物体旋转，从运动学上来看，就是物体的运动方向在不断地改变．旋转是在平面上的，因为速度的方向不断改变，所以速度是变化的，这样在数学上就需要定义一种向量运算，以反映这种由于平面上向量的变化而产生的垂直于平面的向量的现象，这就是本节要介绍的两向量的向量积．

必要知识

一、向量的线性运算

向量的线性运算包括向量的加法运算和数与向量的乘法运算．

1. 向量的加法

由于力、速度的合成都是按照平行四边形法则进行的，所以向量 $\vec{a}$ 与 $\vec{b}$ 的加法定义如下．

定义 1　将两个向量 $\vec{a}$ 与 $\vec{b}$ 的起点移放在一起，并以 $\vec{a}$ 与 $\vec{b}$ 为邻边作平行四边形，则从起点到对角线顶点的向量称为向量 $\vec{a}$ 与 $\vec{b}$ 的和，记为 $\vec{a}+\vec{b}$，如图 8-6 所示．这种求向量和的方法称为向量的平行四边形法则．

如果把向量 $\vec{b}$ 平移，使其起点与向量 $\vec{a}$ 的终点重合，则由 $\vec{a}$ 的起点到 $\vec{b}$ 的终点的向量也称为 $\vec{a}$ 与 $\vec{b}$ 的和，如图 8-7 所示，这种方法称为向量的三角形法则．

向量加法的三角形法则可以推广到任意有限个向量相加的情形，如图 8-8 所示．

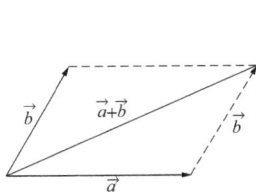

图 8-6

图 8-7

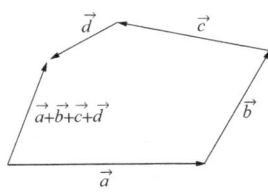

图 8-8

显然对于任何向量 $\vec{a}$ 都有 $\vec{a}+\vec{0}=\vec{a}$．

向量的加法满足以下运算律：

（1）交换律：$\vec{a}+\vec{b}=\vec{b}+\vec{a}$；

（2）结合律：$(\vec{a}+\vec{b})+\vec{c}=\vec{a}+(\vec{b}+\vec{c})=\vec{a}+\vec{b}+\vec{c}$．

2. 向量与数的乘法

定义 2　设 λ 为一实数，向量 $\vec{a}$ 与 λ 的乘积记作 $\lambda\vec{a}$，规定它为满足下列条件的一个向量：

（1）$|\lambda \vec{a}| = |\lambda| \cdot |\vec{a}|$；

（2）当 $\lambda > 0$ 时，$\lambda \vec{a}$ 与 $\vec{a}$ 方向相同；当 $\lambda < 0$ 时，$\lambda \vec{a}$ 与 $\vec{a}$ 方向相反；当 $\lambda = 0$ 时，$\lambda \vec{a}$ 为零向量，方向任意.

则称向量 $\lambda \vec{a}$ 为向量 $\vec{a}$ 与数 λ 的乘积.

当 $\lambda = -1$ 时，记 $(-1)\vec{a} = -\vec{a}$，那么 $-\vec{a}$ 与 $\vec{a}$ 模相等、方向相反，称 $-\vec{a}$ 是 $\vec{a}$ 的负向量. 有了负向量的概念后，可以定义向量的减法为

$$\vec{a} - \vec{b} = \vec{a} + (-\vec{b})$$

向量的数乘满足以下运算律：

（1）结合律：$\lambda(\mu \vec{a}) = (\lambda \mu)\vec{a} = \mu(\lambda \vec{a})$；

（2）分配律：$(\lambda + \mu)\vec{a} = \lambda \vec{a} + \mu \vec{a}$，$\lambda(\vec{a} + \vec{b}) = \lambda \vec{a} + \lambda \vec{b}$.

由向量与数的乘法定义可知：若 $\vec{b} = \lambda \vec{a}$，则 $\vec{a}$ 与 $\vec{b}$ 平行；反之，若 $\vec{a}$ 与 $\vec{b}$ 平行，则存在非零实数 λ 使得 $\vec{b} = \lambda \vec{a}$. 即两个非零向量 $\vec{a}$ 与 $\vec{b}$ 平行的充要条件是：$\vec{b} = \lambda \vec{a}(\lambda \neq 0)$.

设 $\vec{a}$ 是一个非零向量，常把与 $\vec{a}$ 同向的单位向量记为 $\vec{a}^0$，那么

$$\vec{a}^0 = \frac{\vec{a}}{|\vec{a}|},$$

这是求与非零向量 $\vec{a}$ 同向的单位向量的方法，而且 $\pm \dfrac{\vec{a}}{|\vec{a}|}$ 均是与 $\vec{a}$ 平行的单位向量.

二、向量的坐标表示式

1. 向径的坐标表示法

设 $\vec{i}$，$\vec{j}$，$\vec{k}$ 分别为与 x 轴、y 轴、z 轴同方向的单位向量，称它们为基本单位向量. $\vec{a} = \{x, y, z\}$ 为已知向量，对应的向径为 $\overrightarrow{OM}$，$\overrightarrow{OM}$ 在 3 个坐标轴上的投影依次为 $\overrightarrow{OP}$，$\overrightarrow{OQ}$，$\overrightarrow{OR}$，则 $\overrightarrow{OP} = x\vec{i}$，$\overrightarrow{OQ} = y\vec{j}$，$\overrightarrow{OR} = z\vec{k}$.

由图 8-9 及向量的加法，得

$$\overrightarrow{OM} = \overrightarrow{OP} + \overrightarrow{PM} + \overrightarrow{MN}$$

所以

$$\overrightarrow{OM} = x\vec{i} + y\vec{j} + z\vec{k}$$

这就是向径 $\overrightarrow{OM}$ 的坐标表示式（按基本单位向量的分解式）.

2. 向量的坐标表示法

由向量的减法，可得以 $M_1(x_1, y_1, z_1)$ 为起点、$M_2(x_2, y_2, z_2)$ 为终点的向量 $\vec{a}$ （图 8-10）为

$$\vec{a} = \overrightarrow{M_1 M_2} = \overrightarrow{OM_2} - \overrightarrow{OM_1}$$

于是

$$\vec{a} = (x_2 \vec{i} + y_2 \vec{j} + z_2 \vec{k}) - (x_1 \vec{i} + y_1 \vec{j} + z_1 \vec{k})$$

$$= (x_2 - x_1)\vec{i} + (y_2 - y_1)\vec{j} + (z_2 - z_1)\vec{k}$$

若记 $x_2 - x_1 = a_x$，$y_2 - y_1 = a_y$，$z_2 - z_1 = a_z$，则

$$\vec{a} = a_x \vec{i} + a_y \vec{j} + a_z \vec{k}$$

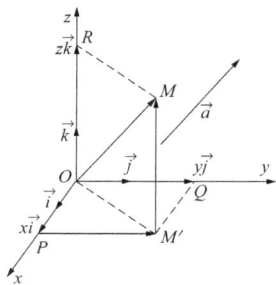
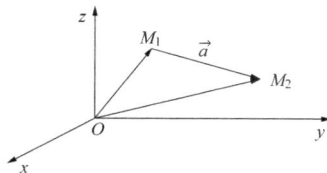

图 8-9　　　　　　　　　　　　　　　　　图 8-10

这就是向量 $\vec{a} = \overrightarrow{M_1 M_2}$ 的坐标表示式（按基本单位向量的分解式）.

设向量 $\vec{a}$、$\vec{b}$ 的坐标表达式为

$$\vec{a} = a_x \vec{i} + a_y \vec{j} + a_z \vec{k}, \quad \vec{b} = b_x \vec{i} + b_y \vec{j} + b_z \vec{k}$$

则

$$\vec{a} \pm \vec{b} = (a_x \pm b_x)\vec{i} + (a_y \pm b_y)\vec{j} + (a_z \pm b_z)\vec{k}$$
$$= \{a_x \pm b_x,\ a_y \pm b_y,\ a_z \pm b_z\}$$
$$\lambda \vec{a} = (\lambda a_x)\vec{i} + (\lambda a_y)\vec{j} + (\lambda a_z)\vec{k}$$

例 1　设 $\vec{a} = \{0, -1, 2\}$，$\vec{b} = \{-1,\ 3,\ 4\}$，求 $\vec{a} + \vec{b}$，$2\vec{a} - \vec{b}$.

解　$\vec{a} + \vec{b} = \{0 + (-1),\ (-1) + 3,\ 2 + 4\} = \{-1,\ 2,\ 6\}$

$2\vec{a} - \vec{b} = \{2 \times 0,\ 2 \times (-1),\ 2 \times 2\} - \{-1,\ 3,\ 4\} = \{1,\ -5,\ 0\}$

为了表示向量的方向，设向量 $\vec{a} = \{a_x,\ a_y,\ a_z\}$ 与 x 轴、y 轴、z 轴正方向的夹角分别为 α、β、γ，则称 α、β、γ 为向量 $\vec{a}$ 的方向角，若规定 $0 \leqslant \alpha \leqslant \pi$，$0 \leqslant \beta \leqslant \pi$，$0 \leqslant \gamma \leqslant \pi$，一个向量的 3 个方向角确定后则其方向也就唯一确定了，方向角的余弦 $\cos\alpha$、$\cos\beta$、$\cos\gamma$ 称为向量的方向余弦. 由图 8-11 得

$$\begin{cases} \cos\alpha = \dfrac{a_x}{\sqrt{a_x^2 + a_y^2 + a_z^2}} \\[2mm] \cos\beta = \dfrac{a_y}{\sqrt{a_x^2 + a_y^2 + a_z^2}} \\[2mm] \cos\gamma = \dfrac{a_z}{\sqrt{a_x^2 + a_y^2 + a_z^2}} \end{cases}$$

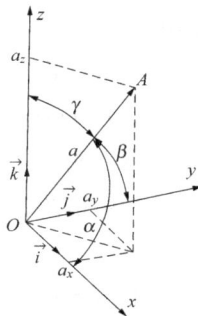

图 8-11

且

$$\cos^2\alpha + \cos^2\beta + \cos^2\gamma = 1$$

例 2　已知向量 $\vec{a}$ 的方向角为 $\alpha = \gamma = 60°$，$\beta = 45°$，模为 3. 求向量 $\vec{a}$.

解　设向量 $\vec{a}$ 的坐标为 $\{a_x,\ a_y,\ a_z\}$，则

$$a_x = |\vec{a}| \cos\alpha = 3\cos 60° = \frac{3}{2}$$

$$a_y = |\vec{a}|\cos\beta = 3\cos 45° = \frac{3\sqrt{2}}{2}$$

$$a_z = |\vec{a}|\cos\gamma = 3\cos 60° = \frac{3}{2}$$

所以

$$\vec{a} = \left\{ \frac{3}{2}, \frac{3\sqrt{2}}{2}, \frac{3}{2} \right\}$$

例 3 设点 $P_1(0, -1, -2)$，$P_2(-1, 1, 0)$，求向量 $\overrightarrow{P_1P_2}$ 及其方向余弦.

解 $\overrightarrow{P_1P_2} = \{-1, 2, 2\}$，$\left|\overrightarrow{P_1P_2}\right| = \sqrt{(-1)^2 + 2^2 + 2^2} = 3$. 所以 $\overrightarrow{P_1P_2}$ 的方向余弦为

$$\cos\alpha = -\frac{1}{3}, \quad \cos\beta = \frac{2}{3}, \quad \cos\gamma = \frac{2}{3}$$

三、两向量的数量积

1. 向量的数量积的概念

设有一个物体在常力 $\vec{F}$ 的作用下沿直线运动，产生了位移 $\vec{s}$，力 $\vec{F}$ 可以分解成在位移方向的 $\vec{F}_1$ 和垂直于位移方向的 $\vec{F}_2$ 两部分，仅 $\vec{F}_1$ 对位移做功，如图 8-12 所示，记 θ 为 $\vec{F}$ 与 $\vec{s}$ 的夹角，则力 $\vec{F}$ 对位移做的功为

$$W = |\vec{F}||\vec{s}| \cdot \cos\theta$$

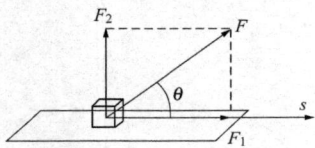

图 8-12

从这个问题可以看到，由两个向量 $\vec{F}$ 和 $\vec{s}$ 确定一个数量 $|\vec{F}||\vec{s}| \cdot \cos\theta$. 在其他问题中也会遇到类似结果，由此给出两个向量的数量积的概念.

定义 3 设 $\vec{a}$，$\vec{b}$ 是两个向量，它们的模 $|\vec{a}|$、$|\vec{b}|$ 及夹角的余弦的乘积，称为向量 $\vec{a}$，$\vec{b}$ 的数量积（或称点积），记作 $\vec{a} \cdot \vec{b}$，即

$$\vec{a} \cdot \vec{b} = |\vec{a}||\vec{b}|\cos\theta$$

其中，$\theta(0 \leqslant \theta \leqslant \pi)$ 为 $\vec{a}$ 与 $\vec{b}$ 的夹角.

由数量积的定义可以推出下面的性质：

（1）$\vec{a} \cdot \vec{a} = |\vec{a}|^2$（$\vec{a} \cdot \vec{a}$ 允许简写成 $\vec{a}^2$）；

（2）两个非零向量 $\vec{a}$ 与 $\vec{b}$ 垂直的充分必要条件是 $\vec{a} \cdot \vec{b} = 0$.

利用这两个性质，立即可得 3 个基本单位向量 $\vec{i}$，$\vec{j}$，$\vec{k}$ 之间的数量积关系为

$$\vec{i} \cdot \vec{i} = \vec{j} \cdot \vec{j} = \vec{k} \cdot \vec{k} = 1, \quad \vec{i} \cdot \vec{j} = \vec{j} \cdot \vec{k} = \vec{i} \cdot \vec{k} = \vec{j} \cdot \vec{i} = \vec{k} \cdot \vec{i} = \vec{k} \cdot \vec{j} = 0$$

向量的数量积满足下面的运算律：

（1）交换律：$\vec{a} \cdot \vec{b} = \vec{b} \cdot \vec{a}$；

（2）结合律：$(\lambda\vec{a}) \cdot \vec{b} = \vec{a} \cdot (\lambda\vec{b}) = \lambda(\vec{a} \cdot \vec{b})$，其中 λ 是任意实数；

（3）分配律：$(\vec{a} + \vec{b}) \cdot \vec{c} = \vec{a} \cdot \vec{c} + \vec{b} \cdot \vec{c}$.

例 4 已知 $\vec{a}$ 与 $\vec{b}$ 的夹角 $\theta = \frac{2}{3}\pi$，$|\vec{a}| = 3$，$|\vec{b}| = 4$，求向量 $\vec{c} = 3\vec{a} + 2\vec{b}$ 的模.

解 $|\vec{c}|^2 = \vec{c} \cdot \vec{c} = (3\vec{a} + 2\vec{b}) \cdot (3\vec{a} + 2\vec{b}) = 3\vec{a} \cdot (3\vec{a} + 2\vec{b}) + 2\vec{b} \cdot (3\vec{a} + 2\vec{b})$

$$= 9\vec{a} \cdot \vec{a} + 6\vec{a} \cdot \vec{b} + 6\vec{b} \cdot \vec{a} + 4\vec{b} \cdot \vec{b} = 9\vec{a}^2 + 12\vec{a} \cdot \vec{b} + 4\vec{b}^2$$

$$= 9\vec{a}^2 + 12|\vec{a}||\vec{b}|\cos\theta + 4\vec{b}^2$$

将 $|\vec{a}| = 3$，$|\vec{b}| = 4$，$\theta = \dfrac{2}{3}\pi$ 代入，即得

$$|\vec{c}|^2 = 9 \times 3^2 + 12 \times 3 \times 4 \times \cos\frac{2}{3}\pi + 4 \times 4^2 = 73 .$$

所以

$$|\vec{c}| = |3\vec{a} + 2\vec{b}| = \sqrt{73}$$

2. 数量积的坐标表达式

设 $\vec{a} = a_x\vec{i} + a_y\vec{j} + a_z\vec{k}$，$\vec{b} = b_x\vec{i} + b_y\vec{j} + b_z\vec{k}$，则

$$\vec{a} \cdot \vec{b} = (a_x\vec{i} + a_y\vec{j} + a_z\vec{k}) \cdot (b_x\vec{i} + b_y\vec{j} + b_z\vec{k})$$

$$= a_x\vec{i} \cdot (b_x\vec{i} + b_y\vec{j} + b_z\vec{k}) + a_y\vec{j} \cdot (b_x\vec{i} + b_y\vec{j} + b_z\vec{k}) + a_z\vec{k} \cdot (b_x\vec{i} + b_y\vec{j} + b_z\vec{k})$$

即

$$\vec{a} \cdot \vec{b} = a_x b_x + a_y b_y + a_z b_z$$

例 5　设 $\vec{a} = 2\vec{i} + 3\vec{j} - \vec{k}$，$\vec{b} = \vec{i} - \vec{j} + \vec{k}$，求 $\vec{a} \cdot \vec{b}$，$\vec{a}^2$，$(3\vec{a}) \cdot (2\vec{b})$.

解　　$\vec{a} \cdot \vec{b} = \{2, 3, -1\} \cdot \{1, -1, 1\} = 2 \times 1 + 3 \times (-1) + (-1) \times 1 = -2$

$$\vec{a}^2 = 2^2 + 3^2 + (-1)^2 = 14$$

$$(3\vec{a}) \cdot (2\vec{b}) = \{6, 9, -3\} \cdot \{2, -2, 2\} = 12 - 18 - 6 = -12$$

四、两向量的向量积

1. 向量的向量积的概念

定义 4　两向量 $\vec{a}$ 与 $\vec{b}$ 按下列方式确定一个向量 $\vec{c}$：

（1）$\vec{c} \perp \vec{b}$ 且 $\vec{c} \perp \vec{a}$，即 $\vec{c}$ 垂直于向量 $\vec{a}$，$\vec{b}$ 所决定的平面，且按 $\vec{a}$，$\vec{b}$，$\vec{c}$ 顺序构成右手系（图 8-13）；

（2）$\vec{c}$ 的模 $|\vec{c}| = |\vec{a}||\vec{b}|\sin\theta$，其中 $\theta(0 \leqslant \theta \leqslant \pi)$ 为 $\vec{a}$ 与 $\vec{b}$ 间的夹角，则称向量 $\vec{c}$ 为 $\vec{a}$，$\vec{b}$ 的**向量积**，记作 $\vec{a} \times \vec{b}$，即 $\vec{c} = \vec{a} \times \vec{b}$.

因为向量积的运算符号是"×"，故也直观地称为叉积. 向量积的模 $|\vec{a}||\vec{b}|\sin\theta$ 在几何上表示以向量 $\vec{a}$ 与 $\vec{b}$ 为边所构成的平行四边形的面积（图 8-14）.

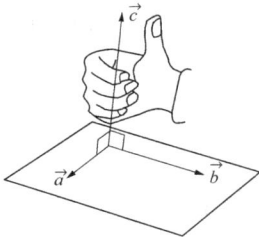

图 8-13

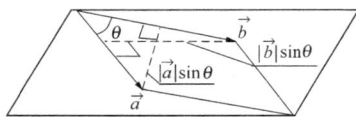

图 8-14

由向量积的定义可推出以下性质：

（1）$\vec{a} \times \vec{a} = \vec{0}$；

（2）$\vec{b} \times \vec{a} = -\vec{a} \times \vec{b}$；

（3）两个非零向量 $\vec{a}$ 与 $\vec{b}$ 平行的充要条件是 $\vec{a} \times \vec{b} = \vec{0}$．

向量积满足下面的运算律：

（1）数乘结合律：$(\lambda\vec{a}) \times \vec{b} = \vec{a} \times (\lambda\vec{b}) = \lambda(\vec{a} \times \vec{b})$，其中 λ 是任意实数；

（2）左、右分配率：$(\vec{a} + \vec{b}) \times \vec{c} = \vec{a} \times \vec{c} + \vec{b} \times \vec{c}$；$\vec{a} \times (\vec{b} + \vec{c}) = \vec{a} \times \vec{b} + \vec{a} \times \vec{c}$．

特别地，对于基本单位向量 $\vec{i}$，$\vec{j}$，$\vec{k}$，有

$$\vec{i} \times \vec{i} = \vec{j} \times \vec{j} = \vec{k} \times \vec{k} = \vec{0}$$

$$\vec{i} \times \vec{j} = \vec{k}，\quad \vec{j} \times \vec{k} = \vec{i}，\quad \vec{k} \times \vec{i} = \vec{j}$$

分配率有左右之分：使用左分配率的向量只能在"×"的左边；使用右分配率的向量则只能在"×"的右边，结合律只对实数成立，对向量本身不成立，如 $(\vec{a} \times \vec{b}) \times \vec{c}$ 与 $\vec{a} \times (\vec{b} \times \vec{c})$ 一般是两个不同的变量．

2. 向量积的坐标表达式

设 $\vec{a} = a_x\vec{i} + a_y\vec{j} + a_z\vec{k}$，$\vec{b} = b_x\vec{i} + b_y\vec{j} + b_z\vec{k}$，根据向量积的运算规律，有

$$\vec{a} \times \vec{b} = (a_x\vec{i} + a_y\vec{j} + a_z\vec{k}) \times (b_x\vec{i} + b_y\vec{j} + b_z\vec{k})$$

$$= a_x\vec{i} \times (b_x\vec{i} + b_y\vec{j} + b_z\vec{k}) + a_y\vec{j} \times (b_x\vec{i} + b_y\vec{j} + b_z\vec{k}) + a_z\vec{k} \times (b_x\vec{i} + b_y\vec{j} + b_z\vec{k})$$

$$= (a_yb_z - a_zb_y)\vec{i} - (a_xb_z - a_zb_x)\vec{j} + (a_xb_y - a_yb_x)\vec{k}$$

此即向量积的坐标表示式．为了便于记忆，把上述结果写成三阶行列式形式，然后按三阶行列式展开法则，对第一行进行展开，即

$$\vec{a} \times \vec{b} = \begin{vmatrix} \vec{i} & \vec{j} & \vec{k} \\ a_x & a_y & a_z \\ b_x & b_y & b_z \end{vmatrix} = \begin{vmatrix} a_y & a_z \\ b_y & b_z \end{vmatrix}\vec{i} - \begin{vmatrix} a_x & a_z \\ b_x & b_z \end{vmatrix}\vec{j} + \begin{vmatrix} a_x & a_y \\ b_x & b_y \end{vmatrix}\vec{k}$$

由两个非零向量平行的充要条件 $\vec{a} \times \vec{b} = 0$ 及其坐标表示可得两个非零向量 $\vec{a} = a_x\vec{i} + a_y\vec{j} + a_z\vec{k}$，$\vec{b} = b_x\vec{i} + b_y\vec{j} + b_z\vec{k}$ 平行的充要条件是

$$a_yb_z - a_zb_y = 0，\quad a_xb_z - a_zb_x = 0，\quad a_xb_y - a_yb_x = 0$$

即

$$\frac{a_x}{b_x} = \frac{a_y}{b_y} = \frac{a_z}{b_z} \tag{8-4}$$

这说明两个向量 $\vec{a}$ 与 $\vec{b}$ 平行的充要条件是其对应坐标成比例，当上式分母有一个为零时，应理解为其分子也为零．

例 6 设 $\vec{a} = -\vec{i} + 2\vec{j} - \vec{k}$，$\vec{b} = 2\vec{i} - \vec{j} + \vec{k}$，求 $\vec{a} \times \vec{b}$．

解
$$\vec{a} \times \vec{b} = \begin{vmatrix} \vec{i} & \vec{j} & \vec{k} \\ -1 & 2 & -1 \\ 2 & -1 & 1 \end{vmatrix} = \begin{vmatrix} 2 & -1 \\ -1 & 1 \end{vmatrix}\vec{i} - \begin{vmatrix} -1 & -1 \\ 2 & 1 \end{vmatrix}\vec{j} + \begin{vmatrix} -1 & 2 \\ 2 & -1 \end{vmatrix}\vec{k}$$

$$= \vec{i} - \vec{j} - 3\vec{k}$$

例 7 设已知点 $A(1, -2, 3)$，$B(0, 1, -2)$ 及向量 $\vec{a} = \{4, -1, 0\}$，求 $\vec{a} \times \overrightarrow{AB}$ 及 $\overrightarrow{AB} \times \vec{a}$．

解 $\overrightarrow{AB}=(0-1)\vec{i}+[1-(-2)]\vec{j}+(-2-3)\vec{k}=-\vec{i}+3\vec{j}-5\vec{k}$

$$\vec{a}\times\overrightarrow{AB}=\begin{vmatrix}\vec{i}&\vec{j}&\vec{k}\\4&-1&0\\-1&3&-5\end{vmatrix}=\begin{vmatrix}-1&0\\3&-5\end{vmatrix}\vec{i}-\begin{vmatrix}4&0\\-1&-5\end{vmatrix}\vec{j}+\begin{vmatrix}4&-1\\-1&3\end{vmatrix}\vec{k}$$

$$=5\vec{i}+20\vec{j}+11\vec{k}$$

$$\overrightarrow{AB}\times\vec{a}=-\vec{a}\times\overrightarrow{AB}=-5\vec{i}-20\vec{j}-11\vec{k}$$

例 8 已知三点 $A(1,\ 0,\ 0)$，$B(-1,\ 1,\ 4)$，$C(2,\ 5,\ -3)$，求以这三点为顶点的空间三角形的面积 S.

解 $\overrightarrow{AB}=\{-1-1,\ 1-0,\ 4-0\}=\{-2,\ 1,\ 4\}$；$\overrightarrow{AC}=\{2-1,\ 5-0,\ -3-0\}=\{1,\ 5,\ -3\}$，所以

$$\overrightarrow{AB}\times\overrightarrow{AC}=\begin{vmatrix}\vec{i}&\vec{j}&\vec{k}\\-2&1&4\\1&5&-3\end{vmatrix}=\begin{vmatrix}1&4\\5&-3\end{vmatrix}\vec{i}-\begin{vmatrix}-2&4\\1&-3\end{vmatrix}\vec{j}+\begin{vmatrix}-2&1\\1&5\end{vmatrix}\vec{k}$$

$$=-23\vec{i}-2\vec{j}-11\vec{k}$$

$$\left|\overrightarrow{AB}\times\overrightarrow{AC}\right|=\sqrt{(-23)^2+(-2)^2+(-11)^2}=\sqrt{654}$$

$$S=\frac{\sqrt{654}}{2}\approx12.79$$

五、专业应用举例

设点 O 为一杠杆的支点，力 $\vec{F}$ 作用于杠杆上的点 P 处（图 8-15），求力 $\vec{F}$ 对支点 O 的力矩.

根据物理学知识，力 $\vec{F}$ 对 O 的力矩是向量 $\overrightarrow{M}$，其大小为

$$|\overrightarrow{M}|=|\vec{F}|d=|\vec{F}||\overrightarrow{OP}|\sin\theta$$

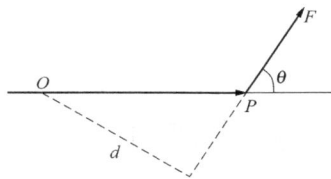

图 8-15

其中 d 为支点 O 到力 $\vec{F}$ 的作用线的距离，θ 为向量 $\vec{F}$ 与 $\overrightarrow{OP}$ 的夹角. 力矩 $\overrightarrow{M}$ 的方向规定为：伸出右手，让四指与大拇指垂直，并使四指先指向 $\overrightarrow{OP}$ 方向，然后让四指沿小于 π 的方向握拳转向力 $\vec{F}$ 的方向，这时拇指的方向就是力矩 $\overrightarrow{M}$ 的方向（即 $\overrightarrow{OP}$，$\vec{F}$ 依次符合右手螺旋法则）.

因此，力矩 $\overrightarrow{M}$ 是一个与向量 $\overrightarrow{OP}$ 和向量 $\vec{F}$ 有关的向量，其大小为 $|\vec{F}||\overrightarrow{OP}|\sin\theta$，其方向满足：（1）$\overrightarrow{M}$ 同时垂直于向量 $\overrightarrow{OP}$ 和 $\vec{F}$；（2）向量 $\overrightarrow{OP}$，$\vec{F}$，$\overrightarrow{M}$ 依次符合右手螺旋法则.

在工程技术领域，有许多向量具有上述特征.

例 9 已知力 $\vec{F}=2\vec{i}-\vec{j}+3\vec{k}$ 作用于点 $A(3,1,-1)$，求此力关于杠杆上另一点 $B(1,-2,3)$ 的力矩.

解 因为

$$\vec{F}=2\vec{i}-\vec{j}+3\vec{k}$$

从支点 B 到作用点 A 的向量为

$$\overrightarrow{BA}=(3-1)\vec{i}+[1-(-2)]\vec{j}+(-1-3)\vec{k}=2\vec{i}+3\vec{j}-4\vec{k}，$$

所以，力 $\vec{F}$ 关于点 B 的力矩为

$$\vec{M} = \overrightarrow{BA} \times \vec{F} = \begin{vmatrix} \vec{i} & \vec{j} & \vec{k} \\ 2 & 3 & -4 \\ 2 & -1 & 3 \end{vmatrix}$$

$$= (9-4)\vec{i} - (6+8)\vec{j} + (-2-6)\vec{k} = 5\vec{i} - 14\vec{j} - 8\vec{k}$$

习 题 8.2

1. 已知：$\vec{a} = \vec{i} + \vec{j} + 6\vec{k}$，$\vec{b} = 2\vec{i} - 2\vec{j} + 5\vec{k}$，求与 $\vec{a} - 3\vec{b}$ 同方向的单位向量.

2. 设 $\vec{b} = \{2, 2, -2\}$，$2\vec{a} - \vec{b} = \{-5, 0, -4\}$，求 $\vec{a}$.

3. 设向量 $\vec{a} = 7\vec{i} - 4\vec{j} + 4\vec{k}$，已知它的终点为（1，2，3），求 $\vec{a}$ 起点的坐标，并求出 $\vec{a}$ 的模与方向余弦.

4. 已知 $\vec{a} = \{4, -2, 4\}$，$\vec{b} = \{6, -3, 2\}$，求：

（1）$\vec{a} \cdot \vec{b}$；（2）$(3\vec{a} - 2\vec{b}) \cdot (\vec{a} + 3\vec{b})$；（3）$\vec{a}$ 与 $\vec{b}$ 的夹角 θ.

5. 设 $\vec{a} = 3\vec{i} - 2\vec{j} - \vec{k}$，分别求出数量积 $\vec{a} \cdot \vec{i}$，$\vec{a} \cdot \vec{j}$，$\vec{a} \cdot \vec{k}$.

6. 已知 $\vec{a} \perp \vec{b}$，且 $|\vec{a}| = 3$，$|\vec{b}| = 4$，计算 $|(\vec{a} + \vec{b}) \times (\vec{a} - \vec{b})|$.

7. 已知 $\vec{a} = \{2, 3, 1\}$，$\vec{b} = \{1, 2, -1\}$，计算 $\vec{a} \times \vec{b}$ 和 $\vec{b} \times \vec{a}$.

8. 已知 $\overrightarrow{OA} = \vec{i} + 3\vec{k}$，$\overrightarrow{OB} = \vec{j} + \vec{k}$，求 $\triangle OAB$ 的面积.

8.3   平面方程与空间直线的方程

问题提出

过空间内一已知点 $M_0(x_0, y_0, z_0)$，作一平面垂直于一已知向量 $\vec{n} = \{A, B, C\}$，求该平面方程.

解法探究

因为要做的平面垂直于已知的非零向量 $\vec{n} = \{A, B, C\}$，那么向量 $\vec{n}$ 必与平面内任何向量垂直. 设 $M(x, y, z)$ 是平面内任一动点，因为 $\overrightarrow{MM_0}$ 在平面内，所以 $\overrightarrow{MM_0}$ 与 $\vec{n}$ 垂直，因此可建立平面方程.

必要知识

一、平面方程

1. 平面的点法式方程

若非零向量 $\vec{n}$ 垂直于平面 α，则称向量 $\vec{n}$ 为平面 α 的法向量. 一个平面的法向量可以有无限多个，它们相互平行.

由立体几何知识可知，过空间一点 $M_0(x_0, y_0, z_0)$ 且与法向量 $\vec{n} = \{A, B, C\}$ 垂直的平面是唯一确定的. 如何求该平面 α 的方程呢?

如图 8-16 所示, 设点 $M(x, y, z)$ 是平面 α 上的任意一点, 则向量

$$\overrightarrow{M_0M} = \{x - x_0, \ y - y_0, \ z - z_0\}$$

由法向量 $\vec{n} \perp$ 平面 α 可知

$$\overrightarrow{M_0M} \cdot \vec{n} = 0$$

即

$$A(x - x_0) + B(y - y_0) + C(z - z_0) = 0 \qquad (8\text{-}5)$$

此为过点 $M_0(x_0, y_0, z_0)$ 且法向量 $\vec{n} = \{A, B, C\}$ 的平面的点法式方程.

例 1　求过点 $(1, -2, 0)$, 且以 $\vec{n} = \{-1, 3, -2\}$ 为法向量的平面方程.

解　由平面的点法式方程可知, 所求平面的方程为

$$-(x - 1) + 3(y + 2) - 2(z - 0) = 0$$

即

$$x - 3y + 2z - 7 = 0$$

例 2　求过点 $A(1, 1, 0)$, $B(-2, 2, -1)$ 和 $C(1, 2, 1)$ 的平面方程.

解　设所求平面的法向量为 $\vec{n}$, 由 $\vec{n} \perp \overrightarrow{AB}$, $\vec{n} \perp \overrightarrow{AC}$ 可知, $\vec{n} = \overrightarrow{AB} \times \overrightarrow{AC}$, 而 $\overrightarrow{AB} = \{-3, 1, -1\}$, $\overrightarrow{AC} = \{0, 1, 1\}$, 所以平面的法向量为

$$\vec{n} = \overrightarrow{AB} \times \overrightarrow{AC} = \begin{vmatrix} \vec{i} & \vec{j} & \vec{k} \\ -3 & 1 & -1 \\ 0 & 1 & 1 \end{vmatrix} = 2\vec{i} + 3\vec{j} - 3\vec{k} = \{2, 3, -3\}$$

所求的平面方程为

$$2(x - 1) + 3(y - 1) - 3(z - 0) = 0$$

即

$$2x + 3y - 3z - 5 = 0$$

2. 平面的一般式方程

将方程化简得

$$Ax + By + Cz + (-Ax_0 - By_0 - Cz_0) = 0$$

令 $D = -Ax_0 - By_0 - Cz_0$, 则有

$$Ax + By + Cz + D = 0 \quad (A, B, C \text{ 不全为零}) \qquad (8\text{-}6)$$

此方程称为平面的一般式方程, 其中 $n = \{A, B, C\}$ 为平面的法向量.

可以证明, 任一平面都可以用关于 x, y, z 的三元一次方程表示; 反之, 三元一次方程的图形都表示平面.

对于平面的一般式方程, 可推导出如下一些特殊位置的平面方程.

① 当 $D = 0$ 时, $Ax + By + Cz = 0$ 表示通过原点的平面.

② 当 $C = 0$ 时, $Ax + By + D = 0$, 此时法向量 $\vec{n} = \{A, B, 0\}$ 垂直于 z 轴, 则方程表示平行于 z 轴的平面.

③ 当 $C = D = 0$, $Ax + By = 0$ 表示经过 z 轴的平面.

④ 当 $B = C = 0$, $Ax + D = 0$, 此时法向量 $\vec{n} = \{A, 0, 0\}$ 同时垂直于 y 轴和 z 轴, 则方程表示平行于 yOz 坐标面的平面.

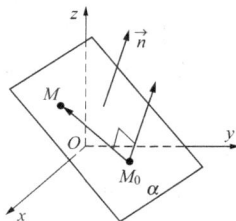

⑤ 当 $B = C = D = 0$ 时，$x = 0$，表示 yOz 坐标平面.

例3 求经过 y 轴，且过点 $M(1, 3, -1)$ 的平面方程.

解 由于所求平面经过 y 轴，则 $B = 0$，$D = 0$，故设所求平面的方程为

$$Ax + Cz = 0$$

又平面经过点 $M(1, 3, -1)$，固有 $A - C = 0$，即 $A = C \neq 0$. 所求平面的方程为 $x + z = 0$.

3. 两平面的位置关系及点到平面的距离

（1）两平面的位置关系. 设两平面 π_1，π_2 的方程为 $A_1 x + B_1 y + C_1 z + D_1 = 0$，$A_2 x + B_2 y + C_2 z + D_2 = 0$，它们的法向量分别为 $\vec{n}_1 = \{A_1, B_1, C_1\}$，$\vec{n}_2 = \{A_2, B_2, C_2\}$，由法向量 $\vec{n}_1$、$\vec{n}_2$ 之间的关系可以推导出两平面之间的关系：

1）平面 π_1，π_2 平行：

$$\pi_1 \parallel \pi_2 \Leftrightarrow \vec{n}_1 \parallel \vec{n}_2 \Leftrightarrow \vec{n}_1 \times \vec{n}_2 = \vec{0} \Leftrightarrow \frac{A_1}{A_2} = \frac{B_1}{B_2} = \frac{C_1}{C_2} \tag{8-7}$$

2）平面 π_1，π_2 相交：

① 平面 π_1，π_2 垂直.

$$\pi_1 \perp \pi_2 \Leftrightarrow \vec{n}_1 \perp \vec{n}_2 \Leftrightarrow \vec{n}_1 \cdot \vec{n}_2 = 0 \Leftrightarrow A_1 A_2 + B_1 B_2 + C_1 C_2 = 0 \tag{8-8}$$

② 平面 π_1，π_2 不垂直相交，则两平面所成的夹角即为其法向量的夹角，$\left(\vec{n}_1 \hat{} \vec{n}_2\right)$ 为法向量的夹角，所以平面 π_1，π_2 所成的夹角 θ 的余弦为

$$\cos\theta = \cos(\vec{n}_1 \hat{} \vec{n}_2) = \frac{|\vec{n}_1 \cdot \vec{n}_2|}{|\vec{n}_1||\vec{n}_2|} = \frac{|A_1 A_2 + B_1 B_2 + C_1 C_2|}{\sqrt{A_1^2 + B_1^2 + C_1^2}\sqrt{A_2^2 + B_2^2 + C_2^2}} \tag{8-9}$$

例4 求两平面 $x - y + 2z - 6 = 0$ 和 $2x + y + z - 5 = 0$ 的夹角.

解 设两平面的夹角为 θ，则

$$\cos\theta = \frac{|1 \times 2 + (-1) \times 1 + 2 \times 1|}{\sqrt{1^2 + (-1)^2 + 2^2}\sqrt{2^2 + 2^2 + 1^2}} = \frac{1}{2}$$

所以，这两平面的夹角为 $\theta = \dfrac{\pi}{3}$.

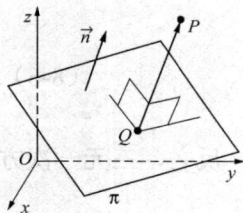

图 8-17

2）点到平面的距离公式. 如图 8-17 所示，已知平面 π：$Ax + By + Cz + D = 0$ 和平面外一点 $P(x_0, y_0, z_0)$，可以证明点 P 到平面 π 的距离为

$$d = \frac{|Ax_0 + By_0 + Cz_0 + D|}{\sqrt{A^2 + B^2 + C^2}} \tag{8-10}$$

例5 求点 $(1, -1, 2)$ 到平面 $2x + y - 2z + 1 = 0$ 的距离 d.

解 由式（8-10）可得

$$d = \frac{|1 \times 2 + (-1) \times 1 - 2 \times 2 + 1|}{\sqrt{2^2 + 1^2 + (-2)^2}} = \frac{2}{3}$$

二、空间直线的方程

1. 直线的点向式方程

若非零向量 $\vec{s}$ 平行于直线 l，则称 $\vec{s}$ 为直线 l 的方向向量. 一条直线的方向向量可以有无

限多个，它们互相平行．

由于过空间的一点 M_0 且与一非零向量 $\vec{s}$ 平行的直线是唯一确定的，如何求该直线方程？

如图 8-18 所示，已知直线 l 上的一点 $M_0(x_0,\ y_0,\ z_0)$ ，非零向量 $\vec{s} = \{m,\ n,\ p\}$ 是直线的一个方向向量，设 $M(x, y, z)$ 是直线 l 上的一动点，由于 $\overrightarrow{M_0M} = \{x-x_0,\ y-y_0,\ z-z_0\}$ 且

$$\overrightarrow{M_0M} /\!/ \vec{s}$$

所以

$$\frac{x-x_0}{m} = \frac{y-y_0}{n} = \frac{z-z_0}{p} \qquad (8\text{-}11)$$

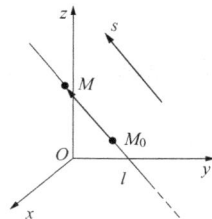

称此方程为直线的点向式方程．

图 8-18

> **注　意**
>
> 在式（8-11）中，当 m ， n ， p 中有一个或两个为零时，可以规定相应的分子为零．例如，当 $m = 0$ ，但 n ， p 不为零时，直线的点向式方程表示为
>
> $$\begin{cases} \dfrac{y-y_0}{n} = \dfrac{z-z_0}{p} \\ x-x_0 = 0 \end{cases}$$

例 6　求下列直线方程：

（1）求过点 $P(1, 0, 0)$ 且 $\vec{s} = \{-2, 2, 1\}$ 为方向向量的直线 l 的方程；

（2）求过点 $P(1, 0, 1)$ 且 $\vec{s} = \{0, 2, -1\}$ 为方向向量的直线 l_1 的方程．

解　（1） l 的点向式方程为 $\dfrac{x-1}{-2} = \dfrac{y}{2} = \dfrac{z}{1}$ ．

（2） l_1 的点向式方程为 $\begin{cases} \dfrac{y}{2} = \dfrac{z-1}{-1} \\ x-1 = 0 \end{cases}$ ．

例 7　求过点 $A(5, 2, 1)$ ， $B(2, 3, 4)$ 的直线方程．

解　过点 $A(5, 2, 1)$ ， $B(2, 3, 4)$ 的直线的方向向量 $\vec{s} = \overrightarrow{AB} = \{-3, 1, 3\}$ ，则所求的直线方程为

$$\frac{x-5}{-3} = \frac{y-2}{1} = \frac{z-1}{3}$$

2.　直线的参数方程

对于点向式方程，如果令其比值为参数 t ，即

$$\frac{x-x_0}{m} = \frac{y-y_0}{n} = \frac{z-z_0}{p} = t$$

可得

$$\begin{cases} x = x_0 + mt \\ y = y_0 + nt \qquad (t \in \mathbf{R}) \\ z = z_0 + pt \end{cases} \qquad (8\text{-}12)$$

此方程为直线的**参数式方程**．

3. 直线的一般式方程

空间直线还可以看做是两个不平行平面的交线，则方程组

$$\begin{cases} A_1 x + B_1 y + C_1 z + D_1 = 0 \\ A_2 x + B_2 y + C_2 z + D_2 = 0 \end{cases} \quad (8\text{-}13)$$

表示两平面交线的方程，称它为直线的一般式方程，其中该直线的方向向量可设为

$$\vec{s} = \vec{n}_1 \times \vec{n}_2 = \begin{vmatrix} \vec{i} & \vec{j} & \vec{k} \\ A_1 & B_1 & C_1 \\ A_2 & B_2 & C_2 \end{vmatrix}$$

例 8 求过点 $M(1,\ 3,\ 1)$ 且与直线 $\begin{cases} x + y + z + 1 = 0 \\ 2x - y + 3z + 4 = 0 \end{cases}$ 平行的直线方程.

解 已知直线的方向向量为

$$\vec{s} = \vec{n}_1 \times \vec{n}_2 = \begin{vmatrix} \vec{i} & \vec{j} & \vec{k} \\ 1 & 1 & 1 \\ 2 & -1 & 3 \end{vmatrix} = 4\vec{i} - \vec{j} - 3\vec{k}$$

由于所求直线与已知直线平行，故所求直线的方向向量 $\vec{s} = \{4, -1, -3\}$，因此，所求直线方程为

$$\frac{x-1}{4} = \frac{y-3}{-1} = \frac{z+1}{-3}$$

4. 两直线的位置关系

设直线 l_1，l_2 的方程为

$$\frac{x-x_1}{m_1} = \frac{y-y_1}{n_1} = \frac{z-z_1}{p_1}, \quad \frac{x-x_2}{m_2} = \frac{y-y_2}{n_2} = \frac{z-z_2}{p_2}$$

方向向量为 $\vec{s}_1 = \{m_1,\ n_1,\ p_1\}$，$\vec{s}_2 = \{m_2,\ n_2,\ p_2\}$，则

① 直线：

$$l_1 /\!/ l_2 \Leftrightarrow \vec{s}_1 /\!/ \vec{s}_2 \Leftrightarrow \vec{s}_1 \times \vec{s}_2 = \vec{0} \Leftrightarrow \frac{m_1}{m_2} = \frac{n_1}{n_2} = \frac{p_1}{p_2} \quad (8\text{-}14)$$

② 直线：

$$l_1 \perp l_2 \Leftrightarrow \vec{s}_1 \perp \vec{s}_2 \Leftrightarrow \vec{s}_1 \cdot \vec{s}_2 = 0 \Leftrightarrow m_1 m_2 + n_1 n_2 + p_1 p_2 = 0 \quad (8\text{-}15)$$

若某个分数为 0，则规定对应分子为 0，重合作为平行的特例.

③ 若 l_1，l_2 不垂直相交，记 $(\hat{l_1,\ l_2})$ 为 l_1，l_2 所成的角，简称夹角 $(0 \leqslant (\hat{l_1,\ l_2}) \leqslant 90°)$，$(\hat{\vec{s}_1,\ \vec{s}_2})$ 为方向向量的夹角，则

$$\cos(\hat{l_1,\ l_2}) = \left| \cos(\hat{\vec{s}_1,\ \vec{s}_2}) \right| = \frac{|\vec{s}_1 \cdot \vec{s}_2|}{|\vec{s}_1||\vec{s}_2|} = \frac{|m_1 m_2 + n_1 n_2 + p_1 p_2|}{\sqrt{m_1^2 + n_1^2 + p_1^2}\ \sqrt{m_2^2 + n_2^2 + p_2^2}}$$

例 9 已知直线 l_1：$\dfrac{x-1}{1} = \dfrac{y}{-4} = \dfrac{z+3}{1}$ 与直线 l_2：$\dfrac{x}{2} = \dfrac{y+2}{-2} = \dfrac{z}{-1}$，求 l_1，l_2 的夹角 θ.

解 直线 l_1，l_2 的方向向量为 $\vec{s}_1 = \{1,\ -4,\ 1\}$，$\vec{s}_2 = \{2,\ -2,\ -1\}$，则

$$\cos\theta = \frac{|1 \times 2 + (-4) \times (-2) + (-1) \times 1|}{\sqrt{1^2 + (-4)^2 + 1^2}\ \sqrt{2^2 + (-2)^2 + (-1)^2}} = \frac{\sqrt{2}}{2}$$

因此，l_1，l_2 的夹角 $\theta = \dfrac{\pi}{4}$．

习 题 8.3

1．写出下列平面的方程.

（1）yOz 面；（2）xOz 面；（3）xOy 面；（4）平行于 yOz 面；（5）平行于 xOz 面；（6）平行于 xOy 面.

2．求过点（2，–2，1）且以 $\vec{n} = \{-1, -1, -2\}$ 为法向量的平面方程.

3．求过点（0，–1，–1）且与平面 $y + z + 10 = 0$ 平行的平面方程.

4．求平行于 x 轴且过点 $M_1(4, 0, -2)$ 和 $M_2(5, 1, 7)$ 的平面方程.

5．求过原点且以 $\{-2, -1, -2\}$ 为方向向量的直线方程.

6．将直线方程 $\begin{cases} x + y + z + 2 = 0 \\ 2x - y + 3z + 4 = 0 \end{cases}$ 化为点向式方程和参数式方程.

7．求点（1，–2，–1）到平面 $3x - 4y + 5z = 0$ 的距离.

8．求平面 $2x - y + z = 9$ 与平面 $x + y + 2z = 10$ 的夹角.

8.4　曲　面　及　方　程

问题提出

在社会实践中，人们经常会遇到各种曲面，如球面、柱面、锥面、抛物面等，为了能准确地把握这些曲面，需要像在平面解析几何中一样，把曲面看做是点的轨迹，用代数方法来研究，那么如何求作曲面方程？

解法探究

类似平面解析几何中的研究方法，可先建立曲面与方程的关系，然后把几何问题转变成代数问题来处理.

必要知识

一、曲面方程的概念

定义　如果曲面 S 与三元方程

$$F(x, y, z) = 0 \qquad\qquad (8\text{-}16)$$

有如下关系：

（1）曲面 S 上任一点的坐标都满足方程（8-16）；

（2）不在曲面 S 上的点的坐标都不满足方程（8-16）.

那么，方程（8-16）称为曲面 S 的方程，而曲面 S 称为上述方程（8-16）的图形.

二、常见的曲面方程

1. 球面

球面是空间中到定点 M_0（球心）的距离为定长 R（半径）的动点 M 的轨迹.

下面求球心为 $M_0 = (x_0,\ y_0,\ z_0)$，半径为 R 的球面方程.

设 $M(x,\ y,\ z)$ 为球面上的一动点，则根据空间两点距离公式，有 $\overline{M_0M} = R$，即

$$(x - x_0)^2 + (y - y_0)^2 + (z - z_0)^2 = R^2 \qquad (8\text{-}17)$$

球面上的任意一点都满足式（8-17）. 反之，不在球面上的点 M，就不满足 $\overline{M_0M} = R$，同时也不满足式（8-17），所以式（8-17）就是以 $M_0 = (x_0,\ y_0,\ z_0)$ 为球心，以 R 为半径的球面方程，球面图形如图 8-19 所示.

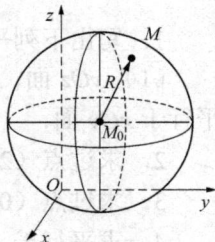

图 8-19

若球心 M_0 在原点 $(0,\ 0,\ 0)$，则该球面方程为

$$x^2 + y^2 + z^2 = R^2$$

一般地，球面方程的特点是：三元二次方程中 x^2，y^2，z^2 的系数相等，且不含 xy，yz，xz 项.

例1 讨论方程 $x^2 + y^2 + z^2 - 4x + 2z = 0$ 所表示的曲面.

解 通过配方，原方程可化为 $(x - 2)^2 + y^2 + (z + 1)^2 = 5$，由此可知该方程表示球心为 $(2,\ 0,\ -1)$，半径为 $\sqrt{5}$ 的球面.

2. 柱面

平行于定直线并沿定曲线 C 移动的直线 l 形成的轨迹称为柱面（图 8-20），其中定曲线 C 称为柱面的准线，动直线 l 称为柱面的母线.

如方程 $x^2 + y^2 = R^2$，它在 xOy 坐标面上表示圆心在原点 O、半径为 R 的圆. 在空间直角坐标系中，此方程不含坐标 z，即不论空间点的 z 坐标怎样，只要它的横坐标 x 和纵坐标 y 能满足这个方程，那么这些点就在这个曲面上. 因此，这个曲面可以看作是由平行于 z 轴的直线 l 沿 xOy 面上的圆 $x^2 + y^2 = R^2$ 移动而形成的. 此曲面称为圆柱面（图 8-21），xOy 面上的曲线 $x^2 + y^2 = R^2$ 称为圆柱面的准线，平行于 z 轴的直线 l 称为圆柱面的母线.

类似地，方程 $z^2 = -y + 1$ 表示母线平行于 x 轴的柱面，它的准线是 xOy 面上的抛物线 $z^2 = -y + 1$，该柱面称为抛物柱面（图 8-22）.

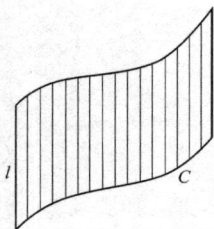

图 8-20

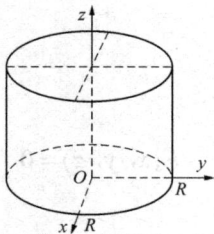

图 8-21

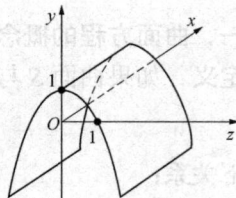

图 8-22

一般地,在空间直角坐标系中,方程 $F(x, y)=0$ 及 $F(x, z)=0$ 和 $F(y, z)=0$ 都表示柱面,它们的母线分别平行于 z 轴、y 轴和 x 轴.

例 2　指出下列方程所表示的曲面,并作出示意图.

（1）$(x-1)^2+(z+2)^2=9$；（2）$\dfrac{x^2}{a^2}+\dfrac{y^2}{b^2}=1$；（3）$-\dfrac{x^2}{a^2}+\dfrac{z^2}{b^2}=1$.

解　（1）方程缺变量 y,所以方程表示准线为 xOz 平面上的圆 $(x-1)^2+(z+2)^2=9$,母线平行于 y 轴的圆柱面,如图 8-23 所示.

（2）方程缺变量 z,所以方程表示准线为 xOy 平面上的椭圆 $\dfrac{x^2}{a^2}+\dfrac{y^2}{b^2}=1$,母线平行于 z 轴的椭圆柱面,如图 8-24 所示.

（3）方程缺变量 y,所以方程表示准线为 xOz 平面上的双曲线 $-\dfrac{x^2}{a^2}+\dfrac{z^2}{b^2}=1$,母线平行于 y 轴的双曲柱面,如图 8-25 所示.

3. 旋转曲面

一平面曲线 C 绕同一平面内的定直线 l 旋转所形成的曲面称为旋转曲面.该定直线 l 称为旋转曲面的轴,曲面 C 称为旋转曲面的母线.

通常旋转曲面是以平面曲线绕坐标轴旋转而成的.

设在 xOy 坐标面上有一已知曲线 $C: f(x, y)=0$ 绕 y 轴旋转,所得到的旋转曲面如图 8-26 所示,求该曲面的方程.

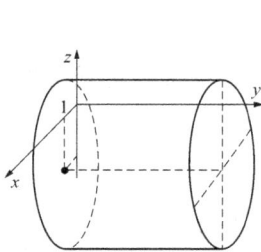
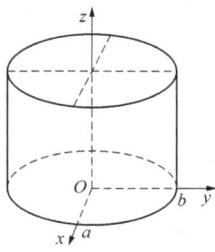
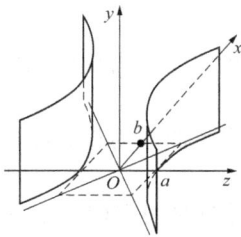
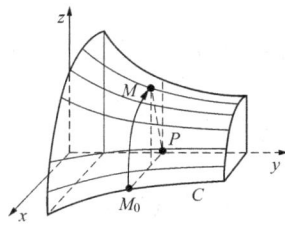

图 8-23　　　　　图 8-24　　　　　图 8-25　　　　　图 8-26

设 $M_0=\{x_1, y_1, 0\}$ 为曲线 C 上的任一点,则

$$f(x_1, y_1)=0 \tag{8-18}$$

当曲线 C 绕 y 轴旋转时,点 M_0 也绕 y 轴转到另一点 $M(x, y, z)$,这时 $y=y_1$ 保持不变,且点 $M(x, y, z)$ 到 y 轴的距离恒等于 $|x_1|$,即

$$d=\sqrt{x^2+z^2}=|x_1|$$

所以

$$|x_1|=\sqrt{x^2+z^2}$$

将 $y=y_1$,$x_1=\pm\sqrt{x^2+z^2}$ 代入式（8-18）,得

$$f\left(\pm\sqrt{x^2+z^2}, y_1\right)=0 \tag{8-19}$$

即为所求旋转曲面的方程.

由此可知，xOy 坐标面上的曲线 $C: f(x, y) = 0$ 绕 y 轴旋转所得到的旋转曲面方程为

$$f\left(\pm\sqrt{x^2+z^2}, y_1\right) = 0$$

同理可得，曲线 $C: f(x, y) = 0$ 绕 x 轴旋转所得到的旋转曲面方程为

$$f\left(x, \pm\sqrt{y^2+z^2}\right) = 0$$

例 3 求出下列旋转曲面的方程：

（1）xOy 平面上的椭圆 $\dfrac{x^2}{a^2} + \dfrac{y^2}{b^2} = 1$ 绕 y 轴旋转；

（2）xOz 平面上的抛物线 $x^2 = az$ 绕对称轴旋转；

（3）yOz 平面上的双曲线 $\dfrac{z^2}{a^2} - \dfrac{y^2}{b^2} = 1$ 分别绕实轴和虚轴旋转；

（4）xOy 平面上直线 $y = ax + b$ 分别绕 x 轴和 y 轴旋转.

解 （1）绕 y 轴旋转所得曲面的方程为

$$\frac{x^2+z^2}{a^2} + \frac{y^2}{b^2} = 1$$

此曲面称为旋转椭圆面，如图 8-27 所示.

（2）xOz 平面上的抛物线 $x^2 = az$ 的对称轴是 z 轴，绕 z 轴旋转所得曲面方程为 $x^2 + y^2 = az$.
此曲面称为旋转抛物面，如图 8-28 所示.

（3）yOz 平面上的双曲线 $\dfrac{z^2}{a^2} - \dfrac{y^2}{b^2} = 1$ 的实轴是 z 轴，虚轴是 y 轴，绕实轴旋转所得曲面

的方程为 $\dfrac{z^2}{a^2} - \dfrac{x^2+y^2}{b^2} = 1$，此曲面称为旋转双叶曲面，如图 8-29 所示. 绕虚轴旋转所得曲面

的方程为 $\dfrac{x^2+z^2}{a^2} - \dfrac{y^2}{b^2} = 1$，称此曲面为旋转单叶曲面，如图 8-30 所示.

（4）直线绕 x 轴旋转所得曲面的方程为 $y^2 + z^2 = (ax+b)^2$，此曲面是定点在 $\left(-\dfrac{b}{a}, 0, 0\right)$ 的
圆锥面，如图 8-31 所示.

绕 y 轴旋转所得曲面的方程为 $(y-b)^2 = a^2(x^2+z^2)$，它是定点在 $(0, b, 0)$ 的圆锥面，如
图 8-32 所示. 特别地，直线 $y = ax$ 绕 x 轴或 y 轴旋转而成的圆锥面的定点都在原点，方程为
$y^2 + z^2 = a^2 x^2$ 或 $y^2 = a^2(x^2+z^2)$.

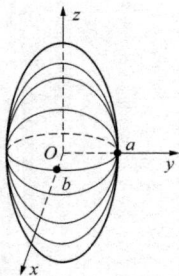

图 8-27

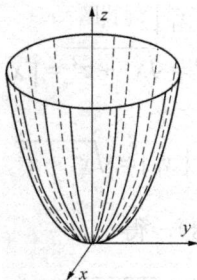

图 8-28

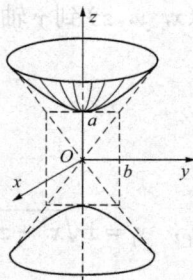

图 8-29

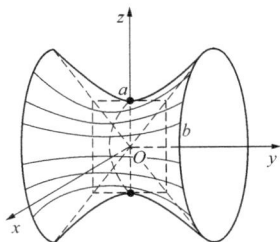

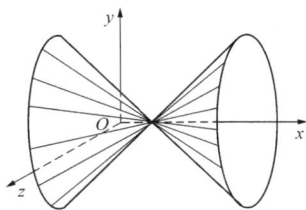

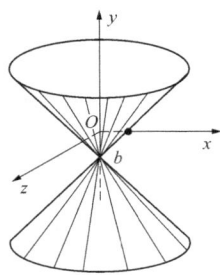

图 8-30　　　　　　　　　　图 8-31　　　　　　　　　　图 8-32

三、二次曲面

与平面解析几何中的二次曲线相类似，在空间解析几何中，二次方程所表示的曲面称为二次曲面. 前面介绍的几种曲面都属于二次曲面，下面再介绍几个常见的二次曲面.

1. 椭球面

方程 $\dfrac{x^2}{a^2}+\dfrac{y^2}{b^2}+\dfrac{z^2}{c^2}=1$（$a>0$，$b>0$，$c>0$），此曲面称为椭球面（图 8-33），$a$、$b$、$c$ 为椭球面的半轴.

2. 椭圆抛物面

方程为 $\dfrac{x^2}{a^2}+\dfrac{y^2}{b^2}=1$（$a>0$，$b>0$）的曲面称为椭圆抛物面（图 8-34）.

3. 单叶双曲面

方程为 $\dfrac{x^2}{a^2}+\dfrac{y^2}{b^2}-\dfrac{z^2}{c^2}=1$（$a>0$，$b>0$，$c>0$）的曲面称为单叶双曲面（图 8-35）.

4. 双叶双曲面

方程为 $\dfrac{z^2}{c^2}-\dfrac{x^2}{a^2}-\dfrac{y^2}{b^2}=1$（$a>0$，$b>0$，$c>0$）的曲面称为双叶双曲面（图 8-36）.

5. 椭圆锥面

方程为 $\dfrac{x^2}{a^2}+\dfrac{y^2}{b^2}=z^2$（$a>0$，$b>0$）的曲面称为椭圆锥面（图 8-37）.

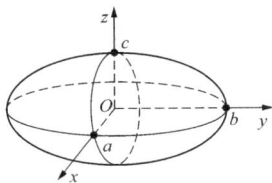

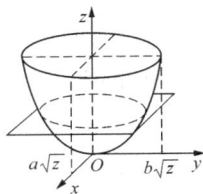

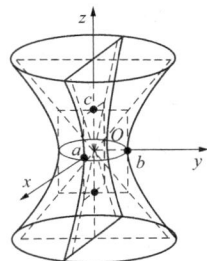

图 8-33　　　　　　　　　　图 8-34　　　　　　　　　　图 8-35

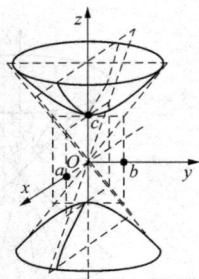

图 8-36

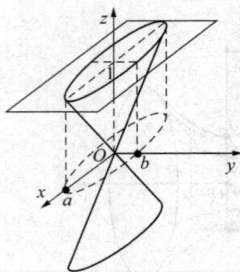

图 8-37

习 题 8.4

1．指出下列方程表示什么曲面．

（1）$x^2 + y^2 + z^2 + z = 0$；

（2）$x^2 = 4y$；

（3）$x^2 + \dfrac{y^2}{4} + z^2 = 1$；

（4）$\dfrac{x^2}{2} + \dfrac{y^2}{2} - z = 1$；

（5）$\dfrac{x^2}{9} + \dfrac{y^2}{9} - z^2 = 1$．

2．建立以点$(1, 3, -2)$为球心，且通过坐标原点$O(0, 0, 0)$的球面方程．

3．说明下列旋转曲面是怎样形成的．

（1）$\dfrac{x^2}{4} + \dfrac{y^2}{9} + \dfrac{z^2}{9} = 1$；

（2）$x^2 - y^2 - z^2 = 1$．

复习题八

1．填空题．

（1）点$M(-1, 6, 2)$关于x轴对称的点的坐标为_____．

（2）点$M(3, 0, 4)$到z轴的距离是_____．

（3）设$\vec{a} = \vec{i} + \vec{j} - 4\vec{k}$，$\vec{b} = 2\vec{i} + \lambda\vec{k}$，且$\vec{a} \perp \vec{b}$，则$\lambda =$_____．

（4）设$\vec{a} = 2\vec{i} + 3\vec{j} - 2\vec{k}$，则$\vec{a} \cdot \vec{i} =$_____，$\vec{a} \times \vec{i} =$_____．

（5）设$Ax + By + z + D = 0$通过原点，且与平面$6x - 2z + 5 = 0$平行，则$A =$_____，$B =$_____，$D =$_____．

（6）设直线$\dfrac{x-1}{m} = \dfrac{y+2}{2} = \lambda(z-1)$与平面$-3x + 6y + 3z + 25 = 0$垂直，则$m =$_____，$\lambda =$_____．

（7）球面$x^2 + y^2 + z^2 - 2x + 2y = 1$的球心为_____，半径为_____．

（8）直线$\begin{cases} x = 1 \\ y = 0 \end{cases}$绕$z$轴旋转一周所形成的旋转曲面方程为_____．

2．单项选择题.

（1）下列各组角中，可以作为向量的方向角的是（　　　）.

    A. $\dfrac{\pi}{3}$，$\dfrac{\pi}{4}$，$\dfrac{2\pi}{3}$ B. $-\dfrac{\pi}{3}$，$\dfrac{\pi}{4}$，$\dfrac{\pi}{3}$

    C. $\dfrac{\pi}{6}$，π，$\dfrac{\pi}{6}$ D. $\dfrac{\pi}{3}$，$\dfrac{\pi}{3}$，$\dfrac{2\pi}{3}$

（2）向量 $\vec{a}=(a_x,\ a_y,\ a_z)$ 与 x 轴垂直，则（　　　）.

    A. $a_x=0$ B. $a_y=0$ C. $a_z=0$ D. $a_x=a_y=0$

（3）设 $\vec{a}=(1,\ 1,\ -1)$ $\vec{b}=(-1,\ -1,\ 1)$ 则有（　　　）.

    A. $\vec{a}\parallel\vec{b}$ B. $\vec{a}\perp\vec{b}$

    C. $(\vec{a},\ \vec{b})=\dfrac{\pi}{3}$ D. $(\vec{a},\ \vec{b})=\dfrac{2\pi}{3}$

（4）平面 $2x-y=1$ 的位置是（　　　）.

    A. 与 x 轴平行   B. 与 z 轴垂直

    C. 与 xOy 面垂直   D. 与 xOy 面平行

（5）直线 $\begin{cases} x+2y=1 \\ 2y+z=1 \end{cases}$，与直线 $\dfrac{x}{1}=\dfrac{y-1}{0}=\dfrac{z-1}{-1}$ 的关系是（　　　）.

    A. 平行   B. 重合

    C. 垂直   D. 既不平行也不垂直

（6）直线 $\dfrac{x-3}{1}=\dfrac{y}{-1}=\dfrac{z+2}{2}$ 与平面 $x-y-z+1=0$ 的关系是（　　　）.

    A. 垂直   B. 相交但不垂直

    C. 直线在平面上   D. 平行

（7）柱面 $x^2+z=0$ 的母线平行于（　　　）.

    A. y 轴   B. x 轴   C. z 轴   D. zOx 面

（8）曲面 $z=2x^2+4y^2$ 称为（　　　）.

    A. 椭球面   B. 圆锥面   C. 旋转抛物面   D. 椭圆抛物面

3．在空间直角坐标系中，描出下列各点，并指出它们的位置特征.

A.（0, 1, −2），B.（3, 0, 1），C.（1, 0, 0），D.（0, 0, −1），E.（3, 3, 3）.

4．已知点 $M_1(3,\ 1,\ -1)$，$M_2(-1,\ 2,\ 1)$ 试求：

（1）向量 $\overrightarrow{M_1M_2}$ $\overrightarrow{M_2M_1}$ $\overrightarrow{OM_1}$ 的坐标表示；

（2）点 M_1 到 M_2 的距离.

5．求出向量 $\vec{a}=\vec{i}+\vec{j}+\vec{k}$，$\vec{b}=2\vec{i}-3\vec{j}+5\vec{k}$ 的单位向量 $\vec{a}^0$，$\vec{b}^0$，并分别用 b^0，b^0 表达 a，b.

6．设两力 $\vec{F}_1=2\vec{i}+3\vec{j}+6\vec{k}$ 和 $\vec{F}_2=2\vec{i}+4\vec{j}+2\vec{k}$ 都作用于点 $M(1,\ -2,\ 3)$ 处，且点 $N(p,\ q,\ 19)$ 在合力的作用线上，试求 p，q 的值.

7．两船在某瞬间分别位于 $P(18,7,0)$，$Q(8,12,0)$，假设两船均沿 PQ 做等速直线运动，且速率之比为 3:2，问在何点两船将相遇？

8. 已知 $\vec{a} = \{4, -2, 4\}$，$\vec{b} = \{6, -3, 2\}$，试求：

（1）$\vec{a} \cdot \vec{b}$；

（2）$(\widehat{\vec{a}\ \vec{b}})$；

（3）$(3\vec{a} - 2\vec{b}) \cdot (\vec{a} + 2\vec{b})$.

9. 求与向量 $\vec{a} = 2\vec{i} + \vec{j} + 2\vec{k}$ 平行，且满足 $\vec{a} \cdot \vec{x} = 18$ 的向量 $\vec{x}$.

10. 设力 $\vec{F} = 2\vec{i} - 3\vec{j} + \vec{k}$ 使一质点沿直线从点 $M_1(0, 1, -1)$ 移动到点 $M_2(2, 1, -2)$，试求力 $\vec{F}$ 所做的功.

11. 设有一定点 $M_0(1, 1, 1)$ 和一动点 M，已知向量 $\overrightarrow{M_0 M}$ 和向量 $\vec{n} = \{2, 2, 3\}$ 垂直，试求动点 M 的轨迹.

12. 已知 $\vec{a} = \{4, -2, 4\}$，$\vec{b} = \{6, -3, 2\}$ 试求：

（1）$\vec{a} \times \vec{b}$；（2）$(\vec{a} + \vec{b}) \times \vec{b}$.

13. 求同时垂直于向量 $\vec{a} = \vec{i} - 3\vec{j} - \vec{k}$ 和 $\vec{b} = 2\vec{i} - \vec{j} + 3\vec{k}$ 的单位向量.

14. 已知三角形的顶点是 $A(1, -1, 2)$，$B(3, 3, 1)$ 和 $C(3, 1, 3)$，求 $\triangle ABC$ 的面积.

15. 求过点 $P(1, -1, -1)$，$Q(2, 2, 4)$ 且与平面 $x + y - z = 0$ 垂直的平面方程.

16. 求过点 $P_0(1, 4, -1)$ 且 P_0 与原点连线相垂直的平面方程.

17. 写出下列各平面的方程.

（1）过三点 $(0, 0, 0)$，(101)，$(2, 1, 0)$；

（2）平行于 y 轴，且过点 $(1, -5, 1)$，$(3, 2, -3)$；

（3）平行于 zOx 平面且过点 $(3, 2, -7)$；

（4）通过 x 轴及点 $(4, -3, 1)$.

18. 求下列直线方程.

（1）通过点 $(2, -3, 8)$ 且与 z 轴平行；

（2）通过点 $(-1, 2, 6)$ 且平行于直线 $\begin{cases} x - 2z - 3 \\ y = 3z - 5 \end{cases}$.

19. 求过直线 $\dfrac{x+3}{3} = \dfrac{y+2}{-2} = \dfrac{z}{1}$ 与 $\dfrac{x+3}{3} = \dfrac{y+4}{-2} = \dfrac{z+1}{1}$ 的平面方程.

20. 试确定下列各题中直线与平面的位置关系.

（1）$\dfrac{x+3}{2} = \dfrac{y+4}{7} = \dfrac{z-3}{-3}$ 和 $4x - 2y - 2z - 3 = 0$.

（2）$\dfrac{x}{3} = \dfrac{y}{-2} = \dfrac{z}{7}$ 和 $3x - 2y + 7z - 8 = 0$.

21. 求满足下列条件的动点的轨迹方程.

（1）到点 $(1, 2, 1)$ 与到点 $(2, 0, 1)$ 的距离分别等于 3 与 2；

（2）到点 $(-4, 3, 4)$ 的距离等于到 xOy 面的距离；

（3）y 轴到动点 p 的距离等于 z 轴到动点 p 距离的 4 倍.

知识结构图

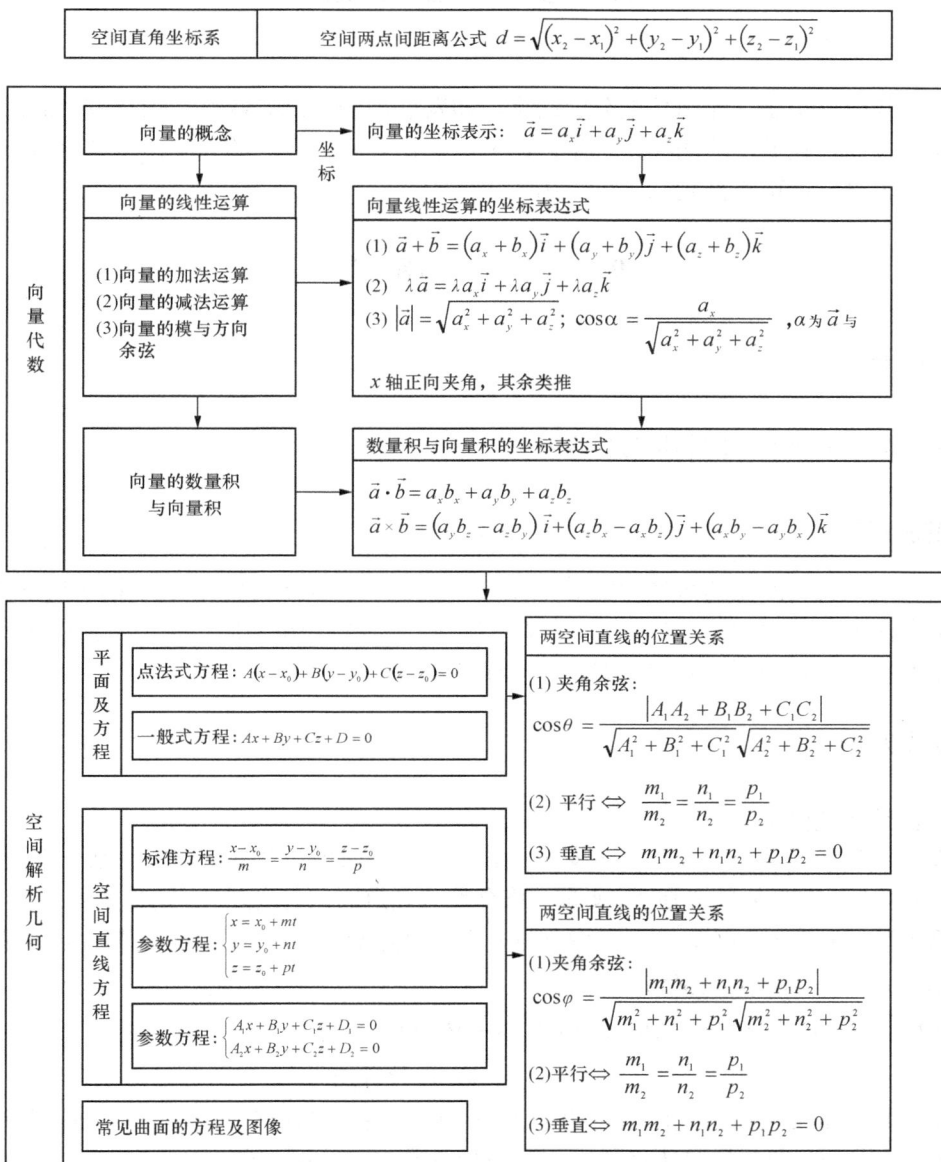

空间直角坐标系	空间两点间距离公式 $d = \sqrt{(x_2 - x_1)^2 + (y_2 - y_1)^2 + (z_2 - z_1)^2}$

向量代数

向量的概念 ——坐标—→ 向量的坐标表示：$\vec{a} = a_x \vec{i} + a_y \vec{j} + a_z \vec{k}$

向量的线性运算

(1)向量的加法运算
(2)向量的减法运算
(3)向量的模与方向余弦

向量线性运算的坐标表达式

(1) $\vec{a} + \vec{b} = (a_x + b_x)\vec{i} + (a_y + b_y)\vec{j} + (a_z + b_z)\vec{k}$

(2) $\lambda \vec{a} = \lambda a_x \vec{i} + \lambda a_y \vec{j} + \lambda a_z \vec{k}$

(3) $|\vec{a}| = \sqrt{a_x^2 + a_y^2 + a_z^2}$; $\cos\alpha = \dfrac{a_x}{\sqrt{a_x^2 + a_y^2 + a_z^2}}$ ，α 为 $\vec{a}$ 与

x 轴正向夹角，其余类推

向量的数量积与向量积

数量积与向量积的坐标表达式

$\vec{a} \cdot \vec{b} = a_x b_x + a_y b_y + a_z b_z$

$\vec{a} \times \vec{b} = (a_y b_z - a_z b_y)\vec{i} + (a_z b_x - a_x b_z)\vec{j} + (a_x b_y - a_y b_x)\vec{k}$

空间解析几何

平面及方程

点法式方程：$A(x - x_0) + B(y - y_0) + C(z - z_0) = 0$

一般式方程：$Ax + By + Cz + D = 0$

空间直线方程

标准方程：$\dfrac{x - x_0}{m} = \dfrac{y - y_0}{n} = \dfrac{z - z_0}{p}$

参数方程：$\begin{cases} x = x_0 + mt \\ y = y_0 + nt \\ z = z_0 + pt \end{cases}$

参数方程：$\begin{cases} A_1 x + B_1 y + C_1 z + D_1 = 0 \\ A_2 x + B_2 y + C_2 z + D_2 = 0 \end{cases}$

常见曲面的方程及图像

两空间直线的位置关系

(1) 夹角余弦：

$\cos\theta = \dfrac{|A_1 A_2 + B_1 B_2 + C_1 C_2|}{\sqrt{A_1^2 + B_1^2 + C_1^2}\sqrt{A_2^2 + B_2^2 + C_2^2}}$

(2) 平行 $\Leftrightarrow \dfrac{m_1}{m_2} = \dfrac{n_1}{n_2} = \dfrac{p_1}{p_2}$

(3) 垂直 $\Leftrightarrow m_1 m_2 + n_1 n_2 + p_1 p_2 = 0$

两空间直线的位置关系

(1)夹角余弦：

$\cos\varphi = \dfrac{|m_1 m_2 + n_1 n_2 + p_1 p_2|}{\sqrt{m_1^2 + n_1^2 + p_1^2}\sqrt{m_2^2 + n_2^2 + p_2^2}}$

(2)平行$\Leftrightarrow \dfrac{m_1}{m_2} = \dfrac{n_1}{n_2} = \dfrac{p_1}{p_2}$

(3)垂直$\Leftrightarrow m_1 m_2 + n_1 n_2 + p_1 p_2 = 0$

第9章 多元函数微分学

多元函数微分学是一元函数微分学的推广和发展，与一元函数微分学有许多相似的地方，但是在某些方面存在着本质的差别，学习时应注意比较它们之间的异同．本章将重点讨论二元函数，有关概念都可类推到二元以上函数．

9.1 多 元 函 数

问题提出

正弦交流电流所产生的热量与什么有关？

解法探究

正弦交流电流所产生的热量 Q 随着电流 I、电压 U、时间 t 的变化而变化，即 $Q = IUt$ ．这一问题中有四个变量 Q，I，U，t，当 I，U，t 每取定一组值时，按照上面的对应关系，就有确定的 Q 与之对应，这是自变量多于一个的函数．

必要知识

一、多元函数概念

定义 1（二元函数） 设有三个变量 x，y，z，如果当变量 x，y 在某一范围 D 内任意取定一对值时，按照某种法则 f，变量 z 总有唯一确定的值与之对应，则称变量 z 是变量 x、y 的**二元函数**，记为 $z = f(x, y)$，其中 x 与 y 称为**自变量**，函数 z 称为**因变量**．自变量 x 与 y 的变化范围 D 称为函数的**定义域**．

二元函数 $z = f(x, y)$ 在点 $(x_0, y_0) \in D$ 处的函数值记为

$$f(x_0, y_0)、\ z\big|_{(x_0, y_0)} \ 或 \ z\big|_{\substack{x = x_0 \\ y = y_0}}$$

二元函数的定义域通常是由 xOy 平面上一条或几条光滑曲线所围成的具有连通性的平面**区域**（所谓连通性是指该区域内任意两点均可用完全属于该区域的折线连接起来），围成区域的曲线称为区域的边界，包括边界在内的区域称为**闭区域**，否则称为**开区域**．

如果一个区域 D 内任意两点之间的距离都不超过某一常数 M，则称 D 为**有界区域**，否则称为**无界区域**．

常见的区域有矩形域：$a < x < b$，$c < y < d$ 及圆域 $(x - x_0)^2 + (y - y_0)^2 < \delta^2 (\delta > 0)$．

圆域 $\{(x, y) \mid (x - x_0)^2 + (y - y_0)^2 < \delta^2，\delta > 0\}$ 又称为平面上点 (x_0, y_0) 的 δ 邻域，而称不包含点 (x_0, y_0) 的邻域为点 (x_0, y_0) 的空心邻域．

二元函数的定义域的求法与一元函数相类似，如果不考虑函数的实际背景，其定义域就是使函数表达式有意义的自变量的取值范围.

例 1 求二元函数 $f(x,y) = \dfrac{1}{\sqrt{9-x^2-y^2}} + \ln(x+y-1)$

的定义域，并求 $f(2, 0)$.

解 要使函数有意义，则有

$$\begin{cases} 9-x^2-y^2 > 0 \\ x+y-1 > 0 \end{cases}$$

即

$$\begin{cases} x^2+y^2 < 9 \\ x+y > 1 \end{cases}$$

于是，函数的定义域为

$$D = \{(x,\ y)\big| x^2+y^2 < 3^2 \text{且} x+y > 1\}$$

它在 xOy 面上表示一个圆心在原点、半径为 3 的圆（不含边界 $x^2+y^2=9$ ）以内，直线 $x+y=1$ （不含边界 $x+y=1$ ）的以上部分，如图 9-1 所示. 它是一个有界的开区域.

$$f(2,0) = \frac{1}{\sqrt{9-2^2-0^2}} + \ln(2+0-1) = \frac{1}{\sqrt{5}} + \ln 1 = \frac{\sqrt{5}}{5}$$

下面来考察二元函数 $z=f(x,y), (x,y) \in D$ 的图像：对于任意取定的点 $P(x,\ y) \in D$，对应的函数值为 $z=f(x,\ y)$，以自变量 x，y 分别作为横、纵坐标，以因变量 z 为竖坐标，在空间直角坐标系上就可以确定一点 $M(x,\ y,\ z)$，当点 P 在定义域 D 中变动时，对应点 M 的轨迹就是函数 $z=f(x,\ y)$ 的图像，它通常是一个曲面，且该曲面在 xOy 平面上的投影区域就是函数的定义域，如图 9-2 所示.

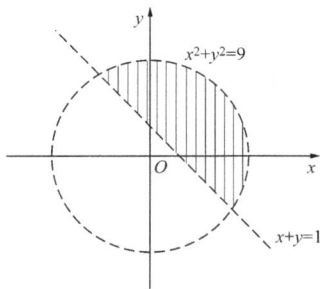

图 9-1

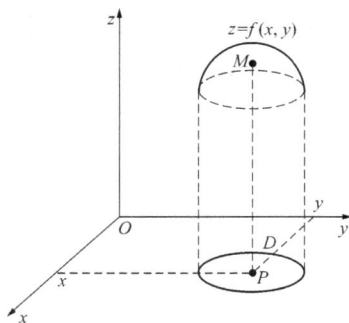

图 9-2

例如，由空间解析几何知道，线性函数 $z=ax+by+c$ 的图像是一个平面，而函数 $z=x^2+y^2$ 的图像是旋转抛物面.

类似地，可以定义有三个自变量的三元函数

$$u=f(x,y,z), (x,y,z) \in D$$

三元函数的定义域通常是一个空间区域，一般地，n 元函数

$$u = f(x_1, x_2, \cdots, x_n), (x_1, x_2, \cdots, x_n) \in D$$

的定义域是 n 维空间的区域，二元及二元以上的函数统称为**多元函数**.

二、二元函数的极限与连续性

同一元函数 $y = f(x)$ 的极限 $\lim\limits_{x \to x_0} f(x) = A$ 的讨论类似，现在来研究二元函数 $z = f(x, y)$ 当其自变量 x 与 y 趋于有限值 x_0 与 y_0 时的变化趋势. 但二元函数的情况要比一元函数复杂得多，因为在坐标平面 xOy 上，动点 (x, y) 趋于定点 (x_0, y_0) 的路径可以有无数条.

定义 2　设二元函数 $z = f(x, y)$，如果当点 (x, y) 以任意方式趋于点 (x_0, y_0) 时，函数 $f(x, y)$ 无限接近于一个确定的常数 A，则称 A 为二元函数 $f(x, y)$ 当 (x, y) 趋于 (x_0, y_0) 时的**极限**，记作

$$\lim_{\substack{x \to x_0 \\ y \to y_0}} f(x, y) = A \text{ 或 } \lim_{(x, y) \to (x_0, y_0)} f(x, y) = A$$

二元函数的极限又称为**二重极限**，二重极限与一元函数极限有相类似的运算法则及性质.

例 2　求极限 $\lim\limits_{(x, y) \to (0, 2)} \dfrac{\sin(xy)}{x}$.

解　由极限的运算法则及重要极限，有

$$\lim_{(x, y) \to (0, 2)} \frac{\sin(xy)}{x} = \lim_{(x, y) \to (0, 2)} \left[\frac{\sin(xy)}{xy} \cdot y \right] = \lim_{xy \to 0} \frac{\sin(xy)}{xy} \cdot \lim_{y \to 2} y = 1 \times 2 = 2$$

以上二元函数的极限概念与运算，可相应地推广到 n 元函数 $u = f(x_1, x_2, \cdots, x_n)$.

若将一元函数的连续性推广，可以得到二元函数的连续性的概念和性质.

定义 3　设函数 $z = f(x, y)$ 在点 $P_0(x_0, y_0)$ 的某邻域内有定义，如果

$$\lim_{\substack{x \to x_0 \\ y \to y_0}} f(x, y) = f(x_0, y_0) \tag{9-1}$$

则称二元函数 $z = f(x, y)$ 在点 $P_0(x_0, y_0)$ 处**连续**. 如果函数 $f(x, y)$ 在区域 D 内的每一点都连续，则称函数 $f(x, y)$ 在区域 D 上**连续**，又称函数 $f(x, y)$ 为区域 D 上的**连续函数**.

若令 $x = x_0 + \Delta x$，$y = y_0 + \Delta y$，则式（9-1）可写成

$$\lim_{\substack{\Delta x \to 0 \\ \Delta y \to 0}} \left[f(x_0 + \Delta x, y_0 + \Delta y) - f(x_0, y_0) \right] = 0$$

即

$$\lim_{\substack{\Delta x \to 0 \\ \Delta y \to 0}} \Delta z = 0$$

这里 Δz 为函数的**全增量**，即

$$\Delta z = f(x_0 + \Delta x, y_0 + \Delta y) - f(x_0, y_0)$$

如果函数 $z = f(x, y)$ 在点 $P_0(x_0, y_0)$ 处不连续，则称点 $P_0(x_0, y_0)$ 为函数 $f(x, y)$ 的**不连续点**或**间断点**.

同一元函数一样，二元连续函数的和、差、积、商（分母不等于零）及二元连续函数的复合函数都是连续的.

由此可以得到如下结论：多元初等函数在其定义域内连续.

习 题 9.1

1. 已知 $f(x, y) = x^2 + xy + y^2$，求 $f(1, 2)$.

2. 设函数 $f(x, y) = x^2 + y^2 - xy \tan \dfrac{x}{y}$，求 $f(tx, ty)$.

3. 求下列函数的定义域并画出定义域图形.

（1）$z = \ln(y^2 - 2x + 1)$；　　　　　　（2）$z = \sqrt{x - \sqrt{y}}$；

（3）$z = \dfrac{\sqrt{4x - y^2}}{\ln(1 - x^2 - y^2)}$；　　　　　　（4）$z = \sqrt{4 - x^2 - y^2}\, \ln(x^2 + y^2 - 1)$.

4. 求下列各极限.

（1）$\lim\limits_{\substack{x \to 0 \\ y \to 5}} \dfrac{\sin(xy)}{x}$；　　　　　　（2）$\lim\limits_{\substack{x \to 0 \\ y \to 0}} \dfrac{2 - \sqrt{xy + 4}}{xy}$.

9.2　偏　　导　　数

问题提出

一定量的理想气体的压强 P、体积 V、热力学温度 T 三者之间的关系为

$$P = \frac{RT}{V} \quad （R \text{ 为常量}）$$

上式 P 是随着 V 和 T 而变化的. 当温度不变时（等温过程），求压强 P 关于体积 V 的变化率.

解法探究

这一问题中有三个变量 P，V，T，当 V 和 T 每取一组值时，按照上面的对应关系，就有确定的压强值 P 与之对应，这是有两个自变量的二元函数. 若当温度不变时，温度 T 视为常量，此时 P 只随 V 的变化而变化，用一元函数微分法可得压强 P 关于体积 V 的变化率为

$$\left(\frac{\mathrm{d}P}{\mathrm{d}V}\right) = -\frac{RT}{V^2}$$

必要知识

一、偏导数的概念与求法

定义　设函数 $z = f(x, y)$ 在点 (x_0, y_0) 的某一邻域内有定义，当 y 固定在 y_0，而 x 在 x_0 处有增量 Δx 时，相应地函数有增量 $\Delta z = f(x_0 + \Delta x, y_0) - f(x_0, y_0)$，如果极限

$$\lim_{\Delta x \to 0} \frac{f(x_0 + \Delta x, y_0) - f(x_0, y_0)}{\Delta x}$$

存在，则称此极限为函数 $z = f(x, y)$ 在点 (x_0, y_0) 处对 x 的**偏导数**，记作

$$\frac{\partial z}{\partial x}\Big|_{\substack{x=x_0 \\ y=y_0}}, \quad \frac{\partial f}{\partial x}\Big|_{\substack{x=x_0 \\ y=y_0}}, \quad z_x\big|_{\substack{x=x_0 \\ y=y_0}} \text{ 或 } f_x(x_0, y_0)$$

类似地，当 x 固定不变时，函数 $z = f(x, y)$ 在点 (x_0, y_0) 处对 y 的**偏导数**为

$$\frac{\partial z}{\partial y}\Big|_{\substack{x=x_0 \\ y=y_0}}, \quad \frac{\partial f}{\partial y}\Big|_{\substack{x=x_0 \\ y=y_0}}, \quad z_y\big|_{\substack{x=x_0 \\ y=y_0}} \text{ 或 } f_x(x_0, y_0)$$

如果函数 $z = f(x, y)$ 在区域 D 内每一点 (x, y) 处对 x 的偏导数都存在，那么这个偏导数仍是 x，y 的函数，称为函数 $z = f(x, y)$ 对自变量 x 的**偏导函数**，记作

$$\frac{\partial z}{\partial x}, \quad \frac{\partial f}{\partial x}, \quad z_x \text{ 或 } f_x(x, y)$$

类似地，可以定义函数 $z = f(x, y)$ 对自变量 y 的偏导函数，记作

$$\frac{\partial z}{\partial y}, \quad \frac{\partial f}{\partial y}, \quad z_y \text{ 或 } f_y(x, y)$$

显然，$z = f(x, y)$ 在点 (x_0, y_0) 处对 x 的偏导数 $f_x(x_0, y_0)$ 就是偏导函数 $f_x(x, y)$ 在点 (x_0, y_0) 处的函数值；$f_y(x_0, y_0)$ 就是偏导函数 $f_y(x, y)$ 在点 (x_0, y_0) 处的函数值. 在不引起混淆的情况下，偏导函数通常简称为偏导数.

从偏导数的定义中可以看到，偏导数的实质就是把一个自变量固定，而将二元函数看成是另一个自变量的一元函数的导数，因此，求二元函数的偏导数，不需要引进新的方法，只需用一元函数的微分法，把一个自变量暂时视为常量，而对另一个自变量进行一元函数求导即可. 举例说明如下.

例 1　求 $z = x^2 \sin y$ 的偏导数.

解　把 y 看作常量，对 x 求偏导数，得

$$\frac{\partial z}{\partial x} = 2x \sin y$$

把 x 看作常量，对 y 求导，得

$$\frac{\partial z}{\partial y} = x^2 \cos y$$

例 2　求 $z = \ln(1 + x^2 + y^2)$ 在点（1，2）处的偏导数.

解　因为

$$\frac{\partial z}{\partial x} = \frac{2x}{1 + x^2 + y^2}, \quad \frac{\partial z}{\partial y} = \frac{2y}{1 + x^2 + y^2}$$

所以

$$\frac{\partial z}{\partial x}\Big|_{(1,2)} = \frac{1}{3}, \quad \frac{\partial z}{\partial y}\Big|_{(1,2)} = \frac{2}{3}$$

例 3　设 $f(x, y) = e^{\arctan \frac{y}{x}} \ln(x^2 + y^2)$，求 $f_x(1, 0)$.

解 如果先求偏导数 $f_x(x, y)$，运算比较繁杂，但是若先把函数中的 y 固定在 $y = 0$，则有

$$f(x, 0) = 2\ln x$$

从而 $f_x(x, 0) = \dfrac{2}{x}$，所以 $f(1, 0) = 2$.

二元函数偏导数的定义和求法可以类推到三元和三元以上的函数.

二、偏导数的几何意义

根据偏导数的定义，二元函数 $z = f(x, y)$ 在点 (x_0, y_0) 处对 x 的偏导数 $f_x(x_0, y_0)$，就是一元函数 $z = f(x, y_0)$ 在点 x_0 处的导数 $\dfrac{\mathrm{d}}{\mathrm{d}x} f(x, y_0) \Big|_{x=x_0}$. 设 $M_0(x_0, y_0, f(x_0, y_0))$ 为曲面 $z = f(x, y)$ 上的一点，过 M_0 作平面 $y = y_0$，这个平面在曲面上截得一曲线

$$C_x : \begin{cases} z = f(x, y) \\ y = y_0 \end{cases}$$

由一元函数的导数几何意义可知，$\dfrac{\mathrm{d}}{\mathrm{d}x} f(x, y_0) \Big|_{x=x_0}$ 〔即 $f_x(x_0, y_0)$〕就是曲线 C_x 在点 M_0 处的切线 $M_0 T_x$ 对 x 轴的斜率，即

$$f_x(x_0, y_0) = \tan\alpha$$

同样，偏导数 $f_y(x_0, y_0)$ 表示曲线 $z = f(x, y)$ 与平面 $x = x_0$ 的交线 C_y 在点 M_0 处的切线 $M_0 T_y$ 对 y 轴的斜率，即

$$f_y(x_0, y_0) = \tan\beta$$

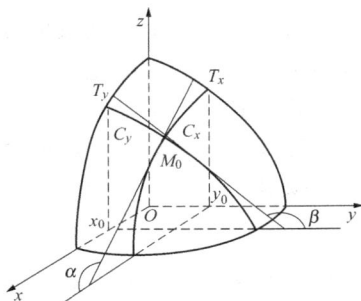

图 9-3

三、高阶偏导数

如果函数 $z = f(x, y)$ 的两个偏导数 $f_x(x, y)$，$f_y(x, y)$ 仍然是 x, y 的函数，且函数 $f_x(x, y)$、$f_y(x, y)$ 关于 x, y 的偏导数存在，则称它们为函数 $z = f(x, y)$ 的二阶偏导数.

按照对自变量的不同的求导次序，有以下四个二阶偏导数：

$$\frac{\partial}{\partial x}\left(\frac{\partial z}{\partial x}\right) = \frac{\partial^2 z}{\partial x^2} = f_{xx}(x, y) ; \quad \frac{\partial}{\partial x}\left(\frac{\partial z}{\partial y}\right) = \frac{\partial^2 z}{\partial y \partial x} = f_{yx}(x, y)$$

$$\frac{\partial}{\partial y}\left(\frac{\partial z}{\partial y}\right) = \frac{\partial^2 z}{\partial y^2} = f_{yy}(x, y) ; \quad \frac{\partial}{\partial y}\left(\frac{\partial z}{\partial x}\right) = \frac{\partial^2 z}{\partial x \partial y} = f_{xy}(x, y)$$

其中 $f_{xy}(x, y)$，$f_{xy}(x, y)$ 称为**二阶混合偏导数**.

类似地，可以定义三阶、四阶以至 n 阶偏导数，二阶及二阶以上的偏导数统称为**高阶偏导数**. 而 $f_x(x, y)$、$f_y(x, y)$ 称为函数 $z = f(x, y)$ 的一阶偏导数.

例 4 设 $z = x^3 y - 3x^2 y^3$，求它的二阶偏导数.

解 函数的一阶偏导数为

$$\frac{\partial z}{\partial x} = 3x^2 y - 6xy^3, \quad \frac{\partial z}{\partial y} = x^3 - 9x^2 y^2$$

二阶偏导数为

$$\frac{\partial^2 z}{\partial x^2}=\frac{\partial}{\partial x}\left(\frac{\partial z}{\partial x}\right)=\frac{\partial}{\partial x}(3x^2y-6xy^3)=6xy-6y^3$$

$$\frac{\partial^2 z}{\partial x\partial y}=\frac{\partial}{\partial y}\left(\frac{\partial z}{\partial x}\right)=\frac{\partial}{\partial y}(3x^2y-6xy^3)=3x^2-18xy^2$$

$$\frac{\partial^2 z}{\partial y\partial x}=\frac{\partial}{\partial x}\left(\frac{\partial z}{\partial y}\right)=\frac{\partial}{\partial x}(x^3-9x^2y^2)=3x^2-18xy^2$$

$$\frac{\partial^2 z}{\partial y^2}=\frac{\partial}{\partial y}\left(\frac{\partial z}{\partial y}\right)=\frac{\partial}{\partial y}(x^3-9x^2y^2)=-18x^2y$$

从例 4 看出，$z=x^3y-3x^2y^3$ 的两个二阶混合偏导数是相等的，但这个结论并不是对任意可求二阶偏导数的二元函数都成立，不过当两个二阶混合偏导数满足如下条件时，结论就成立.

定理　若函数 $z=f(x,y)$ 的两个二阶混合偏导数在点 (x,y) 处连续，则在该点有

$$\frac{\partial^2 z}{\partial y\partial x}=\frac{\partial^2 z}{\partial x\partial y}$$

对于三元以上的函数也可以类似地定义高阶偏导数，而且在偏导数连续时，混合偏导数也与求偏导数的次序无关.

四、专业应用举例

1.《工程流体力学》中的流体流动的连续性方程计算

例 5　设有一平面流场，其流动规律为

$$u=x^2+y^2,\quad v=-2xy$$

分析该流场是否存在（满足连续方程 $\frac{\partial u}{\partial x}+\frac{\partial v}{\partial y}=0$ 的流场才存在，否则不存在）.

解　因为 $\frac{\partial u}{\partial x}=2x$，$\frac{\partial v}{\partial y}=-2x$，故

$$\frac{\partial u}{\partial x}+\frac{\partial v}{\partial y}=0$$

此流场满足连续方程式，所以该流场存在.

2. 电学有关计算

例 6　设由 R_1，R_2 组成的一个并联电路中，若 $R_1>R_2$，则改变哪一个电阻，对总电阻 R 的变化影响最大？

解　由并联电路可知

$$\frac{1}{R}=\frac{1}{R_1}+\frac{1}{R_2}$$

即

$$R=\frac{R_1R_2}{R_1+R_2}$$

所以

$$\frac{\partial R}{\partial R_1}=\frac{R_2(R_1+R_2)-R_1R_2}{(R_1+R_2)^2}=\frac{R_2^2}{(R_2+R_2)^2},\quad \frac{\partial R}{\partial R_2}=\frac{R_1^2}{(R_1+R_2)^2}$$

因为

$$R_1 > R_2$$

所以

$$\frac{\partial R}{\partial R_1} < \frac{\partial R}{\partial R_2}$$

因此在并联电路中改变电阻值较小的电阻 R_2，对总电阻 R 的变化影响最大，这个结论与实验结果完全一致.

习 题 9.2

1. 已知 $z = x^y (x > 0)$，求 $\dfrac{\partial z}{\partial x}, \dfrac{\partial z}{\partial y}$.

2. 求下列函数的偏导数.

（1） $z = x^3 y - y^3 x$；　　　　　　（2） $z = \dfrac{x}{\sqrt{x^2 + y^2}}$；

（3） $z = \ln \sin(x - 2y)$；　　　　　（4） $z = e^x(\cos y + x \sin y)$.

3. 求下列函数在指定点的偏导数.

（1） $f(x, y) = 2x^2 + 3y^2 - xy$，求 $f_x(1, 2)$，$f_y(3, 1)$；

（2） $f(x, y) = e^{x+y}\cos(xy) + 3y - 1$，求 $f_x(0, 1)$，$f_y(1, 0)$；

（3） $f(x, y) = x + y - \sqrt{x^2 + y^2}$，求 $f_x(3, 4)$ 及 $f_y(3, 4)$.

4. 求下列函数的二阶偏导数.

（1） $z = x^8 e^y$；

（2） $u = (x + 2y + 3z)^{10}$.

5. 证明函数 $z = \ln(x^2 + y^2)$ 满足拉普拉斯方程.

$$\frac{\partial^2 z}{\partial x^2} + \frac{\partial^2 z}{\partial y^2} = 0$$

6. 若 $f_x(x, 1) = x + (y - 1)\ln \sin \sqrt{\dfrac{x}{y}}$，求 $f_x(x, 1)$.

9.3　全　微　分

问题提出

一块长方形金属薄片受热影响时，其长由 x_0 变到 $x_0 + \Delta x$，宽由 y_0 变到 $x_0 + \Delta y$，问此薄片的面积改变了多少？

解法探究

如图 9-4 所示，设此薄片的长为 x，宽为 y，面积为 A，则 $A = xy$.

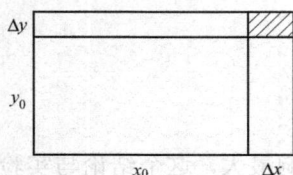

图 9-4

受温度变热的影响，薄片面积的改变量可以看成是，当自变量 x 自 x_0 变到 $x_0+\Delta x$ 时，y 由 y_0 变到 $y_0+\Delta y$ 时，函数 A 相应的全增量为 ΔA，即

$$\Delta A=(x_0+\Delta x)(y_0+\Delta y)-x_0y_0=y_0\Delta x+x_0\Delta y+\Delta x\Delta y$$

由上式可见，ΔA 可以分成两部分：一部分是 $y_0\Delta x+x_0\Delta y$，它是 Δx，Δy 的线性函数，即图中两个较大一点的小矩形面积之和；另一部分是 $\Delta x\Delta y$，在图中是阴影部分的小矩形的面积. 显然 $y_0\Delta x+x_0\Delta y$ 是面积增量 ΔA 的主要部分，而 $\Delta x\Delta y$ 是次要部分，当 $|\Delta x|$，$|\Delta y|$ 很小时，薄片面积增量 ΔA 可以近似地表示为

$$\Delta A\approx y_0\Delta x+x_0\Delta y$$

由此式作为 ΔA 的近似值，略去的部分 $\Delta x\cdot\Delta y$ 是当 $\rho=\sqrt{(\Delta x)^2+(\Delta y)^2}\to 0$ 时比 ρ 高阶的无穷小 $o(\rho)$. 将这部分关于 Δx，Δy 的线性函数 $y_0\Delta x+x_0\Delta y$ 称为函数 $A=xy$ 在 (x_0,y_0) 的全微分，记作 dA，即

$$dA=y_0\Delta x+x_0\Delta y$$

必要知识

一、全微分的概念

定义　设二元函数 $z=f(x,y)$ 在点 (x,y) 的某邻域内有定义，如果函数 $z=f(x,y)$ 在点 (x,y) 处的全增量

$$\Delta z=f(x+\Delta x,y+\Delta y)-f(x,y)$$

可表示为

$$\Delta z=A\Delta x+B\Delta y+o(\rho)$$

其中 A，B 与 Δx，Δy 无关而仅与 x，y 有关，$o(\rho)$ 是当 $\rho=\sqrt{(\Delta x)^2+(\Delta y)^2}\to 0$ 时比 ρ 高阶的无穷小，则称二元函数 $z=f(x,y)$ 在点 (x,y) 处**可微**，并称 $A\Delta x+B\Delta y$ 为函数 $z=f(x,y)$ 在点 (x,y) 处的**全微分**，记作 dz，即

$$dz=A\Delta x+B\Delta y$$

如果函数 $z=f(x,y)$ 在区域 D 内的每一点 (x,y) 处都可微，则称该函数在区域 **D** 内可微. 与一元函数类似，如果二元函数 $z=f(x,y)$ 在点 (x,y) 处可微，则它在点 (x,y) 处一定连续.

对于一元函数，可微与可导是等价的，且 $dy=f'(x)\Delta x$，即 $A=f'(x)$，对于二元函数有：

定理 1（可微的必要条件）　如果函数 $z=f(x,y)$ 在点 (x,y) 处可微，则该函数在点 $(x,$ $y)$ 处的偏导数 $\dfrac{\partial z}{\partial x},\dfrac{\partial z}{\partial y}$ 必存在，且 $A=\dfrac{\partial z}{\partial x}$，$B=\dfrac{\partial z}{\partial y}$.

证明　因为 $z=f(x,y)$ 在点 (x,y) 处可微，故有

$$\Delta z=f(x+\Delta x,y+\Delta y)-f(x,y)=A\Delta x+B\Delta y+o(\rho)$$

若令 $\Delta y=0$，则

$$\Delta z=f(x+\Delta x,y)-f(x,y)=A\Delta x+o(|\Delta x|)$$

所以

$$\lim_{\Delta x \to 0} \frac{f(x+\Delta x,\ y)-f(x,\ y)}{\Delta x} = \lim_{\Delta x \to 0} \frac{A\Delta x + o(|\Delta x|)}{\Delta x} = A$$

即 $\dfrac{\partial z}{\partial x}=A$．类似地可证 $\dfrac{\partial z}{\partial y}=B$．

习惯上，记 $\mathrm{d}x=\Delta x$，$\mathrm{d}y=\Delta y$，并分别称它们为自变量 x,y 的微分，于是函数 $z=f(x,\ y)$ 的全微分又可写成

$$\mathrm{d}z = \frac{\partial z}{\partial x}\mathrm{d}x + \frac{\partial z}{\partial y}\mathrm{d}y$$

定理 2（可微的充分条件）　如果函数 $z=f(x,\ y)$ 的两个偏导数 $\dfrac{\partial z}{\partial x},\dfrac{\partial z}{\partial y}$ 在点 $(x,\ y)$ 处都连续，则函数在该点一定可微．

---- **注 意**

以上两个定理表明，如果二元函数可微，则其偏导数必存在；如果偏导数存在且连续，则函数必可微．这点和一元函数可微与可导的等价关系是不同的．

全微分的概念也可以推广到三元及三元以上的函数．例如，若三元函数 $u=f(x,\ y,\ z)$ 具有连续偏导数，则其全微分表达式为

$$\mathrm{d}u = \frac{\partial u}{\partial x}\mathrm{d}x + \frac{\partial u}{\partial y}\mathrm{d}y + \frac{\partial u}{\partial z}\mathrm{d}z$$

多元函数求偏导和全微分的方法统称为**多元函数微分法**．

例 1　求函数 $z=x^2y^2$ 在点 $(2,\ -1)$ 处，当 $\Delta x=0.02$，$\Delta y=-0.01$ 时的全增量与全微分．

解　因为

$$\Delta z = (2+0.02)^2(-1-0.01)^2 - 2^2\times(-1)^2 = 0.1624$$
$$\frac{\partial z}{\partial x}\Big|_{(2,-1)} = 2xy^2\Big|_{(2,-1)} = 4,\quad \frac{\partial z}{\partial y}\Big|_{(2,-1)} = 2x^2y\Big|_{(2,-1)} = -8$$

所以

$$\mathrm{d}z\Big|_{(2,-1)} = 4\times0.02 + (-8)\times(-0.01) = 0.16$$

显然，全微分 $\mathrm{d}z$ 是全增量 Δz 的近似值．

例 2　求 $z=\mathrm{e}^x\sin(x+y)$ 的全微分．

解　因为

$$\frac{\partial z}{\partial x} = \mathrm{e}^x\sin(x+y) + \mathrm{e}^x\cos(x+y)$$
$$\frac{\partial z}{\partial y} = \mathrm{e}^x\cos(x+y)$$

所以

$$\mathrm{d}z = \frac{\partial z}{\partial x}\mathrm{d}x + \frac{\partial z}{\partial y}\mathrm{d}y$$
$$= \mathrm{e}^x\big[\sin(x+y)+\cos(x+y)\big]\mathrm{d}x + \mathrm{e}^x\cos(x+y)\mathrm{d}y$$

二、全微分在近似计算中的应用

设函数 $z = f(x, y)$ 在点 (x, y) 处可微，则函数的全增量可以表示为

$$\Delta z = f(x + \Delta x, y + \Delta y) - f(x, y) = f_x(x, y)\Delta x + f_y(x, y)\Delta y + o(\rho)$$

当 $|\Delta x|, |\Delta y|$ 很小时，就可以用函数的全微分 dz 近似代替函数的全增量 Δz，即

$$\Delta z \approx dz = f_x(x, y)\Delta x + f_y(x, y)\Delta y$$

又因为

$$\Delta z = f(x + \Delta x, y + \Delta y) - f(x, y)$$

所以有

$$f(x + \Delta x, y + \Delta y) \approx f(x, y) + f_x(x, y)\Delta x + f_y(x, y)\Delta y$$

利用近似计算公式可以计算二元函数增量的近似值及某点函数值的近似值.

例 3　一个圆柱形的铁罐，内半径为 5cm，内高为 12cm，壁厚均为 0.2cm，则制作这个铁罐所需材料的体积大约是多少？

解　圆柱体体积为 $V = \pi r^2 h$，制作这个铁罐所需材料的体积为 ΔV，因为 $\Delta r = 0.2$cm，$\Delta h = 0.4$cm 都比较小，所以可以用全微分 dV 近似代替函数的全增量 ΔV，即

$$\Delta V \approx dV = V_r \Delta r + V_h \Delta h = 2\pi rh\Delta r + \pi r^2 \Delta h = \pi r(2h\Delta r + r\Delta h)$$

把 $r = 5$cm，$h = 12$cm，$\Delta r = 0.2$cm，$\Delta h = 0.4$cm 代入，得

$$\Delta V \approx 5\pi(2 \times 12 \times 0.2 + 5 \times 0.4) = 34\pi \approx 106.8(\text{cm}^3)$$

故所需材料的体积大约为 106.8cm³.

例 4　计算 $(0.98)^{2.03}$ 的近似值.

解　设函数 $f(x, y) = x^y$. 显然要计算的值就是该函数在 $x + \Delta x = 0.98$，$y + \Delta y = 2.03$ 时的函数值 $f(0.98, 2.03)$.

取 $x = 1$，$y = 2$，$\Delta x = -0.02$，$\Delta y = 0.03$. 因为

$$f(1, 2) = 1, f_x(x, y) = yx^{y-1}, f_y(x, y) = x^y \ln x, f_x(1, 2) = 2, \quad f_y(1, 2) = 0$$

由公式

$$f(x + \Delta x, y + \Delta y) \approx f(x, y) + f_x(x, y)\Delta x + f_y(x, y)\Delta y$$

所以

$$f(0.98, 2.03) = f(1 - 0.02, 2 + 0.03) \approx f(1, 2) + f_x(1, 2)\Delta x + f_y(1, 2)\Delta y$$
$$= 1 + 2 \times (-0.02) + 0 \times 0.03 = 0.96$$

习 题 9.3

1. 设 $z = \dfrac{y}{x}$，当 $x = 2$，$y = 1$，$\Delta x = 0.1$，$\Delta y = -0.2$ 时，求 Δz 及 dz.

2. 求下列各函数的全微分.

（1）$z = x^2 y + y^2 x$；　　　（2）$z = xy\ln y$；

（3）$z = xy + \dfrac{x}{y}$；   （4）$z = \dfrac{xy}{\sqrt{x^2 + y^2}}$；

（5）$z = x\cos(x - y)$；   （6）$u = x^{yz}$.

3. 设 $u = \ln(xy + 4z^4)$，求 $\mathrm{d}u$.

4. 利用全微分计算下例近似值.

（1）$\sin 29° \tan 46°$；   （2）$1.002 \times 2.003^2 \times 3.004^3$.

5. 设有一无盖圆柱形容器，容器的壁与底的厚度均为 0.1cm，内高为 20cm，半径为 4cm，求容器外壳体积的近似值.

6. 有一批半径 $R=5$cm，高 $H=20$cm 的金属圆柱体 100 个，现要在圆柱体的表面镀一层厚度为 0.05cm 的镍，试估计大约需要多少镍（镍的密度为 8.8g/cm^3）.

复习题九

1. 填空题.

（1）设函数 $f(x, y) = x^2 - 2xy + 3y^2$，则 $f(1, 2) = $ _____.

（2）$\lim\limits_{\substack{x \to 0 \\ y \to 0}} \dfrac{xy}{1 - \sqrt{1 + xy}} = $ _____.

（3）设 $f(x, y) = x^2 + xy$，则 $f_x(x, y) = $ _____，$f_{xx}(x, y) = $ _____.

（4）设 $z = \ln(x^2 + y^2)$，则 $\mathrm{d}z\big|_{\substack{x=1 \\ y=1}} = $ _____.

2. 单项选择题.

（1）函数 $z = \dfrac{1}{x + y} + \sqrt{1 - x^2 - y^2}$ 的定义域为（   ）.

    A. $\{(x, y) \mid x^2 + y^2 < 1 且 y \neq -x\}$ B. $\{(x, y) \mid x^2 + y^2 < 1 且 y \neq x\}$

    C. $\{(x, y) \mid x^2 + y^2 \leqslant 1 且 y \neq -x\}$ D. $\{(x, y) \mid x^2 + y^2 \leqslant 1 且 y \neq x\}$

（2）$\lim\limits_{\substack{x \to 0 \\ y \to 0}} \sin \dfrac{1}{x + y}$ 等于（   ）.

    A. -1 B. 1   C. 不存在   D. 0

3. 判断题.

（1）$f'(x_0, y_0) = f'(x, y)\big|_{\substack{x=0 \\ y=0}} = f_x'(x, y_0)\big|_{x=0}$ 表达式成立.（   ）

（2）若 $z = f(x, y)$ 在 (x_0, y_0) 处偏导数存在，则 $z = f(x, y)$ 在 (x_0, y_0) 处一定可微分.（   ）

4. 求下列函数的偏导数或在指定点处的偏导数.

（1）$z = y^2 \cos 2x$；   （2）$z = \sin(xy^2)$；

（3）$f(x, y) = \ln\left(x + \dfrac{y}{2x}\right)$，求 $f_y(1, 0)$；   （4）$f(x, y) = \mathrm{e}^{\sin x} \sin y$，求 $f_x(0, 0)$，$f_y(0, 0)$.

5. 求下列函数的二阶偏导数.

（1）$z = x^4 + y^4 - 4x^2y^2$；   （2）$z = y\ln x$.

6. 求下列函数的全微分.

（1）$z = \dfrac{x^2 + y^2}{xy}$；

（2）$z = \mathrm{e}^{xy} \cos(x + y)$；

（3）$z = \arctan \dfrac{x + y}{x - y}$；

（4）$u = \ln(x^2 + y^2 + z - 1)$.

知识结构图

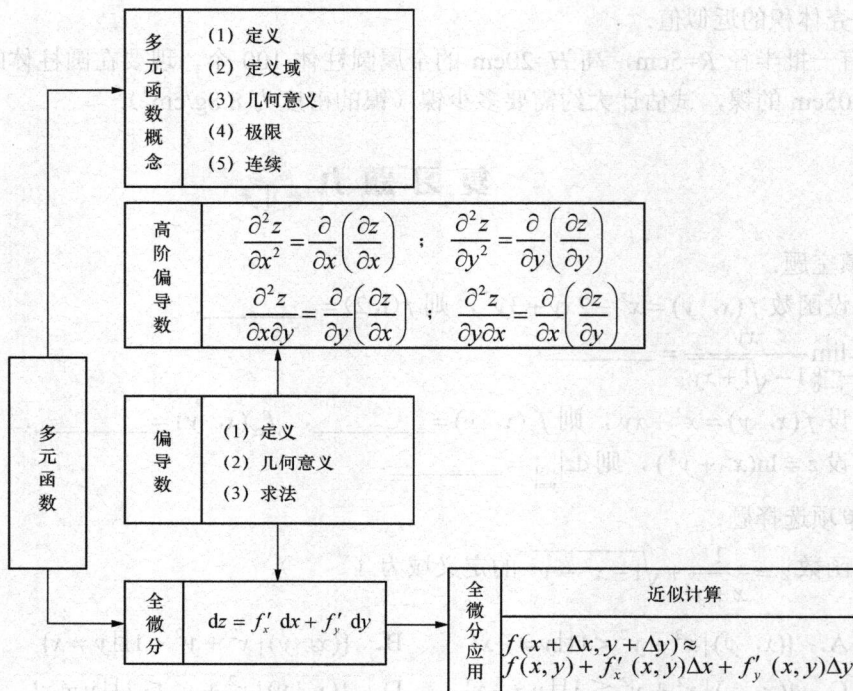

第10章 无 穷 级 数

无穷级数是由实际计算的需要而产生的,它在电子技术、工程技术、近似计算等方面有着十分广泛的应用. 本章主要讨论无穷级数的概念和基本性质,并在此基础上进一步研究特殊的函数项级数——幂级数和傅里叶级数.

10.1 数项级数的概念与性质

问题提出

战国时期思想家庄子曾在《庄子·天下篇》中说过:"一尺之棰,日取其半,万世不竭."此话的大意是:一尺长的木棍,每天取一半,永远也取不完. 若用数学式子来表述,即为

$$1 = \frac{1}{2} + \frac{1}{4} + \frac{1}{8} + \cdots + \frac{1}{2^n} + \cdots$$

像上式右边这种无穷多项式累加的式子,数学上称为无穷级数,且该级数的和等于1. 一般地,级数的和都存在吗?下面考察著名的波尔查诺(Bolzano) 级数的求和问题.

设 $x = \sum_{n=1}^{\infty} (-1)^{n+1} = 1 - 1 + 1 - 1 + \cdots$,求 x.

解 方法1 $x = (1-1) + (1-1) + \cdots = 0$;

方法2 $x = 1 - (1-1) - (1-1) + \cdots = 1$;

方法3 $x = 1 - (1-1+1-1+\cdots) = 1-x$, 所以 $x = \frac{1}{2}$.

上述3种解法,结果不一,历史上曾有人怀疑过数学的精确性. 后来数学家柯西研究后发现,上述问题,缘于把有限量的加法运算法则(结合律、交换律)移植到无限量的运算中,同时认为无穷项的累加一定存在和. 由此解开了问题之谜,其实级数 $\sum_{n=1}^{\infty} (-1)^{n+1}$ 的和不存在.

解法探究

对于数列 $\{u_n\}$,其有限项的和完全可以计算,如计算数列 $\left\{\frac{1}{2^n}\right\}$ 的前 n 项的和.

$$S_n = \frac{1}{2} + \frac{1}{4} + \frac{1}{8} + \cdots + \frac{1}{2^n} = \frac{\frac{1}{2}\left[1 - \left(\frac{1}{2}\right)^n\right]}{1 - \frac{1}{2}} = 1 - \left(\frac{1}{2}\right)^n$$

从上式看出,当 n 越来越大时,s_n 越来越接近1;当 n 无限增大时,s_n 无限趋于1,即

$\lim_{n\to\infty} S_n = 1$. 进一步考察 n 无限增大时，数列 $\left\{\dfrac{1}{2^n}\right\}$ 的前 n 项和 S_n，不难知道它本质上就

是 $\dfrac{1}{2} + \dfrac{1}{4} + \dfrac{1}{8} + \cdots + \dfrac{1}{2^n} + \cdots$. 因此确定级数的和，可采用极限工具来解决.

必要知识

一、数项级数的基本概念

定义 1　设一个数列 $\{u_n\}$ $(n=1,2,3\cdots)$，把表达式 $u_1 + u_2 + \cdots + u_n + \cdots$ 称为（**常数项**）无

穷级数，简称**数项级数**，记作 $\displaystyle\sum_{n=1}^{\infty} u_n$，即 $\displaystyle\sum_{n=1}^{\infty} u_n = u_1 + u_2 + \cdots + u_n + \cdots$，其中第 n 项 u_n 称为数项

级数的**一般项**或**通项**. 前 n 项的和 $S_n = u_1 + u_2 + \cdots + u_n$ 称为数项级数的**部分和**.

例如，

（1）$1 + 2 + 3 + \cdots + n + \cdots$，通项 $u_n = n$；

（2）$1 + \dfrac{1}{3} + \dfrac{1}{9} + \dfrac{1}{27} + \cdots + \dfrac{1}{3^{n-1}} + \cdots$，通项 $u_n = \dfrac{1}{3^{n-1}}$；

（3）$\dfrac{3}{10} + \dfrac{3}{10^2} + \dfrac{3}{10^3} + \dfrac{3}{10^4} + \cdots + \dfrac{3}{10^n} + \cdots$，通项 $u_n = \dfrac{3}{10^n}$.

二、数项级数的收敛与发散

定义 2　设数项级数的部分和数列为 S_1，$S_2, \cdots$，$S_n, \cdots$，若部分和数列 $\{S_n\}$ 有极限 S，即

$\lim_{n\to\infty} S_n = S$，则称级数 $\displaystyle\sum_{n=1}^{\infty} u_n$ **收敛**，并称 S 为该级数的和，记作 $S = \displaystyle\sum_{n=1}^{\infty} u_n$. 若部分和数列没有

极限，即 $\lim_{n\to\infty} S_n$ 不存在，则称级数 $\displaystyle\sum_{n=1}^{\infty} u_n$ **发散**.

当级数收敛时，称 $R_n = S - S_n = u_{n+1} + u_{n+2} + \cdots = \displaystyle\sum_{i=n+1}^{\infty} u_i$ 为级数的**余项**，显然，级数收敛的

充要条件是 $\lim_{n\to\infty} R_n = 0$.

例 1　讨论级数 $1 + \dfrac{1}{2} + \dfrac{1}{4} + \cdots + \dfrac{1}{2^n} + \cdots$ 的和.

解　这是一个无穷等比数列组成的级数（又称等比级数），公比 $q = \dfrac{1}{2}$，它的前 n 项的和

$$S_n = \frac{1 - \left(\dfrac{1}{2}\right)^n}{1 - \left(\dfrac{1}{2}\right)} = 2\left[1 - \left(\dfrac{1}{2}\right)^n\right]$$

因为

$$\lim_{n\to\infty} S_n = 2$$

所以级数 $1 + \dfrac{1}{2} + \dfrac{1}{4} + \cdots + \dfrac{1}{2^n} + \cdots$ 的和为 2.

例 2 判断下列级数的敛散性,若收敛,求其和.

(1) $1+2+3+\cdots+n+\cdots$;

(2) $\dfrac{1}{1\times 2}+\dfrac{1}{2\times 3}+\dfrac{1}{3\times 4}+\cdots+\dfrac{1}{n\times(n+1)}+\cdots$;

(3) $\ln\dfrac{2}{1}+\ln\dfrac{3}{2}+\ln\dfrac{4}{3}+\cdots+\ln\dfrac{n+1}{n}+\cdots$.

解 (1) 因为级数的部分和为 $S_n=\dfrac{n(n+1)}{2}$,所以 $\lim\limits_{n\to\infty}S_n=+\infty$,因此该级数发散.

(2) 因为级数的通项 $u_n=\dfrac{1}{n(n+1)}=\dfrac{1}{n}-\dfrac{1}{n+1}$,所以级数的部分和

$$S_n=\left(1-\frac{1}{2}\right)+\left(\frac{1}{2}-\frac{1}{3}\right)+\cdots+\left(\frac{1}{n}-\frac{1}{n+1}\right)=1-\frac{1}{n+1}$$

由 $\lim\limits_{n\to\infty}S_n=\lim\limits_{n\to\infty}\left(1-\dfrac{1}{n+1}\right)=1$,可知级数 $\sum\limits_{n=1}^{\infty}\dfrac{1}{n(n+1)}$ 收敛,且和为 1.

(3) 因为级数的通项 $u_n=\ln\dfrac{n+1}{n}=\ln(n+1)-\ln n$,所以级数的部分和

$$S_n=(\ln 2-\ln 1)+(\ln 3-\ln 2)+\cdots+[(\ln(n+1)-\ln n)]=\ln(n+1)$$

由 $\lim\limits_{n\to\infty}S_n=\lim\limits_{n\to\infty}\ln(n+1)=+\infty$,可知级数 $\sum\limits_{n=1}^{\infty}\ln\dfrac{n+1}{n}$ 发散.

例 3 讨论等比数 $\sum\limits_{n=1}^{\infty}aq^{n-1}(a\neq 0)$ 的敛散性(又称几何级数).

解 (1) 当 $|q|=1$ 时, $q=\pm 1$.

当 $q=1$ 时,等比级数的部分和 $S_n=na$,因为 $\lim\limits_{n\to\infty}S_n$ 不存在,所以级数发散;

当 $q=-1$ 时,等比级数的部分和

$$S_n=a-a+a-a+\cdots+(-1)^{n-1}a=a[1-1+1-\cdots+(-1)^{n-1}]$$
$$=\begin{cases}0, & n=2k \\ a, & n=2k-1\end{cases}$$

因为 $\lim\limits_{n\to\infty}S_n$ 不存在,所以级数发散.

(2) 当 $|q|>1$ 时, $\lim\limits_{n\to\infty}S_n$ 不存在,所以级数发散.

(3) 当 $|q|<1$ 时, $\lim\limits_{n\to\infty}S_n=\lim\limits_{n\to\infty}\dfrac{a(1-q^n)}{1-q}=\dfrac{a}{1-q}$,所以级数收敛.

综上所述,等比级数当 $|q|\geqslant 1$ 时发散;当 $|q|<1$ 时收敛,且和为 $S=\dfrac{a}{1-q}$.

三、数项级数的基本性质

性质 1 若级数 $\sum\limits_{n=1}^{\infty}u_n$ 收敛且和为 S ,则对任意常数 C ,级数 $\sum\limits_{n=1}^{\infty}Cu_n$ 也收敛,且和为 CS .

性质 2　若级数 $\sum\limits_{n=1}^{\infty} u_n$、$\sum\limits_{n=1}^{\infty} v_n$ 都收敛且和分别为 S，W，则级数 $\sum\limits_{n=1}^{\infty}(u_n \pm v_n)$ 也收敛，且和为 $S \pm W$.

例 4　判别级数 $\sum\limits_{n=1}^{\infty} \dfrac{2+(-1)^{n-1}}{3^n}$ 是否收敛. 若收敛，求其和.

解　因为 $\sum\limits_{n=1}^{\infty} \dfrac{1}{3^n}$、$\sum\limits_{n=1}^{\infty} \dfrac{(-1)^{n-1}}{3^n}$ 都是等比级数，且公比 $|q| = \dfrac{1}{3} < 1$，所以它们均收敛. 由例 3 结论可知

$$\sum_{n=1}^{\infty} \frac{1}{3^n} = \frac{\dfrac{1}{3}}{1 - \dfrac{1}{3}} = \frac{1}{2}，\quad \sum_{n=1}^{\infty} \frac{(-1)^{n-1}}{3^n} = \frac{\dfrac{1}{3}}{1 - \left(-\dfrac{1}{3}\right)} = \frac{1}{4}$$

由性质 1、性质 2 得，级数

$$\sum_{n=1}^{\infty} \frac{2+(-1)^{n-1}}{3^n} = 2\sum_{n=1}^{\infty} \frac{1}{3^n} + \sum_{n=1}^{\infty} \frac{(-1)^{n-1}}{3^n} = 2 \times \frac{1}{2} + \frac{1}{4} = \frac{5}{4}$$

性质 3　一个级数添加或去掉或改变有限项，不改变级数的敛散性，但收敛的和会相应改变.

例如，首项 $a = 1$，公比 $q = \dfrac{1}{2}$ 的等比级数 $1 + \dfrac{1}{2} + \dfrac{1}{4} + \cdots + \dfrac{1}{2^n} + \cdots$ 收敛，其和为 2；若该级数去掉第一项，改变后级数为 $\dfrac{1}{2} + \dfrac{1}{4} + \cdots + \dfrac{1}{2^n} + \cdots$，它仍收敛，但和

$$S = \frac{\dfrac{1}{2}}{1 - \dfrac{1}{2}} = 1$$

性质 4　收敛级数加括号后所形成的级数仍收敛于原来的和.

性质 5（级数收敛的必要条件）　若级数 $\sum\limits_{n=1}^{\infty} u_n$ 收敛，则 $\lim\limits_{n \to \infty} u_n = 0$.

证明　设级数 $\sum\limits_{n=1}^{\infty} u_n$ 收敛于 S，则 $\lim\limits_{n \to \infty} S_n = S$. 因为 $u_n = S_n - S_{n-1}$，所以 $\lim\limits_{n \to \infty} u_n = \lim\limits_{n \to \infty}(S_n - S_{n-1}) = 0$.

根据这个性质可推导出，若 $\lim\limits_{n \to \infty} u_n \neq 0$，则级数 $\sum\limits_{n=1}^{\infty} u_n$ 发散. 这是判别级数发散的一个简便方法. 但要特别注意的是，$\lim\limits_{n \to \infty} u_n = 0$ 只是级数收敛的一个必要条件，而非充分条件.

例 5　判别级数 $\sum\limits_{n=1}^{\infty} \dfrac{n}{2n+1}$ 的敛散性.

解　因为 $u_n = \dfrac{n}{2n+1}$，所以 $\lim\limits_{n \to \infty} u_n = \lim\limits_{n \to \infty} \dfrac{n}{2n+1} \neq 0$，由性质 5 可知，级数 $\sum\limits_{n=1}^{\infty} \dfrac{n}{2n+1}$ 发散.

习题 10.1

1．什么叫做数项级数？

2．如何判定一个级数是否收敛？试说明首项为 a_0（$a_0 \neq 0$），公比为 q 的等比级数何时收敛、何时发散，收敛时级数的和为多少．

3．若级数一般项的极限不存在，该级数一定发散吗？若级数一般项的极限存在且为零，该级数一定收敛吗？

4．写出下列级数的前 5 项部分和．

（1）$\displaystyle\sum_{n=1}^{\infty} \frac{(-1)^{n-1}}{n^2}$；

（2）$\displaystyle\sum_{n=1}^{\infty} \frac{n!}{n^n}$；

（3）$\displaystyle\sum_{n=1}^{\infty} \frac{n+(-1)^{n-1}}{n}$；

（4）$\displaystyle\sum_{n=1}^{\infty} (-1)^n \sin\frac{n\pi}{3}$．

5．判别下列级数的敛散性．

（1）$1+2+4+\cdots+2^{n-1}+\cdots$；

（2）$1-\dfrac{1}{3}+\dfrac{1}{9}-\dfrac{1}{27}+\cdots+(-1)^{n-1}\dfrac{1}{3^{n-1}}+\cdots$；

（3）$\dfrac{1}{1\times4}+\dfrac{1}{4\times7}+\dfrac{1}{7\times10}+\cdots+\dfrac{1}{(3n-2)\cdot(3n+1)}+\cdots$；

（4）$\displaystyle\sum_{n=1}^{\infty}(\sqrt{n+1}-\sqrt{n})$．

6．判别下列级数的敛散性，若级数收敛，求出它的和．

（1）$1-\sin1+\sin^2 1-\sin^3 1+\cdots+(-1)^{n-1}\sin^{n-1}1+\cdots$；

（2）$\displaystyle\sum_{n=1}^{\infty}\left(\frac{n}{n+1}\right)^n$；

（3）$\displaystyle\sum_{n=1}^{\infty}\frac{1}{(2n-1)(2n+1)}$；

（4）$\displaystyle\sum_{n=1}^{\infty} n\sin\frac{\pi}{n}\cos\frac{\pi}{n}$；

（5）$\displaystyle\sum_{n=1}^{\infty}\left[\frac{3}{2^n}+(-1)^{n-1}\frac{2^n}{3^n}\right]$．

10.2 数项级数及其审敛法

问题提出

如何判别级数 $\displaystyle\sum_{n=1}^{\infty}\frac{1}{4^n}\sin^2\frac{n\pi}{3}$ 的敛散性？由于该级数部分和难求，所以用定义去判别难以奏效．

解法探究

考察级数 $\displaystyle\sum_{n=1}^{\infty}\frac{1}{4^n}\sin^2\frac{n\pi}{3}$，会发现该级数的每一项都是正的，而且有 $u_n=\dfrac{1}{4^n}\sin^2\dfrac{n\pi}{3}\leqslant\dfrac{1}{4^n}$，

注意到等比级数 $\sum\limits_{n=1}^{\infty} \dfrac{1}{4^n}$ 是收敛的，能否用这一知识的结论来推导出未知的级数 $\sum\limits_{n=1}^{\infty} \dfrac{1}{4^n} \sin^2 \dfrac{n\pi}{3}$ 的敛散性？

📚 **必要知识**

一、正项级数审敛法

若级数 $\sum\limits_{n=1}^{\infty} u_n$ 的每一项都是非负数，即 $u_n \geqslant 0 \ (n=1, 2, \cdots)$，则称该级数为**正项级数**.

对于正项级数，因为 $u_n \geqslant 0$，所以其部分和数列 $S_1, S_2, \cdots, S_n, \cdots$，是单调递增的，即 $S_1 \leqslant S_2 \leqslant \cdots \leqslant S_n \leqslant \cdots$，由数列极限的存在准则（即单调有界数列必有极限）可知，只要级数的部分和数列 $\{S_n\}$ 有上界，正项级数必收敛. 由此，推得正项级数的审敛法.

1. 比较审敛法

设有两个正项级数 $\sum\limits_{n=1}^{\infty} u_n$、$\sum\limits_{n=1}^{\infty} v_n$，$u_n \leqslant v_n \ (n=1, 2, \cdots)$.

（1）若级数 $\sum\limits_{n=1}^{\infty} v_n$ 收敛，则级数 $\sum\limits_{n=1}^{\infty} u_n$ 也收敛；

（2）若级数 $\sum\limits_{n=1}^{\infty} u_n$ 发散，则级数 $\sum\limits_{n=1}^{\infty} v_n$ 也发散.

例1 判别级数 $\sum\limits_{n=1}^{\infty} \dfrac{1}{(n+1)^2}$ 的敛散性.

解 因为 $\dfrac{1}{(n+1)^2} < \dfrac{1}{n(n+1)}$，而级数 $\sum\limits_{n=1}^{\infty} \dfrac{1}{n(n+1)}$ 收敛，所以由比较审敛法可知，级数 $\sum\limits_{n=1}^{\infty} \dfrac{1}{(n+1)^2}$ 收敛.

> **注意**
>
> $\sum\limits_{n=1}^{\infty} \dfrac{1}{(n+1)^2}$ 收敛，由级数性质 3 可知 $\sum\limits_{n=1}^{\infty} \dfrac{1}{n^2}$ 一定收敛.

例2 判别级数 $\sum\limits_{n=1}^{\infty} \dfrac{1}{n}$ 的敛散性（该级数又称调和级数）.

解 因为当 $x>0$ 时，$x > \ln(1+x)$（利用 $f(x) = x - \ln(1+x)$，$x \in [0, +\infty)$ 的单调性可以证明）.
所以

$$\frac{1}{n} > \ln\left(1+\frac{1}{n}\right) = \ln\frac{n+1}{n}$$

而级数 $\sum\limits_{n=1}^{\infty} \ln\dfrac{n+1}{n}$ 是发散的，由比较审敛法可得，调和级数 $\sum\limits_{n=1}^{\infty} \dfrac{1}{n}$ 发散.

例 3　讨论级数 $\sum\limits_{n=1}^{\infty}\dfrac{1}{n^p}$ 的敛散性（该级数又称 p 级数）.

解　当 $p=1$ 时，级数为调和级数 $\sum\limits_{n=1}^{\infty}\dfrac{1}{n}$，它是发散的；

当 $p<1$，时，因为 $\dfrac{1}{n^p}>\dfrac{1}{n}$，由比较审敛法可知，级数 $\sum\limits_{n=1}^{\infty}\dfrac{1}{n^p}$ 发散；

当 $p>1$ 时，因为

$$\sum_{n=1}^{\infty}\frac{1}{n^p}=1+\frac{1}{2^p}+\frac{1}{3^p}+\frac{1}{4^p}+\cdots+\frac{1}{n^p}+\cdots=1+\left(\frac{1}{2^p}+\frac{1}{3^p}\right)+\left(\frac{1}{4^p}+\frac{1}{5^p}+\frac{1}{6^p}+\frac{1}{7^p}\right)+\cdots\leqslant$$

$$1+\left(\frac{1}{2^p}+\frac{1}{2^p}\right)+\left(\frac{1}{4^p}+\frac{1}{4^p}+\frac{1}{4^p}+\frac{1}{4^p}\right)+\cdots=1+\frac{1}{2^{p-1}}+\left(\frac{1}{2^{p-1}}\right)^2+\cdots=\sum_{n=1}^{\infty}\left(\frac{1}{2^{p-1}}\right)^{n-1}$$

而级数 $\sum\limits_{n=1}^{\infty}\left(\dfrac{1}{2^{p-1}}\right)^{n-1}$ 是公比 $q=\dfrac{1}{2^{p-1}}<1$ 的等比级数，它是收敛的. 根据比较审敛法可知，级数

$\sum\limits_{n=1}^{\infty}\dfrac{1}{n^p}$ 收敛.

综上所述，p 级数当 $p\leqslant 1$ 时发散，当 $p>1$ 时收敛.

从上述例子可以看出，运用比较审敛法，一般应先对所给的级数做个估测，然后再选择一个已知敛散性的标准级数作参照. 常用来作参照的标准级数有：等比级数（又称几何级数）、调和级数及 p 级数，因此，熟记这些级数的敛散性，有利于比较审敛法的使用.

例 4　判别级数 $\sum\limits_{n=1}^{\infty}\dfrac{1}{4^n}\sin^2\dfrac{n\pi}{3}$ 的敛散性.

解　因为 $\left|\sin\dfrac{n\pi}{3}\right|\leqslant 1$，所以 $\dfrac{1}{4^n}\sin^2\dfrac{n\pi}{3}\leqslant\dfrac{1}{4^n}$，而级数 $\sum\limits_{n=1}^{\infty}\dfrac{1}{4^n}$ 是收敛的，所以原级数收敛.

注　意

有时为了应用方便，比较审敛法还可以用其极限形式.

设有两个正项级数 $\sum\limits_{n=1}^{\infty}u_n$ 和 $\sum\limits_{n=1}^{\infty}v_n$，若 $\lim\limits_{n\to\infty}\dfrac{u_n}{v_n}=L(0<L<\infty)$，则这两个级数敛散性相同.

例 5　判别下列级数的敛散性.

（1）$\sum\limits_{n=1}^{\infty}2^n\sin\dfrac{\pi}{3^n}$；　　　　　　　　（2）$\sum\limits_{n=1}^{\infty}\dfrac{1}{an+b}(a>0,b>0)$.

解　（1）设 $u_n=2^n\sin\dfrac{\pi}{3^n},v_n=\left(\dfrac{2}{3}\right)^n$，因为

$$\lim_{n\to\infty}\frac{u_n}{v_n}=\lim_{n\to\infty}\frac{2^n\sin\dfrac{\pi}{3^n}}{\left(\dfrac{2}{3}\right)^n}=\lim_{n\to\infty}\frac{\sin\dfrac{\pi}{3^n}}{\dfrac{\pi}{3^n}}\times\pi=\pi$$

而级数 $\sum\limits_{n=1}^{\infty}\left(\dfrac{2}{3}\right)^n$ 收敛（它是公比小于 1 的等比级数），所以级数 $\sum\limits_{n=1}^{\infty}2^n\sin\dfrac{\pi}{3^n}$ 收敛.

（2）设 $u_n=\dfrac{1}{an+b}$，$v_n=\dfrac{1}{n}$，因为

$$\lim_{n\to\infty}\frac{u_n}{v_n}=\lim_{n\to\infty}\frac{\dfrac{1}{an+b}}{\dfrac{1}{n}}=\lim_{n\to\infty}\frac{n}{an+b}=\frac{1}{a}\quad\left(\frac{1}{a}\text{为正常数}\right)$$

而级数 $\sum\limits_{n=1}^{\infty}\dfrac{1}{n}$ 是发散的，所以级数 $\sum\limits_{n=1}^{\infty}\dfrac{1}{an+b}(a>0,\ b>0)$ 发散.

2. 比值审敛法（达朗贝尔比值法）

设正项级数 $\sum\limits_{n=1}^{\infty}u_n$，且满足 $\lim\limits_{n\to\infty}\dfrac{u_{n+1}}{u_n}=\rho$（$\rho$ 为常数），则

（1）当 $\rho<1$ 时，级数 $\sum\limits_{n=1}^{\infty}u_n$ 收敛；

（2）当 $\rho>1$ 时，级数 $\sum\limits_{n=1}^{\infty}u_n$ 发散.

需要指出的是，当 $\rho=1$ 时，比值审敛法无效，要判别级数的敛散性，应考虑其他判别法.

例 6　判别下列级数的敛散性.

（1）$\sum\limits_{n=1}^{\infty}\dfrac{2n-1}{2^n}$；　　　　（2）$\sum\limits_{n=1}^{\infty}\dfrac{n!}{10^n}$；　　　　（3）$\sum\limits_{n=1}^{\infty}\dfrac{n!}{n^n}$.

解　（1）因为 $\lim\limits_{n\to\infty}\dfrac{u_{n+1}}{u_n}=\lim\limits_{n\to\infty}\dfrac{2n+1}{2^{n+1}}\times\dfrac{2^n}{2n-1}=\dfrac{1}{2}<1$，由比值审敛法可知，该级数收敛.

（2）因为 $\lim\limits_{n\to\infty}\dfrac{u_{n+1}}{u_n}=\lim\limits_{n\to\infty}\dfrac{(n+1)!}{10^{n+1}}\times\dfrac{10^n}{n!}=\lim\limits_{n\to\infty}\dfrac{n+1}{10}=+\infty$，由比值审敛法可知，该级数发散.

（3）因为 $\lim\limits_{n\to\infty}\dfrac{u_{n+1}}{u_n}=\lim\limits_{n\to\infty}\dfrac{(n+1)!}{(n+1)^{n+1}}\times\dfrac{n^n}{n!}=\lim\limits_{n\to\infty}\dfrac{1}{\left(\dfrac{n+1}{n}\right)^n}=\lim\limits_{n\to\infty}\dfrac{1}{\left(1+\dfrac{1}{n}\right)^n}=\dfrac{1}{\mathrm{e}}<1$，由比值审敛法

可知，该级数收敛.

一般地，比值审敛法常用于判别级数通项中含有乘方、阶乘的情形.

例 7　判别级数 $\sum\limits_{n=1}^{\infty}\dfrac{n^n}{a^n n!}(a>0,\ a\neq\mathrm{e})$ 的敛散性.

解　因为 $u_n=\dfrac{n^n}{a^n n!}$，$u_{n+1}=\dfrac{(n+1)^{n+1}}{a^{n+1}(n+1)!}$，所以

$$\lim_{n\to\infty}\frac{u_{n+1}}{u_n}=\lim_{n\to\infty}\frac{(n+1)^{n+1}}{a^{n+1}(n+1)!}\times\frac{a^n n!}{n^n}=\frac{\mathrm{e}}{a}$$

当 $a>\mathrm{e}$ 时，$\rho<1$，由比值审敛法可知，该级数收敛；当 $a<\mathrm{e}$ 时，$\rho>1$，由比值审敛法可知，该级数发散.

二、交错级数的审敛法

当 $u_n > 0$ 时，级数 $\sum\limits_{n=1}^{\infty}(-1)^{n-1}u_n$ 或 $\sum\limits_{n=1}^{\infty}(-1)^n u_n$ $(n=1,2,\cdots)$ 称为**交错级数**.

设交错级数满足以下条件：

（1）$u_n \geqslant u_{n+1}$；

（2）若 $\lim\limits_{n\to\infty}u_n = 0$，则交错级数收敛.

交错级数审敛法又称莱布尼茨判别法.

例 8 判别级数 $\sum\limits_{n=1}^{\infty}(-1)^{n-1}\dfrac{1}{n}$ 的敛散性.

解 因为 $u_n = \dfrac{1}{n} > 0$，显然 $u_n \geqslant u_{n+1}$，且 $\lim\limits_{n\to\infty}u_n = \lim\limits_{n\to\infty}\dfrac{1}{n} = 0$，由交错级数审敛法可知，该级数收敛.

三、绝对收敛与条件收敛

上述讨论了正项级数和交错级数敛散性的判别法. 若对级数 $\sum\limits_{n=1}^{\infty}u_n$ 的通项不加限制，即 $u_n \in \mathbf{R}$，这样的级数称为任意项级数. 对于任意项级数，有以下概念：

对任意项级数 $\sum\limits_{n=1}^{\infty}u_n$，若各项取绝对值后的级数 $\sum\limits_{n=1}^{\infty}|u_n|$ 收敛，则级数 $\sum\limits_{n=1}^{\infty}u_n$ 必收敛，这样的级数称为**绝对收敛**. 若各项取绝对值后的级数 $\sum\limits_{n=1}^{\infty}|u_n|$ 发散，而级数 $\sum\limits_{n=1}^{\infty}u_n$ 收敛，这样的级数称为**条件收敛**.

例如，级数 $\sum\limits_{n=1}^{\infty}(-1)^{n-1}\dfrac{1}{n}$ 为条件收敛，因为级数 $\sum\limits_{n=1}^{\infty}\left|(-1)^{n-1}\dfrac{1}{n}\right| = \sum\limits_{n=1}^{\infty}\dfrac{1}{n}$ 发散；级数 $\sum\limits_{n=1}^{\infty}(-1)^{n-1}\dfrac{1}{n^2}$ 为绝对收敛，因为 $\sum\limits_{n=1}^{\infty}\left|(-1)^{n-1}\dfrac{1}{n^2}\right| = \sum\limits_{n=1}^{\infty}\dfrac{1}{n^2}$ 收敛.

例 9 判别级数 $\sum\limits_{n=1}^{\infty}\dfrac{\sin n\alpha}{n\sqrt{n}}$ 的敛散性（α 为常数），如果收敛，指出是绝对收敛还是条件收敛.

解 因为

$$\left|\frac{\sin n\alpha}{n\sqrt{n}}\right| \leqslant \frac{1}{n^{\frac{3}{2}}}$$

而级数 $\sum\limits_{n=1}^{\infty}\dfrac{1}{n^{\frac{3}{2}}}$ 是 $p = \dfrac{3}{2} > 1$ 的 p 级数，它是收敛的，所以级数 $\sum\limits_{n=1}^{\infty}\left|\dfrac{\sin n\alpha}{n\sqrt{n}}\right|$ 收敛，因此，原级数必收敛，且是绝对收敛.

习 题 10.2

1. 用正项级数审敛法判别下列级数的敛散性.

（1）$\sum\limits_{n=1}^{\infty}\dfrac{n}{2n+1}$；

（2）$\sum\limits_{n=1}^{\infty}\dfrac{1}{(n+1)(n+4)}$；

（3）$\displaystyle\sum_{n=1}^{\infty}\frac{n^2}{2^n}$；

（4）$\displaystyle\sum_{n=1}^{\infty}\frac{n!}{3^n}$；

（5）$\displaystyle\sum_{n=1}^{\infty}\frac{1}{\sqrt{n}+2^n}$；

（6）$\displaystyle\sum_{n=1}^{\infty}\frac{n-1}{n^2(n+1)}$；

（7）$\displaystyle\sum_{n=1}^{\infty}\frac{3^n n!}{n^n}$；

（8）$\displaystyle\sum_{n=1}^{\infty}\frac{n!}{10^n}$；

（9）$\displaystyle\sum_{n=1}^{\infty}\frac{5^n}{n!}$；

（10）$\displaystyle\sum_{n=1}^{\infty}2^{2n}\sin^2\frac{\pi}{3^n}$．

2．判别下列级数的敛散性，若收敛，指出是绝对收敛还是条件收敛．

（1）$\displaystyle\sum_{n=1}^{\infty}\frac{(-1)^n}{\sqrt[3]{n^2}}$；

（2）$\displaystyle\sum_{n=1}^{\infty}\frac{(-1)^n}{n^2}\cos n\alpha$；

（3）$\displaystyle\sum_{n=1}^{\infty}\frac{(-1)^{n-1}n}{n+1}$；

（4）$\displaystyle\sum_{n=1}^{\infty}\frac{(-1)^n}{n(n+1)}$．

10.3　幂　级　数

问题提出

幂级数在数值计算和近似计算方面有着巨大的作用，如何计算 $\ln 2$ 和 $\displaystyle\int_0^1 e^{-x^2}\,\mathrm{d}x$ 这类近似值呢（精确到 10^{-4}）？

解法探究

注意到 $\dfrac{1}{1-x}=\displaystyle\sum_{n=0}^{\infty}x^n\,(|x|<1)$，所以可以考虑利用幂级数来解决．

必要知识

一、幂级数的概念

当 $u_n(x)\ (n=1,2,3,\cdots)$ 都是定义在某个区间 I 上的函数时，称 $\displaystyle\sum_{n=1}^{\infty}u_n(x)$ 为**函数项级数**，即

$$\sum_{n=1}^{\infty}u_n(x)=u_1(x)+u_2(x)+\cdots+u_n(x)+\cdots$$

例如，

（1）$1-x+x^2-x^3+\cdots+(-1)^{n-1}x^{n-1}+\cdots$，通项 $u_n=(-1)^{n-1}x^{n-1}$；

（2）$\sin x+\sin 2x+\sin 3x+\cdots+\sin nx+\cdots$，通项 $u_n=\sin nx$．

数项级数和函数项级数统称**级数**．

对于函数项级数，若在区间 I 上取自变量 x 的特定值 x_0 时，常数项级数 $\displaystyle\sum_{n=1}^{\infty}u_n(x_0)=$

$u_1(x_0) + u_2(x_0) + \cdots + u_n(x_0) + \cdots$ 收敛，则称函数项级数 $\sum\limits_{n=1}^{\infty} u_n(x)$ 在 $x = x_0$ 点收敛，x_0 称为该级

数的**收敛点**；若常数项级数 $\sum\limits_{n=1}^{\infty} u_n(x_0)$ 发散，则称函数项级数 $\sum\limits_{n=1}^{\infty} u_n(x)$ 在 $x = x_0$ 发散，x_0 称为该

级数的**发散点**，所有收敛点的集合称为函数项级数的**收敛域**（记为 D），所有发散点的集合

称为函数项级数的**发散域**. 显然，对于收敛域 D 内的每一点 x，级数 $\sum\limits_{n=1}^{\infty} u_n(x)$ 收敛，若它的

和记为 $S(x)$，则 $\sum\limits_{n=1}^{\infty} u_n(x) = S(x)$. 例如，等比级数 $\sum\limits_{n=1}^{\infty} x^{n-1} = 1 + x + x^2 + \cdots + x^n + \cdots$ 在（-1，1）

内收敛，且和 $S(x) = \dfrac{1}{1-x}$. 可见，函数项级数的和 $S(x)$ 是收敛域 D 上的一个函数，称 $S(x)$ 为

和函数.

　　函数项级数比常数项级数要复杂. 在此仅讨论结构形式简单、应用广泛的幂级数.

　　形如 $\sum\limits_{n=0}^{\infty} a_n(x - x_0)^n = a_0 + a_1(x - x_0) + a_2(x - x_0)^2 + \cdots + a_n(x - x_0)^n + \cdots$ 的函数项级数称为

$x - x_0$ 的幂级数，其中常数 a_0，a_1，$a_2, \cdots$，$a_n, \cdots$ 称为**幂级数的系数**.

　　特别地，当 $x_0 = 0$ 时，以上幂级数为

$$\sum_{n=0}^{\infty} a_n x^n = a_0 + a_1 x + a_2 x^2 + \cdots + a_n x^n + \cdots$$

称其为 x 的幂级数. 由于 $x - x_0$ 的幂级数总可以通过变量代换 $t = x - x_0$，转变为幂级数 $\sum\limits_{n=0}^{\infty} a_n t^n$

的形式，因此幂级数 $\sum\limits_{n=0}^{\infty} a_n x^n$ 是最基本的形式，下面主要讨论这类幂级数.

二、幂级数的收敛半径和收敛区间

　　幂级数 $\sum\limits_{n=0}^{\infty} a_n x^n$ 在 $x = 0$ 时一定收敛；在 $x \neq 0$ 时，幂级数可能收敛，也可能发散. 一般地，

若幂级数不是仅在 $x = 0$ 或在整个实数范围内收敛，则总存在一个正实数 R，使幂级数

$\sum\limits_{n=0}^{\infty} a_n x^n$：①当 $|x| < R$，即 $x \in (-R, R)$ 时收敛；②当 $|x| > R$，即 $x \in (-\infty, -R) \bigcup (R, +\infty)$ 时发

散；③当 $|x| = R$，即 $x = \pm R$ 时可能收敛，也可能发散. 则这个正实数 R 称为幂级数的**收敛半**

径，区间 $(-R, R)$ 称为幂级数的**收敛区间**. 那么如何求幂级数 $\sum\limits_{n=0}^{\infty} a_n x^n$ 的收敛半径呢？下面的

定理可解决这个问题.

　　定理 1　若幂级数 $\sum\limits_{n=0}^{\infty} a_n x^n$ 的系数满足 $\lim\limits_{n \to \infty} \left| \dfrac{a_{n+1}}{a_n} \right| = \rho$，则幂级数的收敛半径 R 分为以下 3

种情况：

　　（1）当 $0 < \rho < +\infty$ 时，$R = \dfrac{1}{\rho}$；

　　（2）当 $\rho = +\infty$ 时，$R = 0$；

（3）当 $\rho = 0$ 时，$R = +\infty$.

若幂级数的收敛半径 R 确定，则区间 $(-R, R)$ 称为幂级数的收敛区间；再结合幂级数在 $x = \pm R$ 时的敛散性即可确定它的**收敛域**.

例 1   求幂级数 $\sum\limits_{n=1}^{\infty}(-1)^{n-1}\dfrac{1}{n}x^n$ 的收敛半径和收敛域.

解   因为

$$\rho = \lim_{n\to\infty}\left|\frac{a_{n+1}}{a_n}\right| = \lim_{n\to\infty}\frac{1}{n+1}\times\frac{n}{1} = 1$$

所以收敛半径 $R = \dfrac{1}{\rho} = 1$，收敛区间为（-1，1）. 当 $x = -1$ 时，级数为 $\sum\limits_{n=1}^{\infty}\dfrac{(-1)^{n-1}}{n}$

$(-1)^n = \sum\limits_{n=1}^{\infty}\dfrac{-1}{n} = -\sum\limits_{n=1}^{\infty}\dfrac{1}{n}$，发散；当 $x = 1$ 时，级数为 $\sum\limits_{n=1}^{\infty}\dfrac{(-1)^{n-1}}{n}$，收敛. 所以原级数的收敛域为 $(-1,1]$.

例 2   求幂级数 $\sum\limits_{n=1}^{\infty}n!x^n$ 的收敛半径和收敛域.

解   因为

$$\rho = \lim_{n\to\infty}\left|\frac{a_{n+1}}{a_n}\right| = \lim_{n\to\infty}\frac{(n+1)!}{n!} = \lim_{n\to\infty}(n+1) = +\infty$$

所以收敛半径 $R = 0$. 幂级数仅在 $x = 0$ 点收敛，它的收敛域为 $\{0\}$.

例 3   求幂级数 $\sum\limits_{n=1}^{\infty}\dfrac{n}{4^n}x^{2n}$ 的收敛半径和收敛域.

解   因为幂级数不完整，缺 x 的奇次项，所以不能直接用定理 1 求收敛半径. 但可通过变量代换化为标准的幂级数形式.

令 $x^2 = t$，原级数可化为 $\sum\limits_{n=1}^{\infty}\dfrac{n}{4^n}t^n$，对于此级数，因为

$$\rho = \lim_{n\to\infty}\left|\frac{a_{n+1}}{a_n}\right| = \lim_{n\to\infty}\frac{n+1}{4^{n+1}}\times\frac{4^n}{n} = \lim_{n\to\infty}\frac{n+1}{4n} = \frac{1}{4}$$

所以 $R = \dfrac{1}{\rho} = 4$.

当 $|t| < 4$ 即 $x^2 < 4$ 时级数收敛，因此 $|x| < 2$ 时原级数收敛，所以它的收敛半径 $R=2$. 又当 $x = -2$ 或 $x = 2$ 时，级数为 $\sum\limits_{n=1}^{\infty}n$ 发散，所以原级数的收敛域为（-2，2）.

三、幂级数的运算性质

在利用幂级数解决实际问题时，常常需要对幂级数进行加减、求导等一些运算. 幂级数在进行这类运算时，有以下性质.

性质 1   设幂级数 $\sum\limits_{n=0}^{\infty}a_nx^n$ 和 $\sum\limits_{n=0}^{\infty}b_nx^n$ 的收敛半径分别为 R_1、R_2，和函数分别为 $S_1(x)$、

$S_2(x)$，若令 $R = \min(R_1,\ R_2)$，则幂级数 $\sum\limits_{n=0}^{\infty}(a_n \pm b_n)x^n$ 在 $(-R,\ R)$ 内收敛，且

$$\sum_{n=0}^{\infty}a_nx^n \pm \sum_{n=0}^{\infty}b_nx^n = \sum_{n=0}^{\infty}(a_n+b_n)x^n = S_1(x) \pm S_2(x)$$

性质 2　若幂级数 $\sum\limits_{n=0}^{\infty}a_nx^n$ 的收敛半径 $R>0$，则在区间 $(-R, R)$ 内其和函数 $S(x)$ 是连续函数.

性质 3　若幂级数 $\sum\limits_{n=0}^{\infty}a_nx^n$ 的收敛半径 $R>0$，其和函数为 $S(x)$，则在区间 $(-R, R)$ 内其和函数 $S(x)$ 可导，且有

$$S'(x) = \left(\sum_{n=0}^{\infty}a_nx^n\right)' = \sum_{n=0}^{\infty}(a_nx^n)' = \sum_{n=1}^{\infty}na_nx^{n-1}$$

该性质表明，幂级数在收敛区间内可以逐项求导.

性质 4　若幂级数 $\sum\limits_{n=1}^{\infty}a_nx^n$ 的收敛半径 $R>0$，其和函数为 $S(x)$，则在区间 $(-R, R)$ 内其和函数 $S(x)$ 可积，且有

$$\int_0^x S(t)\mathrm{d}t = \int_0^x\left(\sum_{n=0}^{\infty}a_nt^n\right)\mathrm{d}t = \sum_{n=0}^{\infty}\int_0^x(a_nt^n)\mathrm{d}t = \sum_{n=0}^{\infty}\frac{a_n}{n+1}x^{n+1}$$

该性质表明，幂级数在收敛区间内可以逐项积分.

例 4　利用幂级数的性质求下列幂级数的和函数及收敛域.

（1）$\sum\limits_{n=0}^{\infty}(-1)^n(n+1)x^n$；　　　　　（2）$\sum\limits_{n=1}^{\infty}(-1)^{n-1}\dfrac{x^{2n-1}}{2n-1}$.

解　（1）设级数的和函数为 $S(x)$，即 $S(x) = \sum\limits_{n=0}^{\infty}(-1)^n(n+1)x^n$，因为

$$S(x) = \sum_{n=0}^{\infty}(-1)^n(n+1)x^n = 1 - 2x + 3x^2 - 4x^3 + \cdots + (-1)^n(n+1)x^n + \cdots$$

由幂级数的逐项可积性，得

$$\int_0^x S(t)\mathrm{d}t = \int_0^x\left(\sum_{n=0}^{\infty}(-1)^n(n+1)t^n\right)\mathrm{d}t = \sum_{n=0}^{\infty}\int_0^x(-1)^n(n+1)t^n\mathrm{d}t$$

$$= x - x^2 + x^3 - x^4 + \cdots + (-1)^nx^{n+1} + \cdots = \frac{x}{1+x},\ x \in (-1,\ 1)$$

两边关于 x 求导，得

$$S(x) = \left(\frac{x}{1+x}\right)' = \frac{1}{(1+x)^2},\ \ x \in (-1,\ 1)$$

所以

$$\sum_{n=0}^{\infty}(-1)^n(n+1)x^n = \frac{1}{(1+x)^2}$$

当 $x = \pm 1$ 时，级数 $\sum\limits_{n=0}^{\infty}(-1)^n(n+1)$、$\sum\limits_{n=0}^{\infty}(n+1)$ 发散，所以幂级数的收敛域为 $(-1, 1)$.

（2）设 $S(x) = \sum\limits_{n=1}^{\infty}(-1)^{n-1}\dfrac{x^{2n-1}}{2n-1}$，因为

$$S(x) = \sum_{n=1}^{\infty}(-1)^{n-1}\frac{x^{2n-1}}{2n-1} = x - \frac{x^3}{3} + \frac{x^5}{5} - \cdots + (-1)^{n-1}\frac{x^{2n-1}}{2n-1} + \cdots$$

由幂级数的逐项可导性，得

$$S'(x) = \left[\sum_{n=1}^{\infty}(-1)^{n-1}\frac{x^{2n-1}}{2n-1}\right]' = \sum_{n=1}^{\infty}\left[(-1)^{n-1}\frac{x^{2n-1}}{2n-1}\right]'$$

$$= 1 - x^2 + x^4 - x^6 + \cdots + (-1)^{n-1}x^{2n} + \cdots = \frac{1}{1+x^2}, x \in (-1, 1)$$

两边积分，得

$$\int_0^x S'(t)\mathrm{d}t = \int_0^x \frac{1}{1+t^2}\mathrm{d}t$$

即 $S(x) = \arctan x, x \in (-1, 1)$. 当 $x = -1$ 时，级数为 $\sum\limits_{n=1}^{\infty}\dfrac{(-1)^n}{2n-1}$，它是收敛的；当 $x = 1$ 时，级数

为 $\sum\limits_{n=1}^{\infty}\dfrac{(-1)^{n-1}}{2n-1}$，也收敛. 所以幂级数的收敛域为 $[-1, 1]$.

例 5 求幂级数 $\sum\limits_{n=1}^{\infty}nx^{n-1}$ 的收敛域及和函数，并求级数 $\sum\limits_{n=1}^{\infty}\dfrac{n}{2^n}$ 的和.

解 因为

$$\rho = \lim_{n \to \infty}\left|\frac{a_{n+1}}{a_n}\right| = \lim_{n \to \infty}(n+1) \times \frac{1}{n} = 1,$$

所以收敛半径 $R = \dfrac{1}{\rho} = 1$，收敛区间为 $(-1, 1)$，又 $x = \pm 1$ 时，级数 $\sum\limits_{n=1}^{\infty}n$、$\sum\limits_{n=1}^{\infty}(-1)^{n-1}n$ 都发散，

所以幂级数的收敛域为 $(-1, 1)$. 又

$$\sum_{n=0}^{\infty}x^n = 1 + x + x^2 + \cdots + x^n + \cdots = \frac{1}{1-x}, \quad x \in (-1, 1)$$

由幂级数的逐项求导性，得

$$\sum_{n=1}^{\infty}nx^{n-1} = 1 + 2x + 3x^2 + 4x^3 + \cdots + nx^{n-1} + \cdots = \frac{1}{(1-x)^2}, x \in (-1, 1)$$

且当 $x = \dfrac{1}{2}$ 时，

$$\sum_{n=1}^{\infty}\frac{n}{2^{n-1}} = \frac{1}{\left(1-\dfrac{1}{2}\right)^2} = 4$$

所以 $\sum\limits_{n=1}^{\infty}\dfrac{n}{2^n} = \dfrac{1}{2} \times \sum\limits_{n=1}^{\infty}\dfrac{n}{2^{n-1}} = 2$.

本题也可以用幂级数的逐项可积性来解.

四、函数的幂级数展开

幂级数的每一项都是幂函数，表示形式简单且具有较好的性质．若能把某个函数展开成 x 的幂级数来研究，不仅具有深远的实际意义，而且有很高的理论价值．

1. 泰勒级数和麦克劳林级数

设函数 $f(x)$ 在某个区域内能表示成幂级数 $\sum\limits_{n=0}^{\infty} a_n x^n$，即

$$f(x) = \sum_{n=0}^{\infty} a_n x^n = a_0 + a_1 x + a_2 x^2 + a_3 x^3 + \cdots + a_n x^n + \cdots, \ x \in (-R, R)$$

由幂级数的逐项可导性可推导出 $a_n = \dfrac{f^{(n)}(0)}{n!}$．$(n = 1, 2, \cdots)$ （推导从略）

所以

$$f(x) = f(0) + \frac{f'(0)}{1!} x + \frac{f''(0)}{2!} x^2 + \cdots + \frac{f^{(n)}(0)}{n!} x^n + \cdots \qquad （10\text{-}1）$$

可见，若函数 $f(x)$ 能表示成 x 的幂级数，则它在此区域内必存在任意阶导数，且幂级数的系数由 $f(x)$ 在 $x = 0$ 处的函数值和各阶导数值所确定，式（10-1）称为函数 $f(x)$ 的麦克劳林展开式，式（10-1）的右端称为 $f(x)$ 的麦克劳林级数．

类似地，若函数 $f(x)$ 在某区域能表示成幂级数 $\sum\limits_{n=0}^{\infty} a_n(x - x_0)^n$，即

$$f(x) = \sum_{n=0}^{\infty} a_n(x - x_0)^n = a_0 + a_1(x - x_0) + a_2(x - x_0)^2 + \cdots + a_n(x - x_0)^n + \cdots, \ x \in (x_0 - R, x_0 + R)$$

同理可推导出

$$f(x) = f(x_0) + \frac{f'(x_0)}{1!}(x - x_0) + \frac{f''(x_0)}{2!}(x - x_0)^2 + \cdots + \frac{f^{(n)}(x_0)}{n!}(x - x_0)^n + \cdots \qquad （10\text{-}2）$$

式（10-2）称为函数 $f(x)$ 的泰勒展开式，式（10-2）的右端称为 $f(x)$ 的泰勒级数．

实际上，麦克劳林级数是泰勒级数 $(x_0 = 0)$ 的特例．应用中，为了简便，通常使用函数 $f(x)$ 的麦克劳林展开式．

但 x 的幂级数 $\sum\limits_{n=0}^{\infty} \dfrac{f^{(n)}(0)}{n!} x^n$ 是否收敛于 $f(x)$？我们可以从下面定理知道，当且仅当余项满足 $\lim\limits_{n \to \infty} R_n(x) = 0$ 时成立．

定理 2　函数 $f(x)$ 在区域（$-R$，R）内展开成 x 的幂级数（即麦克劳林级数）的充要条件是 $f(x)$ 在此区域内有任意阶导数，且 $\lim\limits_{n \to \infty} R_n(x) = 0$．（证明从略）

其中，

$$R_n(x) = f(x) - \sum_{n=0}^{n} \frac{f^{(n)}(0)}{n!} x^n = \frac{f^{(n+1)}(\xi)}{(n+1)!} x^{n+1}$$

称 $\dfrac{f^{(n+1)}(\xi)}{(n+1)!} x^{n+1}$ 为余项 $R_n(x)$ 的拉格朗日形式，ξ 在 0 和 x 之间．直接利用式（10-1）将 $f(x)$ 展开为 x 的幂级数的方法，称为直接展开法．直接展开法有两个困难：一是求 $f(x)$ 的任意阶导数；

二是求出余项并计算 $\lim_{n\to\infty} R_n(x)$．一般地，将初等函数展开成为幂级数，通常使用间接展开法．

根据某些已知函数的展开式和幂级数的运算性质，将初等函数展开为幂级数的方法，称为间接展开法．

2．几个常用初等函数的幂级数展开式

（1）$\dfrac{1}{1-x} = 1 + x + x^2 + x^3 + \cdots + x^{n-1} + \cdots = \sum\limits_{n=0}^{\infty} x^n,\ x\in(-1,\ 1)$；

（2）$\dfrac{1}{1+x} = 1 - x + x^2 - x^3 + \cdots + (-1)^{n-1}x^{n-1} + \cdots = \sum\limits_{n=0}^{\infty}(-1)^n x^n,\ x\in(-1,\ 1)$；

（3）$e^x = 1 + x + \dfrac{x^2}{2!} + \dfrac{x^3}{3!} + \cdots + \dfrac{x^n}{n!} + \cdots = \sum\limits_{n=0}^{\infty}\dfrac{1}{n!}x^n,\ x\in(-\infty,\ \infty)$；

（4）$\sin x = x - \dfrac{x^3}{3!} + \dfrac{x^5}{5!} - \cdots + (-1)^{n-1}\dfrac{x^{2n-1}}{(2n-1)!} + \cdots = \sum\limits_{n=1}^{\infty}\dfrac{(-1)^{n-1}}{(2n-1)!}x^{2n-1},\ x\in(-\infty,\ \infty)$；

（5）$\ln(1+x) = x - \dfrac{x^2}{2} + \dfrac{x^3}{3} - \cdots + (-1)^{n-1}\dfrac{x^n}{n}\cdots = \sum\limits_{n=1}^{\infty}(-1)^{n-1}\dfrac{x^n}{n},\ x\in(-1,\ 1]$；

（6）$(1+x)^\alpha = 1 + \alpha x + \dfrac{\alpha(\alpha-1)x^2}{2!} + \cdots + \dfrac{\alpha(\alpha-1)\cdots(\alpha-n+1)x^n}{n!} + \cdots,\ x\in(-1,\ 1)$．

以上结果推导从略．

例6 分别将下列函数展开成 x 的幂级数．

（1）$\dfrac{1}{2-x}$；　　　　（2）$\dfrac{1}{1+2x}$；　　　　（3）$\dfrac{1}{1+x^2}$．

解 （1）因为

$$\dfrac{1}{1-x} = 1 + x + x^2 + x^3 + \cdots + x^{n-1} + \cdots = \sum\limits_{n=0}^{\infty}x^n,\ x\in(-1,\ 1)$$

$$\dfrac{1}{2-x} = \dfrac{1}{2}\times\dfrac{1}{1-\dfrac{x}{2}}$$

所以

$$\dfrac{1}{2-x} = \dfrac{1}{2}\sum\limits_{n=0}^{\infty}\left(\dfrac{x}{2}\right)^n = \sum\limits_{n=0}^{\infty}\dfrac{x^n}{2^{n+1}},\ \dfrac{x}{2}\in(-1,\ 1)$$

即

$$\dfrac{1}{2-x} = \sum\limits_{n=0}^{\infty}\dfrac{1}{2^{n+1}}x^n,\ x\in(-2,\ 2)$$

（2）令 $2x = t$，因为

$$\dfrac{1}{1+x} = 1 - x + x^2 - x^3 + \cdots + (-1)^{n-1}x^{n-1} + \cdots = \sum\limits_{n=0}^{\infty}(-1)^n x^n,\ x\in(-1,\ 1)$$

所以

$$\dfrac{1}{1+2x} = \dfrac{1}{1+t} = \sum\limits_{n=0}^{\infty}(-1)^n t^n = \sum\limits_{n=0}^{\infty}(-2)^n x^n,\ 2x\in(-1,\ 1)$$

即

$$\frac{1}{1+2x}=\sum_{n=0}^{\infty}(-2)^n x^n,\ x\in\left(-\frac{1}{2},\ \frac{1}{2}\right)$$

（3）令 $x^2=t$ ，因为

$$\frac{1}{1+x}=1-x+x^2-x^3+\cdots+(-1)^{n-1}x^{n-1}+\cdots=\sum_{n=0}^{\infty}(-1)^n x^n,\ x\in(-1,\ 1)$$

所以

$$\frac{1}{1+x^2}=\frac{1}{1+t}=\sum_{n=0}^{\infty}(-1)^n t^n=\sum_{n=0}^{\infty}(-1)^n x^{2n},\ x\in(-1,\ 1)$$

例 7　将函数 $y=\ln(1-x^2)$ 展开成 x 的幂级数.

解　令 $-x^2=t$ ，则原函数可以化为 $y=\ln(1+t)$ ，因为

$$y=\ln(1+t)=t-\frac{t^2}{2}+\frac{t^3}{3}-\cdots+(-1)^{n-1}\frac{t^n}{n}+\cdots=\sum_{n=1}^{\infty}(-1)^{n-1}\frac{t^n}{n}$$

将 $-x^2=t$ 回代，得

$$y=-x^2-\frac{x^4}{2}-\frac{x^6}{3}-\cdots-\frac{x^{2n}}{n}-\cdots=-\sum_{n=1}^{\infty}\frac{x^{2n}}{n},\ x\in(-1,\ 1)$$

例 8　将函数 $f(x)=\cos x$ 展开成 x 的幂级数.

解　因为 $(\sin x)'=\cos x$ ，而

$$\sin x=x-\frac{x^3}{3!}+\frac{x^5}{5!}-\cdots+(-1)^{n-1}\frac{x^{2n-1}}{(2n-1)!}+\cdots$$

$$=\sum_{n=1}^{\infty}\frac{(-1)^{n-1}}{(2n-1)!}x^{2n-1},\ x\in(-\infty,\ \infty)$$

由幂级数的逐项可导性，得

$$\cos x=1-\frac{x^2}{2!}+\frac{x^4}{4!}-\frac{x^6}{6!}+\cdots+(-1)^{n-1}\frac{x^{2(n-1)}}{(2n-2)!}+\cdots$$

$$=\sum_{n=0}^{\infty}(-1)^n\frac{x^{2n}}{(2n)!},\ x\in(-\infty,\ \infty)$$

习 题 10.3

1. 说出幂级数 $\sum_{n=0}^{\infty}a_n x^n$ 的收敛半径与极限值 $\lim_{n\to\infty}\left|\frac{a_{n+1}}{a_n}\right|$ 间的关系.

2. 求下列幂级数的收敛半径和收敛域.

（1）$\sum_{n=1}^{\infty}\frac{(-1)^{n-1}}{4^n}x^n$；

（2）$\sum_{n=0}^{\infty}\frac{1}{2n+1}x^n$；

（3）$\sum_{n=1}^{\infty}\frac{x^n}{n!2^n}$；

（4）$\sum_{n=1}^{\infty}\frac{n}{3^n}x^n$；

（5）$\sum_{n=1}^{\infty}\frac{2n-1}{2^n}x^{2n}$；

（6）$\sum_{n=1}^{\infty}\frac{(x+1)^n}{n3^n}$．

3．利用幂级数的性质求下列级数的和函数．

（1）$\sum_{n=0}^{\infty}(-2x)^n$；　　　　（2）$\sum_{n=1}^{\infty}\frac{1}{n}x^n$；

（3）$\sum_{n=1}^{\infty}\frac{1}{2n-1}x^{2n-1}$；　　　（4）$\sum_{n=1}^{\infty}\frac{x^{2n}}{2^n}$；

（5）$\sum_{n=1}^{\infty}(n+1)x^n$；　　　（6）$\sum_{n=1}^{\infty}\frac{2n-1}{2^n}x^{2n-2}$，并求$\sum_{n=1}^{\infty}\frac{2n-1}{2^n}$的值．

4．将下列函数展开成麦克劳林级数．

（1）$y=\frac{1}{4-x}$；　　　　　（2）$y=e^{-2x}$．

5．将下列函数展开成x的幂级数，并指出它们的收敛域．

（1）$y=\sin\frac{x}{2}$；　　　　　（2）$y=\ln(10+x)$；

（3）$y=\cos^2 x$；　　　　　　（4）$y=\frac{1}{1+3x}$．

10.4　傅 里 叶 级 数

问题提出

在电子技术中常见的矩形波、锯齿波，工程技术中遇到的机械振动等现象，它们可以用一系列的谐波（正弦波）叠加表示出来．也就是说，一个非正弦的周期函数，可用一系列的三角函数的累加来表示，即$f(t)=A_0+\sum_{n=1}^{\infty}A_n\sin(n\omega t+\varphi_n)$．如图 10-1 所示的 4 个图，分别是

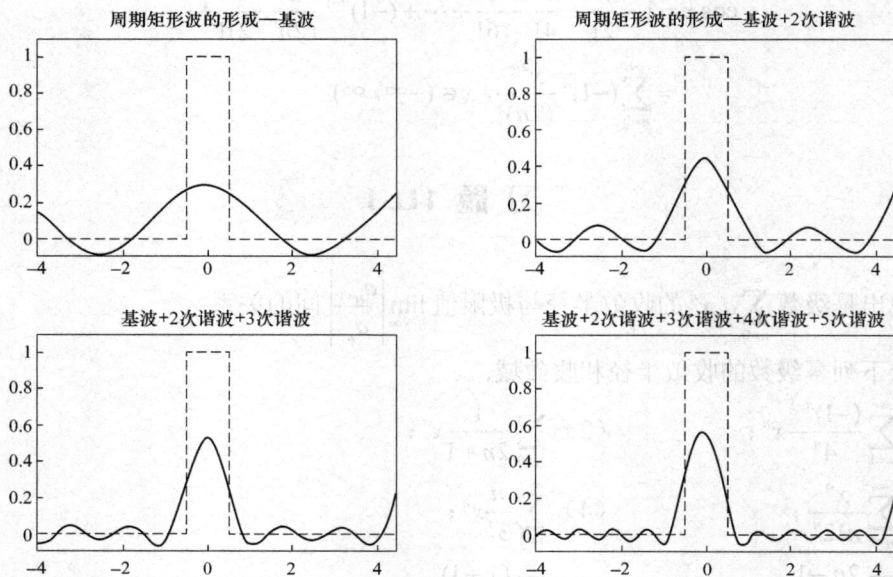

图 10-1

取三角函数组成的无限和式 $\sum\limits_{n=1}^{\infty}\dfrac{1}{n}\sin nx$ 中的前 1，2，3，6 项的和所得的曲线与矩形波的拟合图．

🏆 解法探究

从图 10-1 可以看出，取得的项数越多，三角函数叠加后得到的曲线与周期为 T 的矩形波拟合得就越好．像这种利用简单的正弦波叠加来分析各种非正弦的周期现象，是由法国数学家傅里叶在 1807 年率先提出的．由此，人们称这种由三角函数组成的级数为傅里叶级数．

📚 必要知识

一、三角级数

各种复杂的非正弦周期函数用简单的三角函数形式表示为

$$f(t) = A_0 + \sum_{n=1}^{\infty} A_n \sin(n\omega t + \varphi_n)$$

为讨论问题方便，不妨设 $f(t)$ 是以 2π 为周期、角频率 $\omega = 1$ 的波，并记 $A_0 = \dfrac{a_0}{2}$ ，$A_n \sin(n\omega t + \varphi_n) = a_n \cos nt + b_n \sin nt$ ，则上式可写成

$$f(t) = \frac{a_0}{2} + \sum_{n=1}^{\infty} (a_n \cos nt + b_n \sin nt) \qquad （10\text{-}3）$$

其中，$a_n = A_n \sin \varphi_n$ ，$b_n = A_n \cos \varphi_n$ （$n = 1, 2, 3, \cdots$）.

式（10-3）称为 $f(t)$ 的三角级数展开式，右端的函数项级数称为**三角级数**.

二、三角函数系的正交性

三角级数中出现的函数：1，$\cos x$，$\sin x$，$\cos 2x$，$\sin 2x$，$\cos 3x$，$\sin 3x$，$\cdots$，$\cos nx$，$\sin nx$，$\cdots$ 构成了一个三角函数系．这个三角函数系有以下特征．

（1）三角函数系中任意两个不同的函数的乘积在 $[-\pi, \pi]$ 上的积分值为零，即

$$\int_{-\pi}^{\pi} 1 \cdot \cos nx \mathrm{d}x = 0 ， \quad \int_{-\pi}^{\pi} 1 \cdot \sin nx \mathrm{d}x = 0 \quad （n = 1, 2, \cdots）;$$

$$\int_{-\pi}^{\pi} \sin nx \cdot \cos kx \mathrm{d}x = 0 \quad （n, k = 1, 2, 3, \cdots）;$$

$$\int_{-\pi}^{\pi} \cos nx \cdot \cos kx \mathrm{d}x = 0 ， \quad \int_{-\pi}^{\pi} \sin nx \cdot \sin kx \mathrm{d}x = 0 \quad （n, k = 1, 2, 3, \cdots, n \neq k）.$$

（2）三角函数系中除 1 以外，任意一个函数的平方在 $[-\pi, \pi]$ 上的积分值为 π ，即

$$\int_{-\pi}^{\pi} \cos^2 nx \mathrm{d}x = \pi ， \quad \int_{-\pi}^{\pi} \sin^2 nx \mathrm{d}x = \pi \quad （n = 1, 2, \cdots）$$

（1）、（2）两种性质称为三角函数系的正交性．

三、周期为 2π 的函数展开为傅里叶级数

假定 $f(x)$ 是以 2π 为周期的函数，且能表示成三角函数，即

$$f(x) = \frac{a_0}{2} + \sum_{n=1}^{\infty} (a_n \cos nx + b_n \sin nx) \qquad （10\text{-}4）$$

那么三角级数的系数 a_0、a_n、b_n 与 $f(x)$ 的关系如何呢？

设 $f(x)$ 在 $[-\pi, \pi]$ 上可积，且三角级数可逐项积分，则式（10-4）两边在 $[-\pi, \pi]$ 上的积分得

$$\int_{-\pi}^{\pi} f(x)\mathrm{d}x = \int_{-\pi}^{\pi} \frac{a_0}{2}\mathrm{d}x + \sum_{n=1}^{\infty} \int_{-\pi}^{\pi} (a_n \cos nx + b_n \sin nx)\mathrm{d}x$$

由三角函数系的正交性可得 $\int_{-\pi}^{\pi} f(x)\,\mathrm{d}x = a_0\pi$，即

$$a_0 = \frac{1}{\pi} \int_{-\pi}^{\pi} f(x)\,\mathrm{d}x$$

再分别以 $\cos nx$，$\sin nx$ 乘以式（10-4）两端，然后在 $[-\pi, \pi]$ 上分别积分，同理可得

$$\int_{-\pi}^{\pi} f(x)\cos nx\mathrm{d}x = \int_{-\pi}^{\pi} a_n \cos^2 nx\mathrm{d}x = a_n\pi$$

$$\int_{-\pi}^{\pi} f(x)\sin nx\mathrm{d}x = \int_{-\pi}^{\pi} b_n \sin^2 nx\mathrm{d}x = b_n\pi$$

所以

$$a_n = \frac{1}{\pi} \int_{-\pi}^{\pi} f(x)\cos nx\mathrm{d}x \qquad (n = 1, 2, 3, \cdots)$$

$$b_n = \frac{1}{\pi} \int_{-\pi}^{\pi} f(x)\sin nx\mathrm{d}x \qquad (n = 1, 2, 3, \cdots)$$

从 a_0，a_n 的表达式来看，a_n 包含了 a_0 的情形，因此三角级数的系数 a_0，a_n，b_n 可用下面的公式来计算：

$$a_n = \frac{1}{\pi} \int_{-\pi}^{\pi} f(x)\cos nx\mathrm{d}x \qquad (n = 0, 1, 2, 3, \cdots) \tag{10-5}$$

$$b_n = \frac{1}{\pi} \int_{-\pi}^{\pi} f(x)\sin nx\mathrm{d}x \qquad (n = 1, 2, 3, \cdots)$$

式（10-5）称为欧拉-傅里叶（Euler-Fourier）公式，由公式所确定的系数 a_0，a_n，b_n 称为函数 $f(x)$ 的傅里叶系数，以这些系数构成的三角级数称为函数 $f(x)$ 的傅里叶级数，即

$$\frac{a_0}{2} + \sum_{n=1}^{\infty} (a_n \cos nx + b_n \sin nx)$$

以上介绍了周期为 2π 的函数展开为傅里叶级数的方法．接着要讨论的问题是，由式（10-5）得到的 a_0，a_n，b_n 为系数的傅里叶级数 $\dfrac{a_0}{2} + \sum_{n=1}^{\infty} (a_n \cos nx + b_n \sin nx)$ 是否收敛于 $f(x)$？下面的定理给出了回答．

定理（收敛定理） 设 $f(x)$ 是以 2π 为周期的函数，若它在一个周期内满足：

（1）$f(x)$ 连续或只有有限个第一类间断点（间断点处的左、右极限都存在）；

（2）$f(x)$ 只有有限个极值点，则函数 $f(x)$ 的傅里叶级数收敛，并且在 $f(x)$ 的连续点，级数收敛于 $f(x)$；在 $f(x)$ 的间断点 x_0 处，级数收敛于 $\dfrac{f(x_0 - 0) + f(x_0 + 0)}{2}$．

由定理可知，只要函数 $f(x)$ 在一个周期内只有有限个第一类间断点和有限个极值点，就可以展开成傅里叶级数. 事实上，实际应用中所遇到的周期函数，一般都能满足收敛定理的条件.

例 1 将周期为 2π 的矩形脉冲函数 $u(t) = \begin{cases} -1, & -\pi \leqslant t < 0 \\ 1, & 0 \leqslant t < \pi \end{cases}$ 展开成傅里叶级数.

解 函数 $u(t)$ 的图像如图 10-2 所示.

（1）由式（10-5）计算傅里叶系数. 因为 $u(t)$ 是奇函数，所以 $u(t)\cos nt$ 是奇函数，$u(t)\sin nt$ 是偶函数，则有

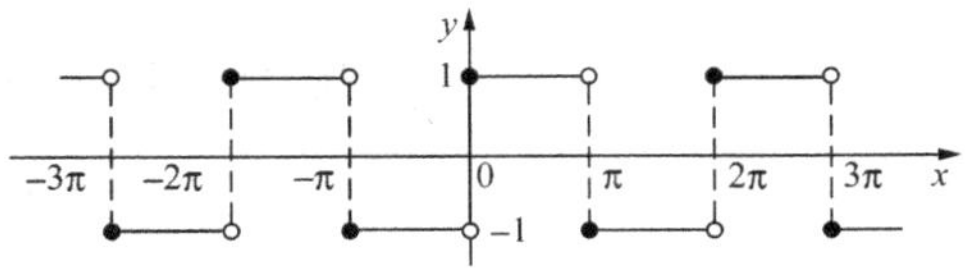

图 10-2

$$a_0 = \frac{1}{\pi}\int_{-\pi}^{\pi} u(t)\mathrm{d}t = 0, \quad a_n = \frac{1}{\pi}\int_{-\pi}^{\pi} u(t)\cos nt\mathrm{d}t = 0$$

$$b_n = \frac{1}{\pi}\int_{-\pi}^{\pi} u(t)\sin nt\mathrm{d}t = \frac{2}{\pi}\int_{0}^{\pi} u(t)\sin nt\mathrm{d}t = \frac{2}{\pi}\int_{0}^{\pi}\sin nt\mathrm{d}t$$

$$= \frac{2}{n\pi}(1-\cos n\pi) = \frac{2}{n\pi}[1-(-1)^n]$$

$$= \begin{cases} 0, & n\text{为偶数} \\ \dfrac{4}{n\pi}, & n\text{为奇数} \end{cases} \quad (n = 1,\ 2,\ \cdots)$$

（1）函数 $u(t)$ 的傅里叶级数为

$$\sum_{n=1}^{\infty} \frac{2[1-(-1)^n]}{n\pi}\sin nt = \frac{4}{\pi}\left[\sin t + \frac{1}{3}\sin 3t + \frac{1}{5}\sin 5t + \cdots + \frac{1}{2k-1}\sin(2k-1)t + \cdots\right]$$

（2）确定收敛区域. 矩形脉冲函数 $u(t)$ 满足定理 3 的条件，仅在 $t = k\pi(k \in \mathbf{Z})$ 处间断，则在间断点 $t = k\pi(k \in \mathbf{Z})$ 处傅里叶级数收敛于

$$\frac{u(k\pi-0)+u(k\pi+0)}{2} = \frac{u(\pi-0)+u(\pi+0)}{2} = \frac{1-1}{2} = 0$$

在连续点 $t \neq k\pi$ 处收敛于 $u(t)$，因此

$$u(t) = \frac{4}{\pi}\left[\sin t + \frac{1}{3}\sin 3t + \frac{1}{5}\sin 5t + \cdots + \frac{1}{2k-1}\sin(2k-1)t + \cdots\right]$$

$$(-\infty < t < \infty,\ t \neq k\pi,\ k \in \mathbf{Z})$$

例 2 将周期为 2π 的函数 $f(x) = \begin{cases} -x, & -\pi \leqslant x < 0 \\ x, & 0 \leqslant x \leqslant \pi \end{cases}$ （图 10-3）展开成傅里叶级数.

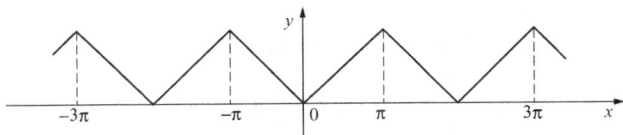

图 10-3

解 （1）由式（10-5）计算傅里叶系数. 因为 $f(x)$ 是偶函数，所以 $f(x)\cos nx$ 是偶函数，$f(x)\sin nx$ 是奇函数，则有

$$a_0 = \frac{1}{\pi}\int_{-\pi}^{\pi}f(x)\mathrm{d}x = \frac{2}{\pi}\int_0^{\pi}f(x)\mathrm{d}x = \frac{2}{\pi}\int_0^{\pi}x\mathrm{d}x = \pi$$

$$a_n = \frac{1}{\pi}\int_{-\pi}^{\pi}f(x)\cos nx\mathrm{d}x = \frac{2}{\pi}\int_0^{\pi}f(x)\cos nx\mathrm{d}x = \frac{2}{\pi}\int_0^{\pi}x\cos nx\mathrm{d}x$$

$$= \frac{2}{\pi}\left(\frac{x}{n}\sin nx + \frac{1}{n^2}\cos nx\right)\Big|_0^{\pi} = \frac{2}{n^2\pi}(\cos n\pi - 1)$$

$$= \frac{2}{n^2\pi}[(-1)^n - 1] \quad (n = 1, 2, \cdots)$$

$$b_n = \frac{1}{\pi}\int_{-\pi}^{\pi}f(x)\sin nx\mathrm{d}t = 0$$

（2）函数 $f(x)$ 的傅里叶级数为

$$\frac{\pi}{2} + \sum_{n=1}^{\infty}\frac{2[(-1)^n - 1]}{n^2\pi}\cos n\pi$$

即

$$\frac{\pi}{2} - \frac{4}{\pi}\left[\cos x + \frac{1}{3^2}\cos 3x + \frac{1}{5^2}\cos 5x + \cdots + \frac{1}{(2n-1)^2}\cos(2n-1)x + \cdots\right] \quad (-\infty < x < +\infty)$$

（3）确定收敛区域. 由于函数 $f(x)$ 在定义域内处处连续，所以该傅里叶级数收敛于 $f(x)$，即

$$f(x) = \frac{\pi}{2} - \frac{4}{\pi}\left[\cos x + \frac{1}{3^2}\cos 3x + \cdots + \frac{1}{(2n-1)^2}\cos(2n-1)x + \cdots\right] \quad (-\infty < x < +\infty)$$

从上述两例可看出，有的函数展开成傅里叶级数以后，只含正弦项或余弦项，这种只含正弦项的傅里叶级数称为**正弦级数**，只含余弦项的傅里叶级数称为**余弦级数**. 其实，这种结果是由函数的奇偶性所致.

例 3　将周期为 2π 的函数 $f(x) = \begin{cases} x, & -\pi \leqslant x < 0 \\ 0, & 0 \leqslant x < \pi \end{cases}$（图 10-4）展开成傅里叶级数.

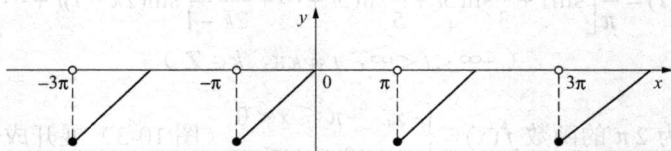

图 10-4

解　（1）由式（10-5）计算傅里叶系数，则有

$$a_0 = \frac{1}{\pi}\int_{-\pi}^{\pi}f(x)\mathrm{d}x = \frac{1}{\pi}\int_{-\pi}^0 x\mathrm{d}x = -\frac{\pi}{2}$$

$$a_n = \frac{1}{\pi}\int_{-\pi}^{\pi}f(x)\cos nx\mathrm{d}x = \frac{1}{\pi}\int_{-\pi}^0 x\cos nx\mathrm{d}x = \frac{1}{\pi}\left(\frac{x\sin nx}{n} + \frac{\cos nx}{n^2}\right)\Big|_{-\pi}^0$$

$$= \frac{1}{n^2\pi}(1 - \cos n\pi) = \frac{1}{n^2\pi}[1 - (-1)^n] \quad (n = 1, 2, \cdots)$$

$$b_n = \frac{1}{\pi}\int_{-\pi}^{\pi} f(x)\sin nx\,\mathrm{d}t = \frac{1}{\pi}\int_{-\pi}^{0} x\sin nx\,\mathrm{d}x = \frac{1}{\pi}\left(\frac{-x\cos nx}{n} + \frac{\sin nx}{n^2}\right)\Bigg|_{-\pi}^{0} = \frac{(-1)^{n+1}}{n}$$

（2）函数 $f(x)$ 的傅里叶级数为

$$-\frac{\pi}{4} + \sum_{n=1}^{\infty}\left[\frac{[1-(-1)^n]}{n^2\pi}\cos nx + \frac{(-1)^{n+1}}{n}\sin nx\right]$$

即

$$-\frac{\pi}{4} + \frac{2}{\pi}\left[\cos x + \frac{1}{3^2}\cos 3x + \frac{1}{5^2}\cos 5x + \cdots + \frac{1}{(2n-1)^2}\cos(2n-1)x + \cdots\right] +$$

$$\left[\sin x - \frac{1}{2}\sin 2x + \frac{1}{3}\sin 3x + \cdots + \frac{(-1)^{n+1}}{n}\sin nx + \cdots\right]\quad(n=1,2,3,\cdots)$$

（3）确定收敛区域. 由于函数 $f(x)$ 满足定理 3 的条件，仅在 $x=(2n+1)\pi$ 处间断，则在间断点 $x=(2n+1)\pi\ (n\in\mathbf{Z})$ 处收敛于 $\dfrac{f(\pi-0)+f(\pi+0)}{2} = \dfrac{0-\pi}{2} = -\dfrac{\pi}{2}$，在连续点 $x\neq(2n+1)\pi$ $(n\in\mathbf{Z})$ 处收敛于 $f(x)$，因此

$$f(x) = -\frac{\pi}{4} + \frac{2}{\pi}\left[\cos x + \frac{1}{3^2}\cos 3x + \frac{1}{5^2}\cos 5x + \cdots + \frac{1}{(2n-1)^2}\cos(2n-1)x + \cdots\right] +$$

$$\left[\sin x - \frac{1}{2}\sin 2x + \frac{1}{3}\sin 3x - \cdots + \frac{(-1)^{n+1}}{n}\sin nx + \cdots\right]\quad(x\neq(2n+1)\pi,\ n\in\mathbf{Z})$$

例 4　设 $f(x)$ 是以 2π 为周期的函数，它在 $[-\pi,\pi)$ 上的表示式为

$$f(x) = x\ (-\pi\leqslant x < \pi)$$

将 $f(x)$ 展开为傅里叶级数.

解　因为函数 $f(x)$ 是奇函数，所以它的傅里叶级数是正弦级数. 因此

$$a_0 = 0,\qquad a_n = 0\quad(n=1,2,3,\cdots)$$

$$b_n = \frac{2}{\pi}\int_0^{\pi} x\sin nx\,\mathrm{d}x = \frac{2}{\pi}\left[-\frac{x}{n}\cos nx + \frac{1}{n^2}\sin nx\right]\Bigg|_0^{\pi}$$

$$= -\frac{2}{n}\cos n\pi = (-1)^{n+1}\frac{2}{n}\quad(n=1,2,3,\cdots)$$

根据收敛定理，得 $f(x)$ 的傅里叶级数为

$$f(x) = 2\left(\sin x - \frac{1}{2}\sin 2x + \frac{1}{3}\sin 3x - \cdots + \frac{(-1)^{n+1}}{n}\sin nx + \cdots\right)$$

$$(-\infty < x < +\infty, x\neq(2k-1)\pi, k\in\mathbf{Z})$$

从上述例题的分析过程看出，将周期为 2π 的函数展开成傅里叶级数，其一般步骤如下：

（1）求傅里叶系数 a_0，a_n，b_n；

（2）写出傅里叶级数；

（3）根据收敛定理确定傅里叶级数的收敛区域.

另外，对于周期为 $2l$ 的函数，若要展开成傅里叶级数，只需先将 $f(x)$ 转化为以 2π 为周期的函数，然后再按上述方法求解即可. 下面给出以 $2l$ 为周期的函数 $f(x)$，满足收敛定理的

条件，则它的傅里叶级数展开式为

$$f(x) = \frac{a_0}{2} + \sum_{n=1}^{\infty}\left(a_n\cos\frac{n\pi x}{l} + b_n\sin\frac{n\pi x}{l}\right)$$

其中

$$a_n = \frac{1}{l}\int_{-l}^{l}f(x)\cos\frac{n\pi x}{l}\mathrm{d}x \quad (n = 0, 1, 2, 3\cdots)$$

$$b_n = \frac{1}{l}\int_{-l}^{l}f(x)\sin\frac{n\pi x}{l}\mathrm{d}x \quad (n = 1, 2, 3\cdots)$$

此内容本节不做进一步研究.

四、专业应用举例

例 5 将全波整流函数 $f(t) = E|\sin t|$ （图 10-5）展开成傅里叶级数.

解 （1）计算傅里叶系数. 因为 $f(t)$ 是偶函数，所以 $f(t)\cos nt$ 是偶函数，$f(t)\sin nt$ 是奇函数，则

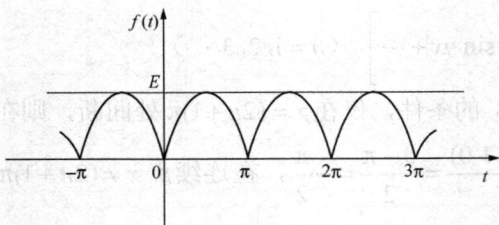

图 10-5

$$a_0 = \frac{1}{\pi}\int_{-\pi}^{\pi}f(t)\mathrm{d}t = \frac{2}{\pi}\int_0^{\pi}f(t)\mathrm{d}t = \frac{2}{\pi}\int_0^{\pi}E\sin t\,\mathrm{d}t = \frac{4E}{\pi}$$

$$a_n = \frac{1}{\pi}\int_{-\pi}^{\pi}f(t)\cos nt\,\mathrm{d}t = \frac{2}{\pi}\int_0^{\pi}f(t)\cos nt\,\mathrm{d}t$$

$$= \frac{2}{\pi}\int_0^{\pi}E\sin t\cos nt\,\mathrm{d}t = \frac{E}{\pi}\int_0^{\pi}[\sin(n+1)t - \sin(n-1)t]\mathrm{d}t$$

当 $n = 1$ 时，

$$a_1 = \frac{E}{\pi}\int_0^{\pi}\sin 2t\,\mathrm{d}t = \frac{-E}{2\pi}(2\cos 2t)\Big|_0^{\pi} = 0$$

当 $n > 1$ 时，

$$a_n = \frac{E}{\pi}\left[\frac{1}{n-1}\cos(n-1)t - \frac{1}{n+1}\cos(n+1)\right]\Big|_0^{\pi}$$

$$= \frac{E}{\pi}\left\{\frac{1}{n-1}[\cos(n-1)\pi - 1] - \frac{1}{n+1}[\cos(n+1)\pi - 1]\right\}$$

当 n 为奇数时，$a_n = 0$；当 n 为偶数 $2k$ 时，

$$a_n = \frac{-4E}{(n^2-1)\pi} = \frac{-4E}{(4k^2-1)\pi}$$

$$b_n = \frac{1}{\pi}\int_{-\pi}^{\pi}f(t)\sin nt\,\mathrm{d}t = 0$$

（2）函数 $f(x)$ 的傅里叶级数为 $\frac{2E}{\pi} - \sum_{k=1}^{\infty}\frac{4E}{(4k^2-1)\pi}\cos 2kt$ ，即

$$\frac{2E}{\pi} - \frac{4E}{\pi}\left(\frac{1}{3}\cos 2t + \frac{1}{15}\cos 4t + \frac{1}{35}\cos 6t + \cdots + \frac{1}{4k^2-1}\cos 2kt + \cdots\right)$$

（3）确定收敛区域．由于函数 $f(x)$ 在定义域内处连续，所以该傅里叶级数收敛于 $f(t)$，即

$$f(t)=\frac{2E}{\pi}-\frac{4E}{\pi}\left(\frac{1}{3}\cos 2t+\frac{1}{15}\cos 4t+\cdots+\frac{1}{4k^2-1}\cos 2kt+\cdots\right)\quad(-\infty<t<+\infty)$$

习 题 10.4

1．三角函数系是由哪些函数构成的？它有哪些性质？

2．如何计算周期为 2π 的函数 $f(x)$ 的傅里叶系数？若 $f(x)$ 是奇函数，展开的傅里叶级数有什么特点？此级数又称为什么级数？若 $f(x)$ 是偶函数呢？

3．将下列周期为 2π 的函数展开成傅里叶级数．

（1） $f(t)=-2t,t\in[-\pi,\ \pi]$；

（2） $f(x)=\begin{cases}0,&-\pi<x<0\\1,&0\leqslant x\leqslant\pi\end{cases}$；

（3）正弦交流电 $I(x)=\sin x$ 经二级管整流后变为

$$f(x)=\begin{cases}0,&(2k-1)\pi\leqslant x<2k\pi\\\sin x,&2k\pi\leqslant x<(2k+1)\pi\end{cases}\quad k\text{ 为整数}$$

把 $f(x)$ 展开为傅里叶级数．

复 习 题 十

1．填空题．

（1）傅里叶级数又称三角级数，三角级数的一般形式是_____．

（2）对于傅里叶级数，当系数 $a_n=0(n=0,\ 1,\ 2,\cdots)$ 时，级数只含正弦项，称为_____．

（3）对于傅里叶级数，当系数 $b_n=0(n=1,2,\cdots)$ 时，级数只含余弦项，称为_____．

（4）当 $f(x)$ 是周期为 2π 的奇函数时，它的傅里叶级数为正弦级数 $\sum_{n=1}^{\infty}b_n\sin nx$，其中系数 $b_n=$_____．

（5）当 $f(x)$ 是周期为 2π 的偶函数时，它的傅里叶级数为余弦级数 $\frac{a_0}{2}+\sum_{n=1}^{\infty}a_n\cos nx$，其中系数 $a_n=$_____．

2．单项选择题．

（1）已知级数 $\sum_{n=1}^{\infty}u_n$ 的前 n 项和 $S_n=\sum_{k=1}^{n}u_k$，则下列命题正确的是（　　）．

A．若 $\{S_n\}$ 有界，则 $\sum_{n=1}^{\infty}u_n$ 收敛

B．若 $\sum_{n=1}^{\infty}u_n$ 收敛，则 $\{S_n\}$ 有界

C. $\displaystyle\sum_{n=1}^{\infty} u_n$ 收敛的充分必要条件是 $\{S_n\}$ 有界

D. 若 $\displaystyle\sum_{n=1}^{\infty} u_n$ 收敛，则 $\{S_n\}$ 为单调有界数列

（2） $\displaystyle\lim_{n\to\infty} u_n \neq 0$ 是级数 $\displaystyle\sum_{n=1}^{\infty} u_n$ 发散的（　　）.

A. 充分条件　　　　　　　　B. 必要条件

C. 充分必要条件　　　　　　D. 既非充分也非必要条件

（3）下列命题正确的是（　　）.

A. 若级数 $\displaystyle\sum_{n=1}^{\infty} u_n$ 与 $\displaystyle\sum_{n=1}^{\infty} v_n$ 收敛，则级数 $\displaystyle\sum_{n=1}^{\infty} (u_n + v_n)^2$ 收敛

B. 若级数 $\displaystyle\sum_{n=1}^{\infty} u_n$ 与 $\displaystyle\sum_{n=1}^{\infty} v_n$ 收敛，则级数 $\displaystyle\sum_{n=1}^{\infty} (u_n^2 + v_n^2)$ 收敛

C. 若正项级数 $\displaystyle\sum_{n=1}^{\infty} u_n$ 与 $\displaystyle\sum_{n=1}^{\infty} v_n$ 都收敛，则级数 $\displaystyle\sum_{n=1}^{\infty} (u_n + v_n)^2$ 收敛

D. 若级数 $\displaystyle\sum_{n=1}^{\infty} u_n \cdot v_n$ 收敛，则级数 $\displaystyle\sum_{n=1}^{\infty} u_n$ 与 $\displaystyle\sum_{n=1}^{\infty} v_n$ 都收敛

（4）下列命题正确的是（　　）.

A. 若级数 $\displaystyle\sum_{n=1}^{\infty} u_n$ 发散，则级数 $\displaystyle\sum_{n=1}^{\infty} |u_n|$ 发散

B. 若级数 $\displaystyle\sum_{n=1}^{\infty} |u_n|$ 发散，则级数 $\displaystyle\sum_{n=1}^{\infty} u_n$ 必发散

C. 若级数 $\displaystyle\sum_{n=1}^{\infty} u_n$ 收敛，则级数 $\displaystyle\sum_{n=1}^{\infty} |u_n|$ 必收敛

D. 若级数 $\displaystyle\sum_{n=1}^{\infty} |u_n|$ 收敛，则必有 $\displaystyle\lim_{n\to\infty} \left|\frac{u_{n+1}}{u_n}\right| = \lambda < 1$

（5）若幂级数 $\displaystyle\sum_{n=0}^{\infty} a_n x^n$ 的收敛半径为 R，则 $\displaystyle\sum_{n=0}^{\infty} a_n x^{3n}$ 的收敛开区间为（　　）.

A. $(-R, R)$　　B. $(-R^3, R^3)$　　C. $(-\sqrt[3]{R}, \sqrt[3]{R})$　　D. $(-\sqrt{R}, \sqrt{R})$

3. 根据级数收敛的定义，判断下列级数的敛散性，并对收敛者求其和.

（1） $\dfrac{1}{1\times 3} + \dfrac{1}{3\times 5} + \dfrac{1}{5\times 7} + \cdots + \dfrac{1}{(2n-1)\cdot(2n+1)} + \cdots$；

（2） $\displaystyle\sum_{n=1}^{\infty} \dfrac{1}{\sqrt{n} + \sqrt{n+1}}$；

（3） $\dfrac{5}{6} + \dfrac{2^2 + 3^2}{6^2} + \dfrac{2^3 + 3^3}{6^3} + \cdots + \dfrac{2^n + 3^n}{6^n} + \cdots$；

（4） $\dfrac{1}{2} + \dfrac{3}{4} + \dfrac{7}{8} + \cdots + \dfrac{2^n - 1}{2^n} + \cdots$.

4．判断下列级数的敛散性.

（1）$\sum\limits_{n=1}^{\infty} \dfrac{3+(-1)^n}{3^n}$；

（2）$\sum\limits_{n=1}^{\infty} \dfrac{10^{10}}{a^n}$ $(a>0)$；

（3）$\sum\limits_{n=1}^{\infty} \dfrac{n}{10n+1}$；

（4）$\sum\limits_{n=1}^{\infty} (-1)^n$．

5．用比较判别法判定下列级数的敛散性.

（1）$\sum\limits_{n=1}^{\infty} \sin\dfrac{\pi}{4^n}$；

（2）$\sum\limits_{n=1}^{\infty} \dfrac{1}{n\sqrt{n+1}}$．

6．用比值判别法判定下列级数的敛散性.

（1）$\sum\limits_{n=1}^{\infty} \sin\dfrac{n+2}{3^n}$；

（2）$\sum\limits_{n=1}^{\infty} \dfrac{n!}{2^n+1}$．

7．判别下列交错级数是否收敛，如果收敛，指出是绝对收敛还是条件收敛.

（1）$\sum\limits_{n=1}^{\infty} \dfrac{(-1)^{n-1}}{\sqrt{n}}$；

（2）$\sum\limits_{n=1}^{\infty} (-1)^{n-1}\dfrac{n^2}{2^n}$．

8．求下列幂级数的收敛半径和收敛区间.

（1）$\sum\limits_{n=1}^{\infty} \dfrac{x^n}{n\cdot 2^n}$；

（2）$\sum\limits_{n=1}^{\infty} \dfrac{n!}{n^n}x^n$．

9．把下列函数展开为麦克劳林级数，并写出收敛区间.

（1）$y=\ln(5+x)$；

（2）$y=2^x$．

10．利用逐项求导或逐项积分，求下列幂级数的和函数.

（1）$\sum\limits_{n=1}^{\infty} \dfrac{x^{2n-1}}{2n-1}$，$|x|<1$；

（2）$\sum\limits_{n=1}^{\infty} (n+1)x^n$，$|x|<1$；

（3）$\sum\limits_{n=1}^{\infty} \dfrac{x^{2n}}{2^n\cdot n!}$，$|x|<+\infty$．

11．设 $f(x)$ 以 2π 为周期，且当 $x\in[-\pi,\pi]$ 时，$f(x)=x^2$，将 $f(x)$ 展开成傅里叶级数，并用此级数求数值级数 $\sum\limits_{n=1}^{\infty} \dfrac{1}{n^2}$ 的和.

知识结构图

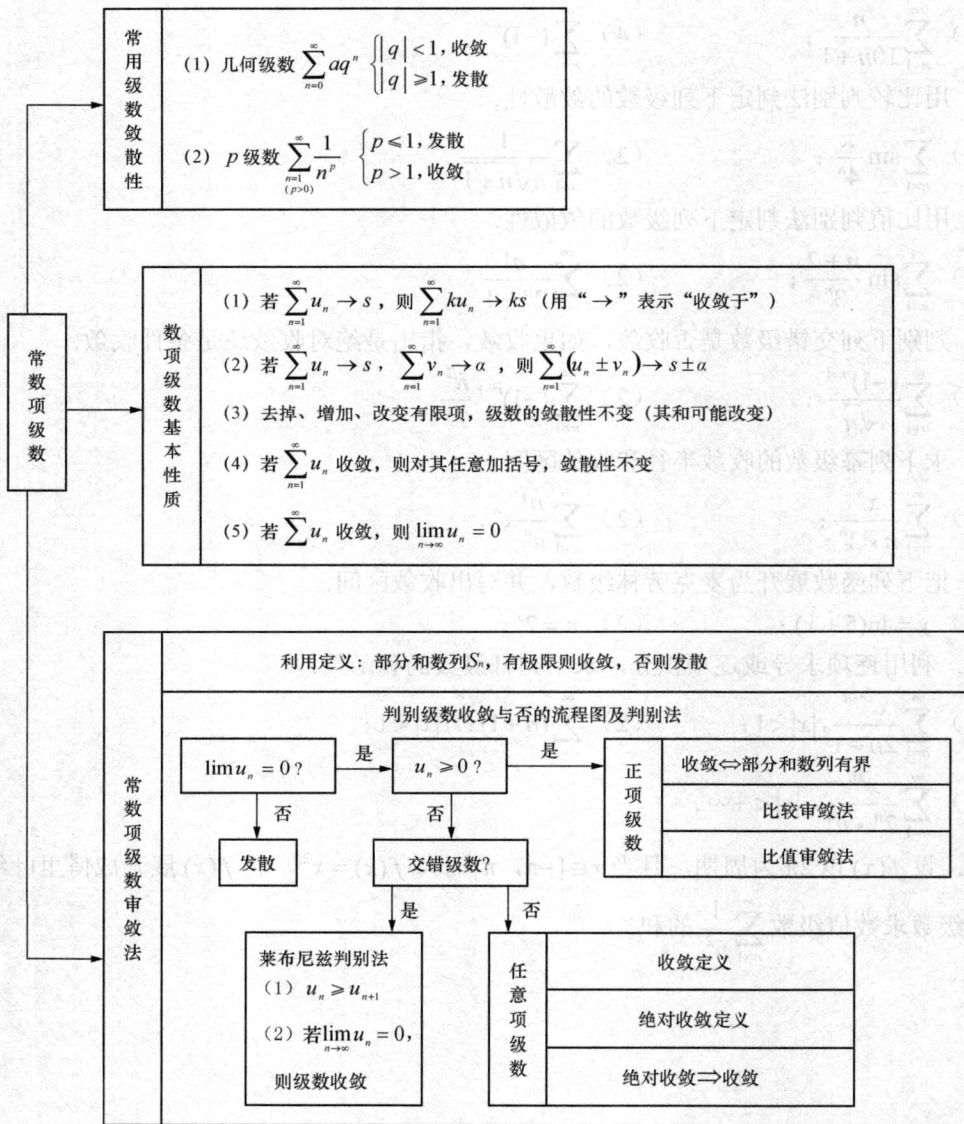

常数项级数

常用级数敛散性

(1) 几何级数 $\displaystyle\sum_{n=0}^{\infty} aq^n$ $\begin{cases} |q| < 1, \text{收敛} \\ |q| \geqslant 1, \text{发散} \end{cases}$

(2) p 级数 $\displaystyle\sum_{\substack{n=1 \\ (p>0)}}^{\infty} \frac{1}{n^p}$ $\begin{cases} p \leqslant 1, \text{发散} \\ p > 1, \text{收敛} \end{cases}$

数项级数基本性质

(1) 若 $\displaystyle\sum_{n=1}^{\infty} u_n \to s$，则 $\displaystyle\sum_{n=1}^{\infty} ku_n \to ks$（用 "→" 表示 "收敛于"）

(2) 若 $\displaystyle\sum_{n=1}^{\infty} u_n \to s$，$\displaystyle\sum_{n=1}^{\infty} v_n \to \alpha$，则 $\displaystyle\sum_{n=1}^{\infty} (u_n \pm v_n) \to s \pm \alpha$

(3) 去掉、增加、改变有限项，级数的敛散性不变（其和可能改变）

(4) 若 $\displaystyle\sum_{n=1}^{\infty} u_n$ 收敛，则对其任意加括号，敛散性不变

(5) 若 $\displaystyle\sum_{n=1}^{\infty} u_n$ 收敛，则 $\lim\limits_{n \to \infty} u_n = 0$

常数项级数审敛法

利用定义：部分和数列 S_n，有极限则收敛，否则发散

判别级数收敛与否的流程图及判别法

$\lim u_n = 0$? ——是→ $u_n \geqslant 0$? ——是→ 正项级数

正项级数：
收敛⇔部分和数列有界
比较审敛法
比值审敛法

$\lim u_n = 0$? ——否→ 发散

$u_n \geqslant 0$? ——否→ 交错级数?

交错级数? ——是→ 莱布尼兹判别法
(1) $u_n \geqslant u_{n+1}$
(2) 若 $\lim\limits_{n \to \infty} u_n = 0$，
则级数收敛

交错级数? ——否→ 任意项级数

任意项级数：
收敛定义
绝对收敛定义
绝对收敛⇒收敛

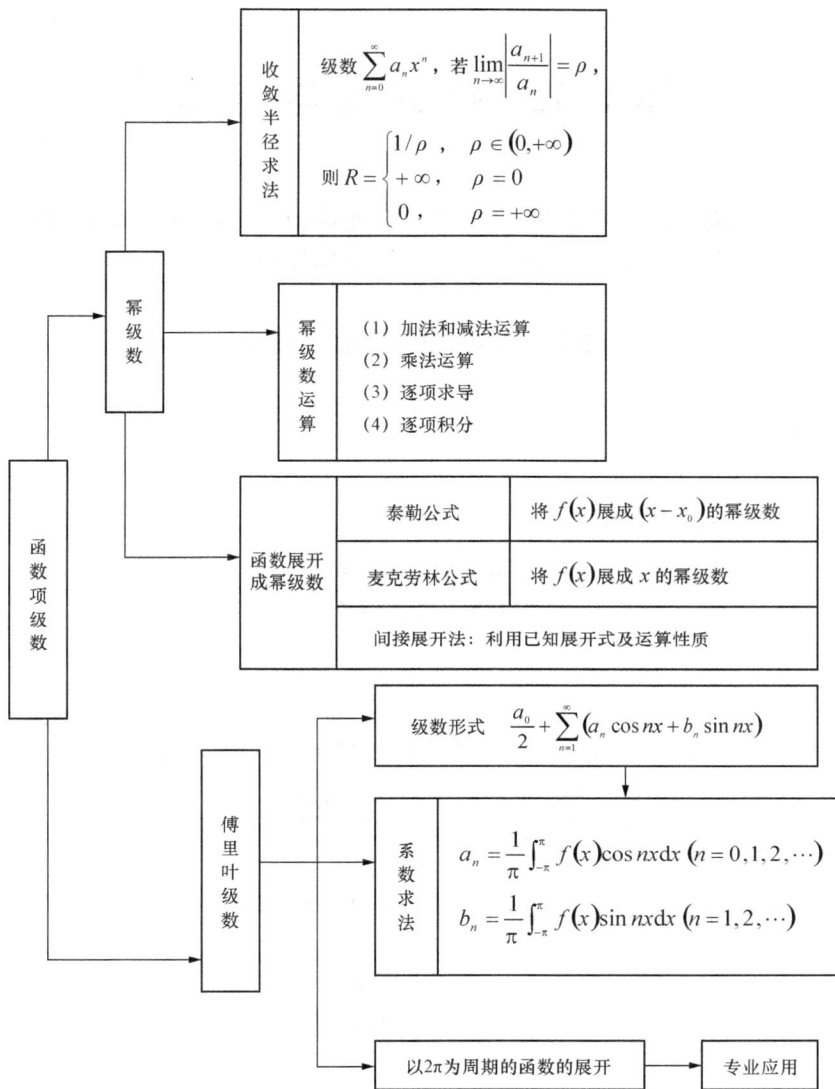

第 11 章　行列式与矩阵

在科学技术和决策中，经常要遇到解线性方程组的问题，行列式和矩阵是讨论和解线性方程组的重要工具．本章介绍行列式和矩阵的一些基础知识．

11.1　行列式的概念与计算

问题提出

用消元法解二元线性方程组

$$\begin{cases} a_{11}x_1 + a_{12}x_2 = b_1 \\ a_{21}x_1 + a_{22}x_2 = b_2 \end{cases} \tag{11-1}$$

解法探究

若 $a_{11}a_{22} - a_{12}a_{21} \neq 0$，由消元法可得线性方程（11-1）的唯一解为

$$x_1 = \frac{b_1 a_{22} - a_{12}b_2}{a_{11}a_{22} - a_{12}a_{21}}, \quad x_2 = \frac{a_{11}b_2 - b_1 a_{21}}{a_{11}a_{22} - a_{12}a_{21}} \tag{11-2}$$

为了便于表示上述结果，将式（11-2）中的分母 $a_{11}a_{22} - a_{12}a_{21}$ 记作

$$D = \begin{vmatrix} a_{11} & a_{12} \\ a_{21} & a_{22} \end{vmatrix}$$

即

$$D = \begin{vmatrix} a_{11} & a_{12} \\ a_{21} & a_{22} \end{vmatrix} = a_{11}a_{22} - a_{12}a_{21}$$

同样地，将式（11-2）中的分子分别记作

$$D_1 = \begin{vmatrix} b_1 & a_{12} \\ b_2 & a_{22} \end{vmatrix} = b_1 a_{22} - a_{12}b_2, \quad D_2 = \begin{vmatrix} a_{11} & b_1 \\ a_{21} & b_2 \end{vmatrix} = a_{11}b_2 - b_1 a_{21}$$

当 $D \neq 0$ 时，方程组（11-1）的唯一解可简洁地表示为

$$x_1 = \frac{D_1}{D}, \quad x_2 = \frac{D_2}{D}$$

这种为便于记忆和讨论而引进的计算符号就是行列式．

📚 **必要知识**

一、二阶行列式

定义 1　将 2^2 个数组成的记号 $\begin{vmatrix} a_{11} & a_{12} \\ a_{21} & a_{22} \end{vmatrix}$ 称为二阶行列式，其值为 $a_{11}a_{22} - a_{12}a_{21}$，即

$$\begin{vmatrix} a_{11} & a_{12} \\ a_{21} & a_{22} \end{vmatrix} = a_{11}a_{22} - a_{12}a_{21}$$

其中，a_{ij} $(i = 1, 2;\ j = 1, 2)$ 称为这个二阶行列式的元素，横排称为行，竖排称为列，从左上角到右下角的对角线称为行列式的主对角线，从右上角到左下角的对角线称为行列式次对角线.

例 1　计算下列行列式.

（1）$\begin{vmatrix} 2 & 1 \\ 3 & 4 \end{vmatrix}$；　　　　　　　　（2）$\begin{vmatrix} \cos\alpha & -\sin\alpha \\ \sin\alpha & \cos\alpha \end{vmatrix}$.

解　（1）$\begin{vmatrix} 2 & 1 \\ 3 & 4 \end{vmatrix} = 2 \times 4 - 1 \times 3 = 5$；

（2）$\begin{vmatrix} \cos\alpha & -\sin\alpha \\ \sin\alpha & \cos\alpha \end{vmatrix} = \cos^2\alpha - (-\sin^2\alpha) = \cos^2\alpha + \sin^2\alpha = 1$.

例 2　用行列式法解线性方程组.

$$\begin{cases} 2x_1 + 4x_2 = 2 \\ -x_1 + 6x_2 = 5 \end{cases}$$

解　因为

$$D = \begin{vmatrix} 2 & 4 \\ -1 & 6 \end{vmatrix} = 2 \times 6 - 4 \times (-1) = 16$$

$$D_1 = \begin{vmatrix} 2 & 4 \\ 5 & 6 \end{vmatrix} = 2 \times 6 - 4 \times 5 = -8$$

$$D_2 = \begin{vmatrix} 2 & 2 \\ -1 & 5 \end{vmatrix} = 2 \times 5 - 2 \times (-1) = 12$$

所以方程组的解为

$$x_1 = \frac{D_1}{D} = \frac{-8}{16} = -\frac{1}{2}, \quad x_2 = \frac{D_2}{D} = \frac{12}{16} = \frac{3}{4}$$

二、三阶行列式

定义 2　将 3^2 个数组成的记号 $\begin{vmatrix} a_{11} & a_{12} & a_{13} \\ a_{21} & a_{22} & a_{23} \\ a_{31} & a_{32} & a_{33} \end{vmatrix}$ 称为三阶行列式，其值为 $a_{11}a_{22}a_{33} +$

$a_{12}a_{23}a_{31} + a_{13}a_{21}a_{32} - a_{11}a_{23}a_{32} - a_{12}a_{21}a_{33} - a_{13}a_{22}a_{31}$ 即

$$\begin{vmatrix} a_{11} & a_{12} & a_{13} \\ a_{21} & a_{22} & a_{23} \\ a_{31} & a_{32} & a_{33} \end{vmatrix} = a_{11}a_{22}a_{33} + a_{12}a_{23}a_{31} + a_{13}a_{21}a_{32} - a_{11}a_{23}a_{32} - a_{12}a_{21}a_{33} - a_{13}a_{22}a_{31}$$

由定义 2 可知，三阶行列式的值是 6 项的代数和，每项是不同行不同列的 3 个元素的乘积，主对角线方向上的乘积（图 11-1 中用实线相连）前面加正号，次对角线方向上的乘积（图 11-1 中用虚线相连）前面加负号，这种计算三阶行列式的方法称为对角线展开法.

例 3　用对角线展开法计算三阶行列式 $D = \begin{vmatrix} 1 & -1 & 2 \\ 3 & 2 & 1 \\ 0 & 1 & 4 \end{vmatrix}$.

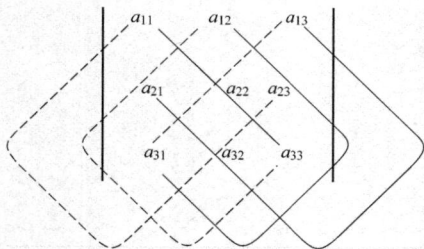

图 11-1

解
$$\begin{aligned} D &= 1 \times 2 \times 4 + (-1) \times 1 \times 0 + 3 \times 1 \times 2 - 2 \times 2 \times 0 \\ &\quad - (-1) \times 3 \times 4 - 1 \times 1 \times 1 \\ &= 8 + 0 + 6 - 10 + 12 - 11 = 25 \end{aligned}$$

例 4　解方程 $\begin{vmatrix} x^2 & 4 & -9 \\ x & 2 & 3 \\ 1 & 1 & 1 \end{vmatrix} = 0$.

解　方程左端的三阶行列式
$$D = 2x^2 + 12 - 9x + 18 - 4x - 3x^2 = -x^2 - 13x + 30$$
由 $-x^2 - 13x + 30 = 0$ ，解得 $x_1 = -15$ ， $x_2 = 2$.

定义 3　在三阶行列式 $D = \begin{vmatrix} a_{11} & a_{12} & a_{13} \\ a_{21} & a_{22} & a_{23} \\ a_{31} & a_{32} & a_{33} \end{vmatrix}$ 中划去元素 a_{ij} （$i = 1, 2, 3$ ； $j = 1, 2, 3$）所在的行与列的元素，剩余的元素按原来的位置组成的二阶行列式称为元素 a_{ij} 的余子式，记作 M_{ij} ， $(-1)^{i+j} M_{ij}$ 称为元素 a_{ij} 的代数余子式，记作 A_{ij} ，即

$$A_{ij} = (-1)^{i+j} M_{ij}$$

例如，元素 a_{11} 的余子式是在三阶行列式中划去第一行和第一列的元素后所构成的二阶行列式 $M_{11} = \begin{vmatrix} a_{22} & a_{23} \\ a_{32} & a_{33} \end{vmatrix}$ ，元素 a_{11} 的代数余子式为

$$A_{11} = (-1)^{1+1} M_{11} = \begin{vmatrix} a_{22} & a_{23} \\ a_{32} & a_{33} \end{vmatrix}$$

同样，元素 a_{12} 的余子式为 $M_{12} = \begin{vmatrix} a_{21} & a_{23} \\ a_{31} & a_{33} \end{vmatrix}$ ，代数余子式为 $A_{12} = (-1)^{1+2} M_{12}$.

利用代数余子式，定义 2 中三阶行列式又可写成：

$$\begin{vmatrix} a_{11} & a_{12} & a_{13} \\ a_{21} & a_{22} & a_{23} \\ a_{31} & a_{32} & a_{33} \end{vmatrix} = a_{11}a_{22}a_{33} + a_{12}a_{23}a_{32} + a_{13}a_{21}a_{32} - a_{11}a_{23}a_{32} - a_{12}a_{21}a_{33} - a_{13}a_{22}a_{31}$$

$$= a_{11}(a_{22}a_{33} - a_{23}a_{32}) + a_{12}(a_{23}a_{31} - a_{21}a_{33}) + a_{12}(a_{21}a_{32} - a_{22}a_{31})$$

$$= a_{11}\begin{vmatrix} a_{22} & a_{23} \\ a_{32} & a_{33} \end{vmatrix} - a_{12}\begin{vmatrix} a_{21} & a_{23} \\ a_{31} & a_{33} \end{vmatrix} + a_{13}\begin{vmatrix} a_{21} & a_{22} \\ a_{31} & a_{32} \end{vmatrix}$$

$$= a_{11}A_{11} + a_{12}A_{12} + a_{13}A_{13}$$

上式给出了以二阶行列式来定义三阶行列式的方法，即三阶行列式的值等于它的第一行各元素与其对应的代数余子式的乘积之和（也称行列式按第一行展开）.

类似地，也可用三阶行列式来定义四阶行列式. 以此类推，在定义了 $n-1$ 阶行列式后，便可以定义 n 阶行列式.

三、n 阶行列式

1. n 阶行列式的定义

定义 4 将 n^2 个数组成的记号 $\begin{vmatrix} a_{11} & a_{12} & \cdots & a_{1n} \\ a_{21} & a_{22} & \cdots & a_{2n} \\ \vdots & \vdots & & \vdots \\ a_{n1} & a_{n2} & \cdots & a_{nn} \end{vmatrix}$ 称为 n 阶行列式，记为 D ，即

$$D = \begin{vmatrix} a_{11} & a_{12} & \cdots & a_{1n} \\ a_{21} & a_{22} & \cdots & a_{2n} \\ \vdots & \vdots & & \vdots \\ a_{n1} & a_{n2} & \cdots & a_{nn} \end{vmatrix}$$

其中，a_{ij} $(i=1,2,\cdots,n$；$j=1,2,\cdots,n)$ 称为 D 的第 i 行第 j 列元素，从左上角到右下角的对角线称为行列式的主对角线，位于主对角线上的元素称为主对角元，从右上角到左下角的对角线称为行列式的次对角线.

当 $n=1$ 时，
$$D = |a_{11}| = a_{11}$$

当 $n=2$ 时，
$$D = \begin{vmatrix} a_{11} & a_{12} \\ a_{21} & a_{22} \end{vmatrix} = a_{11}a_{22} - a_{12}a_{21}$$

当 $n>2$ 时，
$$D = a_{11}A_{11} + a_{12}A_{12} + \cdots + a_{1n}A_{1n} = \sum_{j=1}^{n} a_{1j}A_{1j}$$

其中，A_{1j} 为元素 a_{1j} $(j=1,2,\cdots,n)$ 的代数余子式.

这里需要说明的是，n 阶行列式中元素 a_{ij} 的余子式 M_{ij} 和代数余子式 A_{ij} 的定义与三阶行列式中元素的余子式和代数余子式的定义相同.

例 5 计算四阶行列式

$$D = \begin{vmatrix} 0 & -1 & 0 & 2 \\ 1 & -1 & 0 & 2 \\ -1 & 2 & -1 & 0 \\ 2 & 1 & 1 & 0 \end{vmatrix}$$

解　由定义可知

$$D = (-1) \times (-1)^{1+2} \begin{vmatrix} 1 & 0 & 2 \\ -1 & -1 & 0 \\ 2 & 1 & 0 \end{vmatrix} + 2 \times (-1)^{1+4} \begin{vmatrix} 1 & -1 & 0 \\ -1 & 2 & -1 \\ 2 & 1 & 1 \end{vmatrix}$$

$$= 1 \times (-1)^{1+1} \begin{vmatrix} -1 & 0 \\ 1 & 0 \end{vmatrix} + 2 \times (-1)^{1+3} \begin{vmatrix} -1 & -1 \\ 2 & 1 \end{vmatrix} -$$

$$2 \left[1 \times (-1)^{1+1} \begin{vmatrix} 2 & -1 \\ 1 & 1 \end{vmatrix} + (-1) \times (-1)^{1+2} \begin{vmatrix} -1 & -1 \\ 2 & 1 \end{vmatrix} \right]$$

$$= 2(-1+2) - 2[(2+1) + (-1+2)] = 2 - 8 = -6$$

例 6　计算行列式

$$D = \begin{vmatrix} a_{11} & 0 & \cdots & 0 \\ a_{21} & a_{22} & \cdots & 0 \\ \vdots & \vdots & & \vdots \\ a_{n1} & a_{n2} & \cdots & a_{nn} \end{vmatrix}$$

解　由定义可知

$$D = a_{11}(-1)^{1+1} \begin{vmatrix} a_{22} & 0 & \cdots & 0 \\ a_{32} & a_{33} & \cdots & 0 \\ \vdots & \vdots & & \vdots \\ a_{n2} & a_{n3} & \cdots & a_{nn} \end{vmatrix}$$

$$= a_{11}a_{22}(-1)^{1+1} \begin{vmatrix} a_{33} & 0 & \cdots & 0 \\ a_{43} & a_{44} & \cdots & 0 \\ \vdots & \vdots & & \vdots \\ a_{n3} & a_{n4} & \cdots & a_{nn} \end{vmatrix} = \cdots = a_{11}a_{22} \cdots a_{nn}$$

　　例 6 所示的行列式，其主对角线上侧的元素皆为零，称为下三角行列式；同样，主对角线下侧的元素皆为零的行列式称为上三角行列式. 下三角行列式和上三角行列式统称为三角形行列式.

　　2. n 阶行列式的性质

　　三阶及三阶以上的行列式根据定义来计算是比较复杂的，因此需要讨论行列式的性质，进而来简化行列式的计算.

　　定义 5　把 n 阶行列式

$$D = \begin{vmatrix} a_{11} & a_{12} & \cdots & a_{1n} \\ a_{21} & a_{22} & \cdots & a_{2n} \\ \vdots & \vdots & & \vdots \\ a_{n1} & a_{n2} & \cdots & a_{nn} \end{vmatrix}$$

中的行与列按原来的顺序互换所得到的新行列式记为 D^{T}，即

$$D^{\mathrm{T}} = \begin{vmatrix} a_{11} & a_{12} & \cdots & a_{n1} \\ a_{12} & a_{22} & \cdots & a_{n2} \\ \vdots & \vdots & & \vdots \\ a_{1n} & a_{2n} & \cdots & a_{nn} \end{vmatrix}$$

称行列式 D^{T} 为行列式 D 的转置行列式. 显然， D 也是 D^{T} 的转置行列式.

性质 1 行列式与它的转置行列式相等，即 $D = D^{\mathrm{T}}$.

此性质说明行列式对行成立的性质对列也成立.

例如，二阶行列式

$$D = \begin{vmatrix} a_{11} & a_{12} \\ a_{21} & a_{22} \end{vmatrix} = a_{11}a_{22} - a_{12}a_{21} = \begin{vmatrix} a_{11} & a_{21} \\ a_{12} & a_{22} \end{vmatrix} = D^{\mathrm{T}}$$

例 7 计算上三角行列式

$$D = \begin{vmatrix} a_{11} & a_{12} & \cdots & a_{1n} \\ 0 & a_{22} & \cdots & a_{2n} \\ \vdots & \vdots & & \vdots \\ 0 & 0 & \cdots & a_{nn} \end{vmatrix}$$

解 由性质 1 和例 6 可知

$$D = D^{\mathrm{T}} = \begin{vmatrix} a_{11} & 0 & \cdots & 0 \\ a_{21} & a_{22} & \cdots & 0 \\ \vdots & \vdots & & \vdots \\ a_{n1} & a_{n2} & \cdots & a_{nn} \end{vmatrix} = a_{11}a_{22}\cdots a_{nn}$$

由此，可以得出结论：三角形行列式的值都等于主对角元的乘积.

性质 2 互换行列式的两行（列），行列式的值只改变符号.

例如，对二阶行列式互换两行，有

$$\begin{vmatrix} a_{11} & a_{12} \\ a_{21} & a_{22} \end{vmatrix} = a_{11}a_{22} - a_{12}a_{21} = -(a_{12}a_{21} - a_{11}a_{22}) = -\begin{vmatrix} a_{21} & a_{22} \\ a_{11} & a_{12} \end{vmatrix}$$

推论 1 若行列式有两行（列）的对应元素相同，则该行列式等于零.

证明 交换行列式 D 中对应元素相同的两行，得到的行列式仍是 D，但由性质 2 知，行列式的值应改变符号，即 $D = -D$，所以 $D = 0$.

性质 3 用常数 k 乘以行列式中某一行（列）的每个元素所得到的行列式，等于用 k 乘以该行列式，或者说行列式某一行（列）的所有元素的公因子可以提到行列式记号的外面，即

$$\begin{vmatrix} a_{11} & a_{12} & \cdots & a_{1n} \\ \vdots & \vdots & & \vdots \\ ka_{i1} & ka_{i2} & \cdots & ka_{in} \\ \vdots & \vdots & & \vdots \\ a_{n1} & a_{n2} & \cdots & a_{nn} \end{vmatrix} = k \begin{vmatrix} a_{11} & a_{12} & \cdots & a_{1n} \\ \vdots & \vdots & & \vdots \\ a_{i1} & a_{i2} & \cdots & a_{in} \\ \vdots & \vdots & & \vdots \\ a_{n1} & a_{n2} & \cdots & a_{nn} \end{vmatrix}$$

推论 2 若行列式中有一行（列）的所有元素全是零，则该行列式等于零.

推论 3 若行列式有两行（列）的对应元素成比例，则该行列式等于零.

性质 4 若行列式的某一行（列）的每个元素都是两项之和，则此行列式等于把这两项各取一项做成相应的行（列），而其余行不变的两个行列式之和，即

$$\begin{vmatrix} a_{11} & a_{12} & \cdots & a_{1n} \\ \vdots & \vdots & & \vdots \\ b_{i1}+c_{i1} & b_{i2}+c_{i2} & \cdots & b_{in}+c_{in} \\ \vdots & \vdots & & \vdots \\ a_{n1} & a_{n2} & & a_{nn} \end{vmatrix} = \begin{vmatrix} a_{11} & a_{12} & \cdots & a_{1n} \\ \vdots & \vdots & & \vdots \\ b_{i1} & b_{i2} & \cdots & b_{in} \\ \vdots & \vdots & & \vdots \\ a_{n1} & a_{n2} & & a_{nn} \end{vmatrix} + \begin{vmatrix} a_{11} & a_{12} & \cdots & a_{1n} \\ \vdots & \vdots & & \vdots \\ c_{i1} & c_{i2} & \cdots & c_{in} \\ \vdots & \vdots & & \vdots \\ a_{n1} & a_{n2} & & a_{nn} \end{vmatrix}$$

性质 5 把行列式的某一行（列）各元素的 k 倍加到另一行（列）的对应元素上去，行列式的值不变，即

$$\begin{vmatrix} a_{11} & a_{12} & \cdots & a_{1n} \\ \vdots & \vdots & & \vdots \\ a_{i1} & a_{i2} & \cdots & a_{in} \\ \vdots & \vdots & & \vdots \\ a_{j1} & a_{j2} & \cdots & a_{jn} \\ \vdots & \vdots & & \vdots \\ a_{n1} & a_{n2} & \cdots & a_{nn} \end{vmatrix} = \begin{vmatrix} a_{11} & a_{12} & \cdots & a_{1n} \\ \vdots & \vdots & & \vdots \\ a_{i1} & a_{i2} & & a_{in} \\ \vdots & \vdots & & \vdots \\ a_{j1}+ka_{i1} & a_{j2}+ka_{i2} & \cdots & a_{jn}+ka_{in} \\ \vdots & \vdots & & \vdots \\ a_{n1} & a_{n2} & & a_{nn} \end{vmatrix}$$

性质 6 行列式等于它的任意一行（列）各元素与其对应的代数余子式的乘积之和，即行列式可以按任意一行（列）展开：

$$D = \sum_{j=1}^{n} a_{ij}A_{ij} = a_{i1}A_{i1}+a_{i2}A_{i2}+\cdots+a_{in}A_{in} \quad (i=1,2,\cdots,n)$$

$$D = \sum_{i=1}^{n} a_{ij}A_{ij} = a_{1j}A_{1j}+a_{2j}A_{2j}+\cdots+a_{nj}A_{nj} \quad (j=1,2,\cdots,n)$$

性质 7 行列式中任意一行（列）各元素与另一行（列）相应元素的代数余子式的乘积之和为零，即

$$a_{i1}A_{k1}+a_{i2}A_{k2}+\cdots+a_{in}A_{kn}=0 \quad (k\neq i)$$

$$a_{1j}A_{1k}+a_{2j}A_{2k}+\cdots+a_{nj}A_{nk}=0 \quad (k\neq j)$$

由性质 6 和性质 7 可得以下结论：

$$a_{i1}A_{k1}+a_{i2}A_{k2}+\cdots+a_{in}A_{kn}=\begin{cases} D, & k=i \\ 0, & k\neq i \end{cases}$$

$$a_{1j}A_{1k}+a_{2j}A_{2k}+\cdots+a_{nj}A_{nk}=\begin{cases} D, & k=j \\ 0, & k\neq j \end{cases}$$

3. n 阶行列式的计算

一般来说，行列式的计算是比较麻烦的，下面通过例题总结出计算的一些基本方法. 约定：记号 "$c_i \cdot k$"（"$c_i \cdot k$"）表示将第 i 行（列）乘 k，"$r_i \leftrightarrow r_j$"（"$c_i \leftrightarrow c_j$"）表示将第 i 行（列）与第 j 行（列）互换，"r_j+kr_i"（"c_j+kc_i"）表示将第 i 行（列）乘以 k 后加到第 j 行（列）上.

例 8 计算行列式

$$D = \begin{vmatrix} 3 & 1 & -1 & 2 \\ -5 & 1 & 3 & -4 \\ 2 & 0 & 1 & -1 \\ 1 & -5 & 3 & -3 \end{vmatrix}$$

解 （1）方法一

$$D \xlongequal[r_4+5r_1]{r_2-r_1} \begin{vmatrix} 3 & 1 & -1 & 2 \\ -8 & 0 & 4 & -6 \\ 2 & 0 & 1 & -1 \\ 16 & 0 & -2 & 7 \end{vmatrix} = 1 \times (-1)^{1+2} \begin{vmatrix} -8 & 4 & -6 \\ 2 & 1 & -1 \\ 16 & -2 & 7 \end{vmatrix} = -2 \times 2 \begin{vmatrix} -2 & 2 & -3 \\ 1 & 1 & -1 \\ 8 & -2 & 7 \end{vmatrix} \xlongequal[c_3+c_1]{c_2-c_1}$$

$$-4 \begin{vmatrix} -2 & 4 & -5 \\ 1 & 0 & 0 \\ 8 & -10 & 15 \end{vmatrix} = -4 \times 1 \times (-1)^{2+1} \begin{vmatrix} 4 & -5 \\ -10 & 15 \end{vmatrix} = 4 \times (60-50) = 40$$

利用行列式性质将行列式某行（列）的元素化为仅有一个非零元素，然后按此行（列）展开转化为低阶行列式计算的方法称为**降阶法**.

（2）方法二

$$D \xlongequal{c_1 \leftrightarrow c_2} - \begin{vmatrix} 1 & 3 & -1 & 2 \\ 1 & -5 & 3 & -4 \\ 0 & 2 & 1 & -1 \\ -5 & 1 & 3 & -3 \end{vmatrix} \xlongequal[r_4+5r_1]{r_2-r_1} - \begin{vmatrix} 1 & 3 & -1 & 2 \\ 0 & -8 & 4 & -6 \\ 0 & 2 & 1 & -1 \\ 0 & 16 & -2 & 7 \end{vmatrix} = 2 \begin{vmatrix} 1 & 3 & -1 & 2 \\ 0 & -4 & 2 & -3 \\ 0 & 2 & 1 & -1 \\ 0 & 16 & -2 & 7 \end{vmatrix}$$

$$\xlongequal{r_2 \leftrightarrow r_3} 2 \begin{vmatrix} 1 & 3 & -1 & 2 \\ 0 & 2 & 1 & -1 \\ 0 & -4 & 2 & -3 \\ 0 & 16 & -2 & 7 \end{vmatrix} \xlongequal[r_4-8r_2]{r_3+2r_2} 2 \begin{vmatrix} 1 & 3 & -1 & 2 \\ 0 & 2 & 1 & -1 \\ 0 & 0 & 4 & -5 \\ 0 & 0 & -10 & 15 \end{vmatrix} \xlongequal{r_4+\frac{5}{2}r_3} 2 \begin{vmatrix} 1 & 3 & -1 & 2 \\ 0 & 1 & 1 & -1 \\ 0 & 0 & 4 & -5 \\ 0 & 0 & 0 & \frac{5}{2} \end{vmatrix}$$

$$= 2 \times 1 \times 1 \times 4 \times \frac{5}{2} = 40$$

利用行列式性质，把行列式化为三角形行列式计算的方法称为化**三角形法**.

例 9 计算行列式

$$D = \begin{vmatrix} 1 & 2 & 3 & 4 \\ 2 & 3 & 4 & 1 \\ 3 & 4 & 1 & 2 \\ 4 & 1 & 2 & 3 \end{vmatrix}$$

解 此行列式的特点是每一行（列）元素的和都是 10，据此有

$$D \xlongequal{c_1+c_2+c_3+c_4} \begin{vmatrix} 10 & 2 & 3 & 4 \\ 10 & 3 & 4 & 1 \\ 10 & 4 & 1 & 2 \\ 10 & 1 & 2 & 3 \end{vmatrix} = 10 \begin{vmatrix} 1 & 2 & 3 & 4 \\ 1 & 3 & 4 & 1 \\ 1 & 4 & 1 & 2 \\ 1 & 1 & 2 & 3 \end{vmatrix} \xlongequal[\substack{r_3-r_1 \\ r_4-r_1}]{r_2-r_1} 10 \begin{vmatrix} 1 & 2 & 3 & 4 \\ 0 & 1 & 1 & -3 \\ 0 & 2 & -2 & -2 \\ 0 & -1 & -1 & -1 \end{vmatrix}$$

$$\xrightarrow[r_4 + r_2]{r_3 - 2r_2} 10 \begin{vmatrix} 1 & 2 & 3 & 4 \\ 0 & 1 & 1 & -3 \\ 0 & 0 & -4 & 4 \\ 0 & 0 & 0 & -4 \end{vmatrix} = 160$$

四、克拉默法则

设有 n 个方程、n 个未知数 x_1, x_2,…, x_n 的线性方程组

$$\begin{cases} a_{11}x_1 + a_{12}x_2 + \cdots + a_{1n}x_n = b_1 \\ a_{21}x_1 + a_{22}x_2 + \cdots + a_{2n}x_n = b_2 \\ \qquad\qquad \cdots\cdots \\ a_{n1}x_1 + a_{n2}x_2 + \cdots + a_{nn}x_n = b_n \end{cases} \tag{11-3}$$

定理 1（克拉默法则） 如果线性方程组（11-3）的系数行列式不等于零，即

$$D = \begin{vmatrix} a_{11} & a_{12} & \cdots & a_{1n} \\ a_{21} & a_{22} & \cdots & a_{2n} \\ \vdots & \vdots & \vdots & \vdots \\ a_{n1} & a_{n2} & \cdots & a_{nn} \end{vmatrix} \neq 0$$

那么线性方程组（11-3）一定有唯一解，其解为

$$x_1 = \frac{D_1}{D}, \ x_2 = \frac{D_2}{D}, \ x_3 = \frac{D_3}{D}, \cdots, \ x_n = \frac{D_n}{D} \tag{11-4}$$

其中 $D_j (j = 1, 2, \cdots, n)$ 是把系数行列式 D 中第 j 列用方程组的常数列 b_1, b_2,…, b_n 来代替，而其余各列不变所得到的 n 阶行列式，即

$$D_j = \begin{vmatrix} a_{11} \cdots a_{1,j-1} & b_1 & a_{1,j+1} \cdots a_{1n} \\ a_{21} \cdots a_{2,j-1} & b_2 & a_{2,j+1} \cdots a_{2n} \\ \vdots \qquad \vdots & \vdots & \vdots \qquad \vdots \\ a_{n1} \cdots a_{n,j-1} & b_n & a_{n,j+1} \cdots a_{nn} \end{vmatrix}$$

该定理的证明思路是：把 $x_1 = \dfrac{D_1}{D}$, $x_2 = \dfrac{D_2}{D}$, $x_3 = \dfrac{D_3}{D}$, $\cdots$, $x_n = \dfrac{D_n}{D}$ 代入线性方程组式（11-3）中，只要验证式（11-3）中的每个方程都是恒等式即可，这里证明从略.

用克拉默法则求解含有 n 个方程、n 个未知数的线性方程组，有两个条件必须满足：

（1）方程组中方程的个数与未知数的个数相等；

（2）方程组的系数行列式不等于零（即 $D \neq 0$）

当一个线性方程组满足上述两个条件时，我们得到以下三个结论：

（1）此方程组的解存在；（2）此方程组的解唯一；（3）此方程组的解是式（11-4）.

例 10 解线性方程组

$$\begin{cases} x_1 - x_2 + x_3 - 2x_4 = 2 \\ 2x_1 - x_3 + 4x_4 = -3 \\ 3x_1 + 2x_2 + x_3 = 8 \\ -x_1 + 2x_2 - x_3 + 2x_4 = 0 \end{cases}$$

解 由于线性方程组有 4 个方程，4 个未知数，又

$$D = \begin{vmatrix} 1 & -1 & 1 & -2 \\ 2 & 0 & -1 & 4 \\ 3 & 2 & 1 & 0 \\ -1 & 2 & -1 & 2 \end{vmatrix} = -2 \neq 0$$

根据克拉默法则，此线性方程组有唯一解

$$D_1 = \begin{vmatrix} 2 & -1 & 1 & -2 \\ -3 & 0 & -1 & 4 \\ 8 & 2 & 1 & 0 \\ 0 & 2 & -1 & 2 \end{vmatrix} = -2$$

$$D_2 = \begin{vmatrix} 1 & 2 & 1 & -2 \\ 2 & -3 & -1 & 4 \\ 3 & 8 & 1 & 0 \\ -1 & 0 & -1 & 2 \end{vmatrix} = -4$$

$$D_3 = \begin{vmatrix} 1 & -1 & 2 & -2 \\ 2 & 0 & -3 & 4 \\ 3 & 2 & 8 & 0 \\ -1 & 2 & 0 & 2 \end{vmatrix} = -2$$

$$D_4 = \begin{vmatrix} 1 & -1 & 1 & 2 \\ 2 & 0 & -1 & -3 \\ 3 & 2 & 1 & 8 \\ -1 & 2 & -1 & 0 \end{vmatrix} = 2$$

于是此方程组的解是

$$x_1 = \frac{D_1}{D} = 1, \quad x_2 = \frac{D_2}{D} = 2, \quad x_3 = \frac{D_3}{D} = 1, \quad x_4 = \frac{D_4}{D} = -1$$

当方程组（11-3）右端的常数项均为零时，

$$\begin{cases} a_{11}x_1 + a_{12}x_2 + \cdots + a_{1n}x_n = 0 \\ a_{21}x_1 + a_{22}x_2 + \cdots + a_{2n}x_n = 0 \\ \quad\quad \cdots\cdots \\ a_{n1}x_1 + a_{n2}x_2 + \cdots + a_{nn}x_n = 0 \end{cases} \tag{11-5}$$

称为齐次线性方程组，否则称为非齐次线性方程组.

显然，$x_1 = x_2 = \cdots = x_n = 0$ 是齐次线性方程组（11-5）的解，称为零解. 若齐次线性方程组（11-5）除了零解外，还有 x_1，$x_2, \cdots, x_n$ 不全为零的解，则称为非零解.

根据克莱姆法则，可得到以下结论.

定理 2 如果齐次线性方程组（11-5）的系数行列式 $D \neq 0$，则它只有唯一的零解.

推论 如果齐次线性方程组（11-5）有非零解，则它的系数行列式 $D = 0$.

例 11 当 k 取何值时，齐次线性方程组

$$\begin{cases} (k+3)x_1+14x_2+2x_3=0 \\ -2x_1+(k-8)x_2-x_3=0 \\ -2x_1-3x_2+(k-2)x_3=0 \end{cases}$$

有非零解?

解 因为系数行列式

$$D=\begin{vmatrix} k+3 & 14 & 2 \\ -2 & k-8 & -1 \\ -2 & -3 & k-2 \end{vmatrix}\xlongequal{c_1-2c_3}\begin{vmatrix} k-1 & 14 & 2 \\ 0 & k-8 & -1 \\ 2-2k & -3 & k-2 \end{vmatrix}$$

$$\xlongequal{r_3+2r_1}\begin{vmatrix} k-1 & 14 & 2 \\ 0 & k-8 & -1 \\ 0 & 25 & k+2 \end{vmatrix}=(k-1)\begin{vmatrix} k-8 & -1 \\ 25 & k+2 \end{vmatrix}=(k-1)(k-3)^2$$

由 $D=0$，解得 $k=1$ 或 $k=3$. 所以当 $k=1$ 或 $k=3$ 时，齐次线性方程组有非零解.

习题 11.1

1. 计算下列行列式.

（1）$\begin{vmatrix} 3 & -2 \\ 1 & 4 \end{vmatrix}$;

（2）$\begin{vmatrix} a & a^2 \\ b & ab \end{vmatrix}$;

（3）$\begin{vmatrix} 2 & -1 & 2 \\ 3 & 4 & 1 \\ 0 & 6 & 2 \end{vmatrix}$;

（4）$\begin{vmatrix} x & x & y \\ x & y & x \\ y & x & x \end{vmatrix}$;

（5）$\begin{vmatrix} -2 & 2 & -4 & 0 \\ 4 & -1 & 3 & 5 \\ 3 & 1 & -2 & -3 \\ 2 & 0 & 5 & 1 \end{vmatrix}$;

（6）$\begin{vmatrix} 1 & 2 & -1 & 1 \\ 2 & 1 & 2 & 0 \\ -2 & 1 & 0 & -1 \\ 3 & -1 & 1 & 2 \end{vmatrix}$.

2. 已知 $\begin{vmatrix} x & 2 \\ 1 & x-1 \end{vmatrix}=0$，求 x 的值.

3. 计算下列行列式.

（1）$\begin{vmatrix} a+b & a \\ a & a-b \end{vmatrix}$;

（2）$\begin{vmatrix} 1 & 2 & 3 \\ 2 & 3 & 0 \\ 3 & 0 & 0 \end{vmatrix}$;

（3）$\begin{vmatrix} 203 & -199 & 398 \\ 9 & 7 & -5 \\ 3 & 1 & 2 \end{vmatrix}$;

（4）$\begin{vmatrix} 1 & 2 & 2 & 1 \\ 0 & 1 & 0 & 2 \\ 2 & 0 & 1 & 1 \\ 0 & 2 & 0 & 1 \end{vmatrix}$;

（5）$\begin{vmatrix} 0 & a & b & a \\ a & 0 & a & b \\ b & a & 0 & a \\ a & b & a & 0 \end{vmatrix}$;

（6）$\begin{vmatrix} 5 & 1 & 1 & 1 & 1 \\ 1 & 4 & 0 & 0 & 0 \\ 1 & 0 & 3 & 0 & 0 \\ 1 & 0 & 0 & 2 & 0 \\ 1 & 0 & 0 & 0 & 1 \end{vmatrix}$.

4. 解下列方程.

（1）$\begin{vmatrix} x-2 & 1 & 0 \\ 1 & x-2 & 1 \\ 0 & 0 & x-2 \end{vmatrix}=0$;

（2）$\begin{vmatrix} 1 & 4 & 3 & 2 \\ 2 & x+4 & 6 & 4 \\ 3 & -2 & x & 1 \\ -3 & 2 & 5 & -1 \end{vmatrix}=0$.

5. 用克莱默法则解下列线性方程组.

（1）$\begin{cases} x_1 + 3x_2 + x_3 = 5 \\ x_1 + x_2 + 5x_3 = -7 \\ 2x_1 + x_2 - 3x_3 = 14 \end{cases}$ ；　　（2）$\begin{cases} 2x_1 + x_2 - 5x_3 + x_4 = 8 \\ x_1 - 3x_2 - 6x_4 = 9 \\ 2x_2 - x_3 + 2x_4 = -5 \\ x_1 + 4x_2 - 7x_3 + 6x_4 = 0 \end{cases}$.

11.2　矩阵及其初等变换

问题提出

某单位的人员构成情况如表 11-1 所示，如何能简洁明了地表示出这些数据？

表 11-1

项目	主任	副主任	工程师	工人	临时工
厂　办	1	2	1	3	无
第一车间	1	1	5	52	2
第二车间	1	2	9	150	3
第三车间	1	1	4	19	无

解法探究

当把表中的文字说明部分去掉，并把缺省的项目填成数字 0，就可抽象出一个只有数字的数表：

$$\begin{bmatrix} 1 & 2 & 1 & 3 & 0 \\ 1 & 1 & 5 & 52 & 2 \\ 1 & 2 & 9 & 150 & 3 \\ 1 & 1 & 4 & 19 & 0 \end{bmatrix}$$

用数表来表示一些量或关系的方法，在工程技术和经济活动中是常用的，如工厂中的产量统计表、市场上的价目表等，在数学上把这种数表称为矩阵.

必要知识

一、矩阵的概念

1. 矩阵的定义

定义 1　由 $m \times n$ 个数 $a_{ij}(i = 1, 2, \cdots, m; j = 1, 2, \cdots, n)$ 排成的 m 行 n 列并括以圆括号（或方括弧）的数表

$$\begin{bmatrix} a_{11} & a_{12} & \cdots & a_{1n} \\ a_{21} & a_{22} & \cdots & a_{2n} \\ \vdots & \vdots & & \vdots \\ a_{m1} & a_{m2} & \cdots & a_{mn} \end{bmatrix}$$

称为 m 行 n 列矩阵，简称 $m \times n$ 矩阵．矩阵通常用大写字母 $\boldsymbol{A}$，$\boldsymbol{B}$，$\boldsymbol{C}$,… 表示，如上述矩阵可以记作 $\boldsymbol{A}$ 或 $\boldsymbol{A}_{m \times n}$，有时也记作 $\boldsymbol{A} = (a_{ij})_{m \times n}$，其中 $a_{ij}(i = 1, 2, \cdots, m; \ j = 1, 2, \cdots, n)$ 称为矩阵 $\boldsymbol{A}$ 的第 i 行第 j 列元素．

需要注意的是，矩阵和行列式是两个完全不同的概念，行列式是一个数值，而矩阵仅仅是一张数表．

2．几种特殊的矩阵

（1）行矩阵．当 $m = 1$ 时，矩阵 $\boldsymbol{A} = (a_{11} \quad a_{12} \quad \cdots \quad a_{1n})$ 称为行矩阵．

（2）列矩阵．当 $n = 1$ 时，矩阵 $\boldsymbol{A} = \begin{bmatrix} a_{11} \\ a_{21} \\ \vdots \\ a_{m1} \end{bmatrix}$ 称为列矩阵．

（3）零矩阵．元素全为零的矩阵称为零矩阵，记作 $\boldsymbol{O}_{m \times n}$ 或 $\boldsymbol{O}$．

（4）n 阶方阵．当 $m = n$ 时，矩阵 $\boldsymbol{A} = \begin{bmatrix} a_{11} & a_{12} & \cdots & a_{1n} \\ a_{21} & a_{22} & \cdots & a_{2n} \\ \vdots & \vdots & & \vdots \\ a_{m1} & a_{m2} & \cdots & a_{mn} \end{bmatrix}$ 称为 n 阶方阵，简称方阵．

（5）三角矩阵．n 阶方阵从左上角到右下角的对角线称为主对角线，从右上角到左下角的对角线称为次对角线，主对角线上的元素称为主对角元．主对角线下（上）方的元素全为零的方阵称为上（下）三角形矩阵，即

$\begin{bmatrix} a_{11} & a_{12} & \cdots & a_{1n} \\ 0 & a_{22} & \cdots & a_{2n} \\ \vdots & \vdots & & \vdots \\ 0 & 0 & \cdots & a_{nn} \end{bmatrix}$ 是上三角形矩阵，　$\begin{bmatrix} a_{11} & 0 & \cdots & 0 \\ a_{21} & a_{22} & \cdots & 0 \\ \vdots & \vdots & & \vdots \\ a_{n1} & a_{n2} & \cdots & a_{nn} \end{bmatrix}$ 是下三角形矩阵．

上三角形矩阵和下三角形矩阵统称为三角矩阵．

（6）对角矩阵．除主对角元外，其余元素均为零的方阵称为对角矩阵，即

$$\boldsymbol{A} = \begin{bmatrix} a_{11} & 0 & \cdots & 0 \\ 0 & a_{22} & \cdots & 0 \\ \vdots & \vdots & & \vdots \\ 0 & 0 & \cdots & a_{nn} \end{bmatrix}$$

（7）单位矩阵．主对角线上的元素均为 1 的对角矩阵称为单位矩阵，记作 $\boldsymbol{E}$ 或 $\boldsymbol{E}_n$，即

$$\boldsymbol{E} = \begin{bmatrix} 1 & 0 & \cdots & 0 \\ 0 & 1 & \cdots & 0 \\ \vdots & \vdots & & \vdots \\ 0 & 0 & \cdots & 1 \end{bmatrix}$$

（8）转置矩阵．把矩阵 $\boldsymbol{A}$ 的行和列依次互换所得到的矩阵称为矩阵 $\boldsymbol{A}$ 的转置矩阵，记为

$$A^{\mathrm{T}}. \ 即若 \ A = \begin{bmatrix} a_{11} & a_{12} & \cdots & a_{1n} \\ a_{21} & a_{22} & \cdots & a_{2n} \\ \vdots & \vdots & & \vdots \\ a_{m1} & a_{m2} & \cdots & a_{mn} \end{bmatrix}, \ 则 \ A^{\mathrm{T}} = \begin{bmatrix} a_{11} & a_{21} & \cdots & a_{m1} \\ a_{12} & a_{22} & \cdots & a_{m2} \\ \vdots & \vdots & & \vdots \\ a_{1n} & a_{2n} & \cdots & a_{mn} \end{bmatrix}.$$

3. 矩阵的相等

定义 2　若两矩阵是同型矩阵（具有相同的行数和列数），即 $A = (a_{ij})_{m \times n}$，$B = (b_{ij})_{m \times n}$，且满足 $a_{ij} = b_{ij}(i = 1, 2, \cdots, m; \ j = 1, 2, \cdots, n)$，则称矩阵 A 与矩阵 B 相等，记作 $A = B$.

例 1　已知 $A = \begin{bmatrix} a+b & 3 \\ 3 & a-b \end{bmatrix}$，$B = \begin{bmatrix} 7 & 2c+d \\ c-d & 3 \end{bmatrix}$，且 $A = B$，求 a, b, c, d.

解　由矩阵相等的定义，可得

$$\begin{cases} a+b = 7 \\ 3 = 2c+d \\ 3 = c-d \\ a-b = 3 \end{cases}$$

解得 $a = 5$，$b = 2$，$c = 2$，$d = -1$.

二、矩阵的运算

1. 矩阵的加（减）法

定义 3　设有两个同型矩阵 $A = (a_{ij})_{m \times n}$，$B = (b_{ij})_{m \times n}$，则称由 A 与 B 的对应元素相加（减）所得到的 $m \times n$ 矩阵为矩阵 A 与 B 的和（差），记作 $A \pm B$，即

$$A \pm B = (a_{ij} \pm b_{ij})_{m \times n}$$

例 2　已知 $A = \begin{bmatrix} 1 & 2 & 3 \\ 0 & 1 & 2 \\ 3 & -1 & 4 \end{bmatrix}$，$B = \begin{bmatrix} 1 & 1 & 4 \\ 2 & -1 & 0 \\ -3 & -1 & 2 \end{bmatrix}$，求 $A+B$，$A-B^{\mathrm{T}}$.

解

$$A+B = \begin{bmatrix} 1 & 2 & 3 \\ 0 & 1 & 2 \\ 3 & -1 & 4 \end{bmatrix} + \begin{bmatrix} 1 & 1 & 4 \\ 2 & -1 & 0 \\ -3 & -1 & 2 \end{bmatrix} = \begin{bmatrix} 2 & 3 & 7 \\ 2 & 0 & 2 \\ 0 & -2 & 6 \end{bmatrix}$$

$$A-B^{\mathrm{T}} = \begin{bmatrix} 1 & 2 & 3 \\ 0 & 1 & 2 \\ 3 & -1 & 4 \end{bmatrix} - \begin{bmatrix} 1 & 2 & -3 \\ 1 & -1 & -1 \\ 4 & 0 & 2 \end{bmatrix} = \begin{bmatrix} 0 & 0 & 6 \\ -1 & 2 & 3 \\ -1 & -1 & 2 \end{bmatrix}$$

- - - **注 意** -

　　只有当两个矩阵是同型矩阵时，这两个矩阵才可以进行加（减）法运算. 容易验证，矩阵的加法满足下列运算规律（设 A，B，C 都是 $m \times n$ 矩阵）：

（1）交换律：$A+B=B+A$；

（2）结合律：$A+(B+C)=(A+B)+C$.

2. 数与矩阵相乘

定义 4 用数 k 乘以矩阵 A 的每一个元素所得到的矩阵，称为 A 的数乘矩阵，记作 kA，即若 $A=(a_{ij})_{m\times n}$，则 $kA=(ka_{ij})_{m\times n}$，并且规定 $kA=Ak$.

由上述定义可知，当矩阵的所有元素都有公因子 k 时，可将公因子 k 提到矩阵之外.

特别地，当 $k=-1$ 时，$-1\cdot A=-A$，$-A$ 称为矩阵 A 的负矩阵.

数乘矩阵满足下列运算规律（设 A，B 都是 $m\times n$ 矩阵，k_1，k_2 是任意常数）：

（1）分配律：$k(A+B)=kA+kB$，$(k_1+k_2)A=k_1A+k_2A$；

（2）结合律：$k_1(k_2A)=(k_1k_2)A=k_2(k_1A)$；

（3）$(kA)^{\mathrm{T}}=kA^{\mathrm{T}}$；

（4）$1\cdot A=A$，$0\cdot A=0$，$k\cdot 0=0$；

（5）若 A 为 n 阶方阵，则 $|kA|=k^n|A|$.

例 3 设 $A=\begin{bmatrix}1&-2\\2&1\\3&-3\end{bmatrix}$，$B=\begin{bmatrix}-3&0\\-1&2\\0&1\end{bmatrix}$，求 $2A-3B$.

解 $2A-3B=2\begin{bmatrix}1&-2\\2&1\\3&-3\end{bmatrix}-3\begin{bmatrix}-3&0\\-1&2\\0&1\end{bmatrix}=\begin{bmatrix}2&-4\\4&2\\6&-6\end{bmatrix}-\begin{bmatrix}-9&0\\-3&6\\0&3\end{bmatrix}=\begin{bmatrix}11&-4\\7&-4\\6&-9\end{bmatrix}$

3. 矩阵的乘法

定义 5 设矩阵 $A=(a_{ij})_{m\times s}$，$B=(b_{ij})_{s\times n}$，以

$$c_{ij}=a_{i1}b_{1j}+a_{i2}b_{2j}+\cdots+a_{is}b_{sj}=\sum_{k=1}^{s}a_{ik}b_{kj}\quad(i=1,2,\cdots,m;\ j=1,2,\cdots,n)$$

为元素的矩阵 $C=(c_{ij})_{m\times n}$ 称为矩阵 A 与矩阵 B 的乘积，记作 $C=AB$.

注意

（1）只有当左矩阵 A 的列数等于右矩阵 B 的行数时，乘积 AB 才有意义；

（2）两个矩阵的乘积 $C=AB$ 亦是矩阵，且 C 的行数等于左矩阵 A 的行数，C 的列数等于右矩阵 B 的列数.

一般地，将 n 个方阵 A 相乘记为 A^n.

例 4 设矩阵 $A=\begin{bmatrix}1&-2\\3&-1\\0&2\end{bmatrix}$，$B=\begin{bmatrix}2&-1&3\\1&0&2\end{bmatrix}$，求 AB 和 BA.

解 $AB=\begin{bmatrix}1&-2\\3&-1\\0&2\end{bmatrix}\begin{bmatrix}2&-1&3\\1&0&2\end{bmatrix}$

$$= \begin{bmatrix} 1\times2+(-2)\times1 & 1\times(-1)+(-2)\times0 & 1\times3+(-2)\times2 \\ 3\times2+(-1)\times1 & 3\times(-1)+(-1)\times0 & 3\times3+(-1)\times2 \\ 0\times2+2\times1 & 0\times(-1)+2\times0 & 0\times3+2\times2 \end{bmatrix}$$

$$= \begin{bmatrix} 0 & -1 & -1 \\ 5 & -3 & 7 \\ 2 & 0 & 4 \end{bmatrix}$$

$$BA = \begin{bmatrix} 2 & -1 & 3 \\ 1 & 0 & 2 \end{bmatrix} \begin{bmatrix} 1 & -2 \\ 3 & -1 \\ 0 & 2 \end{bmatrix}$$

$$= \begin{bmatrix} 2\times1+(-1)\times3+3\times0 & 2\times(-2)+(-1)\times(-1)+3\times2 \\ 1\times1+0\times3+2\times0 & 1\times(-2)+0\times(-1)+2\times2 \end{bmatrix} = \begin{bmatrix} -1 & 3 \\ 1 & 2 \end{bmatrix}$$

由上例可知，一般地，矩阵的乘法不满足交换律，即 $AB \neq BA$.

例 5 已知 $A = \begin{bmatrix} 1 & 2 \\ 2 & 4 \end{bmatrix}$，$B = \begin{bmatrix} 2 & -6 \\ -1 & 3 \end{bmatrix}$，$C = \begin{bmatrix} 4 & -12 \\ -2 & 6 \end{bmatrix}$，求 AB，AC.

解 $AB = \begin{bmatrix} 1 & 2 \\ 2 & 4 \end{bmatrix}\begin{bmatrix} 2 & -6 \\ -1 & 3 \end{bmatrix} = \begin{bmatrix} 1\times2+2\times(-1) & 1\times(-6)+2\times3 \\ 2\times2+4\times(-1) & 2\times(-6)+4\times3 \end{bmatrix} = \begin{bmatrix} 0 & 0 \\ 0 & 0 \end{bmatrix}$

$AC = \begin{bmatrix} 1 & 2 \\ 2 & 4 \end{bmatrix}\begin{bmatrix} 4 & -12 \\ -2 & 6 \end{bmatrix} = \begin{bmatrix} 1\times4+2\times(-2) & 1\times(-12)+2\times6 \\ 2\times4+4\times(-2) & 2\times(-12)+4\times6 \end{bmatrix} = \begin{bmatrix} 0 & 0 \\ 0 & 0 \end{bmatrix}$

此例表明：

（1）由 $AB = 0$ 不能推出 $A = 0$ 或 $B = 0$；

（2）当矩阵 $A \neq O$ 时，由 $AB = AC$ 一般不能推出 $B = C$，即矩阵乘法不满足消去律.

对于单位矩阵 E，容易验证

$$E_m A_{m\times n} = A_{m\times n}, \quad A_{m\times n} E_n = A_{m\times n}$$

或简写成

$$EA = AE = A$$

单位矩阵 E 在矩阵乘法中的作用与数 1 在数的乘法中的作用类似，任意矩阵 A 与相应的单位矩阵的乘积仍为矩阵 A.

矩阵的乘法满足下列运算规律（假设运算都是可行的）：

（1）结合律：$(AB)C = A(BC)$，$k(AB) = (kA)B = A(kB)$；

（2）分配律：$(A+B)C = AC + BC$，$A(B+C) = AB + AC$；

（3）$(AB)^T = B^T A^T$；

（4）若 A，B 均为 n 阶方阵，则 $|AB| = |A||B|$.

三、矩阵的初等变换

定义 6 以下 3 种变换称为矩阵的初等行（列）变换：

（1）互换矩阵的两行（列）[第 i 行（列）与第 j 行（列）互换，记作 $r_i \leftrightarrow r_j$（$c_i \leftrightarrow c_j$）]；

（2）用一个非零常数乘以矩阵某一行（列）的每个元素[用 k 乘以第 i 行（列）的每个元素，记作 $r_i \cdot k$（$c_i \cdot k$）]；

（3）把某一行（列）各元素的 k 倍加到另一行（列）的对应元素上去[把第 i 行（列）各

元素的 k 倍加到第 j 行（列）的对应元素上去，记作 $r_j + kr_i$（$c_j + kc_i$）].

矩阵的初等行变换和矩阵的初等列变换统称为矩阵的初等变换.

定义 7 矩阵 A 经过有限次初等变换化为矩阵 B，则称矩阵 A 与矩阵 B 等价，记作 $A \sim B$.

定义 8 若矩阵 A 满足：

（1）矩阵 A 的零行（若存在）在矩阵的最下方；

（2）首非零元（非零行的第一个非零元素）的列标随着行标的增大而严格增大.

则矩阵 A 称为阶梯形矩阵.

例如，$A = \begin{bmatrix} 1 & -2 & 3 & -4 \\ 0 & 1 & 2 & 0 \\ 0 & 0 & 0 & 0 \end{bmatrix}$，$B = \begin{bmatrix} 1 & 2 & 0 \\ 0 & 1 & -2 \\ 0 & 0 & 3 \end{bmatrix}$，$C = \begin{bmatrix} 1 & 0 & 0 & 0 & 2 \\ 0 & 0 & 2 & 1 & 3 \\ 0 & 0 & 0 & 0 & 1 \end{bmatrix}$ 都是阶梯形矩阵.

例 6 用矩阵的初等行变换将矩阵 $A = \begin{bmatrix} 1 & 0 & 1 \\ 2 & 2 & 0 \\ 4 & 2 & 3 \end{bmatrix}$ 化为阶梯形矩阵.

解

$$A = \begin{bmatrix} 1 & 0 & 1 \\ 2 & 2 & 0 \\ 4 & 2 & 3 \end{bmatrix} \xrightarrow[r_3-4r_1]{r_2-2r_1} \begin{bmatrix} 1 & 0 & 1 \\ 0 & 2 & -2 \\ 0 & 2 & -1 \end{bmatrix} \xrightarrow{r_3-r_2} \begin{bmatrix} 1 & 0 & 1 \\ 0 & 2 & -2 \\ 0 & 0 & 1 \end{bmatrix}$$

定义 9 若阶梯形矩阵 A 满足：

（1）首非零元（非零行的第一个非零元素）都为 1；

（2）所有首非零元所在列的其余元素都为零.

则阶梯形矩阵 A 称为行简化阶梯形矩阵.

例如，$A = \begin{bmatrix} 1 & 0 & 0 \\ 0 & 1 & 2 \\ 0 & 0 & 0 \end{bmatrix}$，$B = \begin{bmatrix} 1 & 0 & 3 \\ 0 & 1 & -2 \\ 0 & 0 & 0 \end{bmatrix}$ 都是行简化阶梯形矩阵.

例 7 用初等行变换将矩阵 $A = \begin{bmatrix} -1 & 2 & 1 \\ 1 & -1 & 0 \\ 2 & 1 & 1 \end{bmatrix}$ 化为行简化阶梯形矩阵.

解

$$A = \begin{bmatrix} -1 & 2 & 1 \\ 1 & -1 & 0 \\ 2 & 1 & 1 \end{bmatrix} \xrightarrow{r_1 \leftrightarrow r_2} \begin{bmatrix} 1 & -1 & 0 \\ -1 & 2 & 1 \\ 2 & 1 & 1 \end{bmatrix} \xrightarrow[r_3-2r_1]{r_2+r_1} \begin{bmatrix} 1 & -1 & 0 \\ 0 & 1 & 1 \\ 0 & 3 & 1 \end{bmatrix}$$

$$\xrightarrow{r_3-3r_2} \begin{bmatrix} 1 & -1 & 0 \\ 0 & 1 & 1 \\ 0 & 0 & -2 \end{bmatrix} \xrightarrow{-\frac{1}{2}r_3} \begin{bmatrix} 1 & -1 & 0 \\ 0 & 1 & 1 \\ 0 & 0 & 1 \end{bmatrix} \xrightarrow{r_2-r_3} \begin{bmatrix} 1 & -1 & 0 \\ 0 & 1 & 0 \\ 0 & 0 & 1 \end{bmatrix}$$

$$\xrightarrow{r_1+r_2} \begin{bmatrix} 1 & 0 & 0 \\ 0 & 1 & 0 \\ 0 & 0 & 1 \end{bmatrix}$$

可以证明，任何矩阵经过有限次初等行变换可化为与之等价的阶梯形矩阵和行简化阶梯形矩阵，且行简化阶梯形矩阵是唯一的.

习 题 11.2

1. 下列各命题是否正确？为什么？（A，B 均为 n 阶方阵）

(1) $(A^T)^T = A$ ；

(2) $AB = BA$ ；

(3) $|AB| = |BA|$ ；

(4) $|A + B| = |A| + |B|$.

2. 已知 $A = \begin{bmatrix} -1 & 2 & 3 \\ 0 & 2 & 0 \\ 0 & 0 & 1 \end{bmatrix}$，$B = \begin{bmatrix} 1 & 0 & 0 \\ 2 & 1 & 0 \\ 0 & 1 & 3 \end{bmatrix}$，求 $A + B^T$，$2A - 3B$，AB .

3. 将矩阵 $A = \begin{bmatrix} 1 & 1 & 2 \\ 1 & 2 & 3 \\ 0 & 1 & 1 \end{bmatrix}$ 化为阶梯形矩阵和行简化阶梯形矩阵.

4. 设 $A = \begin{bmatrix} 3-x & 1-y \\ 2 & -1 \end{bmatrix}$，$B = \begin{bmatrix} 0 & 3 \\ z-2 & -1 \end{bmatrix}$，且 $A = B$，求 x, y, z 的值.

5. 设 $A = \begin{bmatrix} 1 & -2 & 1 & 2 \\ 2 & 3 & -4 & 0 \\ -3 & 4 & 0 & 1 \end{bmatrix}$，$B = \begin{bmatrix} 1 & 5 & -1 & -3 \\ 0 & -2 & 3 & 2 \\ 6 & 1 & 4 & -5 \end{bmatrix}$，求：(1) $2A + 3B$ ；(2) 使 $A + X = B$ 成立的 X .

6. 设 $A = \begin{bmatrix} 2 & 0 & 1 \\ -1 & 3 & 2 \end{bmatrix}$，$B = \begin{bmatrix} 1 & 0 \\ 2 & 4 \\ 0 & 3 \end{bmatrix}$，求 $(AB)^T$.

7. 计算下列各题.

(1) $\begin{bmatrix} 1 \\ 2 \\ 3 \\ 4 \end{bmatrix} (2 \quad 1)$ ；

(2) $(3 \quad -2 \quad 1) \begin{bmatrix} -1 \\ 0 \\ 4 \end{bmatrix}$ ；

(3) $\begin{bmatrix} 2 & -1 \\ -3 & 1 \end{bmatrix}^2 - 5\begin{bmatrix} 2 & -1 \\ -3 & 1 \end{bmatrix} + 2\begin{bmatrix} 0 & 1 \\ 1 & 0 \end{bmatrix}$ ；

(4) $\begin{bmatrix} -3 & 0 & 1 & 5 \\ 2 & -1 & 4 & 7 \\ 1 & 3 & 0 & 6 \end{bmatrix} \begin{bmatrix} 7 & -1 & 2 \\ -2 & 4 & 0 \\ 0 & 5 & 3 \\ 1 & -3 & 8 \end{bmatrix}$.

8. 用初等行变换将下列矩阵化为行简化阶梯形矩阵.

(1) $\begin{bmatrix} 1 & -4 & -1 \\ -1 & 8 & 3 \\ 2 & 0 & 1 \end{bmatrix}$ ；

(2) $\begin{bmatrix} 1 & 2 & -1 & -2 \\ 2 & -1 & 1 & 1 \\ 3 & 1 & 0 & -1 \end{bmatrix}$.

11.3　逆矩阵与矩阵的秩

问题提出

如果已知矩阵 A 和 B，如何由矩阵方程 $AX = B$ 求出矩阵 X？

解法探究

对于一元一次方程 $ax = b(a \neq 0)$，可以采用在方程两边同时乘以 a^{-1} 的方法得到它的解 $x = a^{-1}b$．由此可以设想在矩阵方程 $AX = B$ 两端各左乘一个矩阵 C，且使 $CA = E$ 而解出 X．为此，引入逆矩阵的概念．

必要知识

一、逆矩阵

1．逆矩阵的定义

定义 1　对于 n 阶方阵 A，如果存在 n 阶方阵 B，使得

$$AB = BA = E$$

则称方阵 A 是可逆的，并称 B 是 A 的逆矩阵，简称 A 的逆，记为 A^{-1}，即 $B = A^{-1}$．

显然，A 也是 B 的逆矩阵，即 A 与 B 互逆．

例如，设 $A = \begin{bmatrix} 1 & 2 \\ 0 & 1 \end{bmatrix}$，$B = \begin{bmatrix} 1 & -2 \\ 0 & 1 \end{bmatrix}$，容易验证 $AB = BA = E$，所以 B 是 A 的逆矩阵，即 $B = A^{-1} = \begin{bmatrix} 1 & -2 \\ 0 & 1 \end{bmatrix}$．

2．逆矩阵的性质

性质 1　若矩阵 A 可逆，则其逆矩阵唯一．

证明　设有两个逆矩阵 B 和 C，则

$$AB = BA = E, \quad AC = CA = E$$

于是

$$B = BE = B(AC) = (BA)C = EC = C$$

所以矩阵 A 的逆矩阵是唯一的．

性质 2　若 A 可逆，则 A^{-1} 也可逆，且 $(A^{-1})^{-1} = A$．

性质 3　若 n 阶方阵 A 与 B 均可逆，则 AB 也可逆，且 $(AB)^{-1} = B^{-1}A^{-1}$．

性质 4　若 A 可逆，则 A^{T} 也可逆，且 $(A^{\mathrm{T}})^{-1} = (A^{-1})^{\mathrm{T}}$．

性质 5　若 A 可逆，$k \neq 0$，则 kA 也可逆，且 $(kA)^{-1} = \dfrac{1}{k}A^{-1}$．

3．逆矩阵的求法

定义 2　对于 n 阶方阵

$$A = \begin{bmatrix} a_{11} & a_{12} & \cdots & a_{1n} \\ a_{21} & a_{22} & \cdots & a_{2n} \\ \vdots & \vdots & & \vdots \\ a_{n1} & a_{n2} & \cdots & a_{nn} \end{bmatrix}$$

称 n 阶方阵

$$A^* = \begin{bmatrix} A_{11} & A_{21} & \cdots & A_{n1} \\ A_{12} & A_{22} & \cdots & A_{n2} \\ \vdots & \vdots & & \vdots \\ A_{1n} & A_{2n} & \cdots & A_{nn} \end{bmatrix}$$

为 A 的伴随矩阵，其中 A_{ij} 为行列式 $|A|$ 中元素 a_{ij} 的代数余子式.

定理 1　n 阶方阵 A 可逆的充要条件是 $|A| \neq 0$，且

$$A^{-1} = \frac{1}{|A|} A^*$$

证明　（1）必要性：设 A 可逆，则存在逆矩阵 A^{-1}，使得

$$AA^{-1} = E$$

两边取行列式，得

$$\left| AA^{-1} \right| = |A| \left| A^{-1} \right| = |E| = 1$$

所以

$$|A| \neq 0$$

（2）充分性：由行列式性质 6 和性质 7 得

$$AA^* = \begin{bmatrix} a_{11} & a_{12} & \cdots & a_{1n} \\ a_{21} & a_{22} & \cdots & a_{2n} \\ \vdots & \vdots & & \vdots \\ a_{n1} & a_{n2} & \cdots & a_{nn} \end{bmatrix} \begin{bmatrix} A_{11} & A_{21} & \cdots & A_{n1} \\ A_{12} & A_{22} & \cdots & A_{n2} \\ \vdots & \vdots & & \vdots \\ A_{1n} & A_{2n} & \cdots & A_{nn} \end{bmatrix}$$

$$= \begin{bmatrix} |A| & 0 & \cdots & 0 \\ 0 & |A| & \cdots & 0 \\ \vdots & \vdots & & \vdots \\ 0 & 0 & \cdots & |A| \end{bmatrix} = |A| E$$

同理

$$AA^* = |A| E$$

当 $|A| \neq 0$ 时，有

$$A \left(\frac{1}{|A|} A^* \right) = \left(\frac{1}{|A|} A^* \right) A = E$$

由逆矩阵的定义可知，A 可逆且

$$A^{-1} = \frac{1}{|A|}A^*$$

例 1　已知矩阵 $A = \begin{bmatrix} 1 & -1 & 2 \\ 0 & 1 & -1 \\ 2 & 1 & 0 \end{bmatrix}$，判断 A 是否可逆，若可逆，求 A^{-1}.

解　因为 $|A| = \begin{vmatrix} 1 & -1 & 2 \\ 0 & 1 & -1 \\ 2 & 1 & 0 \end{vmatrix} = -1 \neq 0$，所以 A 可逆. 又

$$A_{11} = (-1)^{1+1}\begin{vmatrix} 1 & -1 \\ 1 & 0 \end{vmatrix} = 1, \quad A_{12} = (-1)^{1+2}\begin{vmatrix} 0 & -1 \\ 2 & 0 \end{vmatrix} = -2, \quad A_{13} = (-1)^{1+3}\begin{vmatrix} 0 & 1 \\ 2 & 1 \end{vmatrix} = -2$$

$$A_{21} = (-1)^{2+1}\begin{vmatrix} -1 & 2 \\ 1 & 0 \end{vmatrix} = 2, \quad A_{22} = (-1)^{2+2}\begin{vmatrix} 1 & 2 \\ 2 & 0 \end{vmatrix} = -4, \quad A_{23} = (-1)^{2+3}\begin{vmatrix} 1 & -1 \\ 2 & 1 \end{vmatrix} = -3$$

$$A_{31} = (-1)^{3+1}\begin{vmatrix} -1 & 2 \\ 1 & -1 \end{vmatrix} = -1, \quad A_{32} = (-1)^{3+2}\begin{vmatrix} 1 & 2 \\ 0 & -1 \end{vmatrix} = 1, \quad A_{33} = (-1)^{3+3}\begin{vmatrix} 1 & -1 \\ 0 & 1 \end{vmatrix} = 1$$

所以

$$A^{-1} = \frac{1}{|A|}A^* = \begin{bmatrix} 1 & 2 & -1 \\ -2 & -4 & 1 \\ -2 & -3 & 1 \end{bmatrix} = \begin{bmatrix} -1 & -2 & 1 \\ 2 & 4 & -1 \\ 2 & 3 & -1 \end{bmatrix}$$

定理 1 给出了求逆矩阵的一种方法——伴随矩阵法. 伴随矩阵法是求逆矩阵的一种常见方法，但当可逆矩阵的阶数 n 较大时，这种方法的计算量是很大的. 为此，下面介绍求逆矩阵的另一种方法——初等行变换法.

设 A 为 n 阶可逆矩阵，E 为 n 阶单位矩阵，作 $n \times 2n$ 矩阵 $(A \vdots E)$，用 A^{-1} 左乘 $(A \vdots E)$，得

$$A^{-1}(A \vdots E) = (A^{-1}A \vdots A^{-1}E) = (E \vdots A^{-1})$$

依据矩阵理论，这相当于对 $n \times 2n$ 矩阵 $(A \vdots E)$ 施行初等行变换，当把 $(A \vdots E)$ 中的 A 变为 E 时，原来的 E 就变成了 A^{-1}，即

$$(A \vdots E) \xrightarrow{\text{初等行变换}} (E \vdots A^{-1})$$

例 2　利用初等行变换求矩阵 $A = \begin{bmatrix} 1 & 1 & -1 \\ 2 & 1 & 0 \\ 1 & -1 & 1 \end{bmatrix}$ 的逆矩阵.

解　$(A \vdots E) = \begin{bmatrix} 1 & 1 & -1 & \vdots & 1 & 0 & 0 \\ 2 & 1 & 0 & \vdots & 0 & 1 & 0 \\ 1 & -1 & 1 & \vdots & 0 & 0 & 1 \end{bmatrix} \xrightarrow[r_3-r_1]{r_2-2r_1} \begin{bmatrix} 1 & 1 & -1 & \vdots & 1 & 0 & 0 \\ 0 & -1 & 2 & \vdots & -2 & 1 & 0 \\ 0 & -2 & 2 & \vdots & -1 & 0 & 1 \end{bmatrix}$

$$\xrightarrow{r_3-2r_2} \begin{bmatrix} 1 & 1 & -1 & \vdots & 1 & 0 & 0 \\ 0 & -1 & 2 & \vdots & -2 & 1 & 0 \\ 0 & 0 & -2 & \vdots & 3 & -2 & 1 \end{bmatrix}$$

$$\xrightarrow{-\frac{1}{2}r_{32}} \begin{bmatrix} 1 & 1 & -1 & \vdots & 1 & 0 & 0 \\ 0 & -1 & 2 & \vdots & -2 & 1 & 0 \\ 0 & 0 & 1 & \vdots & -\dfrac{3}{2} & 1 & -\dfrac{1}{2} \end{bmatrix}$$

$$\xrightarrow[r_2-2r_3]{r_1+r_3} \begin{bmatrix} 1 & 1 & 0 & \vdots & -\dfrac{1}{2} & 1 & -\dfrac{1}{2} \\ 0 & -1 & 0 & \vdots & 1 & -1 & 1 \\ 0 & 0 & 1 & \vdots & -\dfrac{3}{2} & 1 & -\dfrac{1}{2} \end{bmatrix}$$

$$\xrightarrow{-1\cdot r_2} \begin{bmatrix} 1 & 1 & 0 & \vdots & -\dfrac{1}{2} & 1 & -\dfrac{1}{2} \\ 0 & 1 & 0 & \vdots & -1 & 1 & -1 \\ 0 & 0 & 1 & \vdots & -\dfrac{3}{2} & 1 & -\dfrac{1}{2} \end{bmatrix}$$

$$\xrightarrow{r_1-r_2} \begin{bmatrix} 1 & 0 & 0 & \vdots & \dfrac{1}{2} & 0 & \dfrac{1}{2} \\ 0 & 1 & 0 & \vdots & -1 & 1 & -1 \\ 0 & 0 & 1 & \vdots & -\dfrac{3}{2} & 1 & -\dfrac{1}{2} \end{bmatrix} = (\boldsymbol{E} \vdots \boldsymbol{A}^{-1})$$

所以

$$\boldsymbol{A}^{-1} = \begin{bmatrix} \dfrac{1}{2} & 0 & \dfrac{1}{2} \\ -1 & 1 & -1 \\ -\dfrac{3}{2} & 1 & -\dfrac{1}{2} \end{bmatrix}$$

二、矩阵的秩

定义 3　在矩阵 $\boldsymbol{A}=(a_{ij})_{m\times n}$ 中位于任意选定的 k 行 k 列($k \leqslant \min\{m,\ n\}$)交点上的 k^2 个元素，按原来次序组成的 k 阶行列式成为矩阵 $\boldsymbol{A}$ 的一个 k 阶子式.

例如，矩阵

$$\boldsymbol{A} = \begin{bmatrix} 1 & 1 & 2 & 3 \\ 0 & 2 & 4 & -1 \\ 3 & -2 & 0 & 4 \end{bmatrix}$$

$\begin{vmatrix} 0 & -1 \\ 3 & 4 \end{vmatrix}$ 是 $\boldsymbol{A}$ 的一个二阶子式，$\begin{vmatrix} 1 & 2 & 3 \\ 0 & 4 & -1 \\ 3 & 0 & 4 \end{vmatrix}$ 是 $\boldsymbol{A}$ 的一个三阶子式.

定义 4 矩阵 A 中不为零的子式的最高阶数 r 称为矩阵的秩，记为 $R(A) = r$.

显然，一个矩阵的秩是唯一确定的. n 阶可逆矩阵的秩为 n，因此可逆矩阵又称为**满秩矩阵**（或**非奇异矩阵**）.

例 3 求矩阵 $A = \begin{bmatrix} 1 & 2 & 2 & 11 \\ 1 & -3 & -3 & -14 \\ 3 & 1 & 1 & 8 \end{bmatrix}$ 的秩.

解 因为 A 的所有（4 个）三阶子式均为零，即

$$\begin{vmatrix} 1 & 2 & 2 \\ 1 & -3 & -3 \\ 3 & 1 & 1 \end{vmatrix} = 0, \quad \begin{vmatrix} 1 & 2 & 11 \\ 1 & -3 & -14 \\ 3 & 1 & 8 \end{vmatrix} = 0, \quad \begin{vmatrix} 1 & 2 & 11 \\ 1 & -3 & -14 \\ 3 & 1 & 8 \end{vmatrix} = 0, \quad \begin{vmatrix} 2 & 2 & 11 \\ -3 & -3 & -14 \\ 1 & 1 & 8 \end{vmatrix} = 0$$

而 A 的一个二阶子式

$$\begin{vmatrix} 1 & 2 \\ 1 & -3 \end{vmatrix} = -5 \neq 0$$

所以

$$R(A) = 2$$

从上例可以看出，当矩阵的行数和列数较高时，按定义计算矩阵的秩是很麻烦的. 但注意到"秩"只涉及子式是否为零，而并不要求子式的准确值，又由于初等行变换不改变行列式是否为零的性质，所以可以设想通过初等行变换来求矩阵的秩.

定理 2 若 $A \sim B$，则 $R(A) = R(B)$.

根据定理 2，为了求矩阵 A 的秩，可以利用初等行变换先将 A 化简为求秩较为方便的矩阵 B，然后通过求 $R(B)$ 而得到 $R(A)$.

例 4 求矩阵 $A = \begin{bmatrix} 1 & 1 & 2 & 5 \\ 1 & 2 & 3 & 7 \\ 1 & 3 & 4 & 9 \end{bmatrix}$ 的秩.

解 $A = \begin{bmatrix} 1 & 1 & 2 & 5 \\ 1 & 2 & 3 & 7 \\ 1 & 3 & 4 & 9 \end{bmatrix} \xrightarrow{\substack{r_2 - r_1 \\ r_3 - r_1}} \begin{bmatrix} 1 & 1 & 2 & 5 \\ 0 & 1 & 1 & 2 \\ 0 & 2 & 2 & 4 \end{bmatrix} \xrightarrow{r_3 - 2r_2} \begin{bmatrix} 1 & 1 & 2 & 5 \\ 0 & 1 & 1 & 2 \\ 0 & 0 & 0 & 0 \end{bmatrix} = B$

矩阵 B 中的二阶子式

$$\begin{vmatrix} 1 & 1 \\ 0 & 1 \end{vmatrix} = 1 \neq 0$$

而由于矩阵 B 的第三行元素全为零，故其所有的三阶子式均为 0，所以 $R(A) = R(B) = 2$.

从上例可以看出，阶梯形矩阵的秩就等于其非零行的行数.

定理 3 设 A 是 $m \times n$ 矩阵，则 $R(A) = r$ 的充要条件是通过初等行变换能把 A 化为具有 r 个非零行的阶梯形矩阵.

例 5 求矩阵 $A = \begin{bmatrix} 2 & -4 & 4 & 10 & -4 \\ 0 & 1 & -1 & 3 & 1 \\ 4 & -7 & 4 & -4 & 5 \\ 1 & -2 & 1 & -4 & 2 \end{bmatrix}$ 的秩.

解

$$A = \begin{bmatrix} 2 & -4 & 4 & 10 & -4 \\ 0 & 1 & -1 & 3 & 1 \\ 4 & -7 & 4 & -4 & 5 \\ 1 & -2 & 1 & -4 & 2 \end{bmatrix} \xrightarrow{r_1 \leftrightarrow r_4} \begin{bmatrix} 1 & -2 & 1 & -4 & 2 \\ 0 & 1 & -1 & 3 & 1 \\ 4 & -7 & 4 & -4 & 5 \\ 2 & -4 & 4 & 10 & -4 \end{bmatrix}$$

$$\xrightarrow[r_4 - 2r_1]{r_3 - 4r_1} \begin{bmatrix} 1 & -2 & 1 & -4 & 2 \\ 0 & 1 & -1 & 3 & 1 \\ 0 & 1 & 0 & 12 & -3 \\ 0 & 0 & 2 & 18 & -8 \end{bmatrix} \xrightarrow{r_1 \leftrightarrow r_4} \begin{bmatrix} 1 & -2 & 1 & -4 & 2 \\ 0 & 1 & -1 & 3 & 1 \\ 0 & 0 & 1 & 9 & -4 \\ 0 & 0 & 2 & 18 & -8 \end{bmatrix}$$

$$\xrightarrow{r_4 - 2r_3} \begin{bmatrix} 1 & -2 & 1 & -4 & 2 \\ 0 & 1 & -1 & 3 & 1 \\ 0 & 0 & 1 & 9 & -4 \\ 0 & 0 & 0 & 0 & 0 \end{bmatrix} = B$$

B 为阶梯形矩阵, 且有 3 个非零行, 故 $R(A) = 3$.

三、用逆矩阵解矩阵方程

线性方程组（12-2）的矩阵形式为 $AX = B$, 如果系数矩阵 A 可逆, 则用 A^{-1} 同时左乘 $AX = B$ 的两端, 有 $A^{-1}AX = A^{-1}B$. 从而得原方程组的解为

$$X = A^{-1}B$$

例 6 用逆矩阵解线性方程组

$$\begin{cases} x_1 - x_2 + 2x_3 = 1 \\ x_2 - x_3 = 2 \\ 2x_1 + x_2 = 3 \end{cases}$$

解 设

$$A = \begin{bmatrix} 1 & -1 & 2 \\ 0 & 1 & -1 \\ 2 & 1 & 0 \end{bmatrix}, \quad X = \begin{bmatrix} x_1 \\ x_2 \\ x_3 \end{bmatrix}, \quad B = \begin{bmatrix} 1 \\ 2 \\ 3 \end{bmatrix}$$

则线性方程组的矩阵方程为 $AX = B$.

由例 1 知 A 可逆, 且 $A^{-1} = \begin{bmatrix} -1 & -2 & 1 \\ 2 & 4 & -1 \\ 2 & 3 & -1 \end{bmatrix}$, 故有

$$X = \begin{bmatrix} x_1 \\ x_2 \\ x_3 \end{bmatrix} = A^{-1}B = \begin{bmatrix} -1 & -2 & 1 \\ 2 & 4 & -1 \\ 2 & 3 & -1 \end{bmatrix} \begin{bmatrix} 1 \\ 2 \\ 3 \end{bmatrix} = \begin{bmatrix} -2 \\ 7 \\ 5 \end{bmatrix}$$

即方程组的解为 $x_1 = -2$，$x_2 = 7$，$x_3 = 5$.

例 7 解矩阵方程 $XB = D$，其中，

$$B = \begin{bmatrix} 4 & 7 \\ 5 & 9 \end{bmatrix}, \quad X = \begin{bmatrix} x_1 \\ x_2 \end{bmatrix}, \quad D = \begin{bmatrix} 1 & 0 \\ 0 & 2 \\ -1 & 0 \end{bmatrix}$$

解 因为系数行列式 $|B| = \begin{vmatrix} 4 & 7 \\ 5 & 9 \end{vmatrix} = 1 \neq 0$，所以矩阵 B 可逆，且

$$B^{-1} = \begin{bmatrix} 9 & -7 \\ -5 & 4 \end{bmatrix}$$

以 B^{-1} 同时右乘方程 $XB = D$ 的两端，有

$$XBB^{-1} = DB^{-1}$$

即

$$X = DB^{-1} = \begin{bmatrix} 1 & 0 \\ 0 & 2 \\ -1 & 0 \end{bmatrix} \begin{bmatrix} 9 & -7 \\ -5 & 4 \end{bmatrix} = \begin{bmatrix} 9 & -7 \\ -10 & 8 \\ -9 & 7 \end{bmatrix}$$

习题 11.3

1. 求下列方阵的逆矩阵.

（1）$\begin{pmatrix} 1 & 2 \\ 2 & 5 \end{pmatrix}$;

（2）$\begin{pmatrix} 1 & 0 & 8 \\ 0 & 1 & 0 \\ 0 & 0 & 1 \end{pmatrix}$;

（3）$\begin{pmatrix} 3 & 2 & 1 \\ 3 & 1 & 5 \\ 3 & 2 & 3 \end{pmatrix}$;

（4）$\begin{pmatrix} 2 & 2 & 3 \\ 1 & -1 & 0 \\ -1 & 2 & 1 \end{pmatrix}$;

（5）$\begin{pmatrix} 1 & 3 & 3 \\ 1 & 4 & 3 \\ 1 & 3 & 4 \end{pmatrix}$;

（6）$\begin{pmatrix} 3 & -2 & 0 & -1 \\ 0 & 2 & 2 & 1 \\ 1 & -2 & -3 & -2 \\ 0 & 1 & 2 & 1 \end{pmatrix}$.

2. 求矩阵的秩.

（1）$\begin{pmatrix} 1 & -1 & 2 \\ 2 & -3 & 1 \\ -2 & 2 & -4 \end{pmatrix}$;

（2）$\begin{pmatrix} 4 & 2 & 1 & 3 \\ 2 & 1 & 0 & 2 \\ 0 & 0 & 2 & -6 \end{pmatrix}$;

（3）$\begin{pmatrix} 3 & 1 & 9 & 2 \\ 1 & -1 & 2 & -1 \\ 1 & 3 & -4 & 4 \end{pmatrix}$;

（4）$\begin{pmatrix} 1 & 1 & 2 & 2 & 1 \\ 0 & 2 & 1 & 5 & -1 \\ 2 & 0 & 3 & -1 & 3 \\ 1 & 1 & 0 & 4 & -1 \end{pmatrix}$;

（5）$\begin{pmatrix} -1 & 1 & 4 & 0 \\ 3 & -2 & 5 & -3 \\ 2 & 0 & -6 & 4 \\ 0 & 2 & 1 & 2 \end{pmatrix}$;

（6）$\begin{bmatrix} 1 & 2 & 2 & 11 \\ 1 & -3 & -3 & -14 \\ 3 & 1 & 1 & 8 \end{bmatrix}$.

3. 设 $A = \begin{pmatrix} 1 & -2 & 3 & 5 \\ 0 & 1 & 2 & 1 \\ 1 & -1 & 5 & x \end{pmatrix}$，$R(A) = 2$，试求 x 的值.

4. 解下列矩阵方程.

（1）$\begin{pmatrix} 2 & 5 \\ 1 & 3 \end{pmatrix} X = \begin{pmatrix} 4 & -6 \\ 2 & 1 \end{pmatrix}$；　（2）$X \begin{pmatrix} 1 & 1 & -1 \\ 2 & 1 & 0 \\ 1 & -1 & 1 \end{pmatrix} = \begin{pmatrix} 1 & -1 & 3 \\ 4 & 3 & 2 \\ 1 & -2 & 5 \end{pmatrix}$.

复习题十一

1. 填空题.

（1）若 $\begin{vmatrix} 4 & h \\ h & h \end{vmatrix} = 3$，则 $h = $ _____.

（2）若 $\begin{pmatrix} x & -y \\ 3z & 0 \end{pmatrix} + \begin{pmatrix} y & 2x \\ w & z \end{pmatrix} = \begin{pmatrix} 3 & 0 \\ 2 & 4 \end{pmatrix}$，则 $x = $ _____，$y = $ _____，$z = $ _____，

$w = $ _____.

（3）设 A 是 $n \times m$ 矩阵，B 是 $m \times p$ 矩阵，则矩阵 $(AB)'$ 是 _____ 矩阵.

（4）设矩阵 $A = \begin{pmatrix} 1 & 4 \\ 5 & 8 \end{pmatrix}$，则 $A^* = $ _____，$A^{-1} = $ _____.

（5）设矩阵 $A = \begin{pmatrix} 1 & 3 & 2 \\ 0 & 0 & 4 \\ 0 & 6 & 3 \end{pmatrix}$，则 A 的秩 $R(A) = $ _____.

2. 单项选择题.

（1）如果行列式 $D = \begin{vmatrix} a_{11} & a_{12} & a_{13} \\ a_{21} & a_{22} & a_{23} \\ a_{31} & a_{32} & a_{33} \end{vmatrix} = 1$，则 $D_1 = \begin{vmatrix} 4a_{11} & 2a_{11} - 3a_{12} & a_{13} \\ 4a_{21} & 2a_{21} - 3a_{22} & a_{23} \\ 4a_{31} & 2a_{31} - 3a_{32} & a_{33} \end{vmatrix}$ 等于（　　）.

A．8　　　　　　B．-12　　　　　　C．24　　　　　　D．-24

（2）$\begin{vmatrix} 1 & 2 & 3 \\ 3 & 5 & 9 \\ 4 & 0 & 2 \end{vmatrix} + \begin{vmatrix} 4 & 2 & 3 \\ 0 & 5 & 9 \\ 1 & 0 & 2 \end{vmatrix}$ 等于（　　）.

A．$\begin{vmatrix} 5 & 4 & 6 \\ 3 & 10 & 18 \\ 5 & 0 & 4 \end{vmatrix}$　B．$\begin{vmatrix} 5 & 2 & 3 \\ 3 & 5 & 9 \\ 5 & 0 & 2 \end{vmatrix}$　C．$\begin{vmatrix} 4 & 4 & 3 \\ 0 & 10 & 9 \\ 1 & 0 & 2 \end{vmatrix}$　D．$\begin{vmatrix} 1 & 2 & 6 \\ 3 & 5 & 18 \\ 4 & 0 & 4 \end{vmatrix}$

（3）设有矩阵 $A_{3 \times 2}$，$B_{2 \times 3}$，$C_{3 \times 3}$，则下列运算中可行的是（　　）.

A．AC　　　　B．BC　　　　C．$A + B$　　　　D．ACB

（4）设 A ，B 均为 n 阶方阵，则必有（　　　）.

　　A. $|A+B|=|A|+|B|$ 　　　　B. $|AB|=|BA|$

　　C. $(A+B)^{\mathrm{T}}=A^{\mathrm{T}}+B^{\mathrm{T}}$ 　　　　D. $(AB)^{\mathrm{T}}=A^{\mathrm{T}}B^{\mathrm{T}}$

（5）设 A ，B ，C 均为 n 阶方阵，则下列等式中不成立的是（　　　）.

　　A. $(A+B)+C=(C+B)+A$ 　　B. $(AB)C=A(BC)$

　　C. $(AB)C=(BC)A$ 　　　　D. $(A+B)C=AC+BC$

（6）设 A ，B ，C 均为同阶方阵，且 A 可逆，则下列等式中成立的是（　　　）.

　　A. 若 $AB=AC$ ，则 $B=C$ 　　B. 若 $AB=CB$ ，则 $A=C$

　　C. 若 $AB=0$ ，则 $A=0$ 　　　D. 若 $BC=0$ ，则 $B=0$

（7）在行列式 $\begin{vmatrix} 4 & 3 & 9 \\ 5 & 7 & 1 \\ 3 & 5 & 4 \end{vmatrix}$ 中，代数余子式 A_{21} 等于（　　　）.

　　A. 33　　　　　　B. -33　　　　C. 5　　　　D. -5

（8）$\begin{vmatrix} 2 & 2 & 5 \\ 2 & 2 & 5 \\ 5 & 5 & 5 \end{vmatrix}=-2\begin{vmatrix} 2 & 5 \\ 5 & 5 \end{vmatrix}+2\begin{vmatrix} 2 & 5 \\ 5 & 5 \end{vmatrix}-5\begin{vmatrix} 2 & 5 \\ 2 & 5 \end{vmatrix}$ ，这个行列时是按（　　　）展开的.

　　A. 第一行　　　B. 第一列　　　C. 第二行　　D. 第二列

（9）齐次线性方程组 $\begin{cases} 3x+ky-z=0 \\ 4y+z=0 \\ kx-5y-z=0 \end{cases}$ 只有零解的充分必要条件是（　　　）.

　　A. $k\neq-1$ 　　　　　　　B. $k\neq-3$

　　C. $k\neq-1$ 或 $k\neq-3$ 　　　D. $k\neq-1$ 且 $k\neq-3$

（10）设 A 为 n 阶可逆矩阵，A^* 是它的伴随矩阵，则 $(A^*)^{-1}$ 等于（　　　）.

　　A. $\dfrac{1}{|A|}A^*$ 　　　B. $\dfrac{1}{|A|}A$ 　　　C. $|A^{-1}|A^{-1}$ 　　　D. $\dfrac{1}{|A^*|}A$

3. 计算下列行列式.

（1）$\begin{vmatrix} 1 & -1 & 0 & 2 \\ 0 & -1 & -1 & 2 \\ -1 & 2 & -1 & 0 \\ 2 & 1 & 1 & 0 \end{vmatrix}$; 　　　（2）$\begin{vmatrix} 3 & 1 & -1 & 2 \\ -5 & 1 & 3 & -4 \\ 2 & 0 & 1 & -1 \\ 1 & -5 & 3 & -3 \end{vmatrix}$.

4. 已知 $A=\begin{pmatrix} 0 & 2 & 1 \\ 1 & 1 & -1 \\ 3 & -2 & 2 \end{pmatrix}$ ，$B=\begin{pmatrix} 0 & x_1 & x_2 \\ x_1 & 2 & x_3 \\ x_2 & x_3 & 4 \end{pmatrix}$ ，$C=\begin{pmatrix} 0 & y_1 & y_2 \\ -y_1 & 0 & y_3 \\ -y_2 & -y_3 & 0 \end{pmatrix}$ ，$2A=B+\dfrac{1}{2}C$ ，求矩阵 B 和 C .

5. 设 $A=\begin{pmatrix} 1 & -1 & -1 \\ 2 & -1 & -3 \\ 3 & 2 & -5 \end{pmatrix}$ ，判别 A 是否可逆？若可逆，求 A^{-1} .

6. 求下列矩阵的秩.

（1）$A = \begin{pmatrix} 1 & -2 & 3 & 5 \\ 0 & 1 & 2 & 1 \\ 1 & -1 & 5 & 6 \end{pmatrix}$;　　　　（2）$A = \begin{pmatrix} 2 & 1 & 0 & 1 & 2 \\ 2 & 3 & 4 & 2 & 0 \\ 1 & -1 & -3 & 0 & 3 \\ 3 & 1 & -1 & 1 & 3 \end{pmatrix}$.

7. 用克莱默法则解下列线性方程组.

（1）$\begin{cases} x_1 + x_2 - 2x_3 = -3 \\ 5x_1 - 2x_2 + 7x_3 = 22 \\ 2x_1 - 5x_2 + 4x_3 = 4 \end{cases}$;　　　　（2）$\begin{cases} 2x_1 + 3x_2 + 11x_3 + 5x_4 = 6 \\ x_1 + x_2 + 5x_3 + 2x_4 = 2 \\ 2x_1 + x_2 + 3x_3 + 4x_4 = 2 \\ x_1 + x_2 + 3x_3 + 4x_4 = 2 \end{cases}$.

知识结构图

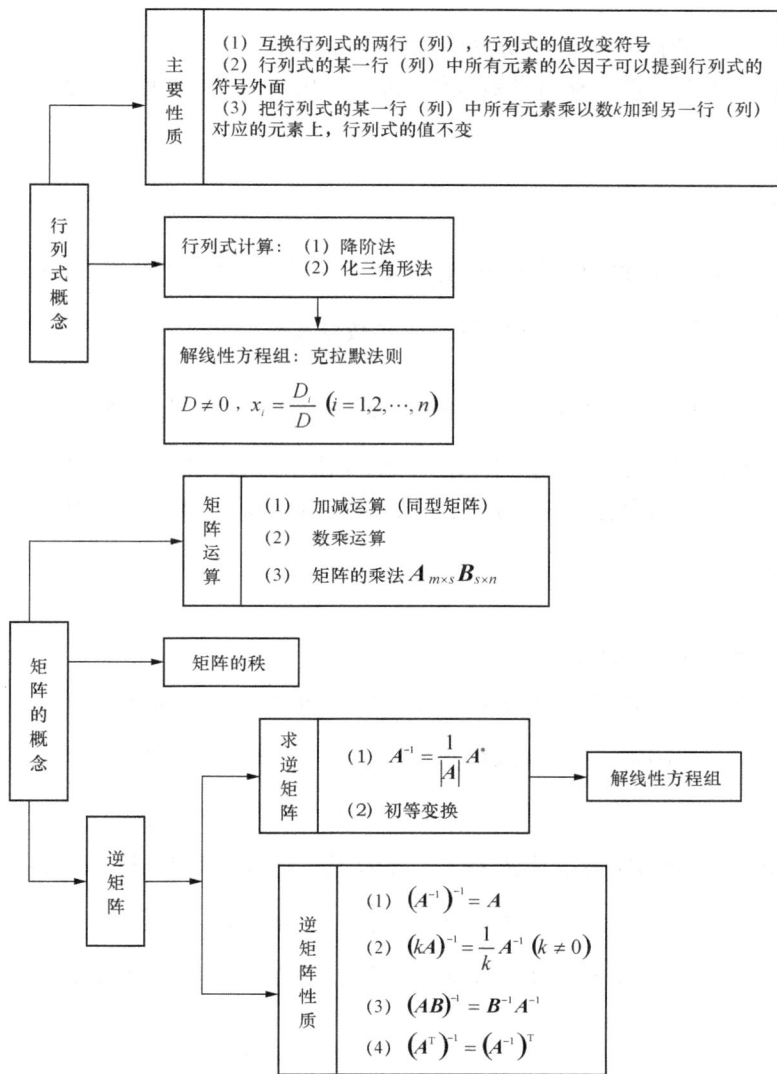

第 12 章　拉普拉斯变换

拉普拉斯（Laplace）变换不仅对于求解常系数线性微分方程尤为有效，而且在控制理论中，对控制系统的分析和综合也起着十分重要的作用．本章主要介绍拉普拉斯变换的基本概念、主要性质、逆变换，以及拉普拉斯变换在解常系数线性微分方程中的应用．

12.1　拉普拉斯变换的基本概念

问题提出

在电路理论和自动控制理论的研究中，常常需要解决求常系数线性微分方程的解的问题．由微分方程的知识可知，求常系数线性微分方程的解，计算比较复杂．能否简化求解的过程？

解法探究

在数学运算中，有时为了简化复杂计算可采用数学变换方式．例如，计算 $N = 3.14 \times \sqrt{\dfrac{1887}{9.8} \times 21^2 \times (1.164)^{\frac{3}{5}}}$，通常采用取对数变换．

$$\lg N = \lg 3.14 + \frac{1}{2}(\lg 1887 - \lg 9.8) + 2\lg 21 + \frac{3}{5}\lg 1.164$$

最后求得 N．由此想到，能否找到一种变换，简化求常系数线性微分方程解的过程．拉普拉斯变换就是人们所期待的简化方法，它能把微分方程化为容易求解的代数方程来处理．

必要知识

一、拉普拉斯变换的基本概念

定义　设函数 $f(t)$ 的定义域为 $[0, +\infty)$，若广义积分 $\int_0^{+\infty} f(t)\mathrm{e}^{-st}\mathrm{d}t$ 对于 s 在某一范围内的值收敛，则此积分就确定了一个参数为 s 的函数，记为 $F(s)$，即

$$F(s) = \int_0^{+\infty} f(t)\mathrm{e}^{-st}\mathrm{d}t$$

函数 $F(s)$ 称为 $f(t)$ 的**拉普拉斯变换**［又称为 $f(t)$ 的**像函数**］，记为 $L[f(t)]$，即

$$L[f(t)] = F(s) = \int_0^{+\infty} f(t)\mathrm{e}^{-st}\mathrm{d}t$$

若 $F(s)$ 是 $f(t)$ 的拉普拉斯变换，则称 $f(t)$ 为 $F(s)$ 的**拉普拉斯逆变换**［又称 $F(s)$ 的**像原函数**］，记为 $L^{-1}[F(s)]$，即

$$f(t) = L^{-1}[F(s)]$$

关于拉普拉斯变换的定义作以下说明：

（1）在定义中，只要求 $f(t)$ 在 $t \geqslant 0$ 时有定义，为研究问题方便，以后总假定在 $t < 0$ 时，$f(t) \equiv 0$．

（2）参数 s 可在复数范围内取值，但本章中只研究 s 作为实数的情形．

（3）拉普拉斯变换是将给定的函数通过广义积分转换成一个新的函数，它是一种积分变换．一般来说，在科学技术中遇到的函数，它的拉普拉斯变换总是存在的．

例 1 求阶跃函数 $f(t) = \begin{cases} 0, & t < 0 \\ A, & t \geqslant 0 \end{cases}$ （A 为常数）的拉普拉斯变换．

解 根据拉普拉斯变换的定义可知

$$L[f(t)] = \int_0^{+\infty} A \mathrm{e}^{-st} \mathrm{d}t$$

这个积分在 $s > 0$ 时收敛，而且有

$$\int_0^{+\infty} A \mathrm{e}^{-st} \mathrm{d}t = -\frac{A}{s} [\mathrm{e}^{-st}]_0^{+\infty} = \frac{A}{s}$$

所以

$$L[f(t)] = \frac{A}{s} \quad (s > 0)$$

二、常用函数的拉普拉斯变换

要掌握拉普拉斯变换，也必须熟悉几个常用函数的拉普拉斯变换，这些常用函数的拉普拉斯变换在工程中经常出现．

1. 狄拉克函数

设 $\delta_\varepsilon(t) = \begin{cases} 0, & t < 0 \\ \dfrac{1}{\varepsilon}, & 0 \leqslant t \leqslant \varepsilon \\ 0, & t > \varepsilon \end{cases}$，当 $\varepsilon \to 0$ 时，$\delta_\varepsilon(t)$ 的极限 $\delta(t) = \lim\limits_{\varepsilon \to 0} \delta_\varepsilon(t)$ 称为 **狄拉克（Dirac）**

函数，简称 δ-**函数**．在工程技术中，常称 δ-函数为**单位脉冲函数**．常用一个长度等于 1 的有向线段表示它，该线段的长度表示它的积分值，称为它的**脉冲强度**．

例 2 求单位脉冲函数 $\delta(t) = \begin{cases} 0, & t \neq 0 \\ +\infty, & t = 0 \end{cases}$ 的拉普拉斯变换．

解 由拉普拉斯变换的定义可知

$$L[\delta(t)] = \int_0^{+\infty} \delta(t) \mathrm{e}^{-st} \mathrm{d}t = \lim_{\varepsilon \to 0} \int_0^\varepsilon \frac{1}{\varepsilon} \mathrm{e}^{-st} \mathrm{d}t = 1$$

所以

$$L[\delta(t)] = 1$$

2. 单位阶跃函数

高度为 1 的阶跃函数称为单位阶跃函数，通常可以写成

$$u(t) = \begin{cases} 0, & t < 0 \\ 1, & t \geq 0 \end{cases}$$

根据例 1 的结果可知，单位阶跃函数的拉普拉斯变换为

$$L[u(t)] = \frac{1}{s} \quad (s > 0)$$

3. 单位斜坡函数 $\gamma(t)$

$$\gamma(t) = \begin{cases} 0, & t < 0 \\ t, & t \geq 0 \end{cases}$$

例 3　求单位斜坡函数 $\gamma(t)$ 的拉普拉斯变换.

解　由拉普拉斯变换的定义可知

$$L[t] = \int_0^{+\infty} t e^{-st} dt = \frac{1}{-s} \int_0^{+\infty} t d(e^{-st}) = -\frac{1}{s}(t e^{-st}) \bigg|_0^{+\infty} + \frac{1}{s} \int_0^{+\infty} e^{-st} dt$$

$$= -\frac{1}{s^2}(e^{-st}) \bigg|_0^{+\infty} = \frac{1}{s^2} \quad (s > 0)$$

例 4　求指数函数 $f(t) = e^{at}$ （$t \geq 0$，a 是常数）的拉普拉斯变换.

解　由拉普拉斯变换的定义可知

$$L[e^{ax}] = \int_0^{+\infty} e^{at} e^{-st} dt = \frac{1}{a-s} e^{(a-s)t} \bigg|_0^{+\infty} = \frac{1}{s-a} \quad (s > a)$$

例 5　求正弦函数 $f(t) = \sin \omega t$ （$t \geq 0$）的拉普拉斯变换.

解　由拉普拉斯变换的定义可知

$$L[\sin \omega t] = \int_0^{+\infty} \sin \omega t e^{-st} dt = \left[-\frac{1}{s^2 + \omega^2} e^{-st} (s \sin \omega t + \omega \cos \omega t) \right] \bigg|_0^{+\infty}$$

$$= \frac{\omega}{s^2 + \omega^2} \quad (s > 0)$$

类似地，可得到

$$L[\cos \omega t] = \frac{s}{s^2 + \omega^2} \quad (s > 0)$$

习 题 12.1

1. 求下列函数的拉普拉斯变换.

（1）$f(t) = t^2$；　　　　（2）$f(t) = \sin 3t$.

2. 求函数 $f(t) = \begin{cases} -1, & 0 \leq t < 4 \\ 1, & t \geq 4 \end{cases}$ 的拉普拉斯变换.

3. 求下列函数的拉普拉斯变换.

（1）$f(t) = 3e^{-4t}$；　　　　（2）$f(t) = t^2 + 6t - 3$.

12.2　拉普拉斯变换的性质

问题提出

拉普拉斯变换是一种积分变换，能否利用积分的性质来简化求一些比较复杂的函数的拉普拉斯变换呢？

解法探究

利用拉普拉斯变换的定义和积分性质，完全可以简化求函数的拉普拉斯变换的过程．如根据积分的线性性质，可推得拉普拉斯变换的线性性质成立．

设 a，b 是常数，若 $L[f_1(t)] = F_1(s)$，$L[f_2(t)] = F_2(s)$，则
$$L[af_1(t) + bf_2(t)] = aF_1(s) + bF_2(s)$$

证明　由拉普拉斯变换的定义得
$$L\big[af_1(t) + bf_2(t)\big] = \int_0^{+\infty} \big[af_1(t) + bf_2(t)\big]\,\mathrm{e}^{-st}\mathrm{d}t$$
$$= a\int_0^{+\infty} f_1(t)\mathrm{e}^{-st}\mathrm{d}t + b\int_0^{+\infty} f_2(t)\mathrm{e}^{-st}\mathrm{d}t = aF_1(s) + bF_2(s)$$

必要知识

拉普拉斯变换的性质都可以根据拉普拉斯变换的定义和积分的运算推导出，在此不作证明，但有兴趣的同学可以自行推导．利用拉普拉斯变换的性质可以求一些比较复杂的函数的拉普拉斯变换．

性质 1（线性性质）　若 a，b 是常数，$L[f_1(t)] = F_1(s)$，$L[f_2(t)] = F_2(s)$，则
$$L[af_1(t) + bf_2(t)] = aF_1(s) + bF_2(s)$$
该性质说明：函数线性组合的拉普拉斯变换等于各函数拉普拉斯变换的线性组合．

例 1　求 $f(t) = \dfrac{1}{a}(1 - \mathrm{e}^{-at})$ 的拉普拉斯变换．

解　由拉普拉斯变换的定义可知
$$L[f(t)] = L\left[\frac{1}{a}(1 - \mathrm{e}^{-at})\right] = \frac{1}{a}L[(1 - \mathrm{e}^{-at})] = \frac{1}{a}(L[1] - L[\mathrm{e}^{-at}])$$
$$= \frac{1}{a}\left(\frac{1}{s} - \frac{1}{s+a}\right) = \frac{1}{s(s+a)}$$

性质 2（微分性质）　若 $L[f(t)] = F(s)$，则 $L[f'(t)] = sF(s) - f(0)$．

该性质说明：一个函数求导后取拉普拉斯变换等于这个函数的拉普拉斯变换乘以参数 s，再减去函数的初值．

类似地，在相应条件成立时，还可推导出 n 阶导数的拉普拉斯变换．

推论　若 $L[f(t)] = F(s)$，且 $f(t)$ 的 n 阶导数存在，则

$$L\left[f^{(n)}(t)\right] = s^n F(s) - s^{n-1}f(0) - s^{n-2}f'(0) - s^{n-3}f''(0) - \cdots - f^{(n-1)}(0)$$

特别地，当 $f(0) = f'(0) = f''(0) = \cdots = f^{(n-1)}(0) = 0$ 时，有

$$L\left[f^{(n)}(t)\right] = s^n F(s)$$

即

$$F(s) = \frac{L\left[f^{(n)}(t)\right]}{s^n}$$

可见，利用微分性质可以将函数 $f(t)$ 的求导运算转化为代数运算. 因此，通过拉普拉斯变换可以将函数 $f(t)$ 的常微分方程求解转化为代数方程求解，从而大大简化了求解过程.

例 2 利用微分性质求 $L[\sin \omega t]$ 和 $L[\cos \omega t]$.

解 设 $f(t) = \sin \omega t$，则 $f'(t) = \omega \cos \omega t$，$f''(t) = -\omega^2 \sin \omega t$，且 $f'(0) = \omega$，$f''(0) = 0$，$f(0) = 0$，所以

$$L[f''(t)] = s^2 F(s) - s f(0) - f'(0) = s^2 F(s) - f'(0)$$

即

$$L[-\omega^2 \sin \omega t] = -\omega^2 L[\sin \omega t] = s^2 L[\sin \omega t] - \omega$$

所以

$$L[\sin \omega t] = \frac{\omega}{s^2 + \omega^2}$$

又因为 $\cos \omega t = \left(\frac{1}{\omega} \sin \omega t\right)'$，所以

$$L[\cos \omega t] = \frac{1}{\omega} L\left[(\sin \omega t)'\right] = \frac{1}{\omega}[sF(s) - f(0)] = \frac{1}{\omega} s L[\sin \omega t] = \frac{1}{\omega} \frac{s\omega}{s^2 + \omega^2}$$

即

$$L[\cos \omega t] = \frac{s}{s^2 + \omega^2}$$

性质 3（积分性质） 若 $L[f(t)] = F(s)$ $(s \neq 0)$，且 $f(t)$ 连续，则

$$L\left[\int_0^t f(x)\,\mathrm{d}x\right] = \frac{F(s)}{s}$$

该性质说明：一个函数积分后再取拉普拉斯变换等于这个函数的拉普拉斯变换除以参数 s.

例 3 利用积分性质求 $L[t]$，$L[t^2]$，$L[t^3]$，$\cdots$，$L[t^n]$.

解 因为

$$t = \int_0^t \mathrm{d}x，\quad t^2 = 2\int_0^t x\,\mathrm{d}x，\cdots，t^n = n\int_0^t x^{n-1}\mathrm{d}x$$

所以

$$L[t] = L\left[\int_0^t \mathrm{d}x\right] = \frac{L[1]}{s} = \frac{1}{s^2}，\quad L[t^2] = L\left[2\int_0^t x\,\mathrm{d}x\right] = \frac{2L[t]}{s} = \frac{2}{s^3}$$

$$L[t^n] = L\left[n\int_0^t x^{n-1}\mathrm{d}x\right] = \frac{nL[t^{n-1}]}{s} = \frac{1 \times 2 \times 3 \times \cdots \times n}{s^{n+1}} = \frac{n!}{s^{n+1}}$$

思考 利用微分性质能否解决上述问题.

性质 4（位移性质） 若 $L[f(t)] = F(s)$，则 $L[\mathrm{e}^{at}f(t)] = F(s-a)$．

该性质说明：象原函数乘以 e^{at} 等于其象函数作位移 a．

例 4 求 $L[\mathrm{e}^{-at}\sin\omega t]$．

解 由例 2 可知

$$L[\sin\omega t] = \frac{\omega}{s^2 + \omega^2}$$

根据性质 4 可得 $L[\mathrm{e}^{-at}\sin\omega t] = F(s+a)$，即

$$L[\mathrm{e}^{-at}\sin\omega t] = \frac{\omega}{(s+a)^2 + \omega^2}$$

试求 $L[\mathrm{e}^{-at}\cos\omega t]$．

性质 5（延迟性质） 若 $L[f(t)] = F(s)$，则 $L[f(t-a)] = \mathrm{e}^{-as}F(s)$．

该性质说明：象原函数滞后 a（即象原函数图像向右平移 a）等于其象函数乘以 e^{-as}．

例 5 求 $L[u(t-a)]$．

解 因为 $L[u(t)] = \dfrac{1}{s}$，所以由性质 5 得

$$L[u(t-a)] = \mathrm{e}^{-as}L[u(t)] = \frac{\mathrm{e}^{-as}}{s} \quad (s > 0)$$

拉普拉斯变换除了上述 5 个主要性质外，另外还具有以下 3 个常用性质：

（1）若 $L[f(t)] = F(s)$，当 $a > 0$，则有 $L[f(at)] = \dfrac{1}{a}F\left(\dfrac{s}{a}\right)$；

（2）若 $L[f(t)] = F(s)$，则有 $L[t^n f(t)] = (-1)^n F^{(n)}(s)$ $(n = 1, 2, \cdots)$；

（3）若 $L[f(t)] = F(s)$，且 $\lim\limits_{t\to 0}\dfrac{f(t)}{t}$ 存在，则有 $L\left[\dfrac{f(t)}{t}\right] = \displaystyle\int_s^{+\infty} F(s)\,\mathrm{d}s$．

例 6 求下列函数的拉普拉斯变换.

（1）$L[t\sin\omega t]$；（2）$L\left[\dfrac{\sin t}{t}\right]$．

解（1）设 $f(t) = \sin\omega t$，由性质得

$$L[t\sin\omega t] = -F'(s)$$

又 $L[\sin\omega t] = F(s) = \dfrac{\omega}{s^2 + \omega^2}$，所以

$$L[t\sin\omega t] = -\left[\frac{\omega}{s^2 + \omega^2}\right]' = \frac{2s\omega}{(s^2 + \omega^2)^2}$$

（2）设 $f(t) = \sin t$，由性质得

$$L\left[\frac{\sin t}{t}\right] = \int_s^{+\infty} F(s)\,\mathrm{d}s$$

又 $L[\sin t] = F(s) = \dfrac{1}{s^2 + 1}$，所以

$$L\left[\frac{\sin t}{t}\right] = \int_s^{+\infty} \frac{1}{s^2 + 1}\,\mathrm{d}s = \lim_{A\to +\infty} \arctan s \Big|_s^A$$

即

$$L\left[\frac{\sin t}{t}\right]=\frac{\pi}{2}-\arctan s$$

由例 6 的（2）还可以得到一个结果：

因为

$$L\left[\frac{\sin t}{t}\right]=\frac{\pi}{2}-\arctan s$$

即

$$\int_0^{+\infty}\frac{\sin t}{t}e^{-st}dt=\frac{\pi}{2}-\arctan s$$

因此，当 $s=0$ 时，得到一个广义积分的值

$$\int_0^{+\infty}\frac{\sin t}{t}dt=\frac{\pi}{2}$$

这个结果用原来的广义积分的计算方法是得不到的.

表 12-1 为常用函数的拉普拉斯变换表.

表 12-1

序　号 / 函　数	象原函数 $f(t)$	象函数 $F(S)$
1	$\delta(t)$	1
2	$u(t)$	$\frac{1}{s}$
3	t	$\frac{1}{s^2}$
4	$t^n\,(n=1,2,\cdots)$	$\frac{n!}{s^{n+1}}$
5	e^{at}	$\frac{1}{s-a}$
6	$1-e^{-at}$	$\frac{a}{s(s+a)}$
7	te^{at}	$\frac{1}{(s-a)^2}$
8	$t^ne^{at}\,(n=1,2,\cdots)$	$\frac{n!}{(s-a)^{n+1}}$
9	$\sin\omega t$	$\frac{\omega}{s^2+\omega^2}$
10	$\cos\omega t$	$\frac{s}{s^2+\omega^2}$
11	$\sin(\omega t+\varphi)$	$\frac{p\sin\varphi+\omega\cos\varphi}{s^2+\omega^2}$

续表

序　号	函　数 象原函数 $f(t)$	象函数 $F(S)$
12	$\cos(\omega t + \varphi)$	$\dfrac{p\cos\varphi - \omega\sin\varphi}{s^2 + \omega^2}$
13	$t\sin\omega t$	$\dfrac{2\omega s}{(s^2 + \omega^2)^2}$
14	$\sin\omega t - \omega t\cos\omega t$	$\dfrac{2\omega^2}{(s^2 + \omega^2)^2}$
15	$t\cos\omega t$	$\dfrac{s^2 - \omega^2}{(s^2 + \omega^2)^2}$
16	$\mathrm{e}^{-at}\sin\omega t$	$\dfrac{\omega}{(s+a)^2 + \omega^2}$
17	$\mathrm{e}^{-at}\cos\omega t$	$\dfrac{s+a}{(s+a)^2 + \omega^2}$
18	$\dfrac{1}{\omega^2}(1 - \cos\omega t)$	$\dfrac{1}{s(s^2 + \omega^2)}$
19	$\mathrm{e}^{at} - \mathrm{e}^{bt}$	$\dfrac{a-b}{(s-a)(s-b)}$
20	$2\sqrt{\dfrac{t}{\pi}}$	$\dfrac{1}{s\sqrt{s}}$
21	$\dfrac{1}{\sqrt{\pi t}}$	$\dfrac{1}{\sqrt{s}}$

习 题 12.2

1. 求下列函数的拉普拉斯变换.

（1）$f(t) = t^2 + 2t - 1$；　　　　（2）$f(t) = 5\sin t + 3\cos 2t$；

（3）$f(t) = 2 + t\mathrm{e}^{-t}$；　　　　（4）$f(t) = \mathrm{e}^{-3t}\sin 4t$；

（5）$f(t) = t\sin at$；　　　　　（6）$f(t) = t^2\cos 2t$；

（7）$f(t) = t\mathrm{e}^t\sin t$；　　　　（8）$f(t) = \mathrm{e}^{-2t}\sin\left(2t + \dfrac{\pi}{4}\right)$.

2. 求下列函数的拉普拉斯变换.

（1）$f(t) = \dfrac{\mathrm{e}^{-2t} - \mathrm{e}^{-4t}}{t}$；　　　（2）$f(t) = \begin{cases} 0, & 0 \leqslant t < 2 \\ 1, & 2 \leqslant t < 4 \\ 0, & t \geqslant 4 \end{cases}$.

3. 利用第 2（1）题的结果，证明 $\displaystyle\int_0^{+\infty} \dfrac{\mathrm{e}^{-2t} - \mathrm{e}^{-4t}}{t}\mathrm{d}t = \ln 2$.

12.3 拉普拉斯逆变换

问题提出

由拉普拉斯变换的概念和性质，可以知道根据已知函数求其象函数. 但在实际应用中还会遇到相反的问题，即已知象函数 $F(s)$，求象原函数 $f(t)$.

解法探究

已知像函数 $F(s)$，求象原函数 $f(t)$. 一般地，若是常用函数的象函数 $F(s)$，可以直接从拉普拉斯变换表中查找. 若不能直接查表，可结合拉普拉斯变换的性质去解决. 为了方便求拉普拉斯逆变换，可以把常用的拉普拉斯变换的性质用拉普拉斯逆变换的形式列出.

必要知识

一、拉普拉斯逆变换的概念
定义 若 $F(s)$ 是 $f(t)$ 的拉普拉斯变换，则称 $f(t)$ 为 $F(s)$ 的**拉普拉斯逆变换**（或称为**象原函数**），记为 $f(t)=L^{-1}[F(s)]$.

二、拉普拉斯逆变换的性质
性质 1（线性性质） 若 $L^{-1}[F_1(s)]=f(t)$，$L^{-1}[F_2(s)]=f_2(t)$，a、b 为常数，则有
$$L^{-1}[aF_1(s)+bF_2(s)]=aL^{-1}[F_1(s)]+bL^{-1}[F_2(s)]$$

性质 2（位移性质） 若 $L^{-1}[F(s)]=f(t)$，则有
$$L^{-1}[F(s-a)]=\mathrm{e}^{at}L^{-1}[F(s)]=\mathrm{e}^{at}f(t)$$

性质 3（延迟性质） 若 $L^{-1}[F(s)]=f(t)$，则有
$$L^{-1}[\mathrm{e}^{-as}F(s)]=f(t-a)u(t-a)$$

例 1 求下列函数的拉普拉斯逆变换.

（1）$F(s)=\dfrac{1}{s+2}$；   （2）$F(s)=\dfrac{1}{(s-1)^3}$；

（3）$F(s)=\dfrac{2s-5}{s^2}$；   （4）$F(s)=\dfrac{4s-3}{s^2+4}$.

解 （1）$f(t)=L^{-1}\left[\dfrac{1}{s+2}\right]=\mathrm{e}^{-2t}L^{-1}\left[\dfrac{1}{s}\right]=\mathrm{e}^{-2t}$.

（2）$f(t)=L^{-1}\left[\dfrac{1}{(s-1)^3}\right]=\dfrac{\mathrm{e}^t}{2!}L^{-1}\left[\dfrac{2!}{s^3}\right]=\dfrac{1}{2}t^2\mathrm{e}^t$.

（3）$f(t)=L^{-1}\left[\dfrac{2s-5}{s^2}\right]=2L^{-1}\left[\dfrac{1}{s}\right]-5L^{-1}\left[\dfrac{1}{s^2}\right]=2-5t$.

（4）$f(t)=L^{-1}\left[\dfrac{4s-3}{s^2+4}\right]=4L^{-1}\left[\dfrac{s}{s^2+4}\right]-\dfrac{3}{2}L^{-1}\left[\dfrac{2}{s^2+4}\right]=4\cos 2t-\dfrac{3}{2}\sin 2t$.

例 2　求下列函数的拉普拉斯逆变换.

（1）$F(s)=\dfrac{2s-1}{s^2-2s+5}$；　　　（2）$F(s)=\dfrac{s+9}{s^2+5s+6}$.

解　（1）$f(t)=L^{-1}\left[\dfrac{2s-1}{s^2-2s+5}\right]=L^{-1}\left[\dfrac{2(s-1)+1}{(s-1)^2+4}\right]$

$$=2L^{-1}\left[\dfrac{s-1}{(s-1)^2+4}\right]+\dfrac{1}{2}L^{-1}\left[\dfrac{2}{(s-1)^2+4}\right]$$

$$=2\mathrm{e}^t L^{-1}\left[\dfrac{s}{s^2+4}\right]+\dfrac{1}{2}\mathrm{e}^t L^{-1}\left[\dfrac{2}{s^2+4}\right]=2\mathrm{e}^t\cos 2t+\dfrac{1}{2}\mathrm{e}^t\sin 2t.$$

（2）令$\dfrac{s+9}{s^2+5s+6}=\dfrac{A}{s+2}+\dfrac{B}{s+3}$，由待定系数法求得 $A=7$，$B=-6$，则

$$f(t)=L^{-1}\left[\dfrac{s+9}{s^2+5s+6}\right]=L^{-1}\left[\dfrac{7}{s+2}\right]-L^{-1}\left[\dfrac{6}{s+3}\right]=7L^{-1}\left[\dfrac{1}{s+2}\right]-6L^{-1}\left[\dfrac{1}{s+3}\right]$$

$$=7\mathrm{e}^{-2t}L^{-1}\left[\dfrac{1}{s}\right]-6\mathrm{e}^{-3t}L^{-1}\left[\dfrac{1}{s}\right]=7\mathrm{e}^{-2t}-6\mathrm{e}^{-3t}$$

习 题 12.3

1．求下列函数的拉普拉斯逆变换.

（1）$F(s)=\dfrac{2}{s-3}$；　　　（2）$F(s)=\dfrac{1}{3s+5}$；

（3）$F(s)=\dfrac{4s}{s^2+16}$　　　（4）$F(s)=\dfrac{1}{4s^2+9}$；

（5）$F(s)=\dfrac{2s-8}{s^2+36}$；　　　（6）$F(s)=\dfrac{4}{s^2+4s+10}$.

2．求下列函数的拉普拉斯逆变换.

（1）$F(s)=\dfrac{s}{s+2}$；　　　（2）$F(s)=\dfrac{s}{(s+3)(s+5)}$；

（3）$F(s)=\dfrac{1}{s(s+1)(s+2)}$；　　（4）$F(s)=\dfrac{s^2+1}{s(s-1)^2}$.

12.4　拉普拉斯变换应用初步

问题提出

在进行工程电路分析、谈论电路的暂态特性或对控制系统进行分析和综合时，常常会用到解线性微分方程这一数学工具．如何使求解常系数线性微分方程更简便？

解法探究

在第 7 章常微分方程中，虽然已经初步介绍了一些特定类型的常微分方程的求解方法. 但对于特定的常系数线性微分方程来说，随着方程的阶数增高，求解方法相当复杂、烦琐，而将拉普拉斯变换用于电路分析或控制系统分析，就能把常系数线性微分方程转化为容易处理的线性多项式方程，且能把电流变量和电压变量的初始值自动引入到多项式方程中. 这样在变换处理过程中，初始条件就成为变换的一部分. 因此，将拉普拉斯变换用于解常系数线性微分方程十分有效.

例如，求微分方程 $x'(t) + 2x(t) = 0$ 满足初始条件 $x(0) = 3$ 的解.

解 设 $L[x(t)] = X(s)$，对方程两端取拉普拉斯变换，得

$$L[x'(t) + 2x(t)] = L[0]$$

所以

$$L[x'(t)] + L[2x(t)] = L[0]$$

即

$$sX(s) - x(0) + 2X(s) = 0$$

解得

$$X(s) = \frac{3}{s+2}$$

所以

$$x(t) = L^{-1}[X(s)] = L^{-1}\left[\frac{3}{s+2}\right]$$

即

$$x(t) = 3L^{-1}\left[\frac{1}{s+2}\right] = 3e^{-2t}L^{-1}\left[\frac{1}{s}\right] = 3e^{-2t}$$

由此得到了微分方程 $x'(t) + 2x(t) = 0$ 满足初始条件 $x(0) = 3$ 的解 $x(t) = 3e^{-3t}$.

必要知识

一、拉普拉斯变换解常系数线性微分方程

从"解法探究"中的举例看出，用拉普拉斯变换解常系数线性微分方程，一般的解法步骤如下：

（1）对所给的常系数线性微分方程作拉普拉斯变换；

（2）运用拉普拉斯变换的性质将常系数线性微分方程化简，最后得到简化的关于未知函数的象函数的代数方程；

（3）解代数方程，求出未知函数的象函数；

（4）关于象函数作拉普拉斯逆变换，求得像原函数，即得微分方程的解.

例 1 求微分方程 $y'' - 3y' + 2y = 2e^{-t}$ 满足初始条件 $y(0) = 2$，$y'(0) = -1$ 的解.

解 设 $L[y(t)] = Y(s) = Y$，方程两边作拉普拉斯变换，得

$$s^2Y - sy(0) - y'(0) - 3[sY - y(0)] + 2Y = 2L[\mathrm{e}^{-t}]$$

将初始条件代入，得

$$s^2Y - 2s + 1 - 3(sY - 2) + 2Y = \frac{2}{s+1}$$

化简，得

$$(s^2 - 3s + 2)Y = 2s - 7 + \frac{2}{s+1} = \frac{2s^2 - 5s - 5}{s+1}$$

$$Y = \frac{2s^2 - 5s - 5}{(s-1)(s-2)(s+1)}$$

令

$$\frac{2s^2 - 5s - 5}{(s-1)(s-2)(s+1)} = \frac{A}{s+1} + \frac{B}{s-1} + \frac{C}{s-2}$$

由待定系数法得

$$A = \frac{1}{3}, \quad B = 4, \quad C = -\frac{7}{3}$$

因此

$$Y = \frac{2s^2 - 5 - 5}{(s-1)(s-2)(s+1)} = \frac{\frac{1}{3}}{s+1} + \frac{4}{s-1} - \frac{\frac{7}{3}}{s-2}$$

对上式作拉普拉斯逆变换，得

$$y(t) = L^{-1}[Y] = \frac{1}{3}L^{-1}\left[\frac{1}{s+1}\right] + 4L^{-1}\left[\frac{1}{s-1}\right] - \frac{7}{3}L^{-1}\left[\frac{1}{s-2}\right]$$

$$= \frac{1}{3}\mathrm{e}^{-t} + 4\mathrm{e}^{t} - \frac{7}{3}\mathrm{e}^{2t}$$

例 2　求微分方程组 $\begin{cases} x'' - 2y' - x = 0 \\ x' - y = 0 \end{cases}$ 满足初始条件 $x(0) = 0$，$x'(0) = 1$，$y(0) = 1$ 的特解．

解　设 $L[y(t)] = Y(s) = Y$，$L[x(t)] = X(s) = X$，对方程组中每个方程作拉普拉斯变换得

$$\begin{cases} s^2X - sx(0) - x'(0) - 2[sY - y(0)] - X = 0 \\ sX - x(0) - Y = 0 \end{cases}$$

将初始条件代入并整理，得

$$\begin{cases} s^2X - 1 - 2[sY - 1] - X = 0 \\ sX - Y = 0 \end{cases}$$

化简，得

$$\begin{cases} (s^2 + 1)X - 2sY + 1 = 0 \\ sX - Y = 0 \end{cases}$$

解方程组，得

$$\begin{cases} X = \dfrac{1}{1+s^2} \\[2mm] Y = \dfrac{s}{1+s^2} \end{cases}$$

对上式作拉普拉斯逆变换，得

$$\begin{cases} x(t) = L^{-1}\left[\dfrac{1}{1+s^2}\right] = \sin t \\[4mm] y(t) = L^{-1}\left[\dfrac{s}{1+s^2}\right] = \cos t \end{cases}$$

所以该方程组解为 $x(t) = \sin t$，　$y(t) = \cos t$．

二、专业应用举例

1. "电路与磁路" 课程中的实例

例3　在如图 12-1 所示的电路中，设输入电压为 $u_0(t) = \begin{cases} 1, & 0 \leqslant t < T \\ 0, & t \geqslant T \end{cases}$，求输出电压 $U_R(t)$

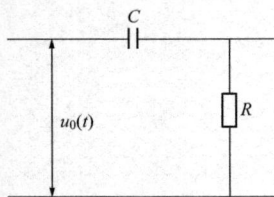

（电容 C 在 $t = 0$ 时不带电）．

解　设电路中电流为 $i(t)$，由回路中电压定律可知

$$\begin{cases} Ri(t) + \dfrac{1}{C}\displaystyle\int_0^t i(t)\mathrm{d}t = u_0(t) \\[4mm] U_R(t) = Ri(t) \end{cases}$$

图 12-1

设 $L[i(t)] = I(s)$，　$L[u_R(t)] = U_R(s)$，又因为 $u_0(t) = u(t) - u(t-T)$ [$u(t)$ 是单位阶跃函数]，所以

$$L[u_0(t)] = L[u(t)] - L[u(t-T)] = \frac{1}{s} - \frac{1}{s}\mathrm{e}^{-Ts} = \frac{1}{s}(1 - \mathrm{e}^{-Ts})$$

对上述所列方程作拉普拉斯变换，得

$$\begin{cases} RI(s) + \dfrac{1}{pC}I(s) = \dfrac{1}{s}(1 - \mathrm{e}^{-Ts}) \\[4mm] U_R(s) = RI(s) \end{cases}$$

解得 $I(p) = \dfrac{C(1 - \mathrm{e}^{-Ts})}{RCs + 1}$，故

$$U_R(s) = \frac{RC(1 - \mathrm{e}^{-Ts})}{RCs + 1} = \frac{RC}{RCs + 1} - \frac{RC\mathrm{e}^{-Ts}}{RCs + 1} = \frac{1}{s + \dfrac{1}{RC}} - \frac{\mathrm{e}^{-Ts}}{s + \dfrac{1}{RC}}$$

对上式作拉普拉斯逆变换，得

$$u(t) = \mathrm{e}^{-\frac{1}{RC}} - \mathrm{e}^{-\frac{t-T}{RC}}u(t-T)$$

2. 线性系统的传递函数

一个物理系统，如果可以用常系数线性微分方程来描述，那么称这个物理系统为**线性系统**．

线性系统的两个主要概念是激励与响应，通常称输入函数为系统的**激励**，而称输出函数为系统的**响应**．

在线性系统的分析中，要研究激励与响应同系统本身特性之间的关系，就需要有描述系统本性特征的函数，这个函数称为传递函数。下面我们以二阶常系数线性微分方程为例，来讨论这一问题。

设线性系统可由 $y'' + a_1 y' + a_0 y = f(t)$ 来描述。其中 a_0，a_1 为常数，$f(t)$ 为激励，$y(t)$ 为响应，并且系统的初值条件为 $y(0) = y_0$，$y'(0) = y_1$。

对方程两端取拉普拉斯变换，并设 $L[y(t)] = Y(s)$，$L[f(t)] = F(s)$，则有

$$[s^2 Y(s) - sy(0) - y'(0)] + a_1[sY(s) - y(0)] + a_0 Y(s) = F(s)$$

即

$$(s^2 + a_1 s + a_0)Y(s) = F(s) + (s + a_1)y_0 + y_1$$

令

$$G(p) = \frac{1}{s^2 + a_1 s + a_0}, \quad B(s) = (s + a_1)y_0 + y_1$$

由上式可化为

$$Y(s) = G(s)F(s) + G(s)B(s)$$

显然 $G(s)$ 描述了系统本性的特征，且与激励和系统的初始状态无关，我们称它为系统的**传递函数**。

如果初值条件全为零，则 $B(s) = 0$，于是 $G(s) = \dfrac{Y(s)}{F(s)}$。说明在零初值条件下，线性系统的传递函数等于其响应（输出函数）的拉普拉斯变换与其激励（输入函数）的拉普拉斯变换之比。

当激励是一个单位脉冲函数，即 $f(t) = \delta(t)$ 时，在零初值条件下，由于 $F(s) = L[\delta(t)] = 1$，于是得 $Y(s) = G(s)$，即 $y(t) = L^{-1}[G(s)]$，这时称 $y(t)$ 为系统的**脉冲响应函数**。

在零初值条件下，令 $s = i\omega$，代入系统的传递函数 $G(s)$ 中，则可得 $G(i\omega)$，称 $G(i\omega)$ 为系统的**频率特征函数**，简称为**频率响应**。

线性系统的传递函数、脉冲响应函数、频率响应是表征线性系统特征的几个重要特征量。

例 4 求 RC 串联闭合电路 $RC\dfrac{\mathrm{d}u_c(t)}{\mathrm{d}t} + u_c(t) = f(t)$ 的传递函数、脉冲响应函数和频率响应。

解 系统的传递函数为

$$G(s) = \frac{1}{RCs + 1} = \frac{1}{RC\left(s + \dfrac{1}{RC}\right)}$$

而电路的脉冲响应函数为

$$u_x(t) = L^{-1}[G(s)] = L^{-1}\left[\frac{1}{RC\left(s + \dfrac{1}{RC}\right)}\right] = \frac{1}{RC}\mathrm{e}^{-\frac{1}{RC}t}$$

令 $s = i\omega$ ，代入系统的传递函数 $G(s)$ 中，则可得频率响应

$$G(i\omega) = \frac{1}{RC\left(i\omega + \dfrac{1}{RC}\right)} = \frac{1}{RCi\omega + 1}$$

习题 12.4

1．用拉普拉斯变换解下列微分方程．

（1） $\dfrac{\mathrm{d}i}{\mathrm{d}t} + 5i = 10\mathrm{e}^{-3t}$， $i(t) = 0$；

（2） $\dfrac{\mathrm{d}^2 y}{\mathrm{d}t^2} + \omega^2 y = 0$， $y(0) = 0$， $y'(0) = \omega$；

（3） $y'' + 16y = 32t$， $y(0) = 3$， $y'(0) = -2$；

（4） $y'' - 3y' + 2y = 4$， $y(0) = 0$， $y'(0) = 1$；

（5） $y'' + 2y' + 5y = 0$， $y(0) = 1$， $y'(0) = 5$．

2．用拉普拉斯变换解下列微分方程组．

（1） $\begin{cases} x' + x - y = \mathrm{e}^t \\ y' + 3x - 2y = 2\mathrm{e}^t \end{cases}$， $x(0) = y(0) = 1$；

（2） $\begin{cases} x'' + 2y = 0 \\ y' + x + y = 0 \end{cases}$， $x(0) = 0$， $x'(0) = 1$， $y(0) = 1$．

3．已知 RL 串联电路（图 12-2）中，当 $t = 0$ 时，将开关闭合，接上直流电源，求电路中的电流 $i(t)$．

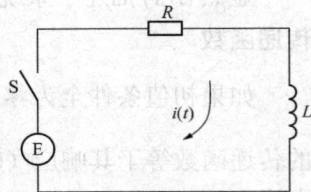

图 12-2

复习题十二

1．填空题．

（1）象原函数 $f(t)$ 乘以 e^{at} 的拉普拉斯变换等于其象函数_____，即 $L[\mathrm{e}^{-at} f(t)] =$ _____（ a 为常数）．

（2）像函数 $F(s)$ 乘以 e^{-as} 的拉普拉斯逆变换，等于其象原函数 $f(t)$ 的图像沿_____，即 $L^{-1}[\mathrm{e}^{-as} F(s)] =$ _____（ $a > 0$ ）．

（3）一个函数积分后再取拉普拉斯变换，等于这个函数的_____，即 $L\left[\int_0^t f(t)\mathrm{d}t\right] =$ _____.

（4）函数 $f(t) = t^2 \sin t$ 的拉普拉斯变换就相当于对函数 $F(s) = \dfrac{1}{s^2 + 1}$ ，即 $L[t^2 \sin t] =$ _____ = _____.

（5）若 $L[f(t)] = F(s)$ ，则 $L[f(at+b)]$ 为_____（ $a > 0$， $b > 0$ ）．

2．单项选择题．

（1）已知 $L[f(\sin t)] = F(s)$ ， $L[f(\sin \omega t)]$ 等于（　　）．

　　A. $\omega F\left(\dfrac{s}{\omega}\right)$　　　　B. $\omega F(\omega s)$　　　　C. $\dfrac{1}{\omega}F(\omega s)$　　　　D. $\dfrac{1}{\omega}F\left(\dfrac{s}{\omega}\right)$

（2）若 $L[f(t)]=F(p)$，则 $L[\mathrm{e}^{-at}f(T)]$ 等于（　　　）.

　　A. $F(s-a)$　　　B. $F(s+a)$　　　C. $F(s)\mathrm{e}^{-as}$　　　D. $\dfrac{1}{s}F(s+a)$

（3）若 $L[f(t)]=F(s)$，则 $L[f(t+a)]$ 等于（　　　）.

　　A. $\mathrm{e}^{-as}F(s)$　　　B. $\mathrm{e}^{as}F(s)$　　　C. $\mathrm{e}^{-as}F(s-a)$　　　D. $\mathrm{e}^{-as}F(s+a)$

（4）若 $L[f(t)]=F(p)$，则 $L[tf(t)]$ 等于（　　　）.

　　A. $-F'(s)$　　　B. $\dfrac{1}{s}F(s)$　　　C. $\displaystyle\int_p^{+\infty}F(s)\mathrm{d}s$　　　D. $\displaystyle\int_0^s F(s)\mathrm{d}s$

（5）若 $L[f(t)]=F(s)$，则 $L[f'(t)]$ 等于（　　　）.

　　A. $F'(s)$　　　B. $sF(s)$　　　C. $sF'(s)$　　　D. $sF(s)-f(0)$

（6）若 $L[f(t)]=F(s)$，则 $L\left[\displaystyle\int_0^t f(t)\mathrm{d}t\right]$ 等于（　　　）.

　　A. $\dfrac{1}{s}F(s)$　　　B. $\displaystyle\int_s^{+\infty}F(s)\mathrm{d}s$　　　C. $\displaystyle\int_0^s F(s)\mathrm{d}s$　　　D. $\mathrm{e}^{-s}F(s)$

3．判断下面各式运算是否正确.

（1）$L[(t^3+t)'']=s^2 L[t^3+t]$.（　　　）

（2）$L\left[\mathrm{e}^{2t}\sin\left(t+\dfrac{\pi}{4}\right)\right]=\mathrm{e}^{-2s}L\left[\sin\left(t+\dfrac{\pi}{4}\right)\right]$.（　　　）

（3）$L[u(2t-1)]=\mathrm{e}^{-s}L[u(t)]$.（　　　）

（4）$L[(2\sin t+\cos 3t]=2L[\sin t]+L[\cos 3t]$.（　　　）

4．求下列函数的拉普拉斯逆变换.

（1）$F(s)=\dfrac{1}{s(s-1)}$；　　　（2）$F(s)=\dfrac{3s+9}{s^2+2s+10}$；　　（3）$F(s)=\dfrac{5s^2-16s+6}{(s+1)(s-2)^2}$；

（4）$F(s)=\dfrac{2\mathrm{e}^{-s}-\mathrm{e}^{-3s}}{s}$；　　（5）$F(s)=\dfrac{s^3}{(s-1)^4}$；　　（6）$F(s)=\dfrac{s^2}{(s^2+1)^2}$.

5．用拉普拉斯变换解下列微分方程.

（1）$y''+2y'+2y=\mathrm{e}^{-x}$，$y(0)=y'(0)=0$；

（2）$y'''+8y=32t^3-16t$，$y(0)=y'(0)=y''(0)=0$；

（3）$y''+2y'=3\mathrm{e}^{-2t}$，$y(0)=y'(0)=0$；

（4）$y''+9y=\cos 3t$，$y(0)=y'(0)=0$.

6．用拉普拉斯变换解下列微分方程组.

（1）$\begin{cases} x''+y'+3x=\cos 2t, & x(0)=\dfrac{1}{5},\ x'(0)=0 \\ y''-4x'+3y=\sin 2t, & y(0)=0,\ y'(0)=\dfrac{6}{5} \end{cases}$；

（2）$\begin{cases} 2x - y - y' = 4(1 - e^{-t}) \\ 2x' + y = 2(1 + 3e^{-2t}) \end{cases}$，　$x(0) = y(0) = 0$．

知识结构图

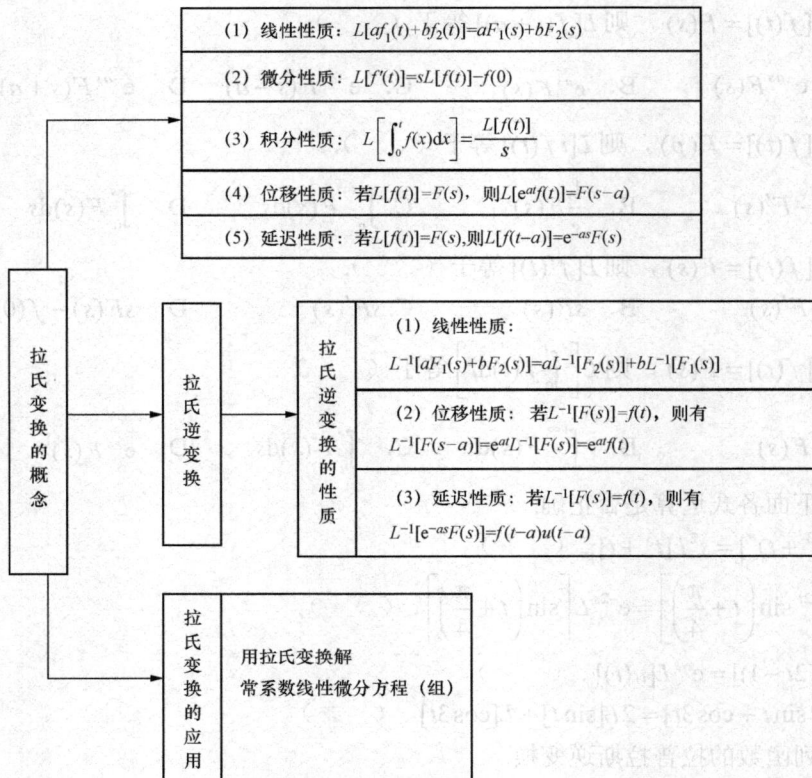

（1）线性性质：$L[af_1(t)+bf_2(t)]=aF_1(s)+bF_2(s)$

（2）微分性质：$L[f'(t)]=sL[f(t)]-f(0)$

（3）积分性质：$L\left[\int_0^t f(x)\mathrm{d}x\right]=\dfrac{L[f(t)]}{s}$

（4）位移性质：若$L[f(t)]=F(s)$，则$L[e^{at}f(t)]=F(s-a)$

（5）延迟性质：若$L[f(t)]=F(s)$,则$L[f(t-a)]=e^{-as}F(s)$

拉氏变换的概念

拉氏逆变换

拉氏逆变换的性质

（1）线性性质：
$L^{-1}[aF_1(s)+bF_2(s)]=aL^{-1}[F_2(s)]+bL^{-1}[F_1(s)]$

（2）位移性质：若$L^{-1}[F(s)]=f(t)$，则有
$L^{-1}[F(s-a)]=e^{at}L^{-1}[F(s)]=e^{at}f(t)$

（3）延迟性质：若$L^{-1}[F(s)]=f(t)$，则有
$L^{-1}[e^{-as}F(s)]=f(t-a)u(t-a)$

拉氏变换的应用

用拉氏变换解
常系数线性微分方程（组）

附录 A 初等数学常用公式

一、代数

1. 绝对值

（1）定义：$|a| = \begin{cases} a, & a \geqslant 0 \\ -a, & a \leqslant 0 \end{cases}$.

（2）性质：$|a| = |-a|$；$|ab| = |a||b|$；

$$\frac{a}{b} = \frac{|a|}{|b|}(b \neq 0)；\quad |a| \leqslant A \Leftrightarrow -A \leqslant a \leqslant A；$$

$$|a \pm b| \leqslant |a| + |b|；\quad |a \pm b| \geqslant |a| - |b|.$$

2. 指数

（1）$a^m \cdot a^n = a^{m+n}$； （2）$\dfrac{a^m}{a^n} = a^{m-n}$； （3）$(ab)^m = a^m b^n$；

（4）$a^{\frac{m}{n}} = \sqrt[n]{a^m}$； （5）$a^{-m} = \dfrac{1}{a^m}$； （6）$a^0 = 1(a \neq 0)$.

3. 对数

设 $a > 0$，$a \neq 1$，则

（1）$\log_a(xy) = \log_a x + \log_a y$； （2）$\log_a \dfrac{x}{y} = \log_a x - \log_a y$；

（3）$\log_a x^b = b\log_a x$； （4）$\log_a x = \dfrac{\log_b x}{\log_b a}$；

（5）$a^{\log_a x} = x, \log_a a = 1, \log_a 1 = 0$.

4. 二项式定理

$(a+b)^n = C_n^0 a^n + C_n^1 a^{n-1}b + C_n^2 a^{n-2}b^2 + \cdots + C_n^{n-1}ab^{n-1} + C_n^n b^n$，其中 n 为正整数，$C_n^k = \dfrac{n!}{(n-k)!k!}$，$k = 0, 1, 2, \cdots, n$.

5. 阶乘和有限项级数求和公式

（1）$n! = 1 \cdot 2 \cdot 3 \cdots (n-1)n$ （n 为正整数），规定 $0! = 1$.

半阶乘：$(2n-1)!! = 1 \cdot 3 \cdot 5 \cdots (2n-3)(2n-1)$ （n 为正整数）；

$(2n)!! = 2 \cdot 4 \cdot 6 \cdots (2n-2)2n$ （n 为正整数）.

（2）$1 + 2 + 3 + \cdots + (n-1) + n = \dfrac{n(n+1)}{2}$；

（3）$1^2 + 2^2 + 3^2 + \cdots + (n-1)^2 + n^2 = \dfrac{n(n+1)(2n+1)}{6}$；

（4）$a + (a+d) + (a+2d) + \cdots + (a+nd) = (n+1)(a + \dfrac{n}{2}d)$；

（5）$a + aq + aq^2 + \cdots + aq^{n-1} = \dfrac{a(1-q^n)}{1-q}$ $(q \neq 1)$．

二、初等几何

在下列公式中，字母 r 表示半径，h 表示高，l 表示斜高．

（1）圆：周长$=2\pi r$，面积$=\pi r^2$；

（2）圆扇形：面积$=\dfrac{1}{2}r^2\theta$，弧长$=r\theta$（式中 θ 为扇形的圆心角，以弧度计，$1° = \dfrac{\pi}{180}\mathrm{rad}$）；

（3）正圆锥：体积$=\dfrac{1}{3}\pi r^2 h$，侧面积$=\pi r l$，全面积$=\pi r(r+l)$；

（4）球：体积$=\dfrac{4}{3}\pi r^3$，表面积$=4\pi r^2$．

三、三角函数公式

1. 基本关系式

（1）$\sin^2\alpha + \cos^2\alpha = 1$；　　（2）$\dfrac{\sin\alpha}{\cos\alpha} = \tan\alpha$；　　（3）$\dfrac{\cos\alpha}{\sin\alpha} = \cot\alpha$；

（4）$\csc\alpha = \dfrac{1}{\sin\alpha}$；　　　　（5）$\sec\alpha = \dfrac{1}{\cos\alpha}$；　　　　（6）$1 + \tan^2 = \sec^2\alpha$；

（7）$1 + \cot^2\alpha = \csc^2\alpha$．

2. 加法与减法公式

（1）$\sin(\alpha \pm \beta) = \sin\alpha\cos\beta \pm \cos\alpha\sin\beta$；

（2）$\cos(\alpha \pm \beta) = \cos\alpha\cos\beta \mp \sin\alpha\sin\beta$；

（3）$\tan(\alpha \pm \beta) = \dfrac{\tan\alpha \pm \tan\beta}{1 \mp \tan\alpha\tan\beta}$；

（4）$\cot(\alpha \pm \beta) = \dfrac{\cot\alpha\cot\beta \mp 1}{\cot\beta \pm \cot\alpha}$．

3. 和差化积公式

（1）$\sin\alpha + \sin\beta = 2\sin\dfrac{\alpha+\beta}{2}\cos\dfrac{\alpha-\beta}{2}$；

（2）$\sin\alpha - \sin\beta = 2\sin\dfrac{\alpha-\beta}{2}\cos\dfrac{\alpha+\beta}{2}$；

（3）$\cos\alpha + \cos\beta = 2\cos\dfrac{\alpha+\beta}{2}\cos\dfrac{\alpha-\beta}{2}$；

（4）$\cos\alpha - \cos\beta = -2\sin\dfrac{\alpha+\beta}{2}\sin\dfrac{\alpha-\beta}{2}$．

4. 积化和差公式

（1）$\sin\alpha\sin\beta = -\dfrac{1}{2}\left[\cos(\alpha+\beta) - \cos(\alpha-\beta)\right]$；

（2）$\cos\alpha\cos\beta = \dfrac{1}{2}\left[\cos(\alpha+\beta) + \cos(\alpha-\beta)\right]$；

（3）$\sin\alpha\cos\beta = \dfrac{1}{2}\left[\sin(\alpha+\beta) + \sin(\alpha-\beta)\right]$．

5. 倍角公式

（1） $\sin 2\alpha = 2\sin\alpha\cos\alpha$;

（2） $\cos 2\alpha = \cos^2\alpha - \sin^2\alpha = 2\cos^2\alpha - 1 = 1 - 2\sin^2\alpha$;

（3） $\tan 2\alpha \dfrac{2\tan\alpha}{1 - \tan^2\alpha}$;

（4） $\cot 2\alpha = \dfrac{\cot^2 - 1}{2\cot\alpha}$.

6. 半角公式

（1） $\sin\dfrac{\alpha}{2} = \pm\sqrt{\dfrac{1 - \cos\alpha}{2}}$;   （2） $\cos\dfrac{\alpha}{2} = \pm\sqrt{\dfrac{1 + \cos\alpha}{2}}$;

（3） $\tan\dfrac{\alpha}{2} = \pm\sqrt{\dfrac{1 - \cos\alpha}{1 + \cos\alpha}}$;   （4） $\cot\dfrac{\alpha}{2} = \pm\sqrt{\dfrac{1 + \cos\alpha}{1 - \cos\alpha}}$.

附录 B　参 考 答 案

第 1 章

习题 1.1

1. 2.25，$1+2\Delta x+(\Delta x)^2$，$2\Delta x+(\Delta x)^2$．

2. （1）相同；（2）相同；（3）不同；（4）不同．

3. （1）$(-\infty,1)\bigcup(1,2)\bigcup(2,+\infty)$；（2）$(-\infty,0)\bigcup(0,+\infty)$；

（3）$(-2,-1)\bigcup(-1,1)\bigcup(1,+\infty)$；（4）$[0,\ 2]$；

（5）$(2,+\infty)$；（6）$\left(2k\pi,2k\pi+\dfrac{\pi}{2}\right),(k\in\mathbf{Z})$；（7）$[-1,\ 1]$；（8）$(-\infty,+\infty)$．

4. （1）奇函数；（2）偶函数；（3）非奇非偶函数；（4）偶函数．

5. （1）$\dfrac{2}{3}\pi$；（2）2；（3）π；（4）π．

6. （1）$y=\sqrt{u},u=\cos x$；（2）$y=\ln u,\ u=3x+1$；

（3）$y=\mathrm{e}^u,\ u=x+1$；（4）$y=u^2,\ u=\sin v,\ v=5x$；

（5）$y=\sqrt[3]{u},\ u=5x+1$；（6）$y=\sqrt{u},\ u=\cot v,\ v=\dfrac{x}{2}$；

（7）$y=3^u,\ u=\sin x$；（8）$y=\mathrm{e}^u,\ u=\sin v,\ v=\dfrac{1}{x}$；

（9）$y=\arctan u,\ u=x+1$；（10）$y=u^2,\ u=\ln v,\ v=\tan\omega,\ \omega=\mathrm{e}^x$；

（11）$y=\cos u,\ u=\dfrac{1}{x-1}$；（12）$y=u^3,\ u=\arcsin v,\ v=1-x^2$．

7. （1）不能；（2）能．

8. $-3,\ 1,\ 2$．

9. $i(t)=36\sin\left(100\pi t+\dfrac{\pi}{4}\right)A$．

10. $(-\infty,+\infty)$．

复习题一

1. （1）$(2,3)\bigcup(3,+\infty)$；（2）$\left(2k\pi-\dfrac{\pi}{2},2k\pi+\dfrac{\pi}{2}\right)(k\in\mathbf{Z})$，$\left(2k\pi+\dfrac{\pi}{2},\ 2k\pi+\dfrac{3\pi}{2}\right)(k\in\mathbf{Z})$；

（3）$\pi+1$；（4）$y=\mathrm{e}^u,\ u=\ln v,\ v=\sin\omega,\ \omega=\sqrt{x}$．

2. （1）B；（2）B；（3）D；（4）C．

3. （1）错；（2）对；（3）对．

第 2 章

习题 2.1

1.（1）错；（2）错；（3）错；（4）错；（5）错.

2.（1）0；（2）不存在；（3）0.

3.（1）0；（2）∞；（3）0.

4.（1）0；（2）不存在.

5. 不存在.

习题 2.2

1.（1）对；（2）错；（3）错；（4）对.

2.（1）0；（2）-2；（3）$-\dfrac{1}{4}$；（4）$\dfrac{1}{4}$；

3.（1）$\dfrac{3}{2}$；（2）$\dfrac{1}{2}$；（3）e^{-4}；（4）$\dfrac{1}{e}$.

习题 2.3

1. 略.

2. 略.

3.（1）1；（2）0.

4. $k=2$.

5. $(-\infty,\infty)$.

6. 略.

7. 略.

复习题二

1.（1）$-\dfrac{4}{3}$；（2）∞；（3）2；（4）$\dfrac{3}{2}$；（5）0；（6）e^2；（7）e^{-x}；（8）1；（9）$f(x_0)$；

（10）$\dfrac{3}{e}$.

2.（1）B；（2）B；（3）B；（4）D；（5）D.

3.（1）略；（2）0；（3）存在.

4. 0，3，$\dfrac{27}{4}$.

5.（1）无穷大；（2）无穷小；（3）无穷小；（4）无穷小；（5）无穷小；（6）无穷小.

6.（1）0；（2）0；（3）0.

7.（1）1；（2）3；（3）$\dfrac{1}{2}$；（4）1；（5）$\dfrac{1}{2\sqrt{3}}$；（6）1.

8. 1.

9. （1）1；（2）1；（3）0；（4）e^{-2}；（5）e^2；（6）e^{-1}.

10. （1）a；（2）$\dfrac{1}{4}$.

11. $a=0$，$b=15$.

12. $a=2$，$b=-4$.

13. $\dfrac{1}{2}$.

14. $(-\infty,-1)\cup(1,+\infty)$.

15. $f(0^+)=0, f(0^-)=-2$，$\lim\limits_{x\to 0} f(x)$ 不存在.

16. $a=1$.

第 3 章

习题 3.1

1. （1）错；（2）错；（3）错.

2. （1）$\bar{v}=6t_0-5+3\Delta t$；（2）$v|_{t=t_0}=6t_0-5$.

3. $k=\dfrac{1}{2}$；$k=-1$.

4. 切线方程：$12x-y-16=0$；法线方程：$x+12y-98=0$.

5. （1）$2A$；（2）$-A$.

6. （1）$-3x^{-4}$；（2）$y'=\dfrac{2}{3}x^{-\frac{1}{3}}$；（3）$y'=\dfrac{7}{3}x^{\frac{4}{3}}$；（4）$y'=\dfrac{9}{4}x^{\frac{5}{4}}$.

7. $x=1$，$x=-\dfrac{3}{2}$.

8. 切线方程：$x-ey=0$；法线方程：$x+ey-e^2-1=0$.

9. 不连续且不可导.

习题 3.2

1. 全不正确.

2. （1）$y'=6x+\dfrac{4}{x^3}$；（2）$y'=\dfrac{7}{2}x^{\frac{5}{2}}+\dfrac{3}{2}x^{\frac{1}{2}}-\dfrac{1}{2}x^{-\frac{3}{2}}$；

（3）$y'=2x\sin x+(1+x^2)\cos x$；（4）$y'=4x+\dfrac{5}{2}x^{\frac{3}{2}}$；

（5）$y'=8x+4$；（6）$y'=2\cos 2x$；（7）$y'=60x(3x^2+1)^9$；

（8）$y'=\dfrac{x}{\sqrt{1+x^2}}$；（9）$y'=3\cos(3x+5)$；（10）$y'=12x^2\sec^2 4x^3$；

（11）$y'=\sin 2x$ （12）$y'=3\cot(3x+1)$；（13）$s'=\dfrac{1}{2\sqrt{t}}\sin t+\sqrt{t}\cos t$；

（14）$y'=10(x^2+4x-7)^4(x+2)$；（15）$y'=\dfrac{2}{x}(1+\ln x)$；（16）$y'=\dfrac{1}{\sqrt{1+x^2}}$；

（17）$y'=\dfrac{3x+2}{x^2}$；（18）$y'=-\dfrac{2}{(e^x+e^{-x})^2}$．

3.（1）v_0-gt；（2）$\dfrac{v_0}{g}$．

4.（1）$y'\big|_{x=\frac{\pi}{2}}=\dfrac{5}{16}\pi^4$；（2）16；（3）$\dfrac{8}{(\pi+2)^2}$；（4）$f'(e)=\dfrac{\sqrt{2}}{2e}$．

5.（1）$60x^3+6\sqrt{2}x$；（2）$12(x+3)^2$；（3）$\dfrac{1}{x}$；（4）$\dfrac{2}{(x-1)^3}$；

（5）$y''=-2\sin x-x\cos x$；（6）$y''=e^{-2t}(4\sin t+3\cos t)$．

6.（1）$n!$；（2）$a^x(\ln a)^n$；（3）$a^n e^{ax}$；（4）$(-1)^{n-1}(n-1)!(1+x)^{-n}$．

7.$i\big|_{t=3}=15\,\text{A}$．

8.$i(t)=cu_m\omega\cos\omega t$．

9.（1）$s'\big|_{t=2}=9$，$s''\big|_{t=2}=12$；（2）$s'\big|_{t=3}=\dfrac{8}{9}$，$s''\big|_{t=3}=\dfrac{2}{27}$；（3）$s'\big|_{t=1}=\dfrac{\sqrt{3}}{6}A\pi$，$s''\big|_{t=1}=-\dfrac{1}{18}A\pi$．

习题 3.3

1.（1）$y'=10^x\ln 10+10x^9$；（2）$y'=2xe^{x^2+1}$；（3）$y'=-2\tan 2x$；

（4）$y=2^x\ln 2\cos 2^x$；（5）$y'=\dfrac{2\arcsin x}{\sqrt{1-x^2}}$；（6）$y'=-\dfrac{1}{2\sqrt{x-x^2}}$；

（7）$e^{2t}(2\cos 3t-3\sin 3t)$；（8）$\dfrac{1}{(x+1)\sqrt{x^2+2x}}$；（9）$-\dfrac{\pi\cos\pi x}{1+\sin^2\pi x}$；

（10）$\dfrac{2e^x(e^x-1)}{1+e^{2x}}$；（11）$\left(\dfrac{5}{2}\right)^x\ln\dfrac{5}{2}+(40)^x\ln 40$；（12）$\sqrt{a^2-x^2}$．

2.（1）$\dfrac{dy}{dx}=\dfrac{x}{y}$；（2）$\dfrac{dy}{dx}=-\dfrac{x^2+2y}{2x+5y^2}$；

（3）$\dfrac{dy}{dx}=\dfrac{\cos y-\cos(x+y)}{x\sin y+\cos(x+y)}$；（4）$\dfrac{dy}{dx}=-\dfrac{2e^{2x}-1}{1+e^y}$；

（5）$\dfrac{dy}{dx}=-\dfrac{\sqrt{y}}{\sqrt{x}}$；（6）$\dfrac{dy}{dx}=\dfrac{y\ln y-y}{2-\ln y}$；（7）$\dfrac{2y}{2y-1}$；（8）$\dfrac{1+y^2}{2+y^2}$．

3.（1）$\dfrac{\sqrt{x+2}(3-x)^4}{(x+1)^5}\left[\dfrac{1}{2(x+2)}-\dfrac{4}{3-x}-\dfrac{5}{x+1}\right]$；（2）$\left(\dfrac{x}{1+x}\right)^x\left[\ln\dfrac{x}{1+x}+\dfrac{1}{1+x}\right]$．

4.（1）$\dfrac{t^2+1}{t^2-1}$；（2）$y'\big|_{t=\frac{\pi}{2}}=-1$．

5.$(1,\ e^{-1})$．

6.切线方程：$3x+y-4=0$．

7. 3.

8. 切线方程：$\sqrt{2}x + y - 2 = 0$.

习题 3.4

1. $\Delta y = -0.09$；$dy = -0.1$.

2. （1）$(2x + C)$；（2）$\left(\dfrac{3}{2}x^2 + C\right)$；（3）$(\sin t + C)$；（4）$(-\cos t + C)$；

（5）$\left(\dfrac{2}{3}x\sqrt{x} + C\right)$；（6）$\left(-\dfrac{1}{2}e^{-2x} + C\right)$；（7）$[\ln(1+x) + C]$；（8）$\left(\dfrac{1}{x} + C\right)$.

3. （1）$dy = 6(x^2 - x + 1)dx$；（2）$dy = \left(-\dfrac{1}{x^2} + \dfrac{1}{\sqrt{x}}\right)dx$；（3）$dy = -3\sin 3x\,dx$；

（4）$dy = \cos x e^{\sin x}dx$；（5）$dy = -\dfrac{x}{1-x^2}dx$；（6）$dy = 2(e^{2x} - e^{-2x})dx$；

（7）$dy = e^{-x}[\sin(3-x) - \cos(3-x)]dx$；（8）$dy = 8x\tan(1+2x^2)\sec^2(1+2x^2)dx$.

复习题三

1. （1）$k = 4$，$4x - y - 4 = 0$，0.04；（2）$\dfrac{\omega}{4}A\cos\dfrac{\omega}{4}t$，$-\dfrac{\omega^2}{16}A\sin\dfrac{\omega}{4}t$；

（3）$\dfrac{-x}{\sqrt{1-x^2}}dx$，$\dfrac{1}{\ln 3}3^x + C$.

2. （1）D；（2）C；（3）D；（4）C.

3. （1）对；（2）对；（3）对.

4. （1）$4x + \dfrac{3}{x^4} + 5$；（2）$4(x + \sin^2 x)^3(1 + 2\sin 2x)$；

（3）$y' = -\dfrac{x + \sqrt{a^2 + x^2}}{a^2\sqrt{a^2 + x^2}}$；（4）$-\dfrac{1}{2}\left(\dfrac{\sin x}{1+\cos x} + \dfrac{\cos x}{1+\sin x}\right)$.

5. （1）$\dfrac{dy}{dx} = \dfrac{y - x^2}{y^2 - x}$；（2）$\dfrac{dy}{dx} = \dfrac{x + y}{x - y}$.

6. （1）$dy = \dfrac{1}{2}\cot\dfrac{x}{2}dx$；（2）$dy = \dfrac{xy - y^2}{x^2 + xy}dx$.

第 4 章

习题 4.1

1. $\left(\dfrac{2}{3}\sqrt{3}, 1 + \dfrac{2}{9}\sqrt{3}\right)$，$\left(-\dfrac{2}{3}\sqrt{3}, 1 - \dfrac{2}{9}\sqrt{3}\right)$.

2. （1）$\dfrac{a}{b}$；（2）$-\dfrac{3}{5}$；（3）1；（4）$\cos a$；（5）2；（6）$-\dfrac{1}{2}$.

3．（1）1；（2）1．

习题 4.2

1．（1）错；（2）错；（3）错．

2．（1）$\xi=\dfrac{1}{2}$；（2）$\xi=\ln\dfrac{e^4-e^{-1}}{5}$．

3．略．

4．（1）单调增加；（2）单调增加．

5．（1）$(-\infty,1)$ 与 $(2,+\infty)$ 为单调增加区间，$(1,2)$ 为单调减少区间，极大值 $f(1)=2$，极小值 $f(2)=1$；

（2）$\left(0,\dfrac{1}{2}\right)$ 为单调减少区间，$\left(\dfrac{1}{2},+\infty\right)$ 为单调增区间，极小值 $f\left(\dfrac{1}{2}\right)=\dfrac{1}{2}+\ln 2$；

（3）$\left(-\infty,\dfrac{1}{2}\right)$ 为单调减少区间，$\left(\dfrac{1}{2},+\infty\right)$ 为单调增加区间，极小值 $f\left(\dfrac{1}{2}\right)=-\dfrac{27}{16}$；

（4）$(-\infty,0)$ 为单调增加区间，$(0,+\infty)$ 为单调减少区间，极大值 $f(0)=1$．

6．最大值 $f(3)=18$，最小值 $f(1)=-2$．

7．围成长 10m，宽 5m 的长方形时，才能使小屋的面积最大．

8．D 选在距 A 为 15km 处，总运费最省．

9．变压器设在输电干线上离 A 点 1.2km 处时，所需输电线最短．

习题 4.3

1．$K=\dfrac{6a|x|}{(1+9a^2x^4)^{\frac{3}{2}}}$，$R=\dfrac{(1+9a^6)^{\frac{3}{2}}}{6a^2}$．

2．$\left(-\dfrac{b}{2a},\dfrac{4ac-b^2}{4a}\right)$，最大曲率为 $K=2a$．

复习题四

1．（1）单调增加；（2）$f(2)=-10$；（3）驻点；（4）3，1．

2．（1）A；（2）D；（3）C．

3．（1）对；（2）对；（3）错．

4．（1）0；（2）3；（3）∞；（4）$-\dfrac{1}{8}$；（5）$\dfrac{1}{2}$；（6）1．

5．（1）$(-\infty,-1)$ 与 $(1,+\infty)$ 为单调增加区间，$(-1,1)$ 为单调减少区间，极大值 $f(-1)=2$，极小值 $f(1)=-2$；

（2）$(-\infty,0)$ 为单调减少区间，$(0,+\infty)$ 为单调增区间，极小值 $f(0)=0$；

（3）$(-2,-1)$ 与 $(-1,0)$ 为单调减少区间，$(-\infty,-2)$ 与 $(0,+\infty)$ 为单调增加区间，极大值 $f(-2)=-4$，极小值 $f(0)=0$；

（4）$(-\infty,0)$ 单调减少区间，$(0,+\infty)$ 为单调增加区间，极小值 $f(0)=0$.

6．$a=2$；当 $x=\dfrac{\pi}{3}$ 时，函数有极大值 $f\left(\dfrac{\pi}{3}\right)=\sqrt{3}$.

7．（1）当 $x=-\dfrac{\pi}{2}$ 时，函数有最大值 $\dfrac{\pi}{2}$，当 $x=\dfrac{\pi}{2}$ 时，函数有最小值 $-\dfrac{\pi}{2}$；

（2）当 $x=\dfrac{3}{4}$ 时，函数有最大值 $\dfrac{5}{4}$，当 $x=-5$ 时，函数有最小值 $-5+\sqrt{6}$.

8．当小正方形的边长为 $\dfrac{1}{3}(10-2\sqrt{7})$ 时，盒子的容积最大.

9．构件宽 x 为 $\dfrac{30}{4+\pi}$ m 时，才能使构件的横截面面积最大.

10．经过 5h，两船相距最近.

第 5 章

习题 5.1

1．$\sin x+C$.

2．不矛盾．因为 $(\sin^2 x)'=(-\cos^2 x)'=2\sin x\cos x$.

3．（1）$\sin 3x+C$；（2）$\dfrac{1}{\cos x}\mathrm{d}x$；（3）$\sqrt{a^2+x^2}+C$；（4）$\mathrm{e}^x\sin x$.

4．（1）$-\dfrac{2}{3x\sqrt{x}}+C$；（2）；$\ln|x|+\dfrac{3^x}{\ln 3}+\tan x-\mathrm{e}^x+C$；

（3）$\dfrac{2}{3}x\sqrt{x}-2x+C$；（4）$3x-2\ln|x|-\dfrac{1}{x}-\dfrac{1}{2x^2}+C$；

（5）$\dfrac{a^x\mathrm{e}^x}{1+\ln a}+C$；（6）$-(\cot x+\tan x)+C$；

（7）$x-\arctan x+C$；（8）$\dfrac{1}{2}\tan x+\dfrac{1}{2}x+C$.

5．$y=\dfrac{1}{2}x^2+1$.

6．$s=\sin t+9$.

习题 5.2

1．（1）$\dfrac{1}{5}$；（2）$\dfrac{1}{6}$；（3）$\dfrac{1}{2}$；（4）$\dfrac{1}{8}$；（5）$-\dfrac{1}{4}$；（6）$\dfrac{1}{6}$；

（7）$\dfrac{1}{3}$；（8）-2；（9）$\dfrac{3}{2}$；（10）$\dfrac{1}{5}$；（11）$-\dfrac{1}{5}$；（12）$-\dfrac{1}{2}$.

2．（1）不对，$\displaystyle\int \mathrm{e}^{-x}\mathrm{d}x=-\mathrm{e}^{-x}+C$；

（2）对；

（3）不对，$\int \sin x \cos x \mathrm{d}x = \int \sin x \mathrm{d} \sin x = \dfrac{\sin^2 x}{2} + C$．

3．$W = 6t^2 - \dfrac{t^3}{3}$．

4．（1）$\dfrac{1}{4} \sin 4x + C$；　　　　　　（2）$-3 \cos \dfrac{t}{3} + C$；

（3）$\dfrac{1}{4}(x^2 - 3x + 2)^4 + C$；　　　（4）$\dfrac{1}{12}(2x - 1)^6 + C$；

（5）$-\dfrac{1}{8}(3 - 2x)^4 + C$；　　　　（6）$\sqrt{x^2 - 2} + C$；

（7）$\dfrac{1}{\cos x} + C$；　　　　　　　（8）$2\sqrt{\sin x} + C$；

（9）$\dfrac{2}{3}\sqrt{a^2 + x^3} + C$；　　　　（10）$\dfrac{2}{3}(2 + \mathrm{e}^x)\sqrt{2 + \mathrm{e}^x} + C$；

（11）$\ln |\sin x| + C$；　　　　　　（12）$\ln |\sin x| + C$；

（13）$-\dfrac{1}{\ln x} + C$；　　　　　　（14）$-2 \ln |1 - 2x| + C$；

（15）$-\dfrac{1}{b} \ln |a + b \cos x| + C$；　　（16）$\dfrac{1}{2b} \sin(a + bx^2) + C$；

（17）$-\dfrac{1}{9} \cos 3x^3 + C$；　　　　（18）$-\dfrac{1}{3} \mathrm{e}^{-3x} + C$．

5．（1）$2(x - 2)\sqrt{x - 2}\left(\dfrac{1}{5}x + \dfrac{4}{15}\right) + C$；　　（2）$\ln \left| \dfrac{\sqrt{x + 1} - 1}{\sqrt{x + 1} + 1} \right| + C$；

（3）$\ln \left| x + \sqrt{x^2 + a^2} \right| + C$；　　　　　　（4）$\ln \left| x + \sqrt{x^2 - a^2} \right| + C$．

习题 5.3

1．不可以．如果选取 $u = \mathrm{e}^x, \mathrm{d}v = x \mathrm{d}x = \dfrac{1}{2} \mathrm{d}x^2$，代入式（5-2），得

$$\int x \mathrm{e}^x \mathrm{d}x = \dfrac{1}{2} \int \mathrm{e}^x \mathrm{d}(x^2) = \dfrac{1}{2} x^2 \mathrm{e}^x - \dfrac{1}{2} \int x^2 \mathrm{e}^x \mathrm{d}x$$

上式右端的积分比原来的积分更不容易求出．

2．两次连续使用分部积分法时，两次选取的 u 应为同一类型的函数．

3．（1）$-x \cos x + \sin x + C$；　　（2）$\dfrac{1}{2} x^2 \ln 3x - \dfrac{1}{4} x^2 + C$；

（3）$\dfrac{1}{4} x^4 \ln x - \dfrac{1}{16} x^4 + C$；　　（4）$-\mathrm{e}^{-x}(x + 1) + C$；

（5）$x \arcsin x + \sqrt{1 - x^2} + C$；　　（6）$x \ln(1 + x^2) - 2x + 2 \arctan x + C$．

复习题五

1.（1）$x^2 - 3e^x + C$；（2）$3x^2 - 2\cos x + C$；（3）$e^{x+8} + C$；

（4）$\dfrac{1}{27}(3x+8)^9 + C$；（5）$\ln(x^2+3) + C$；（6）$-\dfrac{1}{x} - \arctan x + C$；

（7）$\dfrac{1}{a}F(ax+b) + C$；（8）$\dfrac{1}{3}x\sin 3x + \dfrac{1}{9}\cos 3x + C$；（9）$\dfrac{1}{x\sqrt{1-x^2}}$.

2.（1）A；（2）D；（3）D.

3.（1）对；（2）错；（3）对.

4. 略.

5. $y = x - \dfrac{x^2}{2} - \dfrac{11}{2}$.

6. $s = t^3 + 2t^2$.

7.（1）$x + 4\ln|x| - \dfrac{4}{x} + C$； （2）$2\arctan x + \ln|x| + C$；

（3）$x^3 + \arctan x + C$； （4）$\dfrac{1}{2}\tan x + C$；

（5）$-\dfrac{1}{9}\cos 3x^3 + C$； （6）$-\dfrac{1}{2}e^{-2x} + C$；

（7）$-\dfrac{3}{4}(3-2x)^{\frac{2}{3}} + C$； （8）$e^{\sin x} + C$；

（9）$\dfrac{a^{x^3}}{3\ln a} + C$； （10）$-\dfrac{1}{a}\cos ax - be^{\frac{x}{b}} + C$；

（11）$e^{-\frac{1}{x}} + C$； （12）$-\dfrac{1}{b}\tan(a-bx) + C$.

（13）$-\dfrac{1}{2}\cot(x^2+1) + C$； （14）$-2\sqrt{1-x^2} - \arcsin x + C$；

（15）$\arcsin \ln x + C$； （16）$\dfrac{1}{2}\arctan \dfrac{x}{2} + C$；

（17）$\dfrac{1}{2}x - \dfrac{1}{2}\sin x + C$； （18）$-\dfrac{1}{2}\cos 2x + \dfrac{1}{6}\cos^3 2x + C$；

（19）$\tan x - \dfrac{3}{2}x + \dfrac{1}{4}\sin 2x + C$； （20）$\arctan e^x + C$.

8.（1）$\sqrt{2-x}\left(-\dfrac{64}{15} - \dfrac{16}{15}x - \dfrac{2}{5}x^2\right) + C$；

（2）$(x+1) - 4\sqrt{x+1} + 4\ln(\sqrt{x+1}+1) + C$；

（3）$\dfrac{\sqrt{x^2-9}}{18x^2} - \dfrac{1}{54}\arctan \dfrac{\sqrt{x^2-9}}{3} + C$；

（4） $\arcsin e^x + e^x \sqrt{1-e^{2x}} + C$.

9.（1） $x\arctan x - \dfrac{1}{2}\ln(1+x^2) + C$;　　（2） $\dfrac{1}{5}xe^{5x} - \dfrac{1}{25}e^{5x} + C$;

（3） $\dfrac{1}{2}x^2 e^{x^2} - \dfrac{1}{2}e^{x^2} + C$;　　　　（4） $2e^{\sqrt{x}}(\sqrt{x}-1) + C$.

第 6 章

习题 6.1

1. $q = \displaystyle\int_{t_2}^{t_1} 5\sin\omega t\,\mathrm{d}t$.

2. $S = \displaystyle\int_0^{3} (2+3t)\,\mathrm{d}t$.

3. $A = \displaystyle\int_1^2 \ln x\,\mathrm{d}x$.

4.（1）正；（2）正；（3）0.

5.（1） $\displaystyle\int_{-\frac{\pi}{2}}^{\frac{\pi}{2}}\cos x\,\mathrm{d}x - \int_{\frac{\pi}{2}}^{\pi}\cos x\,\mathrm{d}x$;　　（2） $\displaystyle\int_a^b [f(x)-g(x)]\,\mathrm{d}x$;

（3） $\displaystyle\int_0^{1}\sqrt{y}\,\mathrm{d}y$.

6.（1） $>$ ；（2） $>$ ；（3） $<$ ；（4） $>$.

7.（1） $-1 \leqslant \displaystyle\int_0^1 (x^2-2x^3)\,\mathrm{d}x \leqslant \dfrac{1}{27}$ ；（2） $-\dfrac{2}{e} \leqslant \displaystyle\int_{-2}^0 xe^x\,\mathrm{d}x \leqslant 0$.

8. 10.

习题 6.2

1.（1） $\sqrt{2}$ ；（2） $-\cos^2 x$.

2.（1） $1-\dfrac{\pi}{4}$ ；（2） $1-\dfrac{\sqrt{3}}{3}-\dfrac{\pi}{12}$ ；（3） $2\dfrac{1}{2}$ ；（4）4.

3.（1） $1+\dfrac{\pi}{4}$ ；（2） $-\dfrac{8}{3}$ ；（3） $12\dfrac{3}{4}-4\ln 4$ ；（4） $\arctan e - \dfrac{\pi}{4}$ ；

（5） $2\sqrt{2}-2$ ；（6）1.

习题 6.3

1.（1） $8-4\ln 3$ ；（2） $\dfrac{1}{3}$ ；（3） $2(\sqrt{3}-1)$ ；（4） $\dfrac{\pi}{4}$ ；（5） $1-\dfrac{\sqrt{2}}{2}$ ；

（6） $1-\dfrac{2}{e}$ ；（7） $\dfrac{1}{4}(1+e^2)$ ；（8） $\dfrac{\pi}{4}-\dfrac{1}{2}$ ；（9） $\dfrac{\pi^2}{4}-2$ ；（10） $\dfrac{2}{9}e^3 - \dfrac{1}{9}$.

2.（1）0；（2）π.

习题 6.4

1.（1）$\dfrac{1}{5}$；（2）$\dfrac{1}{2}$；（3）π；（4）$+\infty$.

2.（1）0；（2）$\dfrac{\pi}{2}$.

习题 6.5

1. 略.

2. 略.

3.（1）$2(\sqrt{2}-1)$；（2）$\dfrac{9}{2}$.

4. $2-\dfrac{2}{e}$.

复习题六

1.（1）$\sqrt{1+x}$；（2）$-xe^{x}$；（3）0；（4）3；（5）0；（6）0；（7）0；（8）$f(x)$，0；（9）5.

2.（1）A；（2）A；（3）A；（4）D；（5）D；（6）D；（7）D；（8）D.

3.（1）-4；（2）$\dfrac{17}{2}$；（3）0；（4）$1-\dfrac{1}{\sqrt{3}}+\dfrac{\pi}{12}$；（5）$\dfrac{4}{3}$；（6）$\dfrac{1}{2}$；（7）$\dfrac{7}{3}$；（8）2.

4. 略.

5.（1）$\dfrac{1}{2}$；（2）$\dfrac{\pi}{4}-\dfrac{\sqrt{3}}{9}\pi+\dfrac{1}{2}\ln\dfrac{3}{2}$；（3）$3\ln3-2$；（4）$\dfrac{1}{2}(e^{\frac{\pi}{2}}-1)$.

6.（1）1；（2）1.

7. $\dfrac{7}{3}$，$\dfrac{31}{5}\pi$.

第7章

习题 7.1

1.（1）一阶；（2）二阶；（3）一阶；（4）不是；（5）二阶；（6）一阶.

2.（1）不是；（2）不是；（3）是通解；（4）是特解.

3. 是.

4.（1）是；（2）是；（3）是；（4）不是.

5. $y=\dfrac{1}{3}x^{3}+\dfrac{2}{3}$.

6. $s=2\sin t+10-\sqrt{2}$.

习题 7.2

1.（1）$y^3 = 3\ln C(1+e^x)$；（2）$y = e^{Cx}$；（3）$xy = C$；（4）$e^{\sqrt{y^2+1}} = Cx$；（5）$\ln^2 x + \ln^2 y = C$；
（6）$(x^2-1)(y^2-1) = C$.

2.（1）$e^y - e^x = e^2 - 1$；（2）$y^2 = x^2 - 16$；（3）$y = -\dfrac{2}{3}e^{-3x} + \dfrac{8}{3}$；（4）$y = 2e^{2x} - e^x + \dfrac{x}{2} + \dfrac{1}{4}$.

3. $U_C = E\left(1 - e^{-\frac{t}{RC}}\right)$.

习题 7.3

1.（1）$x(Ax+B)e^{-x}$；（2）Ax^2e^x.

2.（1）$y = C_1 e^x + C_2 e^{-2x}$；（2）$y = C_1 + C_2 e^{-2x}$；（3）$y = C_1 e^{(-1+\sqrt{2})x} + C_2 e^{(-1-\sqrt{2})x} + 2x - 1$.

3.（1）$y = C_1 + C_2 e^{-x} + \dfrac{x^2}{2}$；（2）$y = C_1 e^{-4x} + C_2 e^x + xe^x$；

（3）$y = (C_1 + C_2 x)e^{-2x} + \left(\dfrac{x}{16} - \dfrac{1}{32}\right)e^{2x}$.

4. $y = 2e^{3x} + 4e^x$.

复习题七

1.（1）2；（2）3；（3）$x(ax^2 + bx + c)$；（4）一阶非齐次线性微分方程；（5）二阶常系数非齐次线性微分方程.

2.（1）C；（2）A；（3）A；（4）B；（5）D.

3.（1）是解；（2）是解；（3）是解.

4.（1）$y = \dfrac{3}{2}x^2 + C$；（2）$y = \dfrac{3}{2}x^2 - 1$；（3）$y = \dfrac{3}{2}x^2 - \dfrac{1}{3}$.

5. 1h.

6. $x\mathrm{d}x + y\mathrm{d}y = 0$.

7. $y = e^x + 1$.

8. $\dfrac{\mathrm{d}y}{\mathrm{d}x} = xy,\ y(0) = 1$.

9.（1）$y = \dfrac{x^3}{5} + \dfrac{x^2}{2} + C$；（2）$y^3 + e^y = \sin x + C$；（3）$y = e^{Cx}$；

（4）$y = Cxe^{\frac{1}{x}}$；（5）$10^x + 10^{-y} = C$；（6）$e^x = C(1 - e^{-y}),\ y = 0$.

10.（1）$\ln y = \csc x - \cot x$；（2）$e^y = \dfrac{1}{2}(1 + e^{2x})$；

（3）$y(1+x) = 1$；（4）$r = 2e^\theta$.

11. $Q(t) = 15 + \dfrac{10}{k}(1 - e^{-kt})\ (k > 0)$.

12. （1） $y = (x + C)e^{-x}$ ； （2） $y = C \cos x + \sin x$.

13. （1） $y = x^2(1 - e^{\frac{1}{x}-1})$ ； （2） $y = 2(x-1)e^{2x} - e^x$.

14. $y = 2(e^x - x - 1)$.

15. （1） $y = C_1 e^{-3x} + C_2 e^{3x}$ ； （2） $y = C_1 + C_2 e^{4x}$ ；

（3） $y = e^{-2x}(A \cos 3x + B \sin x)$ ； （4） $y = C_1 \cos x + C_2 \sin x + C_3$.

16. （1） $y = e^{-x}(\cos \sqrt{2}x + \sin \sqrt{2}x)$ ； （2） $y = 2e^{-\frac{x}{2}} + xe^{-\frac{x}{2}}$.

17. （1） $y = C_1 e^{2x} + C_2 e^{-2x} - \frac{1}{2}x - \frac{1}{2}$ ； （2） $y = C_1 e^{-x} + C_2 e^{-4x} - \frac{1}{2}x + \frac{11}{8}$ ；

（3） $y = C_1 e^{\frac{x}{2}} + C_2 e^{-x} + e^x$.

第 8 章

习题 8.1

1. （1）（0, 0, 0）；（2）（a, 0, 0）；（3）（0, b, 0）；（4）（0, 0, c）；（5）（a, b, 0）；
（6）（0, b, c）；（7）（a, 0, c）.

2. 八象限；三象限；四象限.

3. （−2, 3, 0）.

4. $d = 3$.

5. −5 或 7.

6. （16, −5, 0）.

7. $2y - a = 0$.

习题 8.2

1. $\left\{ \dfrac{-5}{\sqrt{155}}, \dfrac{7}{\sqrt{155}}, \dfrac{-9}{\sqrt{155}} \right\}$.

2. $\left\{ -\dfrac{3}{2}, 1, -3 \right\}$.

3. （−6, 6, −1）； $|\vec{a}| = 9$ ； $\cos \alpha = \dfrac{7}{9}$, $\cos \beta = -\dfrac{4}{9}$, $\cos \gamma = \dfrac{4}{9}$.

4. （1）38；（2）80；（3） $\arccos \dfrac{19}{21}$.

5. 3；−2；−1.

6. 24.

7. $\{-5\vec{i} + 3\vec{j} + \vec{k}\}$ ； $\{5\vec{i} - 3\vec{j} - \vec{k}\}$.

8. $\dfrac{\sqrt{11}}{2}$.

习题 8.3

1.（1）$x=0$；（2）$y=0$；（3）$z=0$；（4）$x=a(a\neq 0)$；（5）$y=b(b\neq 0)$；（6）$z=c(c\neq 0)$.

2.　$-x-y-2z+2=0$.

3.　$y+z+2=0$.

4.　$-9y+z+2=0$.

5.　$\dfrac{x}{-2}=\dfrac{y}{-1}=\dfrac{z}{-2}$.

6.　$\dfrac{x+2}{4}=\dfrac{y}{-1}=\dfrac{z}{-3}$.

7.　$\dfrac{3\sqrt{2}}{5}$.

8.　$\theta=\dfrac{\pi}{3}$.

习题 8.4

1.（1）球面；（2）抛物柱面；（3）旋转椭圆面；（4）旋转抛物面；（5）旋转单页双曲面.

2.　$(x-1)^2+(y-3)^2+(z+2)^2=14$.

3.　略.

复习题八

1.（1）$(-1,\ -6,\ -2)$；（2）5；（3）$\dfrac{1}{2}$；（4）2，$-2\vec{j}-3\vec{k}$；（5）$(-3,0,0)$；（6）$-1,1$；

（7）$(1,\ -1,\ 0)$，$\sqrt{3}$；（8）$x^2+y^2=1$.

2.（1）A；（2）A；（3）A；（4）C；（5）C；（6）D；（7）A；（8）D.

3.　略.

4.（1）$\overrightarrow{M_1M_2}=\{-4,2,2\}$，$\overrightarrow{M_2M_1}=\{4,-2,-2\}$，$\overrightarrow{OM_1}=\{3,0,-1\}$；（2）$\overrightarrow{M_1M_2}=2\sqrt{6}$.

5.　$\vec{a}^0=\dfrac{\sqrt{3}}{3}(\vec{i}+\vec{j}+\vec{k})$，$\vec{b}^0=\dfrac{\sqrt{38}}{38}(2\vec{i}-3\vec{j}+5\vec{k})$，$\vec{a}=\sqrt{3}\vec{a}^0$，$\vec{b}=\sqrt{38}\vec{b}^0$.

6.　$p=9,\ q=12$.

7.　$(12,\ 10,\ 0)$.

8.（1）38；（2）$\arccos\dfrac{19}{21}$；（3）64.

9.　$x=4\vec{i}+2\vec{j}+4\vec{k}$.

10.　3.

11.　$2x+2y+3z-7=0$.

12.（1）$8\vec{i}+16\vec{j}$；（2）$\{8,16,0\}$.

13.　$\pm\dfrac{1}{\sqrt{6}}(2\vec{i}+\vec{j}-\vec{k})$.

14. $\sqrt{17}$.

15. $4x - 3y + z - 6 = 0$.

16. $x + 4y - z - 18 = 0$.

17. （1） $-x + 2y + z = 0$ ；（2） $2x + z - 3 = 0$ ；（3） $y = 2$ ；（4） $y + 3z = 0$.

18. （1） $x = 2$, $y = -3$ ；（2） $\dfrac{x+1}{2} = \dfrac{y-2}{3} = \dfrac{z-6}{1}$.

19. $4x + 3y - 6z + 18 = 0$.

20. （1）平行；（2）垂直.

21. （1） $\begin{cases} (x-1)^2 + (y-2)^2 + (z-1)^2 = 9 \\ (x-2)^2 + y^2 + (z-1)^2 = 4 \end{cases}$ ；

（2） $(x-4)^2 + (y-3)^2 = 8(z-2)$ ；

（3） $15x^2 + 16y^2 - z^2 = 0$.

第 9 章

习题 9.1

1. 7.

2. $t^2 f(x, y)$.

3. （1） $\{(x,\ y)\big| y^2 > 2x - 1\}$ ；（2） $\{(x,y)\big| y \leqslant x^2,\ x \geqslant 0,\ y \geqslant 0\}$ ；

（3） $\{(x,\ y)\big| y^2 \leqslant 4x,\ x^2 + y^2 < 1,\ x^2 + y^2 \neq 0\}$ ；（4） $\{(x,\ y)\big| 1 < x^2 + y^2 \leqslant 4\}$.

4. （1）5；（2） $-\dfrac{1}{4}$.

习题 9.2

1. $\dfrac{\partial z}{\partial x} = yx^{y-1}$, $\dfrac{\partial z}{\partial y} = x^y \ln x$.

2. （1） $\dfrac{\partial z}{\partial x} = 3x^2 y - y^3$, $\dfrac{\partial z}{\partial y} = x^3 - 3y^2 x$ ；（2） $\dfrac{\partial z}{\partial x} = \dfrac{y^2}{(x^2+y^2)^{\frac{3}{2}}}, \dfrac{\partial z}{\partial y} = \dfrac{-xy}{(x^2+y^2)^{\frac{3}{2}}}$ ；

（3） $\dfrac{\partial z}{\partial x} = \cot(x - 2y), \dfrac{\partial z}{\partial y} = -2\cot(x - 2y)$ ；

（4） $\dfrac{\partial z}{\partial x} = \mathrm{e}^x(\sin y + \cos y + x \sin y), \dfrac{\partial z}{\partial y} = \mathrm{e}^x(-\sin x + x \cos y)$.

3. （1） $f_x(1, 2) = 2$, $f_y(1, 2) = 3$ ；（2） $f_x(0, 1) = \mathrm{e}$, $f_y(1, 0) = \mathrm{e} + 3$ ；

（3） $f_x(3, 4) = \dfrac{2}{5}$, $f_y(3, 4) = \dfrac{1}{5}$.

4. （1） $z_{yx} = z_{xy} = 8x^7 \mathrm{e}^y$, $z_{xx} = 56x^6 \mathrm{e}^y$, $z_{yy} = x^8 \mathrm{e}^y$ ；

（2）$\dfrac{\partial^2 u}{\partial x^2}=90(x+2y+3z)^8$，$\dfrac{\partial^2 u}{\partial x\partial y}=180(x+2y+3z)^8=\dfrac{\partial^2 u}{\partial y\partial x}$，

$\dfrac{\partial^2 u}{\partial x\partial z}=270(x+2y+3z)^8$，$\dfrac{\partial^2 u}{\partial y^2}=360(x+2y+3z)^8$，

$\dfrac{\partial^2 u}{\partial z^2}=810(x+2y+3z)^8$，$\dfrac{\partial^2 u}{\partial y\partial z}=540(x+2y+3z)^8$.

5．略.

6．$f_x(x,1)=1$.

习题 9.3

1．$\Delta z=-0.119$，$\mathrm{d}z=-0.125$.

2．（1）$\mathrm{d}z=(2xy+y^2)\mathrm{d}x+(x^2+2yx)\mathrm{d}y$；（2）$\mathrm{d}z=y\ln y\mathrm{d}x+x\left(1+\ln y\right)\mathrm{d}y$；

（3）$\mathrm{d}z=\left(y+\dfrac{1}{y}\right)\mathrm{d}x+x\left(1-\dfrac{1}{y^2}\right)\mathrm{d}y$；（4）$\mathrm{d}z=\dfrac{1}{\sqrt{(x^2+y^2)^3}}(y^3\mathrm{d}x+x^3\mathrm{d}y)$；

（5）$\mathrm{d}z=[\cos(x-y)-x\sin(x-y)]\mathrm{d}x+x\sin(x-y)\mathrm{d}y$；

（6）$\mathrm{d}u=yzx^{yz-1}\mathrm{d}x+zx^{yz}\ln x\mathrm{d}y+yx^{yz}\ln x\mathrm{d}z$.

3．$\mathrm{d}u=\dfrac{1}{xy+4z^4}[y\mathrm{d}x+x\mathrm{d}y+16z^3\mathrm{d}z]$.

4（1）0.50234；（2）108.972.

5．55.3cm^3.

6．34.56kg.

复习题九

1．（1）9；（2）-2；（3）$2x+y$，2；（4）$\mathrm{d}x+\mathrm{d}y$.

2．（1）C；（2）C.

3．（1）错；（2）错.

4．（1）$z_x=-2y^2\sin 2x$，$z_y=2y\cos 2x$；

（2）$z_x=y^2\cos(xy^2)$，$z_y=2xy\cos(xy^2)$；

（3）$f_y(1,0)=\dfrac{1}{2}$；（4）$f_x(0,0)=0$，$f_y(0,0)=1$.

5．（1）$z_{xx}=12x^2-8y^2$，$z_{yy}=12y^2-8x^2$，$x_{xy}=-16xy$；

（2）$z_{xx}=-\dfrac{y}{x^2}$，$z_{yy}=0$，$x_{xy}=\dfrac{1}{x}$.

6．（1）$\mathrm{d}z=\dfrac{x^2-y^2}{x^2 y}\mathrm{d}x+\dfrac{y^2-x^2}{xy^2}\mathrm{d}y$；

（2）$\mathrm{d}z=\mathrm{e}^{xy}(y\cos(x+y)-\sin(x+y))\mathrm{d}x+\mathrm{e}^{xy}(x\cos(x+y)-\sin(x+y))\mathrm{d}y$；

（3）$dz = \dfrac{1}{x^2+y^2}(-ydx+xdy)$；（4）$dz = \dfrac{1}{x^2+y^2+z^2-1}(2xdx+2ydy+dz)$.

第 10 章

习题 10.1

1. 略.

2. 略.

3. 略.

4. 略.

5.（1）发散；（2）收敛；（3）收敛；（4）发散.

6.（1）收敛，$\dfrac{1}{1+\sin 1}$；（2）发散；（3）收敛，$\dfrac{1}{2}$；（4）发散；（5）收敛，$\dfrac{17}{5}$.

习题 10.2

1.（1）发散；（2）收敛；（3）收敛；（4）发散；（5）收敛；（6）收敛；（7）发散；
（8）发散；（9）收敛；（10）收敛.

2.（1）条件收敛；（2）绝对收敛；（3）发散；（4）绝对收敛.

习题 10.3

1. 略.

2.（1）4，$(-4,4)$；（2）1，$[-1,1)$；（3）∞，$(-\infty,+\infty)$；（4）3，$(-3,3)$；（5）$\sqrt{2}$，$(-\sqrt{2},\sqrt{2})$；
（6）3，$[-4,2)$.

3.（1）$\dfrac{1}{1+2x}$，$x\in\left(-\dfrac{1}{2},\dfrac{1}{2}\right)$；（2）$\ln\dfrac{1}{1-x}$，$x\in(-1,1)$；（3）$\ln\sqrt{\dfrac{1+x}{1-x}}$，$x\in(-1,1)$；

（4）$\dfrac{x^2}{2-x^2}$，$x\in(-\sqrt{2},\sqrt{2})$；（5）$\dfrac{1}{(1-x)^2}$，$x\in(-1,1)$；（6）$\dfrac{2+x^2}{(2-x^2)^2}$，$x\in(-\sqrt{2},\sqrt{2})$，3.

4.（1）$\displaystyle\sum_{n=0}^{\infty}\dfrac{x^n}{4^{n+1}}$，$x\in(-4,4)$；（2）$\displaystyle\sum_{n=0}^{\infty}\dfrac{(-2)^n x^n}{n!}$，$x\in(-\infty,\infty)$.

5.（1）$\displaystyle\sum_{n=1}^{\infty}\dfrac{(-1)^{n-1}x^{2n-1}}{2^{2n-1}(2n-1)!}$，$x\in(-\infty,\infty)$；（2）$\ln 10+\displaystyle\sum_{n=1}^{\infty}(-1)^{n-1}\dfrac{x^n}{10^n n}$，$x\in(-10,10)$；

（3）$\dfrac{1}{2}+\dfrac{1}{2}\displaystyle\sum_{n=0}^{\infty}(-1)^n\dfrac{x^{2n}}{(2n)!}$，$x\in(-\infty,\infty)$；（4）$\displaystyle\sum_{n=0}^{\infty}(-3)^n x^n$，$x\in\left(-\dfrac{1}{3},\dfrac{1}{3}\right)$.

习题 10.4

1. 略.

2. 略.

3.（1）$f(t) = 4\left(-\sin t + \dfrac{\sin 2t}{2} - \dfrac{\sin 3t}{3} + \cdots + (-1)^n \dfrac{\sin nx}{n} + \cdots\right)$；

（2）$f(x) = \dfrac{2}{\pi}\left(\sin x + \dfrac{\sin 3x}{3} + \dfrac{\sin 5x}{5} + \cdots + \dfrac{\sin(2k-1)x}{2k-1} + \cdots\right)$；

（3）$f(x) = \dfrac{1}{\pi} + \dfrac{1}{2}\sin x - \dfrac{2}{\pi}\left(\dfrac{\cos 2x}{3} + \dfrac{\cos 4x}{15} + \dfrac{\cos 6x}{35} + \cdots + \dfrac{\cos 2kx}{4k^2 - 1} + \cdots\right)$.

复习题十

1.（1）$\dfrac{a_0}{2} + \displaystyle\sum_{n=1}^{\infty}(a_n\cos nx + b_n\sin nx)$；（2）正弦级数；（3）余弦级数；

（4）$b_n = \dfrac{2}{\pi}\displaystyle\int_0^{\pi} f(x)\sin x\,\mathrm{d}x$；（5）$a_n = \dfrac{2}{\pi}\displaystyle\int_0^{\pi} f(x)\cos x\,\mathrm{d}x$.

2.（1）B；（2）A；（3）C；（4）A；（5）C.

3.（1）收敛，$\dfrac{1}{2}$；（2）发散；（3）收敛，$\dfrac{3}{2}$；（4）发散.

4.（1）收敛；（2）$a > 1$时收敛，$a \leqslant 1$时发散；（3）发散；（4）发散.

5.（1）收敛，$\dfrac{1}{2}$；（2）收敛.

6.（1）收敛；（2）发散.

7.（1）收敛，条件收敛；（2）收敛，绝对收敛.

8.（1）收敛半径$R = 2$，收敛区间$(-2, 2)$；（2）收敛半径$R = \mathrm{e}$，收敛区间$(-\mathrm{e}, \mathrm{e})$；

9.（1）$y = \ln 5 + \dfrac{x}{5} - \dfrac{x^2}{2 \times 5^2} + \dfrac{x^3}{3 \times 5^3} - \cdots + (-1)^n \dfrac{x^{n+1}}{(n+1)\cdot 5^{n+1}}\cdots$，$x \in (-5, 5)$；

（2）$y = 1 + \dfrac{\ln 2}{1}x - \dfrac{(\ln 2)^2}{2!}x^2 + \cdots + (-1)^n \dfrac{(\ln 2)^n}{n!}x^n\cdots$，$x \in (-\infty, +\infty)$.

10.（1）$\dfrac{1}{2}\ln\dfrac{1+x}{1-x}$；（2）$\dfrac{x(2-x)}{(1-x)^2}$；（3）$\mathrm{e}^{\frac{x^2}{2}}$.

11.$f(x) = x^2 = \dfrac{\pi^2}{3} + 4\displaystyle\sum_{n=1}^{\infty}(-1)^n \dfrac{\cos nx}{n^2}$，$x \in [-\pi, \pi]$，$\displaystyle\sum_{n=1}^{\infty}\dfrac{1}{n^2} = \dfrac{\pi^2}{6}$.

第 11 章

习题 11.1

1.（1）14；（2）0；（3）46；（4）$-(2x+y)(x-y)^2$；（5）-270；（6）-14.

2.2 或-1.

3.（1）$-b^2$；（2）-27；（3）5648；（4）9；（5）$b^2(b^2 - 4a^2)$；（6）70.

4.（1）$x = 1$或2或3；（2）$x = 4$或-5.

5. (1) $\begin{cases} x_1 = \dfrac{43}{15} \\ x_2 = \dfrac{22}{15} \\ x_3 = -\dfrac{43}{15} \end{cases}$; (2) $\begin{cases} x_1 = 3 \\ x_2 = -4 \\ x_3 = -1 \\ x_4 = 1 \end{cases}$.

习题 11.2

1. (1) 对; (2) 错; (3) 对; (4) 错.

2. $\begin{bmatrix} 0 & 4 & 3 \\ 0 & 3 & 1 \\ 0 & 0 & 4 \end{bmatrix}$, $\begin{bmatrix} -5 & 4 & 6 \\ -6 & 1 & 0 \\ 0 & -3 & -7 \end{bmatrix}$, $\begin{bmatrix} 3 & 5 & 9 \\ 4 & 2 & 0 \\ 0 & 1 & 3 \end{bmatrix}$.

3. (1) $\begin{bmatrix} 1 & 1 & 2 \\ 0 & 1 & 1 \\ 0 & 0 & 0 \end{bmatrix}$, (2) $\begin{bmatrix} 1 & 0 & 1 \\ 0 & 1 & 1 \\ 0 & 0 & 0 \end{bmatrix}$.

4. $\begin{cases} x = 3 \\ y = -2 \\ z = 4 \end{cases}$.

5. (1) $\begin{bmatrix} 5 & 11 & -1 & -5 \\ 4 & 0 & 1 & 6 \\ 12 & 11 & 12 & -13 \end{bmatrix}$; (2) $\begin{bmatrix} 0 & 7 & -2 & -5 \\ -2 & -5 & 7 & 2 \\ 9 & -3 & 4 & -6 \end{bmatrix}$.

6. $\begin{bmatrix} 2 & 5 \\ 3 & 18 \end{bmatrix}$.

7. (1) $\begin{bmatrix} 2 & 1 \\ 4 & 2 \\ 6 & 3 \\ 8 & 4 \end{bmatrix}$; (2) 1; (3) $\begin{bmatrix} -3 & 4 \\ 8 & -1 \end{bmatrix}$; (4) $\begin{bmatrix} -16 & -7 & 37 \\ 23 & -7 & 72 \\ 7 & -7 & 50 \end{bmatrix}$.

8. (1) $\begin{bmatrix} 1 & 0 & 0 \\ 0 & 4 & 0 \\ 0 & 0 & -1 \end{bmatrix}$; (2) $\begin{bmatrix} 1 & 0 & \dfrac{1}{5} & 0 \\ 0 & -5 & 3 & 5 \\ 0 & 0 & 0 & 0 \end{bmatrix}$.

习题 11.3

1. (1) $\begin{bmatrix} 5 & -2 \\ -2 & 1 \end{bmatrix}$; (2) $\begin{bmatrix} 1 & 0 & -8 \\ 0 & 1 & 0 \\ 0 & 0 & 1 \end{bmatrix}$; (3) $\begin{bmatrix} \dfrac{7}{6} & \dfrac{2}{3} & -\dfrac{3}{2} \\ -1 & -1 & 2 \\ -\dfrac{1}{2} & 0 & \dfrac{1}{2} \end{bmatrix}$;

（4）$\begin{bmatrix} 1 & -4 & -3 \\ 1 & -5 & -3 \\ -1 & 6 & 4 \end{bmatrix}$；（5）$\begin{bmatrix} 7 & -3 & -3 \\ -1 & 1 & 0 \\ -1 & 0 & 1 \end{bmatrix}$；（6）$\begin{bmatrix} 1 & 1 & -2 & -4 \\ 0 & 1 & 0 & -1 \\ -1 & -1 & 3 & 6 \\ 2 & 1 & -6 & -10 \end{bmatrix}$.

2.（1）2；（2）3；（3）3；（4）3；（5）3；（6）2.

3.$x=6$.

4.（1）$X = \begin{bmatrix} 2 & -23 \\ 0 & 1 \end{bmatrix}$；（2）$X = \begin{bmatrix} -3 & 2 & 0 \\ -4 & 5 & -2 \\ -5 & 3 & 0 \end{bmatrix}$.

复习题十一

1.（1）1 或 3；（2）$x=1$，$y=2$，$z=4$；（3）$p \times n$；

（4）$A^* = \begin{bmatrix} 8 & -4 \\ -5 & 1 \end{bmatrix}$，$A^{-1} = \begin{bmatrix} -\dfrac{2}{3} & \dfrac{1}{3} \\ \dfrac{5}{12} & -\dfrac{1}{12} \end{bmatrix}$；（5）3.

2.（1）B；（2）A；（3）B；（4）B；（5）C；（6）A；（7）A；（8）D；（9）D；（10）B.

3.（1）-4；（2）40.

4.$B = \begin{bmatrix} 0 & 3 & 4 \\ 3 & 2 & -3 \\ 4 & -3 & 4 \end{bmatrix}$；$C = \begin{bmatrix} 0 & 2 & -4 \\ -2 & 0 & 2 \\ 4 & -2 & 0 \end{bmatrix}$.

5.A可逆，$A^{-1} = \begin{bmatrix} \dfrac{11}{3} & -\dfrac{7}{3} & \dfrac{2}{3} \\ \dfrac{1}{3} & -\dfrac{2}{3} & \dfrac{1}{3} \\ \dfrac{7}{3} & -\dfrac{5}{3} & \dfrac{1}{3} \end{bmatrix}$.

6.（1）2；（2）3.

7.（1）$\begin{cases} x_1 = 1 \\ x_2 = 2 \\ x_3 = 3 \end{cases}$；（2）$\begin{cases} x_1 = 0 \\ x_2 = 2 \\ x_3 = 0 \\ x_4 = 0 \end{cases}$.

第 12 章

习题 12.1

1.（1）$\dfrac{2}{s^3}$；（2）$\dfrac{3}{s^2+9}$.

2. $\dfrac{1}{s}(2e^{-4s}-1)$.

3. （1） $\dfrac{3}{s+4}$ ；（2） $\dfrac{2}{s^3}+\dfrac{6}{s^2}-\dfrac{3}{s}$.

习题 12.2

1. （1） $\dfrac{2}{s^3}+\dfrac{2}{s^2}-\dfrac{1}{s}$ ；（2） $\dfrac{5}{s^2+1}+\dfrac{3s}{s^2+4}$ ；

（3） $\dfrac{2}{s}+\dfrac{1}{(s+1)^2}$ ；（4） $\dfrac{4}{s^2+6s+25}$ ；

（5） $\dfrac{2as}{(s^2+a^2)^2}$ ；（6） $\dfrac{2s^3-24s}{(s^2+4)^3}$ ；

（7） $\dfrac{2s-2}{(s^2-2s+2)^2}$ ；（8） $\dfrac{\sqrt{2}}{2}\dfrac{s+4}{(s+2)^2+4}$.

2. （1） $\ln\dfrac{s+4}{s+2}$ ；（2） $\dfrac{1}{s}(2e^{-2s}-e^{-4s})$.

习题 12.3

1. （1） $2e^{3t}$ ；（2） $\dfrac{1}{3}e^{-\frac{5}{3}t}$ ；（3） $4\cos 4t$ ；

（4） $\dfrac{1}{6}\sin\dfrac{3}{2}t$ ；（5） $2\cos 6t-\dfrac{4}{3}\sin 6t$ ；（6） $\dfrac{4}{\sqrt{6}}e^{-2t}\sin\sqrt{6}t$.

2. （1） $\delta(t)-2e^{-2t}$ ；（2） $\dfrac{5}{2}e^{-5t}-\dfrac{3}{2}e^{-3t}$ ；（3） $\dfrac{1}{2}-e^{-t}+\dfrac{1}{2}e^{-2t}$ ；（4） $1+2te^{t}$.

习题 12.4

1. （1） $i=5(e^{-3t}-e^{-5t})$ ；（2） $y=\sin\omega t$ ；（3） $y=2t+3\cos 4t-\sin 4t$ ；

（4） $y=2-5e^{t}+3e^{2t}$ ；（5） $y=e^{-t}(\cos 2t+3\sin 2t)$.

2. （1） $\begin{cases} x=e^{t} \\ y=e^{t} \end{cases}$ ；（2） $\begin{cases} x=e^{-t}\sin t \\ y=e^{-t}\cos t \end{cases}$.

3. $i=\dfrac{E}{R}\left(1-e^{-\frac{R}{L}t}\right)$.

复习题十二

1. （1） $F(s)$ 作位移 a ， $F(s-a)$ ；

（2） t 轴向右平移 a 个单位， $f(t-a)$ ；

（3）拉普拉斯变换除以参数 s ， $\dfrac{F(s)}{s}$ ；

（4）求二阶导数，$\left(\dfrac{1}{s^2+1}\right)''$，$\dfrac{6s^2-2}{(s^2+1)^3}$；

（5）$\dfrac{1}{a}\mathrm{e}^{-\frac{b}{a}s}F\left(\dfrac{s}{a}\right)$.

2.（1）D；（2）B；（3）B；（4）A；（5）D；（6）A.

3.（1）错；（2）错；（3）错；（4）对.

4.（1）e^t-1；

（2）$\mathrm{e}^{-t}(3\cos 3t+2\sin 3t)$；

（3）$3\mathrm{e}^{-t}+2\mathrm{e}^{2t}-2t\mathrm{e}^{2t}$；

（4）$2u(t-1)-u(t-3)$；

（5）$\mathrm{e}^t\left(1+3t+\dfrac{3}{2}t^2+\dfrac{1}{6}t^3\right)$；

（6）$\dfrac{1}{2}(\sin t+t\cos t)$.

5.（1）$y=\mathrm{e}^{-x}(1-\cos x)$；

（2）$y=4t^3-2t-3+\dfrac{2}{3}\mathrm{e}^{-2t}+\mathrm{e}^t\left(\dfrac{7}{3}\cos\sqrt{3}t+\dfrac{1}{\sqrt{3}}\sin\sqrt{3}t\right)$；

（3）$y=\dfrac{3}{4}-\dfrac{3}{4}\mathrm{e}^{-2t}(1+2t)$；

（4）$y=\dfrac{1}{6}t\sin 3t$.

6.（1）$\begin{cases} x=\dfrac{1}{5}\cos 2t \\[2mm] y=\dfrac{3}{5}\sin 2t \end{cases}$；

（2）$\begin{cases} x=3-2\mathrm{e}^{-t}-\mathrm{e}^{-2t} \\[1mm] y=2-4\mathrm{e}^{-t}+2\mathrm{e}^{-2t} \end{cases}$.

参 考 文 献

[1] 侯风波. 高等数学. 北京：高等教育出版社，2005.

[2] 工科中专数学教材编写组. 数学. 北京：高等教育出版社，1995.

[3] 庄小红. 高等数学（电类专业）. 北京：北京交通大学出版社，2010.